면역

면역

당신의 생명을 지켜 주는 경이로운 작은 우주

필리프 데트머

강병철 옮김

사이언스북스
SCIENCE BOOKS

IMMUNE

by Philipp Dettmer

카티(Cathi)와 모치(Mochi)에게

들어가는 글

아침에 일어났더니 기분이 별로다. 목이 까끌까끌, 콧물이 줄줄, 가끔 기침까지 나온다. 그래도 결근할 정도는 아니지! 생각하며 샤워기의 물을 튼다. 아, 먹고살기란 얼마나 힘든 일인가! 기분이 꿀꿀하다. 누군가 붙잡고 하소연이라도 하고 싶다. 하지만 그 순간에도 우리 면역계는 불평 한마디 없이 해야 할 일들을 착착 진행하고 있다. 사실 우리가 계속 목숨을 부지하며 툴툴거릴 수 있는 까닭도 면역계가 이렇게 부지런히 일하기 때문이다. 침입자가 몸속에 들어와 소중한 세포들을 뭉텅이로 죽여 가며 마음껏 설치고 다닌다. 위기다! 이때 면역계가 나타난다. 광대한 거리를 가로질러 서로 소통하며 전신에 분포하는 복잡한 방어 네트워크를 활성화한다. 일을 분담하고 적절히 통제하면서 이윽고 반격에 나서 수많은 적을 눈 깜짝할 새에 쓸어버린다. 샤워기 아래서 자기 연민에 빠져 있는 동안 이 모든 일이 일어나는 것이다.

하지만 이런 복잡성은 대체로 감춰져 있다.

정말 애석한 일이다. 면역계만큼 삶의 질에 결정적인 역할을 미치는 존재는 거의 없다. 면역계는 몸속 어디에나 존재하며, 감기, 긁히거나 벤 상처 같은 성가신 골칫거리부터 암이나 폐렴처럼 생명을 위협하는 질병, 심지어 **코로나바이러스(COVID-19)** 감염증처럼 치명적인 감염증에 이르기까지 온갖 것들로부터 24시간 우리를 지켜 준다. 면역계는 심장이나 허파(폐)처럼 생명을 유지하는 데 필수적이다. 실제로 우리가 느끼지 못할 뿐 몸속에서 가장 크고 가장 넓은 범위를 아우르는 **기관계(organ system)**다.

대부분의 사람이 면역계를 모호하고 종잡을 수 없는 존재로 생각한다. 낯설고 뭐가 뭔지 알 수 없는 규칙에 따라 때로는 작동하고, 때로는 작동하지 않는 것처럼 보이기 때문이다. 예측하기 어렵고, 추측과 의견이 분분하며, 종잡을 수 없다는 점에서 어떻게 보면 날씨와도 비슷하다. 잘 알지도 못하면서 면역계에 대해 아는 것처럼 떠드는 사람이 너무 많기 때문에 누구를 믿어야 할지 모를 지경이다. 도대체 면역계란 무엇인가? 실제로 어떻게 작동하는가?

이 책을 읽으며 우리가 계속 살아가도록 도와주는 면역이 어떻게 작동하는지 이해하는 것은 지적 호기심을 충족시키는 데 그치는 일이 아니라, 절실하게 필요한 지식을 습득하는 일이기도 하다. 면역계가 어떻게 작동하는지 알고 나면 우선 백신이 어떻게 우리와 소중한 자녀들의 삶을 지켜 주는지 이해하고 새삼 고마움을 느낄 것이다. 병에 걸리거나 다쳤을 때도 전혀 다른 마음가짐으로 대처하면서 두려움을 훨씬 덜 느끼게 된다. 아무 근거 없는 물질을 기적의 약이라고 속여 파는 사이비들에게도 속아 넘어가지 않게 된다. 병에 걸렸을 때 쓰는 약에 대해서도 더 잘 이해하게 된다. 면역력을 키우는 방법도 알게 된다. 아이가 밖에서 흙먼지를 뒤집어쓰고 뛰어놀아도 스트레스를 받지 않으면서 위험한 병원체로부터 지켜 줄 수 있다. 예를 들어 전 세계적인 유행병처럼 아주 드문 일이 벌어지더라도, 바이러스가 우리에게 어떤 영향을 미치며 우리 몸은 어떻게 대응하는지 안다면 공중 보건 전문가들의 말을 훨씬 잘 이해할 수 있다.

실질적으로 도움이 되는 것들을 잠시 옆으로 밀쳐 둔다고 해도, 면역계는 그 자체로서 너무나 아름답다. 무엇과도 견줄 수 없다. 그야말로 자연의 경이를 고스란히 보여 준다. 면역계는 그저 감기를 물리치는 도구 정도가 아니다. 우리 몸에서 일어나는 모든 현상과 불가분의 관계로 얽혀 있으며, 생명을 유지하는 데 가장 중요한 작용이다. 만에 하나 신체 기능이 제대로 작동하지 않거나 과도하게 작동해 때 이른 죽음을 맞는다면 그 또한 면역계 때문일 가능성이 크다.

지난 10년간 나는 놀라운 복잡성에 매혹되어 인간 면역계를 강박적으로 파고들었다. 그런 관심은 정보 디자인(information design)을 공부하던 대학교 시절, 적당한 학기 프로그램을 찾으면서 시작되었다. 면역계를 주제로 삼는 것은 좋은 아이디어 같았다. 면역학에 관한 책을 잔뜩 쌓아 놓고 파고들었다. 읽고 또 읽어도 점점 복잡해지기만 했다. 더 많은 것을 알수록 면역계를 단순화해 이해한다는 것이 점점 불가능한 일이란 생각이 들었다. 한 꺼풀 벗기고 들어갈 때마다 더 많은 기전, 더 많은 예외가 쏟아지면서 더 복잡해졌던 것이다.

봄 학기에 끝내려고 했던 프로젝트가 여름과 가을을 거쳐 겨울까지 이어졌다. 면역계를 구성하는 각 부분 사이의 상호 작용이 너무 우아해서, 그들이 어울려 추는 춤이 너무 아름다워서 도저히 공부를 멈출 수 없었다. 스스로의 몸에 대해 경험하고 느끼는 방식이 근본적으로 달라졌다.

독감에 걸렸을 때도 그저 앓는 소리만 하고 있을 수 없었다. 내 몸을 내려다보고, 부어오른 림프절들을 만져 보고, 몸속에서 면역 세포들이 지금 이 순간 어떤 일을 하고 있을지, 네트워크의 어떤 부분이 활성화되었을지, T 세포들이 나를 보호하기 위해 어떻게 수많은 침입자들을 죽이고 있을지 눈앞에 그려 보고서야 직성이 풀렸다. 숲에서 잠시 다른 데 정신이 팔려 살갗이 찢어졌을 때도 마음속으로 큰 포식 세포(대식세포)에게 고마움을 느꼈다. 큰 포식 세포는 문자 그대로 크기가 큰 면역 세포로, 상처를 통해 몸속에 들어온 세균을 쫓아가 조각조각 찢어 버린다. 덕분에 우리는 무시무시한 감염을 피할 수 있다. 심지어 그래놀라 바를 잘못 먹고 알레르기 쇼크가 와서 급히 병원으로 실려 가는 동안에도 비만 세포와 IgE 항체가 나를 무서운 음식물로부터 보호하려고 애쓰다 어디가 어떻게 잘못되어 하마터면 죽을 뻔했는지에 관해 생각했다!

나는 서른두 살에 암 진단을 받았다. 몇 번의 수술과 항암 화학 치료를 받으며 면역에 대한 관심이 더욱 강렬해졌다. 면역계의 주 임무 중 하나는 암세포를 죽이는 것이다. 비록 내 몸속에서는 실패했지만, 그렇다고 화를 내거나 서운해 할 수는 없었다. 면역 세포들이 암세포를 죽이려고 얼마나 노력하는지, 암세포 역시 면역 세포를 따돌리려고 얼마나 노력하는지 배웠기 때문이다. 항암제가 암을 녹여 없애는 동안에도 나는 면역 세포들이 죽어 가는 암 덩어리를 공격해 암세포를 하나씩 먹어 치우는 모습을 머릿속에 그렸다.

질병과 상처는 두렵다. 나는 꽤 여러 번 그런 일을 겪었기 때문에 상상만 해도 마음이 불편하다. 하지만 몸속의 세포들, 면역계, 정교하고 내밀한 나의 일부가 나라는 존재를 어떻게 방어하는지, 어떻게 싸우고 죽어 가면서 내가 깃들어 사는 몸을 치유하고 회복시키는지 생각하면 언제나 큰 위안이 된다. 면역계에 관해 배운 덕에 삶이 훨씬 나아졌고, 흥미로워졌으며, 질병과 함께 몰려오게 마련인 불안을 크게 누그러뜨릴 수 있었다. 면역계를 알면 언제나 상황을 전체적으로 바라볼 수 있다.

이런 긍정적 효과 때문에, 그리고 면역계에 관해 읽고 배우는 즐거움 때문에 과학 정보 전달자로서 복잡한 것을 설명하는 일을 삶의 목표로 삼은 뒤에도 취미 삼아 면역계 공부를 계속했다. 약 8년 전부터는 **쿠르츠게작트 ─ 인 어 넛셸**(Kurzgesagt ─ In a Nutshell)을 시작했다. 최대한 과학적인 태도를 유지하면서 정보를 이해하기 쉽고 아름답게 전달하는 데 집중하는 유튜브 채널이다. 2021년 초 이런 비전을 공유하는 쿠르츠게작트 팀원은 40명을 넘어섰으며, 채널은 1900만 명이 넘는 구독자를 확보하고 조회수가 매달 3000만에 도달했다. 이렇게 큰 플랫폼을 두고도 왜 책을 쓴다는 끔찍한 고생을 자초했을까? 가장 큰 성공을 거둔 동영상 중 일부가 면역계에 관한 것이긴 했지만, 이 멋진 주제를 걸맞은 깊이로 다루지 못했다는 생각이 마음 한구석에서 끊임없이 나를 괴롭혔다. 10분짜리 동영상은 그런 일을 하기에 적절한 매체가 아니다. 그러니 이 책은 10년 넘게 이어진 면역계에 대한 사랑을 분명한 형태를 갖춘 뭔가로 바꿔 놓은 결과물이다. 바라건대 하루도 빠짐없이 우리를 지켜 주는 놀랍고도 아름다운 복잡성에 관해 배우는 데 유용하고 재미있는 방식이기를!

유감스럽게도 면역계는 매우 복잡하다. 어떤 말로도 그 복잡성을 충분히 표현할 수 없을 정도다. 면역계가 복잡하다는 말은 에베레스트 등정이 자연 속을 거니는 멋진 산책이라고 표현하는 것과 비슷하다. 면역계가 직관적이라고 한다면 중국어로 번역된 독일 세법을 읽는 일이 일요일 오후를 즐겁게 보내는 방법이라고 하는 것과 비슷하다. 인간의 뇌를 빼면 면역계는 인류에게 알려진 가장 복잡한 생물학적 체계다.

더 두꺼운 면역학 교과서를 읽을수록 더 많은 세부적인 사항이 더 많은 켜를 이루며 쌓이고, 보편 법칙을 거스르는 더 많은 예외가 모습을 드러내고, 시스템은 점점 복잡해지며, 모든 우발적인 가능성에 대해 더욱 특이적인 반응이 일어나는 것처럼 보일 것이다. 면역계는 수많은 부분으로 이루어져 있지만, 단 한 가지 임무나 기능이나 전문 분야만 수행하는 부분은 없다. 또한 임무와 기능과 전문 분야가 서로 중복되며 영향을 미친다. 이 부분은 너무 복잡하니 일단 건너뛰기로 한다 해도 이내 다른 문제에 부딪힌다. 면역계를 밝혀내고 기술한 사람들 말이다.

과학자들은 힘든 노력과 끝없는 호기심을 통해 오늘날 우리가 살아가는 놀라운 세계의 기초를 놓았다. 마땅히 그들에게 감사해야 한다. 하지만 유감스럽게도 많은 과학자가 자신이 발견한 것에 적절한 이름을 붙이고 알아듣기 쉬운 말로 설명하는 데는 영 젬병이다. 이 점에 관해서라면 면역학은 모든 과학 중에서 최악일 것이다. 그렇지 않아도 머리가 뱅뱅

돌 정도로 복잡한 분야에 '제1형 및 제2형 주요 조직적합성 복합체'니, '감마 델타 T 세포'니, '인터페론 알파, 베타, 감마, 카파'니, 'C4b2a3b 복합체' 같은 선수들이 출몰하는 **보체계(complement system)'** 따위의 용어가 툭툭 튀어나온다. 모처럼 책을 펼쳐 면역계가 무엇인지 알아보려는 사람에게 정나미가 뚝뚝 떨어지는 일이 아닐 수 없다. 설사 이런 장애물이 없다고 해도 면역계를 구성하는 수많은 요소 사이의 복잡한 관계와 끝없이 이어지는 예외 및 직관을 거스르는 법칙들은 그 자체로 결코 만만한 상대가 아니다. 공중 보건 분야에서 일하는 사람, 면역학 전공자, 심지어 이 분야에서 세계 최고의 전문가로 꼽히는 사람들조차 면역학은 어렵다고 입을 모은다.

이 모든 요인이 더해져 면역계는 놀랄 정도로 설명하기 어렵다. 생명체는 진화 과정에서 부딪힌 가장 중요한 문제들을 해결하기 위해 그야말로 끝없는 복잡성을 개발했다. 지나치게 단순한 설명을 추구하다 보면 자연의 기발한 천재성 속에 깃든 아름다움과 경이를 놓치기 쉽다. 그렇다고 너무 세세한 것까지 설명하려 들면 정신이 아득해져 쫓아가기도 힘들다. 면역계의 모든 것을 포괄하겠다는 야심을 갖는 것은 좋지만, 제목만 나열해도 너무 벅찬 일임을 금방 알게 될 것이다. 첫 데이트 상대에게 내 삶에서 일어났던 모든 일을 말하려는 것과 비슷하달까. 상대는 압도당한 나머지 흥미를 잃고 말 것이다.

내 목표는 이 모든 문제를 세심하게 밀고 당기며 적절한 균형을 잡는 것이다. 전체적으로 일상적인 용어를 쓰고 복잡한 용어는 꼭 필요할 때만 사용할 것이다. 면역학적 과정과 상호 작용을 단순화하되 적절하다고 생각될 때는 최대한 과학적 사실에 충실하고자 노력할 것이다. 각 장의 난이도 역시 적절히 조절해 많은 정보를 전달한 뒤에는 독자가 조금 긴장을 풀고 쉴 수 있도록 배려할 것이다. 또한 적당한 시점에 그간 배운 것을 요약할 것이다. 이 책을 통해 모든 사람이 자신의 면역계를 이해하는 동시에, 그 과정에서 재미를 느꼈으면 한다. 면역계의 복잡성과 아름다움은 우리의 건강과 생존에 깊게 연결되어 있으므로 독자는 실제로 쓸모 있는 지식을 얻을 수 있다. 다치거나 병에 걸렸을 때도 자신의 몸을 전혀 다른 시각으로 바라보게 될 것이다.

이쯤에서 한 가지 밝히고 넘어갈 부분이 있다. 나는 면역학자가 아니라 과학을 쉬운 말로 전달하는 사람이다. 우연히 면역계의 아름다움에 매료되었을 뿐이다. 면역학자 중에는 이 책을 불편하게 생각하는 사람도 있을 것이다. 면역계의 온갖 세부 사항에 대해 서로 다른 수많은 생각과 개념이 존재하며, 그만큼 과학자들 사이에 의견이 일치하지 않는 경우도 많다는 사실은 면역학 연구가 시작된 순간부터 너무나 명백했다. 예컨대 일부 면역학자는 특정 세포들이 아무짝에도 쓸모없는 화석에 불과하다고 생각하는 반면, 다른 학자는 그 세포들이야말로 우리 몸을 방어하는 데 결정적인 역할을 한다고 주장한다. 하지만 바로 그것이 과학이 작동하는 방식이다! 이 책을 쓰면서 나는 과학자들이 주고받는 의견, 현행 면역학 교과서와 문헌, 동료 심사 학회지에 실린 논문을 최대한 많이 참고하려고 노력했다.

그래도 미래의 어느 시점에 이 책의 많은 부분이 개정되어야 할 것이다. 그건 너무나 멋진 일이다! 면역학은 매우 역동적이다. 경이로운 일이 끝없이 일어나고, 서로 다른 이론과 생각이 엄청난 기세로 밀려들어 서로 충돌한다. 면역은 살아 숨 쉬는 주제다. 지금 이 순간에도 위대한 발견이 일어난다. 얼마나 멋진가! 우리 자신과 세계에 대해 더 많은 것을 끊임없이 배우고 있다는 뜻이니 말이다.

면역계가 무슨 일을 하는지 본격적으로 알아보기 전에 몇 가지 기본 전제를 정의해 보자. 면역계란 무엇인가? 면역계는 어떤 맥락에서 일하는가? 실제 그 일을 맡아 하는 구성 요소는 무엇인가? 이런 기본적인 사항을 알아본 후에 다쳤을 때 무슨 일이 벌어지는지, 면역계가 우리를 보호하기 위해 얼마나 신속하게 움직이는지 살펴볼 것이다. 그 뒤에 우리 몸에서 가장 취약한 곳으로 눈길을 돌려 심각한 감염이 일어나지 않도록 어떤 전략을 구사하는지 알아본다. 마지막으로 알레르기나 자가 면역 질환 등 다양한 면역 질환을 살펴보고, 면역계를 강화하려면 어떻게 해야 할지 생각해 볼 것이다.

이제 이야기를 시작해 보자!

차례

4부 반란과 내전

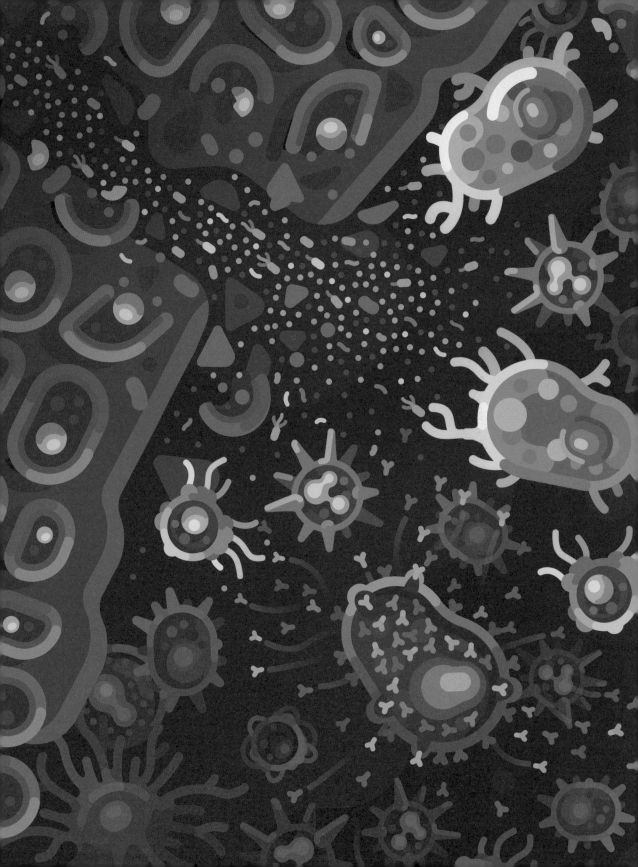

1부

면역계의 기초

1장 면역계란 무엇인가?

면역계 이야기는 생명 자체의 탄생과 함께 시작된다. 약 35억 년 전, 광대하지만 텅 빈 공간 뿐이었던 적대적 환경의 떠돌이별(행성) 위에 희한한 물웅덩이가 생겨났다. 그리고 생명이란 사건이 벌어졌다. 최초의 생명체가 무슨 일을 했는지, 주요 관심사가 무엇이었는지는 아무도 모르지만, 이내 서로에게 중요한 존재가 된 것만은 분명하다. 아침에 일찍 일어나 자신은 물론 아이들까지 하루를 시작할 수 있도록 돌봐야 한다거나, 비싼 돈을 내고 주문한 음식이 다 식은 채 나오는 바람에 삶이 힘들다고 생각한다면, 지구상에 최초로 나타난 세포들이 잠깐 옥상으로 따라오라고 할지 모른다. 그들은 당장 살아가는 데 필요한 에너지를 힘겹게 끌어모으며, 주변 환경을 화학적으로 변화시켜 생존에 필수적인 물질로 만드는 방법을 끊임없이 요모조모 궁리해야 했다. 그러다 몇몇 세포가 지름길을 찾았다. 남의 것을 쉽게 훔쳐 올 수 있는데 왜 모든 일을 굳이 직접 한단 말인가? 방법은 얼마든지 있었다. 이를테면 다른 세포를 통째로 꿀꺽 삼키거나, 몸에 구멍을 뚫어 속에 든 것을 후루룩 빨아먹으면 될 일이었다. 하지만 그런 방법에는 위험이 따랐다. 특히 자기보다 크고 강한 상대를 만나면 공짜 점심을 먹는 대신 놈의 뱃속에 들어갈지도 모른다. 위험을 줄이면서 목적을 달성할 수는 없을까? 아예 남의 몸속에 들어가 편안히 지내면 어떨까? 따뜻한 환경 속에서 유유자적하며 그 녀석의 먹이를 얻어먹으면 될 것 아닌가. 정말 아름다운 생각이었다! 숙주가 너무 끔찍하게 생각하지만 않는다면 말이다.

　놀랍게도 다른 세포에 빌붙기는 실제로 유효한 전략이었다. 그러자 이제는 빌붙으려는 녀석들로부터 자신을 방어하는 것이 진화상 중요한 과제가 되었다. 이리하여 그 후 29억 년간 미생물들은 비슷비슷한 무기를 갖고 서로 경쟁하며 싸워 왔다. 타임머신을 타고 이런 경쟁이 시작된 시점으로 거슬러 올라간다면 어떨까? 너무나 경이롭지 않을까? 천만에! 이내 지루해질 것이다. 몇 개의 젖은 바위 위에 세균들이 보일락말락 얇은 층을 이룬 모습 말고는 볼거리가 없을 테니까. 처음 수십억 년간 지구는 상당히 지루한 곳이었다. 논란의 여지는 있지만 생명이 복잡성에 있어 가장 큰 도약을 할 때까지는 그런 상태가 지속되었다.

대체로 혼자 살아가던 단세포가 무엇 때문에 거대한 집단을 이루어 긴밀한 관계 속에서 서로 협동하면서 각자 전문 분야를 개척하는 쪽으로 나아갔는지는 아무도 모른다.[1]

약 5억 4100만 년 전, 육안으로 볼 수 있는 다세포 생물이 갑자기 폭발적으로 늘었다. 그뿐만 아니라 엄청난 속도로 다양해졌다. 이런 현상은 새롭게 진화한 우리 조상들에게는 문젯거리였다. 수십억 년간 미생물은 눈에 보이지 않을 정도로 작은 세계에서 살며 모든 생태계에서 공간과 자원을 두고 경쟁해 왔다. 세균을 비롯한 터줏대감들이 새로 나타난 다세포 생물을 근사한 생태계로 활용하지 못할 이유가 있을까? 그 생태계는 머리에서 발끝까지 공짜 영양소로 가득했다. 다세포 생물이 생겨난 순간부터 침입자이자 기생체인 미생물은 생존을 위협하는 존재였던 것이다.

이런 위험을 극복한 다세포 생물만이 살아남아 더 복잡해질 기회를 잡았다. 유감스럽게도 세포와 조직은 오랜 세월 보존되지 않기 때문에 이들의 면역계를 화석으로 확인할 수는 없다. 하지만 과학이라는 마법을 통해 무한한 다양성을 지닌 생명의 나무를 보고, 현존하는 동물과 그 면역계를 연구할 수 있다. 일반적으로 면역계의 어떤 특성을 공유한 종들이 생명의 나무에서 더 멀리 떨어져 있을수록, 그 면역학적 특질은 더 오래전에 생겨난 것이다.

여기서 근본적인 질문이 떠오른다. 다양한 동물의 면역계는 서로 어떻게 다르며, 공통분모는 무엇인가? 사실상 현존하는 모든 생명체는 어떤 형태든 내부 방어 기능을 갖고 있으며, 생물이 복잡할수록 면역계 또한 복잡하다. 생명의 나무에서 멀리 떨어져 있는 동물의 방어 기능을 비교하면 면역계가 얼마나 오래전에 생겼는지에 대해 많은 것을 알 수 있다.

---

[1] 좀 웃기는 말이지만, 단세포 생물이 서로에게 중요한 존재가 된 것은 그저 우연이었을지도 모른다. 어떤 세포가 다른 세포를 꿀꺽 삼키기는 했는데, 완전히 소화하지는 못했다는 것이다. 대신 2개의 세포는 지구라는 떠돌이별에서 가장 성공적인 파트너 관계를 시작했으며, 그 관계는 오늘날까지도 변함없이 강력하게 유지되고 있다. '안쪽 세포'(우리는 이 녀석을 '미토콘드리아'라 부른다.)는 숙주가 사용할 에너지를 만드는 데 특화되었고, '바깥쪽 세포'는 안전하게 살 곳과 공짜 식사를 제공했다. 거래는 놀랄 만큼 성공적이었다. 이렇게 탄생한 슈퍼 세포는 갈수록 복잡성을 더해 가며 정교해졌다.

가장 작은 차원에서조차 세균은 바이러스를 방어할 방법을 갖고 있다. 싸우지 않고서는 결코 물리칠 수 없기 때문이다. 동물의 세계로 눈길을 돌리면 가장 단순하고도 오래된 동물인 해면(Porifera)이 있다. 5억 년 이상 존재해 온 해면 역시 동물계 최초의 원시적 면역 반응을 나타낸다. 바로 **체액성 면역(humoral immunity)**이다. 문자 그대로 동물 세포 밖 체액 속에 존재하는 아주 작은 단백질에 의해 나타나는 면역 반응이다. 이 단백질들은 몸속을 침입한 미생물을 공격해 죽여 버린다. 이런 방어 전략은 매우 유용하고 효과적이라서 인간을 비롯해 현존하는 거의 모든 동물이 이용한다. 진화 과정 속에서 면역 방어 네트워크의 필수 요소가 된 것이다. 그 원칙은 지난 5억 년간 전혀 변하지 않았다.

하지만 체액성 면역은 시작일 뿐이다. 다세포 동물은 대단한 특전을 누리는데, 그중 하나가 많은 종류의 특화된 세포를 만든다는 것이다. 따라서 방어 기능에 특화된 세포를 만들어 내는 데도 오랜 시간이 걸리지 않았을 것이다. (물론 진화적 시간 개념에서 하는 말이다.) **세포성 면역(cell-mediated immunity)**은 생겨나자마자 눈부신 성공 스토리를 써 내려갔다. 심지어 지렁이나 곤충에서도 조그만 몸속을 자유롭게 돌아다니며 침입자를 발견하면 맞서 싸우는 특화된 면역 세포를 볼 수 있다. 면역계는 진화의 사다리를 올라갈수록 정교해진다. 그러다 등뼈동물(척추동물)에 이르면 가장 원시적인 동물에서조차 대단한 혁신을 만나게 된다. 최초로 면역 기능만 담당하는 장기와 면역 세포 훈련소가 나타나는 것이다. 또한 이들과 함께 면역 기능의 가장 강력한 원칙이 등장한다. 적을 특이적으로 인식하고, 그 적에만 효과적인 무기를 신속하게 대량 생산하며, 적의 모습을 먼 훗날까지 기억한다는 점이다!

가장 원시적인 등뼈동물로 우스꽝스럽게 생긴 무악류(Agnatha)조차 이런 능력을 완벽하게 갖추고 있다. 게다가 이런 방어 체계는 수억 년 동안 발전을 거듭하며 점점 정교해졌다. 하지만 기본적인 원칙은 변함이 없으며, 너무나 효과적이라 5억 년간 조금씩 형태를 바꾸며 계속 존재해 온 것이 거의 틀림없다. 오늘날 우리가 이용하는 방어 전략이 대단히 정교하고 발전된 것처럼 보일지 몰라도, 기본 원리는 놀랄 만큼 많은 동물에게 널리 퍼져 있으며 그 기원은 수억 년 전으로 거슬러 올라간다는 뜻이다. 진화는 면역계를 몇 번씩 재발명할 필요가 없었다. 처음부터 놀라운 시스템이 만들어졌기에 계속 다듬어 왔을 뿐이다.

그 혜택은 인간에게도 미쳤다. 우리 모두에게 말이다. 누구나 수억 년간 정교하게 다듬어진 면역계란 열매를 즐기기만 하면 된다. 우리는 면역 기능 개발의 정점에 서 있다. 따지고 보면 면역계는 우리 내부에 있는 것도 아니다. **우리 자신이 곧 면역계다.** 면역계란 자신을 보호하고 계속 살 수 있게 해주는 생물학적 원리가 표출되는 방식이다. 면역계에 관해 이야기할 때 우리는 **우리 자신**에 대해 이야기하는 것과 마찬가지다.

하지만 동시에 면역계는 단일한 요소로 이루어진 것이 아니다. 몸 전체에 퍼져 있는 수많은 기지와 신병 모집소들이 복잡하게 서로 연결되어 작동한다. 이들을 서로 연결하는 슈퍼하이웨이가 바로 림프관으로, 심혈관계만큼이나 광대하고 몸속 어디든 존재하는 네트워크다. 더 놀라운 것은 우리 가슴 속에 면역 기능만 전담하는 장기가 따로 있다는 점이다. 닭 날개만 한 크기의 그 장기는 나이를 먹을수록 효율이 떨어진다.

몇 가지 장기와 하부 구조 외에 적어도 수천억 개에 이르는 면역 세포가 있다. 면역 세포는 언제라도 적과 싸울 태세를 갖추고 슈퍼하이웨이나 혈관 속을 순찰한다. 또 다른 수천억 개의 세포는 마치 국경 수비대처럼 우리 몸과 외부 환경이 만나는 곳마다 진을 치고 침입자가 들어오지 않는지 감시한다. 이런 능동적 방어 외에도 헤아릴 수 없이 많은 단백질 무기들이 겹겹이 방어선을 구축한다. 이 단백질들은 저절로 형성되어 자유롭게 떠다니는 일종의 지뢰라 할 수 있다. 면역계는 면역 세포에게 누구와 어떤 방식으로 싸워야 할지 가르치는 전문 교육 기관도 운영한다. 면역 교육 기관은 마치 대학교처럼 도서관을 갖추고 있다. 아마도 우주에서 가장 규모가 클 이 생물학적 도서관 덕에 우리는 평생 살면서 마주칠 가능성이 있는 모든 침입자를 식별하고 기억할 수 있다.

본질적으로 면역계는 **자기**와 **타자**를 구분하는 도구다. 타자가 해를 끼칠지 말지에는 관심이 없다. 자유 통행권을 지닌 극소수 내빈 명단에 올라 있지 않은 한, 일단 타자로 식별되면 무차별 공격을 퍼부어 파괴해 버린다. 면역의 세계에서 '타자'는 곧 죽음을 의미한다. 지나치게 들릴지 모르지만, 이 정도로 튼튼한 방어벽을 구축하지 않으면 우리는 며칠도 못 가 죽고 말 것이다. 슬프게도 면역계의 대응이 부족할 때는 물론, 지나칠 때도 우리는 엄청 고생하거나 심지어 죽을 수도 있다.

무엇이 자기이고 무엇이 타자인지 구분하는 것이 **핵심**이긴 하지만, 그것이 곧 면역계의 **목표**는 아니다. 면역계를 이루는 모든 것의 궁극적인 목표는 **항상성(homeostasis)**을 확립하고 유지하는 것이다. 항상성이란 몸속의 모든 세포와 모든 구성 요소가 평형을 이룬 상태다. 면역계가 평형을 이루려고 노력하면서 과도하게 반응하지 않도록 스스로 진정하는 능력을 갖는 것은 말할 수 없이 중요하다. 이런 표현이 마음에 들지 않는다면 '평화를 유지한다.'라고 생각해도 좋다. 그저 살아남는 것이 아니라, 즐겁고 편안하게 살 수 있도록 안정적인 질서를 유지해야 한다. 그런 상태를 '건강'이라고 한다. 건강이야말로 통증이나 질병 때문에 원하는 것을 포기하지 않고 마음껏 할 수 있는 충만하고 자유로운 삶의 기초다.

우리는 건강을 잃고 나서야 건강이 얼마나 중요한지 깨닫는다. 사실 건강이란 추상적 개념이다. 뭔가가 없는 상태를 의미하기 때문이다. 고통 없는 상태, 아무런 제약이 없는 상태가 건강이다. 건강할 때 우리는 모든 것이 정상이고 적당하다고 느낀다. 하지만 잠깐이라도 건강을 잃으면 그때야 우리가 얼마나 나약한 존재이며 살아 있음이 얼마나 기적 같은 일인지 깨닫게 된다. 질병은 삶에서 피할 수 없는 일이다. 운이 좋아 지금까지 한 번도 심각한 병에 걸리지 않은 사람도 있을 것이다. 하지만 자기나 가족이 큰 병을 겪어 보면 삶에서 건강만큼 소중한 것이 없다는 말에 고개를 끄덕이지 않을 수 없다. 면역계의 입장에서 건강은 곧 항상성을 의미한다. 건강을 지키기 위한 싸움은 결국 언젠가는 질 수밖에 없지만, 그래도 우리는 몇 년, 몇 개월, 아니 다만 며칠이나 몇 시간이라도 더 건강을 얻기 위해 끊임없이 싸운다. 인간으로 산다는 것이 전반적으로 너무나 보람 있고, 그 경험을 조금이라도 더 길게 누리는 것이 가치가 있다고 생각하기 때문이다.

하지만 건강을 유지하기란 결코 쉬운 일이 아니다. 수십억 년 전에 생겨난 단세포 생물의 예에서 살펴보았듯, 우리 몸을 집으로 삼고자 호시탐탐 기회를 엿보는 수많은 세균과 바이러스가 잠시도 쉬지 않고 우리를 침범하기 때문이다. 미생물의 입장에서 우리는 반드시 손에 넣고 싶은 생태계일 뿐이다. 자원과 번식지와 번영의 기회로 가득한 드넓은 대륙을 왜 집으로 삼고 싶지 않겠는가? 동의하지 않는 사람도 있겠지만 언젠가는 그들이 이긴다. 죽고 나면 더 이상 면역계의 방어 기능이 작동하지 않으므로 고삐 풀린 미생물 군단이 엄청난 속도로 우리 몸을 분해해 버린다.

또한 우리는 어떻게든 몸속으로 들어오려는 무수한 생명체뿐만 아니라, 우리 자신의 일부가 길을 잘못 들어 다른 세포들과 모든 사회적 접촉을 끊어 버리는 상황도 걱정해야 한다. 바로 암이다. 이런 일이 생기지 않도록 미리 손을 쓰는 것도 면역계의 중요한 임무다. 이 책을 여기까지 읽는 동안에도 독자들의 몸속에서는 면역 세포들이 어디선가 막 생겨난 암세포를 조용히 제거했을 것이다.

또 하나, 우리를 보호해야 할 면역계가 방향을 잘못 잡아 우리 몸에 해를 입히기도 한다. 오히려 질병이 퍼지는 것을 촉진하거나 다른 면역 세포들이 암을 발견하지 못하도록 보호하는 것이다. 어딘가 문제가 생기거나 전반적으로 난조에 빠진 면역계가 **자기**와 **타자**를 혼동해 자기 몸을 적으로 간주하기도 한다. 우리 몸을 지키기 위해 존재하는 면역계가 스스로를 공격하는 기막힌 일이 벌어지는 것이다. 이런 상태를 자가 면역 질환이라고 한다. 이때는 약을 써서 면역계를 끊임없이 진정시켜야 하는데, 때때로 그 약이 심각한 부작용을 일으킨다.

알레르기도 빼놓을 수 없다. 반응할 필요가 없는 것에 면역계가 격렬하게 반응하는 현상이다. 알레르기 쇼크는 우리 몸의 방어 체계가 얼마나 강력하며, 방향을 잘못 잡으면 얼마나 끔찍한 일이 벌어지는지 생생하게 보여 준다. 아무리 무서운 병도 생명을 앗아가기까지 적어도 며칠은 걸리는 데 반해, 면역계는 불과 몇 분 만에 그런 일을 할 수 있다.

제대로 작동한다고 해도 면역계는 도움이 되는 만큼 부담스러운 존재다. 병에 걸렸을 때 느끼는 불쾌한 증상 중 많은 수가 면역계가 활성화되어 임무를 제대로 수행하기 때문에 나타난다. 어떤 질병에서는 침입자에 대한 면역 반응이 지나쳐서 오히려 신체에 심각한 손상을 입히거나 심지어 생명을 앗아간다. 예컨대 COVID-19로 사망한 사람 중 많은 수는 면역력이 부족해서가 아니라 면역계가 너무 열정적으로 임무를 수행한 탓에 목숨을 잃었다.

이렇듯 우리 몸의 방어 네트워크인 면역계에 의한 부수적 피해는 시간이 지나면서 계속 누적될 수 있다. 많은 치명적 질병이 면역계가 임무를 제대로 수행한 탓에 시작된다고 여겨진다. 건강하게 살기 위해서는 면역계가 신속하고 가차 없이 임무를 수행하는 것이 중요하지만, 걷잡을 수 없이 날뛰다가 스스로를 파괴하지 않도록 적절히 통제하는 것도 똑같이 중요하다. 우리가 사는 세상에 비유한다면 전쟁을 벌였을 때 신속하면서도 되도록 적게 파괴하고 승리하기를 원하는 것과 같다. 수십 년간 적의 땅을 점령하거나 갈등을 빚으면서 귀중한 자원을 다 잡아먹고 기반 시설을 몽땅 때려 부수고 싶은 사람은 없다.

따라서 오래도록 건강하게 살기 위해서는 면역계에 주어진 책임이 막중하다. 언젠가 질

수밖에 없는 싸움이라도 지금 당장은 책임을 다해 가며 잘 싸워야 한다.

요약하면 면역계의 핵심은 자신과 타자를 구별하는 것이고, 목표는 항상성을 유지하는 것이며, 그 과정에서 모든 것이 잘못될 시나리오는 무한히 많다.

면역계가 그토록 매혹적인 이유는 스스로 생각할 줄도 모르고, 따로 떼어 놓으면 멍청하다고 할 수 있을 작은 요소들이 한데 모여 이 복잡한 일을 완벽하게 해낸다는 점이다. 면역계를 구성하는 요소들은 서로 조화를 이루면서 주어진 상황에 역동적으로 반응하고 신속하게 대처한다. 제2차 세계 대전보다 10배쯤 큰 전쟁이 터졌는데 군대를 지휘할 장군은 한 명도 없다고 상상해 보자. 전쟁터에는 스스로 아무런 생각도 할 줄 모르는 면역계의 병사들만 있을 뿐이다. 그래도 그들은 어디로 진군해야 할지, 언제 탱크나 전투기를 투입해야 할지 기막힌 결정을 내린다. 게다가 모든 것이 불과 며칠 사이에 이루어진다. 가벼운 감기만 걸려도 우리 몸속에서는 언제나 이런 전쟁이 벌어진다.

이제 면역계에 대해 좀 더 자세히 알아보자. 그러면 다음에 가벼운 감기 기운에 시달리며 샤워를 할 때 적어도 잠시나마 몸속에서 어떤 일이 일어나고 있는지 떠올리며 면역계에 감사하게 될 것이다.

2장 무엇을 방어할 것인가?

우리 몸의 섬세한 방어 체계를 탐구하기 전에 한번 생각해 보자. 무엇을 방어해야 할까? 그것은 바로 우리 몸이다. 너무나 당연한 이야기다. 다시 말해 피부와 그 아래에 있는 모든 것이다. 너무 쉽다, 그렇지 않은가? 하지만 우주 공간에 떠 있는 별을 바라볼 때처럼 멀리서는 모든 것을 완전히 볼 수 없다.

그러니 우선 이상하고도 낯선 세계로 함께 여행을 떠나 보자. 깊은 바닷속이나 멀리 떨어진 별보다 더 낯선 세계다. 그 안에서 살아가는 어떤 생명체도 그런 것이 존재하는지조차 모르는 세계, 일상 속에 수많은 괴물이 돌아다니지만 아무도 신경 쓰지 않는 세계다. 수십억 년 동안 이어져 온 우리 몸속, 모든 사람과 모든 생물의 몸속, 우리를 둘러싼 모든 것이며 요컨대 어디든 존재하지만 눈에 보이지는 않는 세계다. 아주 작은 것들의 세계이자, 죽은 것과 산 것 사이의 경계가 희미해지는 세계다. 생화학적인 현상이 곧 삶이 되지만, 어떻게 그렇게 되는지 어느 누구도 정확히 이해하지 못하는 세계다. 이제 우리 몸에 초점을 맞춰 점점 작은 단위로 파고든다. 장기 속으로 들어가 다양한 조직을 거쳐 우리를 구성하는 가장 기본적인 단위, 즉 세포를 살펴보는 것이다.

세포는 아주 작은 생명의 기본 단위다. 세포 1개의 입장에서 보면 우리 몸은 적대적인 우주에 덩그러니 떠 있는 떠돌이별과 같다. 우리 몸이 세포에게 얼마나 광대한 공간인지 이해하기 위해 잠시 세포가 되어 보자. 세포가 보기에 우리 몸은 어마어마하게 큰 구조물이다. 그 속에는 산들을 여러 개 합쳐 놓은 것만큼 굵은 파이프들이 이리저리 얽혀 있다. 파이프 속에는 바다만큼 많은 액체가 나라 하나가 통째로 들어갈 정도로 커다랗고 복잡한 동굴의 벽을 적시며 급류를 이루어 흐른다. 세포에게는 뼈에서 단단히 결정화된 부분을 빼고는 몸의 모든 환경, 즉 세계 전체가 살아 있다.

세포는 가야 할 곳이라면 어디든 찾아간다. 물길을 따라 헤엄치고, 끝없이 늘어선 산등성이를 넘고 또 넘는다. 그러다 벽을 만나면 공손히 손을 모으고 지나가게 해 달라고 부탁한다. 벽이 작은 틈을 만들어 주면 그 틈으로 몸을 욱여넣어 가까스로 통과한다. 작은 틈은 세포의 등 뒤에서 감쪽같이 다시 닫힌다. 우리가 1개의 세포라면, 우리 몸은 에베레스트 산을 15~20개쯤 쌓아 놓은 것과 같다. 높이가 약 100킬로미터에 달하는 살로 된 산이 우주 공간으로 끝없이 솟아 있는 모습을 상상해 보자. 그런 거인이 버티고 서 있다면 우리가 타고 다니는 비행기가 날아다니는 고도는 그 무릎에도 미치지 못할 것이다. 거인의 얼굴은 너무 높은 곳에 있어 맨눈으로 볼 수 없다.

면역 세포의 임무는 이렇듯 어마어마한 거인을 몸을 **단 한 군데도 빼 놓지 않고** 방어하는 것이다. 특히 침입자가 쉽게 들어올 수 있는 곳을 잘 지켜야 한다. 대개 신체와 **외부**가 만나는 경계다. **외부**에 대해 생각한다면 가장 먼저 떠오르는 것은 물론 피부다. 피부의 총 표면적은 탁구대 면적의 절반 정도인 1.5~2제곱미터쯤 되는데, 다행히 방어하기가 아주 어렵지는 않다. 대부분 단단하고 두꺼운 장벽으로 되어 있는 데다, 자체적인 방어 체계로 덮여 있기 때문이다. 피부는 부드럽지만, 멀쩡한 피부를 뚫고 들어가기란 녹록지 않은 일이다.

감염에 **정말로** 취약한 곳은 점막이다. 점막이란 기관지와 허파, 눈꺼풀, 입속, 콧속, 위와 장, 생식관과 방광 내부를 덮고 있는 얇은 막이다. 점막의 총 표면적이 얼마나 되는지는 말하기 어렵다. 사람에 따라 크게 다르기 때문이다. 하지만 건강한 성인이라면 약 200제곱미터 정도로 여겨진다. 대략 테니스 코트 넓이로, 허파와 소화관이 대부분을 차지한다.

점막은 몸의 내부라고 생각하기 쉽지만, 그렇지 않다. 점막은 외부다! 선입견을 버리면 사람의 몸을 매우 복잡한 1개의 대롱(tube)으로 볼 수 있다. 이 대롱은 양쪽 끝을 닫을 수 있다. 매우 축축하고, 끈적끈적하며, 역겹기도 하다.

생식 기관, 콧구멍, 귓구멍도 잊어서는 안 된다. 이런 구멍들은 커다란 터널로 통하는 입구이며, 그 터널들은 결국 몸속에 도달하는 또 다른 동굴 시스템이다. 이 모든 장소가 우리 몸의 경계, 즉 외부 세계와의 접점이다. 우리 몸은 이런 동굴 시스템 주변을 둘러싸고 있다. 이렇듯 몸속에 존재하는 외부야말로 매일 매 순간 수많은 침입자가 우리 속으로 들어오려고 시도하는 장소다. 세포는 너무나 작기 때문에 세포 입장에서 보면 방어해야 할 면적이 어마

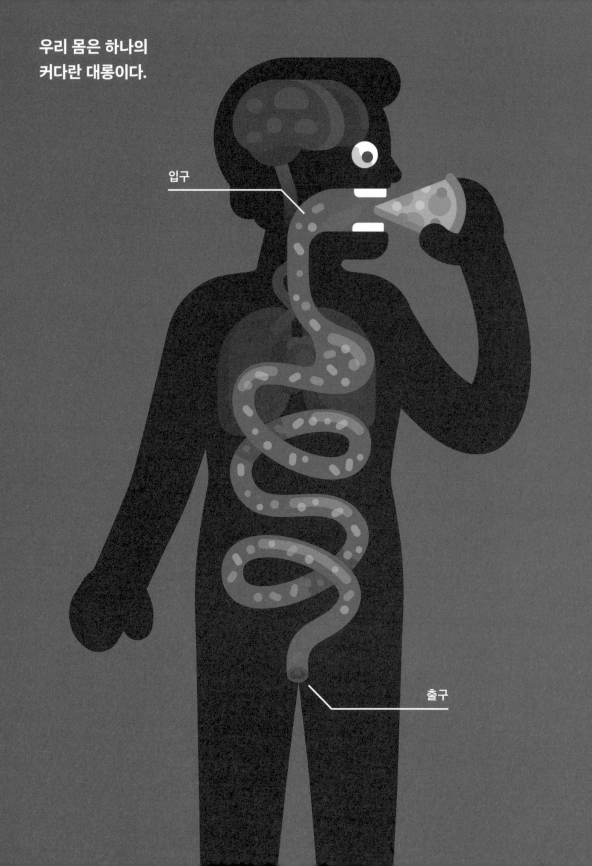

우리 몸은 하나의
커다란 대롱이다.

입구

출구

어마하다. 우리가 1개의 세포라면 방어해야 할 점막의 면적은 유럽 중심부나 미국 중부 정도 된다. 만리장성 같은 성벽을 쌓아 봐야 아무런 도움이 되지 않는다. 그저 국경선만 지키면 되는 것이 아니라 **지표면 전체**를 지켜야 하기 때문이다! 비유하자면 침입자들은 경계선만 뚫고 들어오는 것이 아니라, 낙하산을 타고 어디든 뛰어내릴 수 있다. 그러니 면역 세포는 대륙 전체를 방어해야만 한다. 한 군데도 빼놓지 않고!

그래도 여기서 적을 붙잡는 편이 훨씬 쉽다. 몸속의 모든 혈관과 모세 혈관을 한 줄로 늘어놓으면 길이가 무려 12만 킬로미터에 이른다. 지구 주위를 세 바퀴 돌 수 있을 정도다. 표면적으로 치면 1,200제곱미터다. 적이 혈관 속으로 침입한 뒤에 대처하는 것보다 경계를 침입하려고 할 때 막는 편이 훨씬 낫다. 낫다고 해서 쉽다는 뜻은 아니지만.

재미있는 상상을 해 보자. 사람의 몸을 만드는 데 세포 대신 실제 사람을 쓴다면 어떻게 될까? 그러면 얼마나 어마어마한 차원을 다루는지 실감이 날 것이다.

우선 수많은 사람이 필요하다. 평균적인 인간의 몸은 약 40조 개의 세포로 되어 있다. **40조 개라니!** 숫자로 풀어 쓰면 40,000,000,000,000이다. 실로 엄청난 숫자다. 세포 하나를 사람 1명으로 대체한다면 25만 년 전 인간의 역사가 시작된 이래 지구에 살았던 전 인구의 100배에 이르는 사람이 필요하다. 시각적 요소를 가미해 보자. 현재 지구상에 사는 사람은 대략 78억 명이다. 아주 많은 것 같지만, 모든 사람이 어깨를 맞대고 선다면 1,800제곱킬로미터 정도의 면적이면 충분하다. 런던보다 약간 넓은 수준이다. 40조 명이라면 여기에 120을 곱해야 한다.[1]

---

[1] 이 숫자는 절반에 불과하다. 살아가려면 몸속에 세균이 있어야 하기 때문이다. 그 숫자는 얼마나 될까? 세포 1개당 세균도 1개 정도다. 40조 마리의 세균이 몸속에 있는 셈이다. 인간의 몸은 세균 입장에서 보면 거대한 야구장 크기다. 평균적인 세포가 인간 크기라면 세균은 대략 토끼 한 마리 정도가 된다. 작고 귀여운 아기 토끼를 상상하면 좀 덜 무서울지도 모르겠다. 귀여운 토끼들은 대부분 우리의 장(腸) 속에 산다. 상상할 수 없을 만큼 큰 동굴 속에 36조 마리의 토끼가 사는 셈이다. 토끼들은 끊임없이 새끼를 낳고 나이 들면 죽기도 하면서 우리가 거대한 대륙 크기의 몸을 유지하기 위해 먹는 고층 빌딩 크기의 음식들을 잘게 부순다. 나머지 4조 마리의 토끼는 피부 위를 기어 다니거나, 허파 속에 웅크리고 있거나, 이빨과 혀 위에서 깡총깡총 뛰거나, 안구를 가득 채운 액체 속에서 수영을 하거나, 귓구멍 안팎을 드나든다. 토끼에 대해서는 나중에 더 자세히 얘기하려 한다. 지금은 우리 몸이 귀여운 토끼들로 덮여 있으며, 이들은 우리의 친구로서 우리를 위해 일한다는 점만 짚고 넘어가자.

현재 세계 인구 ~약 78억 명

우리 몸속의 세포 수 ~약 40조 개

● =100억 개

자, 이제 우리 앞에는 40조 명의 사람이 어깨를 나란히 한 채 서 있다. 이토록 어마어마한 숫자라면 호수든 산이든 가리지 않고 완벽하게 채운다고 가정했을 때 영국을 완전히 덮을 수 있을 것이다. 이제 세포 대신 사람을 이용해 만든 인체의 규모를 가늠해 보자. 세포-사람들이 손에 손을 잡고 팔을 건 채로 서로의 머리 위에 올라가 살아 숨쉬는 구조물을 만든다. 이 거인의 키는 약 100킬로미터에 이른다. 머리는 하늘을 뚫고 올라가 우주 공간에 우뚝 솟는다. 콧구멍이나 귓구멍은 작은 나라만큼 넓고, 뼈는 산처럼 크고 단단하며, 섬세한 동굴과 터널이 여기저기 뚫려 있다. 동맥 속에는 혈액이 바다를 이루어 흐르고, 그 속에서 수많은 사람이 헤엄치며 음식과 산소를 구석구석까지 운반한다. 당신이 적혈구라면, 즉 바로 이 대목에 등장하는 '붉은 피 인간'이라면 대도시만큼 큰 심장이 박동하며 힘차게 밀어내는 혈액의 조류를 타고 불과 1분 만에 파리와 로마 사이를 왕복할 것이다. 생각만 해도 멋지지 않은가? 모든 사람이 한마음 한뜻으로 힘을 합쳐 어마어마한 거인의 생명을 유지하고, 그럼으로써 자신의 생명을 이어 간다.

하지만 이처럼 자원과 먹을 것이 풍부한 환경, 촉촉하고 따뜻한 공간이 한없이 펼쳐진 풍경은 어느 누구에게나 너무도 매력적이다. 우리의 거인은 그 속에 깃들어 사는 거주민뿐만 아니라 불청객들에게도 드넓고 비옥한 대륙이다. 문자 그대로 수천억 마리의 기생 생물이 어떻게든 그 몸속으로 들어오려고 안간힘을 쓴다. 코끼리나 대왕고래(*Balaenoptera musculus*)만 한 것도 있다. 이 녀석들은 거인의 몸속에 어마어마하게 큰 알을 까서 새끼들이 조직을 구성하는 불쌍한 사람들을 먹이로 삼아 잔치를 벌일 날을 꿈꾼다. 너구리나 들쥐만 한 것도 있다. 이 녀석들은 거인을 영구 거주지로 삼아 먹이를 훔쳐 먹으며 대대손손 번성하기를 꿈꾼다. 거인의 신체를 구성하는 사람들에게 해를 끼칠 생각은 없을지 모르지만, 사방에 똥을 눠서 그들의 삶을 비참하게 만들기 때문에 결국 해를 끼치게 된다. 하지만 거인이 하루도 빠짐없이 싸워야 하는 가장 역겨운 해충은 수십억 마리에 이르는 거미다. 거미들은 세포 인간의 입이나 귀로 들어가 창자 속에 새끼를 깐다. 거인은 수십 조 명의 사람으로 이루어져 있으므로 여기저기서 수십 명쯤 잃는다고 생명이 위험할 정도는 아니다. 하지만 거미가 마음껏 새끼를 까서 번성하도록 놓아두면 언젠가 매우 위태로운 상황을 맞을 수 있다. 생각만 해도 끔찍하지 않은가?

　　바로 이것이 우리 몸을 구성하는 세포가 태어나서 죽을 때까지 단 하루도, 아니 단 한 순간도 쉬지 않고 해결해야 하는 문제다. 삶이란 저절로 되는 일이 아니며, 당연한 것도 아니다. 그렇다고 끊임없이 공격을 받는다는 생각에 너무 불안해할 것은 없다. 우리는 산처럼 쌓인 채 정복될 날만 기다리는 무기력한 살덩어리가 아니다. 천만다행히도 우리에겐 살아남기 위한 이 치열한 전투를 함께 치를 믿을 만한 동맹군이 있다. 이 동맹군이 받아 마땅한 감사와 영광을 충분히 깨닫지 못했을 뿐이다. 바로 우리의 면역계다.

　　면역계는 우리 자신을 하나의 요새로 만든다. 요새 속에는 우주에서 가장 힘세고 용맹한 전사들이 수천억 명씩 대기하고 있다. 그들은 무한히 비축된 무기를 마음껏 사용할 수 있으며, 필요할 때는 가차 없이 휘두른다. 우리의 면역계라는 군대는 지금까지 살아오는 동안 헤아릴 수 없이 많은 적과 기생충을 무찔러 왔고, 앞으로도 얼마든지 더 많은 적을 무찌를 준비가 되어 있다.

3장 세포란 무엇인가?

지금까지 세포에 대해 많은 말을 했지만, 앞으로 더 많은 말을 하게 될 것이다. 우리 몸과 면역계는 물론, 암에서 독감에 이르기까지 면역계가 싸우는 질병을 이해하려고 해도 가장 기본적인 구성단위인 세포를 먼저 알아야 한다. 아마 세포는 생물학에서 가장 환상적인 주제일 것이다. 이번 장에서 확실히 알아 두고 시야를 넓혀 이어지는 장에서 면역계의 전반을 살펴보기로 한다.

정확히 세포란 무엇이며, 어떻게 작동할까?

앞서 말했듯 세포는 생명의 가장 작은 단위다. 확실히 살아 있다고 말할 수 있는 것 중에서 가장 작다는 뜻이다. 생명을 정의하는 것 자체가 엄청나게 크고, 복잡하며, 골치 아픈 일이다. 살아 있는 것을 보면 그것이 생명임을 바로 알 수 있지만, 생명이 무엇인지 정의하기란 매우 어렵다. 전반적으로 우리가 생명이라고 하는 것들은 몇 가지 특징을 갖는다. 우선 자신과 자신을 둘러싼 환경을 명확히 분리한다. 또한 대사 작용을 영위한다. 외부에서 영양소를 받아들이고, 내부에서 발생한 쓰레기를 내다 버린다는 뜻이다. 생명은 자극에 반응한다. 스스로 성장하며, 자신과 똑같은 것을 만들어 낸다. 세포는 이런 특징을 모두 갖추고 있다. 우리 몸은 거의 전적으로 세포로 이루어져 있다. 근육과 피부와 머리카락과 장기들은 세포로 되어 있다. 핏속에도 세포가 가득하다. 세포는 너무 작기 때문에 의식이 없으며, 자유 의지나 감정이나 목표를 갖고 능동적인 결정을 내리지도 않는다. 간단히 말해 생물학적 로봇이다. 세포는 자신을 구성하는 훨씬 작은 요소들에 의해 움직이며, 전적으로 생화학적 반응을 통해 추진력을 얻는다.

세포도 나름대로 '장기'들을 갖는다. 이것들을 세포 내 소기관이라고 한다. 예를 들어 세포의 정보 센터에 해당하는 세포핵은 세포 내 소기관이다. 세포핵은 별도의 보호막을 갖추고 그 속에 유전 부호인 **데옥시리보핵산**(deoxyribo nucleic acid, DNA)을 지닌 상당히 큰 구조물이다. 음식과 산소를 화학적 에너지로 변환해 세포가 기능을 계속하도록 일종의 발전기 역할을 하는 미토콘드리아도 세포 내 소기관이다. 세포 속에는 운송 네트워크도 있고, 포장 센터도 있으며, 소화와 재활용을 담당하는 부위도 있고, 뭔가를 만들어 내는 제조 공장도 있다. 세포에 대해 배울 때면 일종의 텅 빈 봉지 속에 세포 내 소기관이 가득 채워진 것처럼 묘사된 그림을 종종 본다. 이런 그림은 잘못된 인상을 준다. 세포 속에서는 잠시도 쉬지 않고 복잡한 활동이 일어나고 있다. 잠시 지금 앉아 있는 방을 둘러보자.[1]

방 안에 바닥부터 천장에 이르기까지 물건들이 가득 차 있다고 상상해 보자. 헤아릴 수 없이 많은 모래 알갱이, 헤아릴 수 없이 많은 쌀알, 수천 개의 사과와 복숭아, 수십 개의 커다란 수박이 방을 가득 채우고 있다. 실제 세포 속은 이런 모습에 가깝다. 이런 사실이 실제로 어떤 의미일까?

인간의 세포 속은 수많은 분자로 가득 차 있다. 절반은 물 분자다. 바로 앞에서 물 분자를 모래 알갱이에 비유했다. 물 분자 덕분에 세포 내부는 부드러운 젤리 같은 환경이 만들어지며, 다른 소기관들은 그 속을 쉽게 돌아다닐 수 있다. 이렇게 미세한 차원의 세계에서 물은 더 이상 묽은 액체가 아니라 점성이 높아져 꿀 같은 성질을 갖는다.[2]

세포의 나머지 절반을 채우는 것은 대부분 수많은 단백질이다. 이 단백질들은 세포가 어떤 기능을 수행하며, 당장 어떤 일을 해야 하는지에 따라 종류만도 1,000가지에서 1만 가지에 이른다. 방의 비유에서 쌀알과 대부분의 과일이 단백질에 해당한다. 수박은 세포 그림에서 익히 보았던 세포 내 소기관이다. 그러니 세포는 대부분 단백질로 이루어져 있으며, 단

---

1 이 책을 야외에서 읽고 있다고? 그것 참, 그러면 비유가 실감 나지 않을 것이다. 그렇지 않은가? 그러니 잠시 어떤 방 안에 들어가 있다고 상상해 주기 바란다.

2 왜 그런지 궁금한 사람도 있을 것이다. 실제로 아주 매력적인 주제. 이런 물성의 변화를 두고 얼마든지 긴 토론을 할 수도 있지만, 이쪽으로 빠지면 판도라의 상자를 연 것처럼 의문이 끝없이 이어질 것이다. 그러니 우선 크기가 문제란 점만 짚고 넘어가자. 우리에게 물은 그저 균질한 물질이지만, 우리 몸이 단백질 분자만큼 작아진다면 물 분자 1개의 크기도 결코 무시할 수 없으며 실제로 부딪히면 꽤 큰 충격을 줄 것이다. 그때는 물을 가르며 수영한다는 것이 훨씬 어려운 일이 된다.

적혈구

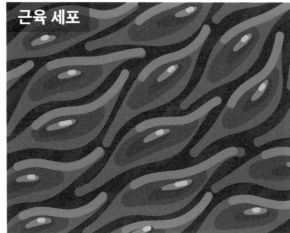

근육 세포

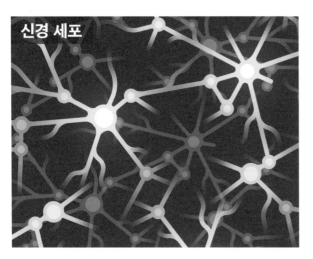

신경 세포

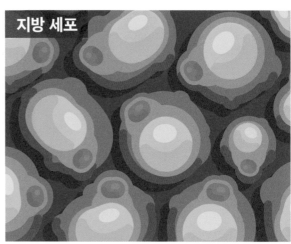

지방 세포

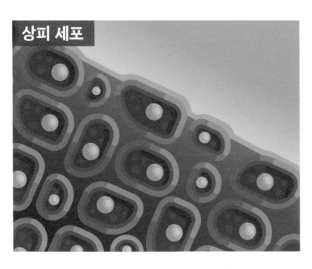

상피 세포

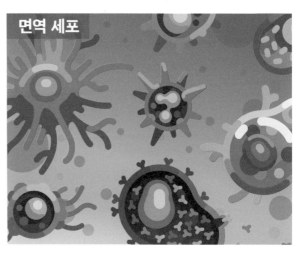

면역 세포

백질로 가득 차 있는 셈이다.

이쯤에서 **단백질**(protein)에 대해 간단히 짚고 넘어가야겠다. 면역계와 세포와 그것들이 살아가는 미시 세계를 이해하는 데 엄청나게 중요하기 때문이다. 앞서 세포를 생물학적로봇이라고 했는데, 그저 단백질 로봇이라고 해도 될 정도다. 단백질이라고 하면 음식을 이야기할 때 많이 들어보았을 것이다. 운동을 많이 하고 근육을 만들기 위해 노력하는 사람이라면 고단백질 식단을 섭취하고 있을지도 모른다. 고단백질 식단이 근육을 만드는 데 도움이 되는 이유는 우리 몸에서 고체로 되어 있는 부분이 지방을 빼면 대부분 단백질이기 때문이다. (심지어 뼈조차 단백질과 칼슘의 혼합물이다.) 하지만 단백질이 그저 근육을 만드는 데만 쓰이는 것은 아니다. 단백질이라는 유기물은 지구상에서 살아가는 모든 생물의 기본적인 구성 요소이자 만능 도구다.

단백질은 너무나 다양하고 유용하다. 단백질을 이용해 세포는 신호를 보내는 것부터 간단한 세포벽과 구조물은 물론 아주 작고 복잡한 기계들을 만드는 데 이르기까지 사실상 모든 일을 할 수 있다.

단백질은 아미노산의 사슬로 만들어진다. 단백질의 구성 요소라 할 수 있는 아미노산은 아주 작은 유기물로 스무 가지 종류가 있다. 아미노산을 아무렇게나 마음에 드는 순서로 목걸이처럼 한 줄로 꿰면 짠 하고 단백질이 만들어진다. 따라서 생명체는 놀라울 정도로 다양한 단백질을 만들 수 있다. 아미노산 10개를 한 줄로 꿰어 단순한 단백질을 만든다고 해 보자. 20개의 서로 다른 아미노산 중에 무엇이든 마음대로 고를 수 있으므로 놀랍게도 10,240,000,000,000종류의 서로 다른 단백질을 만들 수 있다.

카지노에서 쓰는 슬롯머신을 생각해 보자. 10개의 슬롯마다 스무 가지 각기 다른 그림이 들어갈 수 있다. 슬롯이 3개만 돼도 모두 똑같은 그림으로 채우기가 쉽지 않다. 그렇다면 우리의 단백질 슬롯머신에는 얼마나 많은 그림의 조합이 나타날 수 있을까? 전형적인 단백질은 보통 50~2,000개의 아미노산으로 되어 있다. (슬롯머신에 50~2,000개의 슬롯이 있는 것과 마찬가지다.) 현재 알려진 가장 긴 단백질은 3만 개의 아미노산으로 이루어져 있다. 이렇게 따지면 우리 세포가 만들어 낼 수 있는 유용한 단백질의 종류는 10억의 10억 배에 이른다.

이런 잠재적 단백질들은 대부분 쓸모가 없다. 추정에 따르면 잠재적 아미노산 조합 중 유용하게 쓰이는 단백질은 100만~10억 개 중 하나꼴이다. 하지만 잠재적 단백질의 조합이 워낙 많기 때문에 10억 개 중 하나라고 해도 여전히 엄청난 숫자다! 그렇다면 세포는 아미노산을 어떤 순서로 실에 꿰어야 필요한 단백질이 되는지 어떻게 알까?

바로 이것이 생명의 암호, 즉 **DNA**가 하는 일이다. DNA는 생명체가 생명체로 존재하기 위해 꼭 필요한 아주 긴 지침서다. 중요한 것은 DNA의 약 1퍼센트만이 단백질을 만드는 데 필요한 정보를 담고 있다는 점이다. 이 부분을 **유전자**라고 한다. DNA의 나머지 부분은 어떤 단백질을 언제 어떻게 만들지, 그때그때 얼마나 많이 만들지를 조절한다. 단백질이 생명체에 너무나 중요한 역할을 하기 때문에 생명의 암호란 결국 단백질 제조법을 적어 놓은 지침서에 불과하다. 구체적으로 어떻게 작동할까? 이 부분은 나중에 바이러스에 대해 이야기할 때만 중요하기 때문에 지금은 간단히 짚고 넘어가자. DNA에 적힌 지침은 두 단계의 과정을 거쳐 단백질로 변환된다. 우선 특수한 단백질이 기다란 DNA 가닥에 적힌 정보를 읽어 **전령 리보핵산(messenger ribonucleic acid, mRNA)**이라는 특수한 전령 분자로 바꾼다. 기본적으로 mRNA란 DNA가 명령을 내릴 때 사용하는 언어라 할 수 있다.

mRNA 분자는 세포핵을 빠져나와 다른 세포 내 소기관을 찾아간다. 리보솜이라는 이 소기관은 단백질을 생산하는 공장이다. 리보솜은 mRNA 분자를 해독한 후 아미노산을 만들고, 그것들을 역시 mRNA 분자에 적힌 순서대로 조립한다. 짠, 이제 세포가 DNA에서 단백질을 만들었도다! 정리하면 DNA는 암호를 모아 놓은 것이며, 그 안에 유전자라고 하는 구역들이 있는데, 그 구역들이 바로 세포 속 공장에서 단백질을 만들고 여러 가지 과정을 조절하기 위해 사용하는 지침서라는 뜻이다. 우리가 인간으로서 지니는 모든 특성, 즉 키가 얼마나 큰지, 눈 색깔은 갈색인지 녹색인지, 어떤 질병에 얼마나 잘 걸리는지, 곱슬머리인지 직모인지는 모두 DNA에 의해 결정된다. DNA가 우리 몸에 대고 "곱슬머리를 만들어라!"라고 말하지는 않는다. 그저 세포에게 "이러저러한 단백질을 만들어라."라고 할 뿐이다. 아주 단순화한다면 우리의 개인적인 특징은 모두 이런 식으로 나타난다.

우리는 이런 유전 암호를 아주 많이 갖고 있다. **단 1개**의 세포 속에 들어 있는 DNA를 꺼내어 펼치면 그 길이는 약 2미터에 달한다. 그렇다! 1개의 세포 속에 들어 있는 DNA가 우리 자신의 키보다 더 크다. 몸속에 있는 모든 DNA를 합쳐 한 줄로 늘어놓으면 지구에서 명

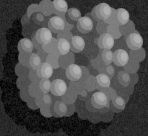

단백질은 우리 세포에서 가장 흔한
건축 재료다. 하지만 단백질은 메시지나
정보를 전달하기도 한다. 세포는 사실상
단백질로 모든 것을 만들 수 있다.

펩신

액틴

항체

글루타민 합성 효소

헤모글로빈

10나노미터(nm)

왕성까지 갔다가 돌아올 수 있는 길이가 된다. 이 모든 암호의 유일한 목적은 결국 아미노산의 긴 사슬을 만드는 것이다![3]

아미노산은 만들어지면서 기다란 사슬이라는 2차원적 구조에서 3차원적 입체 구조로 변한다. 너무나 복잡한 방식으로 접히고 포개지므로 우리는 아직도 그 정확한 원리를 알지 못한다. 어쨌든 아미노산의 종류와 순서에 따라 단백질은 복잡한 변환을 거쳐 특정한 형태를 갖게 된다.

단백질의 세계에서는 형태가 중요하다. 형태에 따라 할 수 있는 일과 할 수 없는 일이 결정되기 때문이다. 형태는 단백질의 모든 것이다. 무지무지 복잡하게 생긴 3차원 퍼즐 조각이라고 생각해도 좋다. 형태에 따라 단백질은 궁극의 도구 및 건축 재료가 된다. 세포는 단백질을 이용해 사실상 모든 것을 만들 수 있다. 하지만 단백질의 마법은 단순한 건축 재료 역할에서 그치지 않는다. 단백질은 정보를 전달하는 전령 노릇도 한다. 형태를 변화시키라는 명령을 보내거나 받으며 엄청나게 복잡한 연쇄 반응을 일으킬 수 있다. 세포 입장에서 단백질은 그야말로 모든 것이다. 다시 한번 쌀알과 복숭아와 사과로 가득 찬 방을 떠올려 보자. 이 모든 단백질은 사실 공 모양이 아니라 기어와 바퀴, 스위치와 도미노 조각과 선로가 상상을 초월할 정도로 복잡하게 뒤섞인 모습에 가깝다.

살아 있는 한 세포는 언제나 움직이고 이동한다. 바퀴들이 회전하면서 줄지어 늘어선 도미노를 넘어뜨리고, 맨 끝에 놓인 도미노 조각이 넘어지면서 스위치를 누르고 레버를 당기고 선로를 따라 조약돌을 굴린다. 굴러간 조약돌이 더 많은 바퀴를 회전시키면 더 많은 연쇄 반응이 일어난다. 형이상학적으로 표현하면 세포라는 로봇의 정신은 단백질과 이들을 특정한 방향으로 이끄는 생화학이다.

가장 흔한 단백질 중 몇 가지는 세포 속에 놀랄 정도로 풍부해 개수로 따지면 50만 개

---

3   지금쯤 스스로 계산해 보고 훨씬 놀라운 숫자를 확인한 사람도 있을 것이다. 40조 개의 세포에 2미터를 곱하면 약 80,000,000,000,000미터가 나온다. 지구와 명왕성 사이를 왕복하는 거리의 5배다. 하지만 앞에서 우리 몸을 간단히 소개하면서 언급하지 않은 사소한 문제가 있다. 우리 몸속에 있는 세포의 절대 다수는 DNA를 갖지 않는다. 특히 적혈구는 숫자로 따지면 세포의 약 80퍼센트를 차지하지만, 세포핵이 없다. 대신 산소를 운반하기 위해 세포 내부 공간을 모두 철 분자로 채운다. 그러니 명왕성을 딱 한 번 왕복하는 것으로 만족하자.

에 이르기도 한다. 숫자로는 10분의 1에 불과하지만, 매우 특화된 기능을 수행하는 것들도 있다. 하지만 단백질이 그저 세포 속을 유유히 떠다니며 제 할 일만 하는 것은 아니다. 작디 작은 단백질 퍼즐 조각과 구조물들은 세포 속에서 정말로 다양하고 멋지고 복잡한 방식으로 상호 작용한다. 어떻게 그럴 수 있을까? 비결은 엄청나게 빨리 꼼지락거리는 것이다. 단백 질은 너무나 작고 가벼워서 인간이라는 거대 차원과 근본적으로 다른 미소 차원에 존재하 기 때문에 우리 주변의 사물과 비교하면 매우 이상하게 행동한다. 중력은 이런 차원에 존재 하는 물질에 그리 중요한 힘이 아니다. 이론상 실온에서 보통의 단백질은 초당 약 5미터를 움 직일 수 있다. 그리 빠르다고 생각하지 않을지도 모르지만, 평균적인 단백질의 크기가 손가 락 끝의 100만분의 1에 불과하다면 얘기가 달라진다. 우리가 현실에서 단백질만큼 빨리 움 직인다면 제트기 정도의 속도로 뛰어가다 어디엔가 부딪혀 끔찍한 죽음을 맞을 것이다.

단백질은 실제 세포 속에서 그렇게 빨리 움직이지는 못한다. 다른 분자도 많기 때문이 다. 어느 쪽으로 움직여도 물 분자나 다른 단백질과 충돌한다. 모든 사람이 좁은 방안에서 밀 고 밀리는 모습과 비슷하다. 이렇게 기체나 액체 속에서 일어나는 분자들의 무작위적 움직임 을 **브라운 운동**이라고 한다. 세포 속에서 물이 그토록 중요한 이유가 바로 이것이다. 물 덕분 에 다른 분자들이 이곳저곳을 쉽게 돌아다닐 수 있다. 단백질 퍼즐 조각의 빠른 속도와 무작 위적 움직임의 혼란에도 불구하고, 아니 오히려 그 때문에 세포 안에서 필요한 일이 진행될 수 있다.[4]

상황을 단순화해 보자. 세포가 필요한 분자를 한데 모으는 기본적인 원리는 샌드위치 에 비유할 수 있다. 세포 속에 있는데 갑자기 잼 샌드위치가 먹고 싶어진다면 가장 좋은 방법 은 토스트와 잼을 허공에 던져 올린 후 잠시 기다리는 것이다. 세포 속에서는 모든 것이 아주 빠른 속도로 부딪히므로 토스트와 잼 역시 저절로 척척 제자리를 찾아가 샌드위치가 만들

---

4   복잡하기 짝이 없는 인간 세포가 무작위에만 의존하는 것은 아니다. 세포는 분자를 필요한 곳에 보내는 복잡하 고도 멋진 방법을 얼마든지 갖고 있지만, 이 책에서는 무시하려 한다. 그래도 알고 싶은 사람을 위해 간단히 설명하 면 세포 안에는 아주 복잡한 통로들이 나 있으며, 그 통로를 따라 수많은 운반 단백질(transport protein)이 쉬지 않 고 움직인다. 신기한 것은 운반 단백질이 마치 마법에 의해 앞쪽으로 점프해 가며 움직이는 거대한 발처럼 생겼다는 점이다. 잠깐 시간을 내어 유튜브에서 그 신기한 광경을 보여 주는 동영상을 찾아보기 바란다.

어진다. 우리는 그저 허공에 떠 있는 샌드위치를 손으로 집어 먹기만 하면 된다.[5]

미시 세계에서는 분자의 형태에 따라 서로 끌어당길지 밀어낼지가 결정된다. 세포 속에서도 단백질이 어떤 모양인지에 따라 어떤 단백질끼리 끌어당기고 밀어낼지, 어떤 상호 작용이 일어날지 결정된다. (그런 상호 작용이 얼마나 자주 일어날지는 서로 다른 유형의 단백질이 얼마나 많은지에 달려 있다.) 지구상 모든 세포 속에서 일어나는 생화학적 과정은 결국 이런 상호 작용에 의해 생긴다. **생물학적 경로**라 불리는 이런 상호 작용이야말로 생물학에서 가장 중요한 과정이다. 경로란 말은 조금 어렵게 들릴지 모르지만, 분자 사이에 일어나는 일련의 상호 작용을 유식하게 표현한 데 불과하다. 이런 경로를 통해 세포 안에서는 다양한 변화가 일어난다. 새롭게 생겨난 특수 단백질이나 기타 분자들이 서로 결합해 특정한 유전자를 켜고 끔으로써 세포가 어떤 일을 하거나 하지 못하게 하는 것도 경로다. 세포를 움직여 위험한 것에서 멀어지게 하는 등의 **행동**을 일으킬 수도 있다.

한꺼번에 너무 많은 정보를 쓴 것 같다. 아직 세포에 대해 할 말을 다한 것은 아니지만, 이제 얼마 안 남았다! 지금까지 배운 내용을 간단히 정리해 보자.

세포 속에는 단백질이 무지무지하게 많다. 단백질은 3차원 퍼즐 조각이다. 특정한 형태를 지녀 서로 정확히 결합하거나 다른 단백질과 특정한 방식으로 상호 작용한다. 이런 상호 작용이 일정한 순서에 따라 일어나는 것이 경로다. 경로 덕분에 세포는 맡은 바 임무를 완수할 수 있다. 생화학적 과정에 의해 추진력을 얻는 단백질 로봇이라고 한 것은 바로 이런 뜻이다. 완전히 멍청한 단백질 사이에 일어나는 복잡한 상호 작용 덕분에 약간 덜 멍청한 세포가 만들어지고, 약간 멍청한 세포 사이에서 일어나는 복잡한 상호 작용 덕분에 정말 정말 똑똑한 면역계가 만들어진다.

이쪽 분야가 으레 그렇듯 이제 우리는 엄청나게 큰 주제와 맞닥뜨렸다. 까딱 발을 잘못

---

5 사실 이 과정은 수천 개의 토스트와 수만 개의 잼을 한꺼번에 허공에 던져 올리는 것과 더 비슷하다. 세포가 제대로 일을 하려면 단 1개의 잼 샌드위치를 만들면 되는 것이 아니라 모든 것이 엄청나게 많이 필요하다.

디디면 『이상한 나라의 앨리스』에서처럼 한없이 깊은 곳으로 굴러떨어질 토끼굴이 수없이 많다. 스스로 생각할 능력이 없는 것들이 많이 모였을 뿐인데 어떻게, 그리고 왜 각각의 합보다 훨씬 똑똑한 뭔가를 만들어 낼 수 있을까? 면역계를 설명할 때 보통 이 부분은 그냥 넘어가지만, 논의를 계속하기 앞서 잠깐 생각해 봐도 좋을 것이다. 이런 사실은 우리가 독감을 앓거나 상처가 아무는 모습을 지켜볼 때 좀처럼 떠올리지 않는 면역계와 세포 전반에 걸쳐 경이로움을 더해 주기 때문이다.

　여기서는 모든 것이 너무나 추상적이라서 또 다른 비유가 필요하다. 이번에는 개미를 생각해 보자. 개미는 세포와 몇 가지 비슷한 부분이 있는데, 가장 중요한 것은 정말 멍청하다는 점이다. 개미를 욕하려는 것은 아니지만, 개미 한 마리를 잡아와 혼자 두면 녀석은 여기저기 돌아다닐 뿐 쓸모 있는 일이라고는 단 한 가지도 하지 못한다. 하지만 수많은 개미가 한곳에 모이면 서로 정보를 교환하고 활발히 상호 작용하면서 조화를 이루어 놀라운 일들을 해낸다. 개미들은 아주 복잡한 개미굴을 짓는다. 알을 품는 방, 쓰레기를 버리는 곳, 정교하게 공기의 흐름을 조절하는 환기 시스템까지 온갖 특수 기능이 갖춰져 있다. 개미들은 스스로 계급을 나누고, 먹이를 모으거나 적으로부터 무리를 보호하거나 새끼들을 돌보는 등 임무를 맡아 수행한다. 제멋대로 하는 것이 아니라 집단의 생존에 가장 유리한 비율에 맞춰 꼭 해야 할 일을 한다. 배고픈 개미핥기가 근처를 어슬렁거리다 개미들을 잡아먹어 한 계급이 몽땅 사라진다면 남아 있는 개미끼리 임무를 조정해 생존에 가장 유리한 비율을 회복한다. 한 마리씩 떼어 놓으면 멍청하기 짝이 없는 개미가 집단을 이루면 이런 일을 척척 해낸다. 개미 집단은 각각의 개미를 합친 것보다 훨씬 크고 놀라운 존재다. 이런 현상은 자연계 어디서나 일어난다. 이처럼 어떤 존재가 각 부분이 지니고 있지 않은 특성과 능력을 가지는 것을 **창발**(**emergence**)이라 한다. 개미 집단은 매우 복잡한 일을 척척 해내지만, 한 마리의 개미는 그렇지 않다.

　우리 몸에서 일어나는 모든 일도 마찬가지다. 세포는 화학적 원리의 지배를 받는 단백질을 일정한 공간 속에 모아 놓은 것에 불과하다. 하지만 단백질들이 한데 모이면 헤아릴 수 없이 다양하고 정교한 일을 척척 해내는 생명체가 된다. 그렇더라도 여전히 세포는 아무런 생각이 없다. 하나하나 떼어 놓으면 개미보다 훨씬 멍청하다. 하지만 수많은 세포가 모이면 각각의 세포가 꿈도 못 꾸던 일을 할 수 있다. 심장을 뛰게 만드는 근육에서 기막힌 아이디어를 떠올리고 지금 이 문장을 읽을 수 있게 해 주는 뇌에 이르기까지 온갖 특수한 조직과 기관계를 형성한다. 면역계 역시 이렇듯 멍청한 세포와 단백질이 한데 모여 복잡한 상호 작용 끝에 엄청나게 똑똑한 일들을 해낸다.

이제 논의를 진행할 수 있다. 하지만 잠시 샛길로 빠져 살펴본 사실에서 다음과 같은 것을 깨달았을 것이다. 세포는 정말 멋지고 복잡한 생명의 기계다. 그 속에는 놀랄 만큼 다양한 단백질 퍼즐 조각이 가득 들어 있다. 퍼즐 조각은 전적으로 생화학적 과정에 의해 움직인다. 이 모든 것이 합쳐져 환경을 감지하고 환경과 상호 작용하는 생명체를 형성한다. 세포는 아무런 감정이나 목적 없이 제 할 일을 한다. 하지만 그 일을 너무 잘 하기 때문에 약간의 감사와 관심을 받을 자격이 충분하다. 이제부터는 이 작은 로봇들을 때때로 의인화할 것이다.

우선 세포가 무엇을 원하며 무엇을 성취하고 싶어 하는지, 어떤 생각을 하고 어떤 희망을 품고 어떤 꿈을 갖는지 알아보자. 이렇게 하다 보면 결국 약간은 성격을 부여하게 된다. 물론 세포가 성격을 갖는 것은 아니지만, 이렇게 하면 어떤 것들을 설명하기가 훨씬 쉽다. 세포는 놀라운 존재다. 하지만 이것만은 기억하자. 세포는 아무것도 원치 않으며, 아무것도 느끼지 않는다. 슬퍼하거나 행복해하지 않는다. 그저 지금 여기에 그 모습 그대로 있을 뿐이다. 의식이 없다는 점에서 세포는 돌이나 의자, 중성자별과 다를 것이 없다. 세포라는 로봇은 수십억 년 동안 진화하고 변해 왔으며, 우리가 편안히 앉아 이 책을 읽듯 멋지게 작동한다고 입증된 규칙에 따를 뿐이다. 그래도 세포를 우리의 작고 귀여운 친구라고 생각하면 좀 더 존중하게 될 뿐 아니라 이해하기도 쉽고, 이 책을 훨씬 재미있게 읽을 수 있을 것이다. 그 정도면 충분한 변명거리가 되지 않을까?

이쯤에서 이렇게 묻는 사람도 있을 것이다. "그래 좋아. 피와 살로 이루어진 거대한 대륙에 수십억 개의 로봇이 살고, 녀석들은 한데 모이면 굉장히 똑똑하지만 하나하나 떼어 놓으면 그 내부는 엄청나게 복잡해도 하는 짓은 그저 멍청할 뿐이란 말이지? 그런데 도대체 녀석들이 어떻게 우리 몸을 지킨다는 거지?"

글쎄, 계속 읽어 보라고 할 수밖에는…….

4장 면역계의 제국과 왕국

위대한 건축가가 되어 면역계를 직접 설계한다고 생각해 보자. 우리 몸을 침범하려고 호시탐탐 기회를 엿보는 수많은 적에 맞서 다양한 방어 전략을 구축해야 한다. 마음 같아서는 모든 방어 수단을 빠짐없이 동원하고 싶다. 그때 뿅 하고 회계사가 나타나 잔소리를 늘어놓는다. 에너지 예산이 빠듯하며, 낭비할 자원 따위는 없으니 최대한 알뜰하게 설계해야 한다는 것이다. 갑자기 부담이 커진다. 이 엄청난 임무에 어떤 식으로 접근해야 할까? 어떤 부대를 전면에 내세우고, 어떤 부대를 예비대로 아껴 둘 것인가? 적이 갑작스럽게 침입했을 때 강력하게 반격하면서도 너무 빨리 지쳐 나가떨어지지 않으려면 어떻게 해야 할까? 우리 몸이라는 광대한 대륙을 어떻게 빠짐없이 감시하며, 침입해 들어오는 수많은 적에 어떻게 적절히 대응할 수 있을까? 다행히 면역계는 아름답고 우아한 해결책을 많이 준비해 두었다.

앞서 언급했지만 면역계는 단일 요소가 아니라 다양한 요소들로 이루어진다. 수많은 미세 기관과 약간 더 큰 장기들, 복잡하고 촘촘하게 얽힌 관과 조직들, 수십 가지 특수 기술을 갖춘 수천억 개의 세포와 세포 안팎을 자유롭게 둥둥 떠다니는 셀 수 없이 많은 단백질이 모두 면역계를 구성한다.[1]

이 모든 부분이 다양한 층위와 시스템을 구성하고, 이들이 서로 겹치므로 면역계는 말할 수 없이 복잡하다. 조금 쉽게 이해하는 한 가지 방법은 면역계의 구성 요소들을 제국과

---

[1] 우리 몸에는 백혈구라는 것이 있으며, 그것들이 면역 세포라는 식의 이야기를 들어보았을 것이다. 글쎄, 이런 용어도 적절한 맥락에서 사용할 수는 있겠지만 그건 단지 '면역계의 세포'라는 일반적인 의미일 뿐이며, 면역학이라는 분야에서 특별히 이런 용어를 선호하지도 않는다. '백혈구'라는 용어는 아주 다양한 세포를 통칭하는데, 이 범주에 들어가는 세포 전체를 생각하면 너무 다양한 일을 하기 때문에 면역계에서 실제로 어떤 일이 벌어지는지 이해하는 데 도움이 되지 않는다. 이 책에서는 백혈구라는 말을 쓰지 않을 것이므로 잊어버려도 좋다.

면역계의 주요 등장 인물

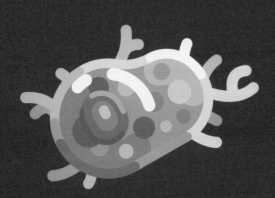

큰 포식 세포

가지 세포

중성구

보체

자연 살해 세포

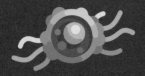

T 세포

B 세포

항체

호염구

호산구

비만 세포

왕국이라고 상상해 보는 것이다. 제국과 왕국들은 서로 힘을 합쳐 우리 몸이라는 광활한 대륙을 방어한다. 이들을 크게 두 가지 영역으로 나눌 수 있다. 바로 **선천 면역계**와 **후천 면역계**다. 두 영역은 긴밀히 협조해 가며 자연이 발견한 가장 강력하고 기발한 전략을 구사한다.

선천 면역계는 태어날 때부터 존재하며 적이 침입하면 불과 몇 초 안에 작동하는 모든 방어 전략이 포함된다. 이는 지구상에 최초의 다세포 동물이 생겨난 순간부터 존재해 온 가장 기본적인 방어 전략으로, 생명을 유지하는 데 절대적으로 중요하다. 선천 면역계의 중요한 기능은 **자기**와 **타자**를 구분하는 것이다. 이 능력이야말로 면역의 핵심 중 핵심이다. 타자를 감지하면 면역계는 즉시 행동에 돌입한다. 하지만 이때 동원하는 무기는 아직 특이적인 적을 식별하는 능력이 없으므로 흔히 마주치는 다양한 적에게 두루 효과를 발휘하는 쪽으로 진화했다. 예컨대 특정 유형의 대장균에만 효과를 발휘하는 특이적 무기가 아니라 거의 모든 세균에 효과를 발휘하는 무기들을 갖고 있다는 뜻이다. 최대한 다양한 적에게 효과를 발휘하도록 설계되어 있는 것이다. 선천 면역이란 말하자면 초보자용 기본 공구함이다. 전문가용 공구함에 들어 있는 특수 장비는 없지만, 기본 장비는 모두 갖추고 있다. 사실 이런 기본 장비가 없다면 특수 장비도 쓸모가 없다.

선천 면역계가 없다면 우리는 며칠이나 몇 주 만에 미생물에게 완전히 짓눌려 죽고 말 것이다. 가장 힘든 일과 대부분의 전투를 도맡는 것이 바로 선천 면역계다. 우리 몸을 지키는 엄청난 숫자의 전사(戰士)와 보초 세포는 모두 선천 면역계에 속한다. 상당히 거친 친구들이다. 말을 주고받거나 생각을 하기보다 일단 적의 머리통을 후려갈기고 보는 유형이다. 우리 몸에 발을 들인 대부분의 미생물을 우리가 눈치채기도 전에 처치해 버린다. 선천 면역계는 첫 번째 방어선으로 병사들을 그저 위험한 곳에 몰아넣는 데서 그치는 것이 아니라 중요한 결정을 내려야 한다. 이번 침략은 얼마나 위험한가? 공격을 감행한 적은 누구지? 화력이 더 좋은 무기가 필요한가?

이런 결정은 면역계 전체가 어떤 무기를 동원할지에 영향을 미치므로 매우 중요하다. 세균은 바이러스와 전혀 다른 방식으로 대응해야 한다. 따라서 싸움이 벌어지는 동안 선천 면역계는 정보와 데이터를 수집하고, 많은 경우 우리의 운명을 결정할 중요한 판단을 내린다. 적의 공격이 심각하다고 판단하면 2차 방어선을 활성화해 싸움에 합류하도록 동원할 권한

이 있다.

후천 면역계에는 1차 방어선을 지휘하고 지원하는 데 특화된 힘센 세포들이 있다. 또한 화력이 엄청난 단백질 무기를 생산하는 공장과 바이러스에 감염된 자기 세포를 찾아내 죽이는 특수 세포들도 있다. 후천 면역계의 가장 두드러진 특징은 **특이적**(specific)이라는 점이다. 사실 믿을 수 없을 정도로 특이적이다. 후천 면역계는 우리 몸에 들어올 가능성이 있는 모든 잠재적 침입자를 '이미 알고 있다.' 그 녀석의 이름이 뭔지, 아침으로 뭘 먹었는지, 어떤 색깔을 좋아하는지, 가장 간절한 희망과 꿈이 무엇인지 환히 안다. 현재 지구상에 존재할 가능성이 있는 모든 미생물 하나하나는 물론, 향후 진화 과정 중에 나타날 가능성이 있는 모든 미생물 하나하나를 어떻게 처리할지 구체적인 답을 갖고 있다. 얼마나 으스스한 이야기인가! 예컨대 세균은 그저 아기들을 낳고 오손도손 살아갈 장소를 찾아 사람의 몸에 들어갈 뿐이다. 그런데 막상 들어가 보니 이름과 얼굴과 살아온 내력과 가장 은밀한 비밀까지 모두 알 뿐만 아니라, 세균쯤은 간단히 죽여 버리는 비밀 요원들이 완전 무장한 채 떡 버티고 있는 것이다.

숨이 턱 막힐 정도로 특이적인 방어 체계와 그것이 어떻게 작동하는지는 차차 설명하겠지만, 우선 후천 면역계가 현존하는 모든 적과 향후 나타날 가능성이 있는 모든 적의 침입에 대비해 지금까지 인류에게 알려진 가장 큰 도서관을 갖고 있다는 점만 기억하자. 그뿐만이 아니다. 후천 면역계는 한 번이라도 모습을 드러낸 적에 관해 모든 것을 기억하는 능력도 갖추고 있다. 우리가 살면서 대부분의 질병에 딱 한 번만 걸리는 것은 이런 이유에서다. 하지만 이렇게 놀라운 지식과 복잡성에는 단점도 있다.

선천 면역계와 달리 후천 면역계는 갓 태어났을 때 아직 준비가 되어 있지 않다. 수년간 훈련을 받고 성숙해져야 한다. 빈 서판으로 출발해 점점 강해지다가 나이가 들수록 약해진다. 인간이 어렸을 때와 나이 들었을 때 병에 걸리거나 죽을 가능성이 훨씬 높은 이유 중 하나가 후천 면역계가 약하기 때문이다. 엄마들은 모유를 통해 갓 태어난 아기에게 후천 면역을 조금 떼어 줌으로써 아기를 보호하고, 생존에 도움을 준다!

매우 정교한 방어 체계라고 생각하기 쉽지만, 후천 면역계의 가장 중요한 임무는 선천 면역 세포에게 더욱 격렬하고 효율적으로 싸우도록 동기를 부여해 선천적 방어 체계를 더욱 강력하게 만드는 것이다. (나중에 자세히 알아보겠다.)

지금까지 배운 내용을 요약해 보자. 면역계에는 두 가지 중요한 영역이 있다. 선천 면역계와 후천 면역계다. 선천 면역계는 우리가 태어난 순간부터 싸울 준비를 갖추고 있으며 침입한 적이 **자기**가 아니라 **타자**임을 식별한다. 전투에 직접 뛰어들어 온갖 궂은일을 도맡아 하는 동시에 적이 대략 어떤 범주에 속하며 얼마나 위험한지 판단한다. 마지막으로 2차 방어선인 후천 면역계를 활성화시킬 수 있다. 후천 면역계는 효율적으로 작전을 펼치기까지 몇 년의 시간이 필요하다. 강력한 첨단 무기를 갖추고 우리 몸을 침범할 가능성이 있는 모든 적과 맞서 싸우기 위해 놀랄 정도로 커다란 도서관을 보유하고 있어 **특이적**으로 작동한다. 후천 면역계 자체도 아주 강력하지만, 가장 중요한 임무는 선천 면역계를 훨씬 강력하게 만드는 것이다.

두 가지 영역은 아주 깊고 복잡한 방식으로 연결되어 있다. 면역계의 가장 신비하고 아름다운 능력은 두 가지 시스템의 상호 작용에 의해 나타난다.

두 가지 영역을 완전히 이해하기 위해 책의 나머지 부분을 크게 셋으로 나누었다. 2부에서는 피부를 통해 세균이 침입한 상황을 직접 경험해 본다. 3부에서는 바이러스가 점막을 침범했을 때 어떤 일이 벌어지는지 알아본다. 4부에서는 모든 것을 한데 모아 어떻게 작동하는지 정리한 후, 자가 면역 질환에서 암에 이르는 구체적인 질병을 논의할 것이다.

자, 이제 적들이 우리의 국경을 침범했을 때 어떤 일이 벌어지는지 살펴보자.

2부

궤멸적 손상

5장 적들을 만나 보자

방어 체계를 이해하려면 누가 우리를 공격하는지 아는 것이 중요하다. 앞서 말했듯 대부분의 생명체에게 우리는 인간이 아니라 숲과 늪과 바다로 덮여 있는 새로운 풍경이며, 정착해 가족을 이루고 살 수 있을 정도로 풍부한 자원과 넉넉한 공간을 제공하는 환경일 뿐이다. 우리는 행성이요, 집이다.

어쩌다가 우리 몸에 들어온 미생물은 대부분 즉시 사멸한다. 우리 몸을 지키는 면역계의 가혹한 공격에 전혀 대비가 되어 있지 않기 때문이다. 우리를 둘러싼 생명체의 절대 다수는 면역계에게 그저 약간 성가신 존재일 뿐이다.

진정한 적은 우리의 방어 수단을 효과적으로 극복할 길을 찾은 나름 엘리트 집단이다. 이들은 심지어 사람 사냥을 전문으로 하거나, 생명 주기의 결정적인 단계를 완성할 터전으로 우리 몸을 이용하기도 한다. 예컨대 홍역 바이러스(*Measles morbillivirus*)는 우리에게 철썩 달라붙어 괴롭히기로 굳게 마음먹은 놈이다. 결핵균(*Mycobacterium tuberculosis*)은 7만 년 전부터 우리와 공진화하며 아직도 연간 200만 명의 목숨을 앗아 간다. 한편 COVID-19를 일으키는 신종 코로나바이러스 같은 녀석은 우연히 우리 몸에 들어왔다가 믿을 수 없는 행운을 거머쥔 존재다.

오늘날 우리에게 병을 일으키는 것들을 주제로 삼는다면 대부분 세균과 바이러스에 대해 이야기하게 될 것이다. 물론 저개발 국가에서 연간 50만 명을 죽음으로 몰고 가는 말라리아처럼 단세포 '동물', 즉 원생동물도 심각한 문제로 남아 있다.

우리 몸에 들어와 면역계와 한판 대결을 벌이는 모든 침입자를 **병원체(pathogen)**라고 한다. '병의 원인이 되는 것'이란 뜻이다. 질병을 일으키는 모든 미생물은 생물종과 관계없이, 아무리 크거나 작아도 병원체다. 상황만 맞아떨어지면 거의 모든 것이 병원체가 될 수 있다.

예를 들어 오래전부터 우리 피부에 살고 있는 그저 그런 세균들은 전혀 우리를 괴롭히지 않지만, 항암 화학 치료를 받거나 면역력이 크게 저하되어 침입하기 쉬운 상태가 되면 삽시간에 병원체로 변신할 수 있다. 어디서든 '병원체'란 말을 보면 '병을 일으키는 것'이란 뜻임을 기억하자.

면역계는 세상에 수많은 병원체가 있으며, 이것들을 없애려면 병원체마다 매우 다른 전략을 동원해야 함을 '인식한다.' 따라서 면역계는 어떤 침입자와도 맞서 싸울 수 있는 다양한 무기 체계와 대응 전략을 진화시켜 왔다. 이것들을 하나하나 짚어 본다는 것은 너무 벅찬 일이거니와, 그렇지 않아도 복잡한 면역계를 이해하기가 더욱 어려워질 것이다. 조금 단순화하기 위해 우선 적들의 힘을 빌려 복잡한 방어 기전들을 한 번에 하나씩 차근차근 설명하려고 한다. 그 뒤에는 몇 가지 질병과 그것들이 우리를 얼마나 비참하게 만드는지 알아보고, 마지막으로 암과 알레르기, 자가 면역 질환처럼 우리 내부에 도사린 위험을 살펴볼 것이다.

2부에서는 면역계가 맞서 싸워야 하는 미생물 중 가장 잘 알려진 녀석들을 설명한다. 바로 **세균**(bacteria)이다. 세균은 지구상에서 가장 오래된 생명체 중 하나로 수십억 년 전부터 사방을 멋대로 휘저으며 파티를 벌여 왔다. 골치 아프게 따지지 않고도 살아 있다고 간주할 수 있는 가장 작은 생명체이기도 하다. 앞서 예로 든 비유를 다시 떠올려 보자. 세포가 인간만 한 크기라면 평균적인 세균은 토끼 정도의 크기다. 인간 세포와 마찬가지로 세균 역시 1개의 세포로 구성된 단백질 로봇으로, 형태와 크기가 엄청 다양하며 생화학적 원리와 유전 부호에 의해 움직인다. 세균에 대한 가장 흔한 오해는 우리 세포보다 작고 덜 복잡하다고 해서 세균을 원시적인 생명체로 생각하는 것이다.

세균은 오랜 세월 동안 진화하면서 정확히 살아가는 데 필요한 만큼의 복잡성만 지니고 있을 뿐이다. 게다가 세균은 우리 지구에서 믿을 수 없을 정도로 크게 성공했다! 세균은 생존의 달인으로 영양소만 있다면 사실상 어디서든 살아간다. 동료 세균이 하나도 없는 미개척지를 발견하면 때로 방사선을 견디거나 지금까지는 영양소로 이용할 수 없었던 것들을 먹어 치우는 방법을 찾아내 그 땅의 정복에 나서기도 한다. 우리가 딛고 선 땅, 우리가 앉는 책상의 표면에는 세균이 우글우글하다. 우리가 들이마시는 공기 중에도 둥실둥실 떠다닌다. 지금 읽고 있는 이 페이지에도 잔뜩 달라붙어 있을 것이다. 어떤 세균은 수면 수천 미터 아래

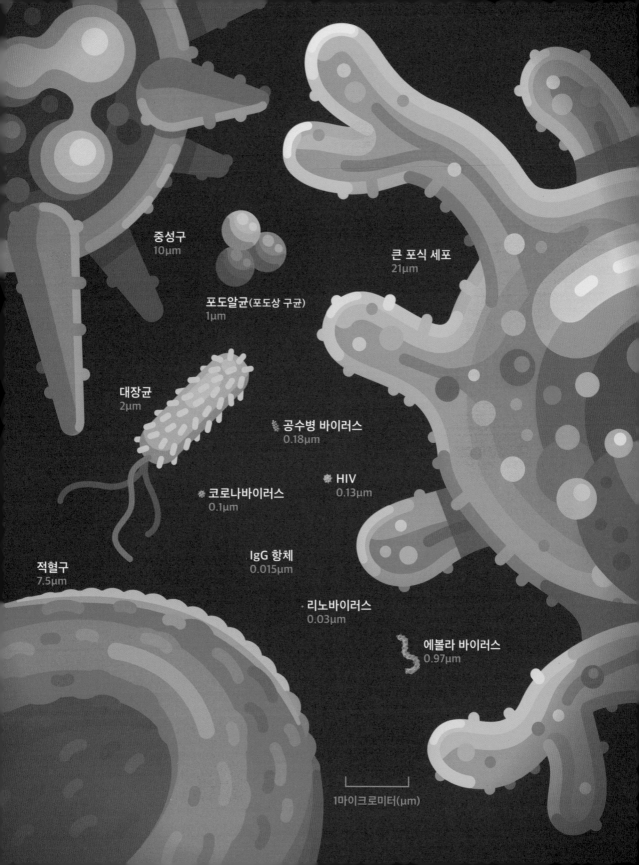

중성구
10μm

큰 포식 세포
21μm

포도알균(포도상 구균)
1μm

대장균
2μm

공수병 바이러스
0.18μm

HIV
0.13μm

코로나바이러스
0.1μm

IgG 항체
0.015μm

적혈구
7.5μm

리노바이러스
0.03μm

에볼라 바이러스
0.97μm

1마이크로미터(μm)

심해에서 뜨거운 물을 내뿜는 열수공처럼 극히 적대적인 환경에서 번성하는가 하면, 우리의 눈꺼풀처럼 쾌적한 곳을 차지하고 살아가는 놈도 있다.

지구상에 있는 모든 세균을 합친 **생물량(biomass)**이 얼마나 큰지에 대해서는 논란이 있지만, 가장 보수적인 추정치에 따르더라도 모든 동물을 합친 것의 최소 10배는 된다. 흙 1그램 속에는 최대 5000만 마리의 세균이 꼼지락거리며 부지런히 제 할 일을 한다. 사람의 이빨에 끼어 있는 치태(plaque) 1그램을 긁어내면 그 속에는 현재 지구상에 존재하는 모든 인간보다 더 많은 세균이 우글거린다. (아이들에게 왜 이를 잘 닦아야 하는지 동기를 부여하는 동시에 밤에 악몽을 꾸게 하고 싶다면 이 이야기를 써먹어 보자.)

이상적인 환경에서 한 마리의 세균은 20~30분마다 한 번씩 둘로 나뉘어 두 마리가 된다. 이런 식으로 4시간 동안 분열하면 세균의 숫자는 8,000마리를 넘는다. 몇 시간 더 지나면 수백만 마리가 되고, 며칠이 지나면 전 세계의 모든 바다를 가득 채울 정도로 불어난다. 다행히 현실에서는 그럴 만한 공간도 없고, 양분도 부족하기 때문에 이런 일은 일어나지 않는다. 모든 세균이 이렇게 빨리 분열하는 것도 아니다. 그저 이론적으로 이렇게 생각할 수 있을 정도로 세균의 분열 속도가 빠르다는 사실만 알아 두자.

이렇게 엄청난 속도로 불어나는 세균과 맞서 싸우기란 면역계에게 결코 쉬운 일이 아니다. 세균은 지구상 어디에나 존재하므로, 우리 몸 또한 언제나 모든 부위가 세균으로 뒤덮여 있다. 세균을 완전히 제거할 가능성은 조금도 없다. 세균이 없는 삶이란 불가능하다. 게다가 대부분의 세균은 전혀 해롭지 않다. 이런 현실을 받아들이고 최대한 이용해야 한다. 우리 조상들은 유익한 세균을 잘 이용해 왔다. 절대 다수의 세균이 친절한 이웃이며 조력자로서 유해한 세균의 침입을 막고, 특정한 식품 성분을 분해해 우리가 살아가는 데 도움을 준다. 그 대가로 세균들은 살아갈 장소와 공짜 음식을 얻는다. 이렇게 유익한 세균은 이 책에서 다루지 않는다.

호시탐탐 우리 몸을 침입할 기회를 엿보는 병원성 세균도 많다. 이 적대적인 세균들은 설사나 성가신 위장관 질환부터 결핵이나 폐렴, 심지어 흑사병, 나병, 매독까지 이름만 들어도 무시무시한 질병을 일으킨다. 이놈들은 기회만 주어지면, 예컨대 우리 몸에 상처가 나거나 세균이 진을 치고 있는 곳을 손으로 만졌을 때 살 속을 파고들거나 몸속으로 들어와 말썽

대장균

선모

캡슐

세포벽

편모

리보솜

DNA

플라스미드

세포막

세포질

세균의 형태

알균(구균)

막대균(간균)

나선균

을 일으킨다. 항생제가 발견되기 전에는 사소한 상처만 입어도 심각한 병을 앓거나 심지어 죽기도 했다.[1]

현대 의학의 기적 속에 살아가는 오늘날에도 매년 적지 않은 사람이 세균 감염으로 목숨을 잃는다. 다시 말해 세균은 면역계를 이해하고자 할 때 완벽한 출발점이다! 이제 몇 마리의 세균이 마침내 우리 몸속에 들어오는 데 성공했을 때 어떤 일이 벌어지는지 알아보자. 하지만 그 전에 세균은 엄청나게 견고한 장벽을 돌파해야 한다. 바로 피부라는 이름의 사막 왕국이다.

---

1 이 부분은 그냥 지나칠 것이 아니라 조금 깊게 생각해 볼 필요가 있다. 실제로 우리 할아버지 때만 해도 이런 일이 비일비재했다. 1941년 미국 보스턴의 한 병원 데이터를 보면 세균이 혈액 감염을 일으킨 경우 82퍼센트의 환자가 사망했다. 우리는 이 숫자가 얼마나 무서운 것인지 실감하기 어렵다. 무심코 피부를 긁은 자리에 살짝 흙이 닿기만 해도 죽을 수 있다는 뜻이다. 오늘날 선진국에서 이런 감염으로 죽는 사람은 1퍼센트도 안 된다. 우리가 이런 일을 거의 생각하지 않고 산다는 사실 자체가 인간이 얼마나 쉽게 잊는 존재인지, 우리가 가까운 과거가 아니라 현재를 살고 있다는 사실이 얼마나 행복한 것인지 잘 보여 준다.

6장 피부라는 사막 왕국

피부는 우리가 내부라고 느끼는 거의 모든 부분을 덮어 외부에서 분리해 주는 기관이다. 외부와 가장 먼저, 직접 접촉한다. 따라서 몸속으로 들어오려는 온갖 미생물을 물리쳐 우리를 보호하려면 피부가 튼튼한 국경선 역할을 해 주어야 한다. 그뿐만이 아니다. 피부는 항상 다치고 손상 받기 때문에 끊임없이 재생되어야 한다. 다행히 피부라는 사막 왕국은 이 모든 일을 잘 처리한다! 피부는 다양하고도 놀라운 전략들을 구사해 침입자를 거의 완벽하게 막아낸다. 첫 번째 전략은 끊임없이 죽는 것이다. 피부를 생각할 때는 벽이 아니라 죽음의 컨베이어벨트를 떠올리는 편이 더 적절하다. 이 부분을 제대로 이해하려면 피부가 끊임없이 만들어지는 맨 아래층으로 내려가 봐야 한다.

피부 세포의 삶은 대략 피부밑 1밀리미터 깊이에서 시작된다. 이곳에 피부 산업 단지가 자리 잡고 있다. 기저층에 있는 줄기 세포는 오로지 조용히 증식할 뿐이다. 낮이나 밤이나 쉬지 않고 자신을 복제해 내부에서 외부로 긴 여행을 떠날 세포들을 끊임없이 만들어 낸다. 여기서 태어난 세포는 어렵고도 특별한 임무를 띠고 있다. 비유적인 표현이 아니라 문자 그대로 억세고 강인해야 하기 때문에 피부 세포는 많은 **케라틴**(keratin)을 생산한다. 케라틴은 아주 튼튼한 단백질로 피부, 손발톱, 머리카락과 털의 단단한 부분을 구성한다. 피부 세포는 좀처럼 손상 받지 않는 특수 재료로 가득 채워진 억세고 튼튼한 친구라 할 수 있다.

피부 세포는 태어나자마자 집을 떠난다. 피부 줄기 세포는 끊임없이 새로운 피부 세포를 만들어 내며, 새로운 세대는 만들어질 때마다 이전 세대들을 위쪽으로 밀어 올린다. 즉 피부 세포는 아래쪽에서 생겨나는 새로운 피부 세포에 의해 끊임없이 위쪽으로 밀려 올라간다. 그리고 피부 표면에 가까워질수록 살아 있는 방어벽이 될 태세를 완벽하게 갖춘다. 피부 세포는 성숙해질수록 길고 뾰족한 돌기들을 발달시켜 주변 세포들과 단단히 결합함으로써 어떤 물질도 통과할 수 없는 치밀한 벽을 구성한다. 피부 세포 바로 옆에서는 **층판소체** (lamellar body)가 성숙하기 시작한다. 층판소체는 아주 작은 주머니로 지방을 내뿜어 세포 표면에 비투과성 방수막을 씌워 준다. 이에 따라 세포들은 아주 작은 공간을 사이에 두고 서로 분리된다.

이 막은 세 가지 기능을 수행한다. ① 물질이 투과하기 어려운 또 하나의 물리적 경계 역할을 한다. ② 나중에 죽은 피부 세포를 처리하기가 쉬워진다. ③ 막 속에는 **디펜신** (defensins)이란 천연 항생 물질이 들어 있어 적을 직접 살해할 수 있다. 피부 세포는 1밀리미터에 걸친 장대한 모험을 거치는 동안 갓 태어난 아기 세포에서 잘 훈련된 방어 전문가로 변신하는 셈이다.[1]

피부 표면을 향해 더 밀려 올라가면 마지막 임무가 피부 세포들을 기다린다. 바로 죽음이다. 세포들은 점점 더 납작해지고 커지면서 점점 단단히 결합해 마침내 서로 분리할 수 없는 하나의 덩어리가 되어 버린다. 그리고 수분을 모두 방출한 후 스스로 목숨을 끊는다.

자못 비장하게 들리지만, 세포 스스로 목숨을 끊는 것은 우리 몸에서 별로 특별한 일이 아니다. 매 순간 우리 몸속에서는 100만 개의 세포가 일종의 '통제된 자살'을 감행한다. 스스로 목숨을 끊을 때 세포는 보통 자신의 시체를 깨끗이 처리하기 쉬운 방식을 택한다. 사실 피부 세포의 사체는 매우 유용하다. 심지어 궁극적인 목적에 딱 맞는 장소에서 죽어 깨끗한 시체가 된다고 할 수 있을 정도다. 한 덩어리로 엉겨 죽은 피부 세포들은 벽을 이루어 끊임없이 위쪽으로 밀려 올라간다. 이상적인 상황에서 피부의 모든 부분은 피부 세포가 차곡차곡 쌓여 최대 50개의 층을 이룬 채 융합된 일종의 벽으로 뒤덮인다.

거울을 들여다볼 때 비치는 모습은 우리의 살아 있는 부분을 덮은 아주 얇은 죽음의 필름이라 할 수 있다. 아무 생각 없이 사는 동안에도 피부의 맨 바깥을 덮은 죽은 세포층은

---

1 디펜신은 아주 흥미로운 맹수다. 대부분 우리 몸의 경계선상에 존재하는 세포와 전투 중인 일부 면역 세포에 의해 만들어지는데, 몇 가지 유형으로 나뉜다. 이들은 무슨 일을 할까? 우선 온갖 물질에 작은 구멍을 뚫는다. 세균이나 곰팡이 같은 침입자만 골라 구멍을 뚫는 아주 작은 바늘을 떠올려 보라. 이 바늘은 미생물을 마주치면 와락 달려들어 구멍을 내 버린다. 적은 그 작은 상처를 통해 뭐랄까, 일종의 피를 흘린다. 바늘 1개만으로는 세균을 죽일 수 없지만, 수십 개가 있다면 얘기가 달라진다. 디펜신은 매우 특이적이라서 신체를 구성하는 자기 세포에는 아무런 해를 끼치지 않지만, 다른 방어 인자의 힘을 빌리지 않고 오로지 자기 힘만으로 미생물들을 죽일 수 있다.

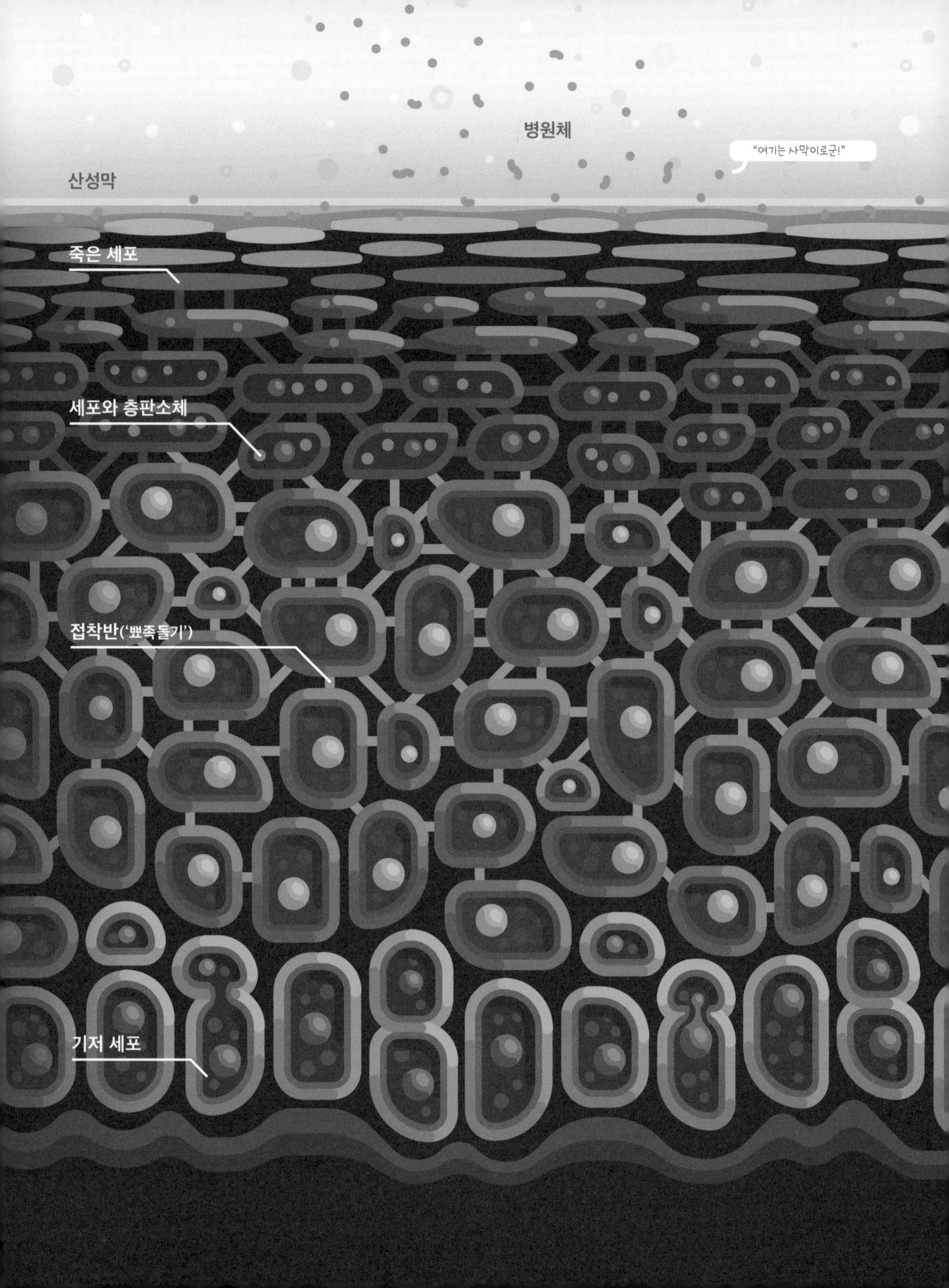
병원체
"여기는 사막이로군!"
산성막
죽은 세포
세포와 층판소체
접착반('뾰족돌기')
기저 세포

손상받거나 닳아 끊임없이 떨어져 나가고, 깊은 곳에 위치한 줄기 세포에서 끊임없이 만들어 내는 새로운 세포들이 위로 밀려 올라가 그 자리를 채운다.

나이에 따라 다르지만, 이런 식으로 피부가 완전히 교체되는 데는 30~50일이 걸린다. 1초마다 우리 몸에서는 약 4만 개의 죽은 피부 세포가 떨어져 나간다. 가장 바깥쪽 경계를 이루는 장벽은 끊임없이 새로 만들어지고, 표면으로 밀려 올라가고 버려진다. 이것이 얼마나 기발하고 놀라운 방어 전략인지 생각해 보자. 피부 왕국의 국경선을 이루는 장벽은 천연 항생 물질을 함유한 지방층으로 코팅된 세포들이 아래에서 위로 올라가며 끊임없이 교체 및 수리된다. 적이 요행히 발붙일 곳을 찾아 죽은 피부 세포를 먹어 치우기 시작해도 머지않아 그 부분이 몸에서 떨어져 나가기 때문에 뭔가 더 흉악한 일을 도모할 만큼 오래 머물기란 거의 불가능하다.[2]

인간은 따뜻한 곳에서 땀을 많이 흘린다. 그렇게 해 체온을 낮추는 동시에 많은 양의 소금을 피부로 이동시킨다. 염분은 대부분 재흡수되지만, 일부는 그 자리에 남는다. 결국 피부 표면은 염도가 높은 환경이 되는데 미생물은 대체로 이런 환경을 좋아하지 않는다. 이것으로도 부족하다면 땀 속에는 훨씬 많은 천연 항생 성분이 들어 있어 미생물을 수동적으로 사멸시킨다는 점을 추가해 두자.

이런 식으로 피부는 아주 기분 나쁜 환경을 조성하기 위해 최선을 다한다. 세균 입장에서 보자면 건조하고 염분이 많은 사막이나 다름없다. 게다가 간헐천이 빽빽이 들어차 걸핏하면 유독성 액체를 뿜어내고 적들을 씻어 내린다. 지옥이 따로 없다.

이걸로 끝이 아니다. 피부의 위대한 수동적 방어 기능이 남아 있다. 피부 표면은 아주 얇은 필름처럼 산(acid)이 코팅되어 있다. **산성막(acid mantle, 더없이 적절한 이름이다!)**은 피부 아래에 있는 분비샘에서 나온 다양한 물질이 땀과 혼합된 것이다. 우리 자신에게 피해를 줄 정도로 산성이 강하지는 않다. 그저 산성도(pH)를 약간 낮추어 약산성을 유지하는 정도

---

2   3부에서 바이러스에 대해 자세히 설명하겠지만, 기왕 말을 꺼냈으니 피부가 만들어지는 방식 자체가 바이러스를 막아 내는 면역 기능임을 짚고 넘어가야겠다. 이 작은 기생 병원체는 오직 살아 있는 세포만 감염시킬 수 있는데 피부 표면은 죽은 세포로만 구성되므로 바이러스에 감염되기가 아예 불가능하다! 이런 어려움을 극복하고 피부를 감염시키는 쪽으로 진화한 바이러스는 매우 드물다. 따라서 피부에서는 세균과 곰팡이가 훨씬 중요한 병원체다.

지만 많은 미생물은 이런 환경에 아주 질색을 한다. 누군가 침대에 산성 배터리액을 뿌려 놓았다고 상상해 보라. 그날 밤은 어떻게든 넘길 수 있겠지만, 분명 군데군데 화학적 화상을 입고 짜증과 절망감을 느낄 것이다. 바로 그것이 세균의 심정이다.[3, 4]

산성막은 주로 세균에게 또 하나의 대단한 수동적 효과를 나타낸다. 우리 몸의 내부와 외부는 산성도가 다르다. 따라서 피부의 산성 환경에 적응한 어떤 세균이 예컨대 몸에 상처가 나서 혈류 속으로 들어올 기회를 잡는다고 해도 이내 문제에 부딪힌다. 혈액의 산성도는 더 높기 때문이다. 세균 입장에서는 지금까지 잘 적응해 온 것과 사뭇 다른 환경을 미처 적응할 시간도 없이 마주하게 되는 것이다. 이런 급작스러운 환경 변화는 일부 세균종에게 상당히 큰 어려움을 안겨 준다.

정리하면 피부는 산과 염분과 디펜신으로 뒤덮인 사막과 같다. 표면에는 죽은 세포가 겹겹이 쌓여 있고, 쉴 새 없이 떨어져 나가기 때문에 요행히 발을 붙였다 해도 버티지 못하고 금방 떨어져 나가고 만다. 이제 미생물이 피부 위에서 살기란 불가능하다는 생각이 들 것이

---

3   pH - 산과 염기. pH는 적절히 설명되지 않는 경우가 많으며, 제대로 이해해도 잊어버리기 쉬운 개념이다. 원래 과학자들은 멋진 이름 붙이기를 좋아한다. pH는 수소 이온 농도(power of hydrogen)란 뜻이다. 짜릿하고 기억하기 쉬운 이름이지만, 과학자들은 약자를 쓰기로 했다. 실망스러운 일이다. 깊이 들어가지 않고 간단히 말하자면 수소 이온 농도란 수용액 내에 수소 이온이 얼마나 많은지를 나타내는 척도다.

4   잠깐, 각주에 또 각주를 단다고? 그래도 되나? 진정하시라. 그저 '농도' 개념을 조금 더 자세히 설명하려는 것뿐이다. 이 맥락에서 쓰인 농도라는 말은 단순한 농도가 아니다. 이 점을 이해하려면 수학이라는 아름다운 세계로 발을 들여놓아야 한다. 여기서 농도는 정확히 말하면 지수의 개념이다. 따라서 pH 척도에서 1이 더해지는 것은 수소 이온 수가 10분의 1로 줄어든다는 의미다. 6만큼 올라간다는 것은 수소 이온의 수가 100만분의 1로 감소한다는 뜻이다. (그런데 왜 척도가 커지면 이온 숫자가 줄어드느냐고? 이 척도가 마이너스 값, 즉 역지수이기 때문이다. 왜 쉽게 한다면서 점점 더 복잡해지는 것일까?)
수소 이온이 많다는 것은 산성이 강하다는 뜻이다. 상큼한 맛을 내는 레몬이나, 별로 맛은 없겠지만 배터리액을 떠올려 보자. 수소 이온 수가 적다는 것은 물질이 염기성이라는 뜻이다. 비누나 표백제를 예로 들 수 있다. (둘 다 맛은 없을 것이다.) 대개 우리는 수소 이온이 너무 많거나 적은 액체를 좋아하지 않는다. 이런 액체는 양성자를 빼앗아 가거나 내 주기 때문이다. 음식의 맛을 돋우기 위해 레몬즙을 뿌리는 것처럼 약산성이라면 문제가 되지 않는다. 하지만 어떤 물질이 지나치게 염기성이나 산성을 띤다면 우리 몸을 부식시켜 심한 손상을 입힐 수 있다. 부식이란 세포의 기본 구조를 파괴하고 분해해 화학적 화상을 입힌다는 뜻이다. 미생물의 세계에서는 수소 이온 농도가 조금만 변해도 큰 변화가 일어난다.

다. 전혀 그렇지 않다. 미시 세계라는 무한한 우주에 아무도 살지 않는 공간 따위는 없다. 아무리 적대적인 환경이라 한들 모든 장소는 공짜 부동산이니까. 우리 몸은 이런 사실을 역이용해 더욱 튼튼한 방어 체계를 구축한다. 위장관은 애초에 안으로 들어오시라고 초대한 세균들을 위해 만들어졌으며, 실제로 그 세균들이 통치한다. 위장관을 빼면 우리 자신이 아니라 외부에서 온 손님들이 가장 많이 사는 곳이 바로 피부다. 심지어 이들은 대대적인 환영을 받는다. 피부는 부위에 따라 온도와 습도 등 환경이 판이하게 다르기 때문에 건강한 사람의 피부에는 많으면 마흔 가지의 서로 다른 세균종이 서식한다. 겨드랑이, 손, 얼굴, 엉덩이는 환경이 전혀 다르므로 전혀 다른 손님들이 산다. 평균적으로 피부 1제곱센티미터 속에는 100만 마리 정도의 세균이 산다. 지금 이 순간 우리 피부 위에서 살아가는 우호적인 세균을 모두 합치면 약 100억 마리에 이른다. 징그럽다며 눈살을 찌푸릴 사람도 있겠지만, 이들은 우리에게 없어서는 안 될 존재다!

이 세균들을 우리의 성문 앞을 지키는 야만족 무리라고 생각할 수도 있다. 우리 몸은 국경을 따라 거대한 방벽을 세운 후 많은 야만족을 초대해 그 앞에 살도록 해 놓았다. 국경을 침범하지만 않으면 그들은 언제까지나 거기 머물며 공짜로 주어지는 자원과 공간을 마음껏 사용할 수 있다. 균형이 유지되는 한 국경 왕국과 야만족들은 사이좋게 살아갈 뿐 아니라, 서로 이익을 주고받는 공생 관계를 맺는다. 하지만 예컨대 상처를 입어 국경이 무너지면 어떻게 하지? 그 틈을 타 야만족이 몸속으로 들어오는 순간 면역계의 용감한 전사들이 무자비하게 그들을 공격해 죽여 버린다. 그렇다면 수천억에 이르는 야만족 세균은 어떤 도움이 될까? 가장 중요한 것은 그저 공간을 차지하는 것이다. 이미 누군가 살고 있는 집을 차지하기란 빈집을 차지하기보다 훨씬 어려운 일이니까.

피부 미생물총은 피부라는 환경을 너무나 좋아하며 낯선 미생물과 공유할 생각이 전혀 없다. 주어진 자원을 마음껏 소비하고, 물리적으로 피부 위라는 공간을 점유할 뿐 아니라, 국경 왕국 및 그 건너편에 사는 면역 세포들과 서로 소통해 가며 직접 상호 작용을 주고받는다. 예컨대 일부 세균 수비병은 불청객에게 유해한 물질을 만든다. 나아가 피부 미생물총은 피부 아래 존재하는 면역 세포들을 통제해 어떤 유해 물질을 얼마나 생산할지 지시하기도 하는 것 같다.

일단 성인이 되면 피부 미생물총의 구성은 평생 비교적 안정적으로 유지된다. 야만족과 우리가 함께 추구할 공통의 이익이 있으며, 평화롭게 살아갈 수 있는 균형점을 발견했다는 증거이다. 모든 이익 관계자가 이런 상태를 유지하고 싶어 한다. 과학자들은 어떻게 이런 거래가 성사되는지, 어떻게 면역계가 피부에 정착할 세균을 결정하는지, 어떻게 세균이 자신의 의도를 면역계에게 정확히 전달하는지 아직 완전히 알지 못한다. 하지만 이런 관계가 존재하며, 그것이 매우 중요하다는 점만은 분명하다.

이렇듯 놀라운 방어 전략에도 불구하고 왕국은 침략당할 수 있다. 피부 세포는 강인하지만 세상은 더 강인하다. 기회만 주어진다면 언제라도 붙잡으려는 세균이 우글거린다. 자, 이제 실제로 면역계가 어떤 일을 하는지 알아보자.

그 이야기를 시작하기 전에 짧게 일러둘 말이 있다. 이 책에 등장하는 감염과 면역계의 반응에 대한 이야기는 이상적인 상황을 가정한 예일 뿐이다. 사건이 명확한 순서로 일어나고, 한 가지 단계가 완전히 끝나면 다음 단계로 넘어가며, 각 단계는 항상 바로 전에 일어난 사건에서 촉발된다. 하지만 기억하자. 현실은 훨씬 복잡하다! 우리는 너무 많은 것을 생략하지 않으면서 누구나 이해할 수 있도록 이야기를 단순화했다. 이 점을 염두에 두고 이제 피부에 상처가 나서 적군이 물밀듯 밀려오는 상황에서 면역계가 어떤 활약을 펼치는지 지켜보자!

7장 상처

작은 행동이 심각한 결과를 낳을 수 있다. 단순한 실수가 엄청난 재앙을 초래할 수도 있다. 인간이란 거대한 존재의 차원에서는 그저 약간 성가신 일이 세포 차원에서는 크나큰 비상 상황일 수도 있다.

상쾌한 여름날 숲속을 거닌다. 날씨가 덥고 습도가 높아 평소 신고 다니던 튼튼한 부츠 대신 가볍고 멋진 운동화를 신고 나섰다. 어쨌든 이곳은 정글이 아니라 그저 집 근처 숲에 불과하며, 당신은 성인이니 마음 내키는 대로 할 수 있다! 언덕을 걸어 올라가는데 갑자기 발가락에 날카로운 통증이 느껴진다. 내려다보니 나무에 못으로 박아 두었던 게시판이 땅에 떨어져 썩어 가고 있다. 동물이 덫에 걸리듯 무심코 그 위를 밟았다가 기다란 못이 신발 밑창을 뚫고 들어온 것이다. 잔뜩 녹이 슨 못을 뽑으면서 세상일 전반에, 특히 사나운 그날의 운수에 대해 욕설과 저주를 퍼붓는다. 하지만 이런 일을 예상하고 조심할 사람이 얼마나 있겠는가? 통증이 아주 심하지는 않으니 그나마 다행이다. 신발과 양말을 벗고 들여다본다. 피가 조금 나지만 아주 심각하지는 않은 것 같다. 나지막이 투덜거리며 산책을 계속한다.

세포 차원의 경험은 사뭇 다르다. 신발 밑창을 뚫은 못은 엄지발가락을 찔렀고 날카로운 금속 끝이 으레 그렇듯 피부를 찢고 들어갔다. 평소와 다를 바 없는 날을 보내고 있던 세포들에게는 갑자기 세계 전체가 폭발한 것 같은 충격이 밀어닥쳤다. 금속으로 된 커다란 소행성 하나가 하늘에 구멍을 내고 그들의 세계 한복판으로 떨어진 것이다. 아니, 상황은 훨씬 나쁘다. 소행성은 흙과 온갖 지저분한 것들로 뒤덮여 있다. 거기서 우글거리던 수천억 마리의 세균 역시 어리둥절하기는 마찬가지다. 눈 깜짝할 새에 절대 뚫고 들어갈 수 없던 피부 왕국의 국경선 방벽 성문 안쪽에 들어온 것이다. 그야말로 세상이 뒤집힌 셈이다.

세균들은 즉시 행동에 돌입한다. 어쩔 줄 모르는 세포 사이로 우르르 몰려 다니며 넘치는 영양분을 마음껏 먹고 마신다. 이 멋진 세계는 좀 더 탐험해 볼 가치가 있다. 흙과는 비교가 안 될 정도로 풍요로운 곳이 아닌가! 물과 음식이 얼마든지 있고 따뜻하며 안락하다. 주변에는 어린아이처럼 무력해 보이는 세포들이 있을 뿐이다. 세균들은 절대 이곳을 떠나지 않으리라 다짐한다. 불청객은 토양 세균만이 아니다. 피부와 축축한 양말 속에서 그저 평소처럼 할 일을 하던 수많은 세균들 역시 느닷없이 눈앞에 열린 천국 같은 세계를 좀 더 알아보기로 한다. 아, 얼마나 멋진 날인가!

하지만 당신의 몸은 세균들의 평가를 정중하게 거부한다. 갑자기 하늘에서 뚝 떨어진 괴물체 때문에 수많은 민간인 세포가 목숨을 잃었다. 다치거나 충격을 받은 세포는 훨씬 많다. 대재앙을 겪는 인간과 마찬가지로 민간인 세포들은 공포에 못 이겨 비명을 지르고, 주변의 모든 세포에게 조심하라는 경고와 도와 달라는 호소의 메시지를 보내기 시작한다. 공포의 외침, 죽은 세포들의 처참한 모습, 수많은 세균이 뿜어내는 악취 속에서 비상경보가 울려퍼진다.

선천 면역계는 즉시 행동에 돌입한다. 가장 먼저 현장에 나타난 것은 보초병 세포들이다. 여느 때처럼 평화롭게 주변을 순찰하던 그들은 사고의 충격이 전해지고 비명과 소란이 잇따르자 서둘러 현장으로 달려온다. **큰 포식 세포(macrophage)**라고 불리는 이들은 우리 몸에서 가장 큰 면역 세포다. 큰 포식 세포는 생김새부터 매우 인상적이다. 평균적인 세포가 사람 크기라면, 큰 포식 세포는 검은코뿔소(*Diceros bicornis*)만 하다. 그리고 검은코뿔소처럼 괜히 건드리지 않는 편이 좋다. 이들의 임무는 죽은 세포와 살아 있는 적을 먹어 치우고, 방어 전략을 지휘하며, 상처 치유를 돕는 것이다. 이들은 쉴 틈이 없다. 당장 지금만 해도 이 낙원을 절대 떠나지 않겠노라 결심한 세균이 빠른 속도로 불어나고 있다. 빨리 손을 쓰지 않으면 분명 골칫거리가 될 터이다.

난장판이 된 모습을 본 큰 포식 세포들은 머리끝까지 화가 났다. 한 번도 경험하지 못한 분노다. 불과 몇 초 만에 있는 힘껏 세균들을 향해 돌진하며 싸움을 벌인다. 야생 코뿔소가 공포에 사로잡힌 토끼들을 이리저리 쫓으며 밟아 죽이려고 날뛰는 모습을 그려 보라. 물론 토끼들은 곱게 밟혀 죽을 생각이 없다. 이 강력한 적의 손아귀에 붙들리지 않으려고 사방으로 흩어져 도망친다. 하지만 탈출에 성공하는 녀석은 거의 없다. 큰 포식 세포는 자기 몸의

녹슨 못

냄새나는 양말

혈관

상피

세균

상처

녹슨 못이 피부와 혈관을 찢고 들어온다. 수많은 민간인
세포가 죽고, 다치고, 공포에 질린다. 세균들은 즉시 무력한
세포 사이의 따뜻한 공간을 마음껏 설치고 다니면서 영양이
풍부한 것들을 먹어 치우고 주변을 탐색한다.

일부를 마치 문어가 발을 뻗듯 길게 늘여 정확히 세균을 붙잡는다. 그토록 정확한 까닭은 공포에 질린 세균의 냄새를 맡을 수 있기 때문이다. 큰 포식 세포의 손아귀 힘은 엄청나기 때문에 일단 붙잡히면 저항해 봐야 아무 소용없다. 큰 포식 세포는 불운한 세균들을 산 채로 꿀꺽 삼켜 녹여 버린다.

큰 포식 세포는 잔인할 정도로 효율성을 발휘하며 분투하지만, 상처가 너무 크다. 손상은 금방 수습되지 못하고 외부로 노출된 틈 역시 너무 넓어 적이 물밀듯 몰려든다. 부지런히 집어삼켜 보지만 아무리 노력해도 기껏해야 침입 속도를 늦출 뿐 완전히 막을 수는 없음을 깨닫는다. 이제 큰 포식 세포는 소리쳐 도움을 청하고, 긴급 사이렌을 울려 대며 잠시 후 도착할 지원 병력을 위해 싸울 자리를 마련한다. 지원군은 이미 달려오는 중이다. 핏속에 있던 **수많은 중성구(호중구)**가 도움 요청을 듣거나 죽음의 냄새를 맡고 이동을 시작한 것이다. 감염 부위에 바다처럼 넓게 고인 핏속에서 중성구들이 우르르 몰려나와 전투에 뛰어든다. 큰 포식 세포처럼 중성구 역시 평소에는 침착하고 냉정하지만, 공포에 찬 외침과 경보를 들으면 활성화되어 무시무시한 살인 병기로 돌변한다.

중성구는 즉시 세균을 붙잡아 산 채로 삼켜 버리지만, 주변이 쑥대밭이 되는 데는 별로 신경을 쓰지 않는다. 시간이 없기 때문이다. 중성구는 일단 활성화되면 너무 열심히 싸우는 데다, 싸울 때 쓰는 무기가 재생되지 않기 때문에 몇 시간 뒤에는 지쳐 죽고 만다. 따라서 제한된 시간을 최대한 이용해 자신을 돌보지 않고 싸운다. 그러다 보니 적을 죽이는 것은 물론 원칙적으로 보호해야 할 신체 조직에 손상을 입힌다. 하지만 중성구는 부수적 피해 따위에 관심이 없다. 일부 시민의 안위보다 세균이 전신으로 퍼질 위험이 훨씬 심각하기 때문이다. 이들은 자신까지 희생한다. 일부가 자폭해 넓게 독성 그물을 치는 것이다. 독성 그물에는 유독한 화학 물질이 철조망처럼 삐죽삐죽 붙어 있어 세균이 걸리면 즉시 죽고 만다. 전투 현장 주변에 둘러쳐 두면 세균은 현장을 빠져나가 다른 곳에 몸을 숨길 수 없다.

다시 인간 세상으로 돌아와 보자. 당신은 자리에 앉아 상처를 찬찬히 들여다본다. 작은 상처에는 이미 얇은 딱지가 앉아 있다. 피에서 흘러나와 치열한 전쟁터에 넘실대는 수많은 특수 세포들이 이미 상처를 폐쇄한 것이다. 응급 상황에서 상처를 닫아 주는 세포는 주로 혈액 속에 있는 혈소판이다. 혈소판은 일단 끈적거리는 커다란 그물망 비슷한 것을 친 후, 자기 몸을 거기에 던져 한데 엉겨 붙는다. 불운하게도 하필 그 순간에 근처를 지나다 그물에 걸려든 적혈구와 함께 외부로 통하는 길에 비상 바리케이드를 쳐서 신속하게 출혈을 막고 외부에서 더 많은 침입자가 들어오지 못하게 하는 것이다. 이렇게 하면 새로 재생되는 피부 세포가 우리 몸이라는 세상에 생긴 거대한 구멍을 정교하고 철저하게 막을 때까지 시간을 벌 수 있다.[1]

엄지발가락은 전체적으로 약간 부어오르고 열감이 느껴지며 아프다. 물론 신경이 쓰이지만 대수로운 일은 아니다. 당신은 자신의 부주의함에 다시 한번 혀를 차며 계속 걷기로 한다. 약간 다리를 절 뿐 별일 없다! 적어도 그렇게 생각한다. 이때 발가락이 약간 부은 것은 면역계가 뚜렷한 목적을 갖고 반응한 결과다. 감염 부위에서 싸움에 뛰어든 세포들이 매우 중요한 방어 과정을 시작한 것이다. 바로 **염증**이다.

염증이란 면역 세포들이 혈관에 최대한 확장되라는 명령을 내려 따뜻한 체액이 전쟁터로 밀려들게 하는 것이다. 상류에 있는 댐의 수문을 여는 것과 같다. 이제 몇 가지 일이 벌어진다. 우선 상처를 입어 매우 기분이 상한 신경 세포를 자극하고 부추겨 뇌로 통증 신호를 보낸다. 이로써 우리는 뭔가 일이 잘못되어 몸에 상처를 입었음을 깨닫는다.

하지만 이런 조치는 몸속에 들어온 수많은 적과 싸우는 데는 아무런 도움이 되지 않는다. 다행히 염증으로 인해 전투 현장에 밀려든 체액을 타고 침묵의 암살자가 모습을 드러낸다. 세균들은 충격에 빠지거나 놀랍게도 표면에 수십 개의 구멍이 뚫리면서 내용물을 조금씩 밖으로 쏟아 내고 결국 고통스럽게 몸을 뒤틀며 죽어 간다. 이 침묵의 살인자에 대해서는 뒤에서 자세히 알아볼 것이다.

격렬한 싸움이 열기를 더하며 수많은 세균이 죽어 가지만, 최초로 현장에 뛰어든 면역계의 전사들 역시 목숨을 잃는다. 그들은 모든 힘을 쏟아부은 나머지 이제 그저 쉬고 싶을

[1] 자, 이제 신나는 이야기를 해 보자! 혈소판은 사실 세포가 아니라, 거대핵세포라는 세포에서 떨어져 나온 조각이다. 거대핵세포는 골수 속에 사는데 평균적인 세포보다 약 6배 크다. 이 거대한 친구가 문어발처럼 생긴 여러 개의 기다란 팔을 혈관 속으로 밀어 넣으면, 팔들은 그 속에서 자라기 시작한다. 이 이상한 팔이 충분히 자라면 거기서 작은 꾸러미들이 방출된다. 놀라운 기능을 지닌 거대핵세포의 작은 조각들은 피를 타고 온몸을 순환한다. 이것이 바로 혈소판이다. 1개의 거대핵세포는 수명이 다할 때까지 흐느적거리는 긴 팔을 뼈에서 혈관 속으로 밀어 넣는 방식으로 약 1만 개의 혈소판을 생산한다. 정말 우리 몸은 알면 알수록 괴상하고도 놀랍지 않은가!

뿐이다. 수많은 면역 세포 전사가 계속 밀려들고, 스스로 죽음을 택하기 전에 한 번이라도 더 적을 강타하려고 안간힘을 쓴다. 이제 우리는 갈림길에 도달했다. 여기서 싸움은 다양한 방향으로 퍼져 나갈 수 있다. 일이 잘 풀린다면 싸움은 대략 손상된 부위에 국한된다. 모든 세균이 죽고 면역계는 민간인 세포들이 빨리 치유되도록 돕는다. 결국 흔히 겪는 작은 상처에 불과하다. 살면서 우리는 항상 상처를 입고 저절로 회복되며 대수롭게 생각하지 않는다.

하지만 상황이 늘 좋기만 하라는 법은 없다. 침입자 중에 무척 사납고 힘이 센 병원체가 섞여 있을 수도 있다. 면역계보다 힘이 센 토양 세균 한 마리가 섞여 들어와 빠른 속도로 증식한다고 치자. 어쨌든 세균도 생물이기 때문에 상황에 맞추어 반응할 수 있다. 이 세균은 나름대로 다양한 방어 전략을 펼쳐 면역계가 공격을 퍼부어도 잘 죽지 않거나 저항한다. 이때 선천 면역계가 할 수 있는 최선은 세균이 더 큰 피해를 입히지 않도록 발을 묶어 놓는 것이다.

이제 또 다른 면역 세포가 심각한 결정을 내린다. 그는 후방에서 조용히 활동하며 전투가 어떻게 전개되는지 면밀하게 관찰해 왔다. 상처를 입고 감염이 생긴 지 몇 시간이 지나도 확실히 승리하리란 확신이 서지 않자, 이제 전면에 나서기로 한다.

선천 면역계의 강력한 전령이자 정보 장교인 **가지 세포(수지상 세포)**는 재앙이 펼쳐지는 모습을 뒷짐 지고 바라만 본 것이 아니다. 사실 가지 세포는 국경 왕국이 침범될 수 있는 모든 곳에 주둔한다. 사고가 벌어지고 혼란과 공포가 퍼지면 이들은 전쟁터를 돌아다니며 황급히 표본을 수집한다. 큰 포식 세포처럼 가지 세포 역시 기다란 촉수로 침입자를 잡아 조각조각 찢어 버린다. 하지만 이들의 목표는 침입자를 집어삼키는 것이 아니라 그 사체로 표본을 만드는 것이다. 그리고 면역계의 정보 센터를 찾아가 표본들을 내보이며 보고 들은 바를 보고한다. 몇 시간 동안 표본을 수집한 가지 세포는 마침내 전장을 뒤로 하고 후천 면역계의 지원을 요청하기 위해 길을 떠난다. 목적지에 도착하는 데는 하루 정도 걸린다. 이들이 원하는 것을 찾는다면 잠자던 맹수가 깨어나고 지옥문이 열린다.

여기서 잠깐 숨을 돌리면서 우리 몸이 이런 비상 상황에 얼마나 준비가 되어 있는지 생각해 보자. 사실 녹슬고 뾰족한 물체에 베거나 찔리거나 멍드는 것을 크게 염려하는 사람은 없다. 살면서 다반사로 일어나는 이런 일은 그저 성가실 뿐 심각해지는 경우는 거의 없다. 감염이 낫지 않을 때는 항생제를 며칠 먹으면 그만이다. 그러나 인류 역사에서 이렇게 강력한 약을 쓰게 된 것은 최근 들어서다. 그야말로 기나긴 세월 동안 인간은 아주 작은 상처만으로도 언제든 죽음을 맞을 수 있었다.

따라서 우리의 몸은 국경 왕국에 문제가 생겼을 때 필연적으로 뒤따르는 침입을 신속하고도 단호하게 응징하는 방법을 진화시켜야 했다. 아, 물론 선천 면역계도 이런 일을 훌륭하게 처리한다. 큰 포식 세포, 중성구, 가지 세포 등 1차 방어선을 구축하는 세포들 말이다. 잠깐 만났을 뿐이지만 사실 그들은 지금까지 설명한 것보다 훨씬 많은 일을 할 수 있다! 그렇다면 조금 전에 침입자들을 충격에 빠뜨리고 죽이기도 했던 수수께끼의 보이지 않는 힘은 무엇일까? 이제부터 그 힘에 대해 알아보자.

8장 선천 면역계의 전사들: 큰 포식 세포와 중성구

지금 막 살펴보았듯 큰 포식 세포와 중성구는 대미지 딜러(damage dealer)다. 둘을 합쳐 **식세포** (phagocyte)라고 분류하기도 한다. 문자 그대로 '먹어 치우는 세포'란 뜻이다. 먹어 치우는 것이 주 임무다. 음식을 많이 먹는 사람을 '대식가'라고 하듯 큰 포식 세포는 엄청나게 많은 적을 먹어 치운다. 하지만 세포는 입이 없으므로 여기서 먹어 치운다는 말은 조금 다른 뜻이다.

만약 입이 없는데 샌드위치를 먹고 싶다면 대략 이런 과정을 거칠 것이다. 우선 샌드위치를 손으로 잡아 피부에 갖다 댄다. 어느 부위의 피부인지는 중요하지 않다. 신체 어느 부위든 상관없다. 그러면 피부가 샌드위치 주위를 둘러싸면서 몸 안으로 끌어들인다. 이제 샌드위치는 피부로 이루어진 풍선 속에 들어간 것처럼 위(胃) 쪽으로 둥둥 떠간다. 위에 도착한 풍선은 스르륵하고 위의 일부가 되어 샌드위치를 위산 속으로 떨어뜨린다.

인간에 비유하면 좀 불편하게 들릴지 모르지만, 세포의 세계에서는 매우 실용적인 과정이다. 사실 매력적이기조차 하다. 큰 포식 세포 같은 식세포가 적을 삼킬 때는 우선 팔을 뻗어 단단히 붙잡는다. 그리고 적을 끌어당긴 후 세포막으로 둘러싸 안쪽으로 집어넣는다. 이제 적은 큰 포식 세포 속에 있는 작은 감방에 갇힌 꼴이 된다. 원래 외부였던 부분이 안쪽으로 말려들어 단단히 묶은 쓰레기봉투처럼 되는 것이다. 큰 포식 세포는 내부에 위산처럼 무엇이든 녹일 수 있는 물질을 잔뜩 갖고 있다. 이 물질들 역시 막으로 둘러싸여 큰 포식 세포 속을 풍선처럼 둥둥 떠다닌다. 적을 삼키면 풍선들이 작은 감방 쪽으로 다가가 하나로 합쳐지면서 속에 품고 있던 치명적인 화학 물질을 적의 온몸에 끼얹어 녹여 버린다. 적의 몸이 분해되면서 만들어진 아미노산, 당(糖), 지방은 무해할 뿐 아니라 심지어 유용하기조차 하다. 큰 포식 세포는 이런 분해 산물의 일부를 영양분으로 사용하고 나머지는 밖으로 뱉어 내 다른 세포가 사용하게 한다. 생명체는 자원 낭비를 극도로 싫어한다.

식작용

1. 식세포가 병원체를 붙잡는다.

2. 세포막이 안으로 접혀 들어가면서
   병원체를 작은 감방 속에 가둔다.

3. 작은 감방은 산으로 가득 찬
   세포 내 소포와 합쳐진다.

4. 소포 속에 들어 있던 산이 병원체를
   기본적인 구성 물질로 분해한다.

5. 식세포는 분해 산물의 일부를 이용하고
   나머지는 밖으로 뱉어 내 다른 세포가
   이용하게 한다.

이 과정은 우리 몸이 침입자와 그들이 만들어 낸 쓰레기를 말끔히 청소하는 주된 방식이므로 매우 중요하다. 사실 큰 포식 세포의 주 임무는 싸움을 벌이든 벌이지 않든 우리 몸이 원하지 않는 것을 삼키거나 깨끗이 치우는 것이다.

큰 포식 세포가 먹어 치우는 물질이 대부분 우리 몸의 일부라는 점도 흥미롭다. 우리 몸을 구성하는 대부분의 세포는 수명이 있다. 너무 오래 살면 어딘가 문제가 생겨 암세포처럼 고약한 존재로 변할 수 있기 때문이다. 우리 몸속에서는 초당 약 100만 개의 세포가 완벽히 통제된 방식으로 스스로 생을 마감하는데, 이를 가리켜 **세포 자멸사(apoptosis)**라고 한다. (이 말은 조금 어렵지만, 매우 중요하기 때문에 앞으로도 몇 번 언급될 것이다.) 세포는 때가 왔다고 생각하면 특수한 신호를 발산해 다른 세포에게 자신의 죽음을 알린다. 그리고 세포 자멸사에 의해 자신을 파괴한다. 스스로 아주 작은 조각으로 분해된 후 쓰레기 봉투에 넣어 깨끗하게 묶어 놓기까지 한다. 그러면 신호를 받은 큰 포식 세포들이 현장에 출동해 세포가 분해된 조각들을 수거해 재활용한다.

분명 큰 포식 세포는 면역계 중에서도 엄청나게 오래전에 발명된 구성 요소일 것이다. 방어 기능만 전담하는 세포로는 최초였을지도 모른다. 거의 모든 다세포 동물이 어떤 형태로든 큰 포식 세포와 비슷한 세포를 지니고 있기 때문이다. 어떤 면에서는 단세포 생물과 비슷하다. 주 임무는 국경을 순찰하고 쓰레기를 수거하는 것이지만 다른 세포들을 통솔하고, 염증을 일으켜 전투 준비를 하고, 상처 치유를 촉진하는 일도 한몫 거든다. 이렇게 열심히 일하다 보니 생각지 않던 보상을 얻기도 한다. 몸에 문신을 했다면 그중 많은 부분이 틀림없이 큰 포식 세포 안에 들어 있을 것이다.[1]

---

1 혹시 문신을 할 때 그렇게 많은 잉크를 피부밑에 찔러 넣어도 괜찮을지 걱정이 되지는 않았는가? 면역계는 자기 자신이 아니거나 특별 허가를 받지 않고 몸속에서 어슬렁거리는 것은 뭐든지 공격하니 말이다. 하지만 고속으로 움직이는 바늘을 이용해 피부의 두 번째 층 속에 찔러 넣은 잉크는 어찌 된 셈인지 별문제를 일으키지 않고 그 자리에 아주 오랫동안 그대로 남아 있다. 물론 우리 몸이 피부 밑에 잉크가 들어오는 것을 환호성을 지르며 반기지는 않겠지만, 살을 찌르거나 긁어 멋진 예술작품을 새겨 넣는 사람이 일을 제대로만 한다면 문신은 특별히 해롭지도 않다. 그런 식의 침입을 국소 면역계가 반기지는 않는다. 그래서 문신을 하고 나면 피부가 부어오르고 일부 잉크 입자는 제거되기도 한다. 하지만 대부분의 잉크는 그대로 조직에 머문다. 큰 포식 세포가 아예 잉크 입자를 삼키려고 하지 않는 것은 아니다. 대부분의 금속 잉크 입자는 너무 커서 삼킬 수 없기 때문에 그 자리에 남는 것뿐이다. 큰 포식 세

큰 포식 세포의 수명은 수개월 정도다. 수많은 큰 포식 세포가 피부 바로 아래 모여 있으며, 허파와 같은 장기의 표면이나 장을 둘러싼 조직을 번갈아 가며 순찰한다. 또한 비슷한 숫자의 큰 포식 세포가 전신에 널리 퍼져 있다. 간과 지라(비장)에서는 오래된 적혈구를 통째로 먹어 치워 소중한 자원인 철을 재활용한다. 뇌 속 세포의 약 15퍼센트가 큰 포식 세포다. 하지만 이들은 조금 전 본 영화를 생각한다거나 숨을 쉬는 등 중요한 기능을 수행하는 신경 세포가 혹시라도 다칠까 봐 매우 조용히 지낸다. 신경 세포는 한번 손상되면 재생되지 않기 때문이다.

큰 포식 세포가 짜릿한 삶을 산다고 할 수는 없을 것이다. 그저 맡은 구역을 떠나지 않고 부지런히 돌아다니며 묵묵히 쓰레기와 죽은 세포들을 수거할 뿐이다. 하지만 적이 침입할 경우에는 무시무시한 싸움꾼으로 돌변한다. 활성화되어 독이 오른 큰 포식 세포는 지쳐 죽을 때까지 약 100마리의 세균을 먹어 치운다. 오래도록 과학자들은 이렇듯 공격적인 청소부 역할이 큰 포식 세포의 본질이라고 생각했다. 하지만 이제는 이들이 훨씬 다양한 역할을 수행하며 이를 위해 수많은 세포와 상호 작용한다는 사실이 밝혀졌다.

따라서 큰 포식 세포는 각 부위를 담당하는 선천 면역계의 소대장 정도로 이해해야 할 것이다. 싸움이 벌어지면 다른 세포들에게 어떤 일을 할지 지시하고, 계속 싸워야 할지도 알려 준다.

포가 삼킬 수 있을 정도로 작은 입자는 당연히 삼켜진다.

큰 포식 세포는 세균이나 세포 분해 산물을 분해하는 데는 매우 뛰어나지만, 잉크는 분해하지 못한다. 삼켜진 잉크 입자는 분해되지 않은 채 큰 포식 세포 속에 남는다. 몸에 문신이 있다면 쳐다볼 때마다 일부가 면역계에 의해 그 자리에 꽁꽁 묶여 있음을 기억하자. 유감스럽게도 몇 년 뒤에 몸에 새겨진 낯선 외국어가 사실은 '국물'이란 뜻임을 알고 문신을 지우려 해도 면역계 때문에 결코 쉽지 않다.

가장 흔한 문신 제거 방법은 피부를 관통하는 특수 레이저로 잉크 입자들을 가열해 더 작은 입자로 쪼개는 것이다. 그러면 일부 입자는 흩어져 다른 곳으로 흘러가고, 일부 입자는 다른 큰 포식 세포가 다가와 삼켜 버린다. 문신을 제거하기가 어려운 이유가 바로 여기에 있다. 잉크 입자를 삼킨 큰 포식 세포는 언젠가 수명을 다하지만, 그때마다 새로운 큰 포식 세포가 다가와 전임자가 남긴 것을 깨끗이 먹어 치운다. 결국 잉크 입자를 잔뜩 머금은 큰 포식 세포는 세대를 거듭하며 계속 그 자리에 머물기 때문에 문신은 오랜 세월이 지나도록 사라지지 않는다. 물론 시간이 흐르면서 새로운 큰 포식 세포가 교체될 때마다 일부 잉크 입자가 사라지거나 새로운 큰 포식 세포 중 일부가 조금 떨어진 곳으로 자리를 옮기기도 한다. 문신의 윤곽이 흐릿해지면서 점점 옅어지는 것은 바로 이 때문이다.

마지막으로 큰 포식 세포는 감염이 해결된 뒤 싸움이 벌어진 장소에서 면역 반응을 진정시키거나 아예 차단해 더 이상의 신체 손상을 막는다. 면역 반응이 제때 가라앉지 않고 지속되면 건강에 좋지 않다. 대개 면역 세포는 신체에 부담을 주며 많은 에너지와 자원을 잡아먹기 때문이다. 따라서 전투가 끝나면 큰 포식 세포가 나서 접전이 벌어졌던 싸움터를 정리하고 평화로운 건설의 현장으로 돌려놓으며, 그때까지 살아 있던 병사들을 문자 그대로 '먹어 치운다.' 그 후에는 민간인 세포를 재생하고 혈관 등 손상된 구조물을 재건하는 데 도움이 되는 화학 물질을 분비해 상처 치유를 촉진한다. 다시 강조하지만 면역계는 무엇이든 낭비하는 것을 아주 싫어한다.

중성구는 조금 더 단순하다. 그들은 싸우기 위해 존재하며 집단을 위해 기꺼이 목숨을 바친다. 면역계의 자살 공격대이자 스파르타 전사다. 동물의 세계에 계속 머물고 싶다면 침팬지가 기분이 매우 나쁜 상태로 코카인을 흡입한 후 기관총을 든 것과 비슷하다. 비유컨대 가장 자주 마주치는 적, 특히 세균을 신속하게 쓸어버리기 위해 개발된 다용도 무기 체계다. 혈액 속에 가장 많이 존재하는 면역 세포이자 두말할 것도 없이 가장 강력하다. 실제로 중성구는 너무 위험해서 아예 자살 스위치가 내장되어 있다. 매 순간 재깍거리는 타이머 소리를 들으며 적과 싸우지만, 필요 없어지면 불과 며칠 만에 통제된 자살을 감행한다.

중성구는 전쟁터에 있을 때는 수명이 더 짧아져 불과 몇 시간밖에 살지 못한다. 이렇게 수명이 짧은 이유는 한번 활성화되면 주변을 난장판으로 만들어 우리 몸 자체의 기반 시설을 망가뜨릴 가능성이 너무 높기 때문이다. 우리 몸속에서는 매일, 하루도 빠짐없이 1000억 개의 중성구가 자발적으로 죽음을 선택한다. 당연히 매일, 하루도 빠짐없이 1000억 개의 중성구가 새로 태어나 언제라도 싸울 준비를 갖추고 대기한다.[2]

이렇게 자기 몸에 해를 끼칠 위험이 있음에도 중성구는 우리 생존에 절대적으로 중요하다. 중성구가 없다면 병원체로부터 자신을 지키는 능력이 심각하게 저하될 것이다. 싸움에 뛰어든 중성구는 적을 산 채로 꿀꺽 삼키는 것 말고도 두 가지 무기를 쓴다. 적에게 독

---

2 정확히 말하면 우리는 체중 1킬로그램당 10억 개의 중성구를 생산한다. 자기 몸속에서 매일 새로 태어나고 죽는 중성구 숫자를 스스로 계산해 보자.

한 산을 투척하는 것과 스스로 자폭해 치명적인 덫을 만드는 것이다. 중성구 속에는 **과립**(granule)이 빽빽이 들어차 있다. 과립은 치명적인 화학 물질이 채워진 초소형 꾸러미다. 또는 적의 몸을 찌르거나 자르는 아주 작은 칼이나 가위라고 생각해도 좋다. 많은 세균을 대적할 때 중성구는 과립을 사정없이 퍼부어 적을 만신창이로 만들어 버린다. 이런 전략의 문제는 특이성이 없다는 것이다. 누구든 그 옆에 있다가는 운수 사납게도 유독성 화학 물질 세례를 받게 된다. 우리 자신의 세포, 건강한 민간인 세포들이 당할 수도 있다. 바로 이것이 우리 몸이 중성구를 두려워하는 한 가지 이유다. 매우 효율적으로 적을 죽이지만, 너무 흥분하면 도움보다 손해가 더 클 수 있다.[3]

전투 중에 중성구가 하는 일 중에 가장 놀라운 것은 자신을 희생해 치명적인 DNA 그물을 만드는 것이다. 스스로 도둑이 되었다고 생각해 보자. 한밤중에 박물관에 몰래 침입한 후 패거리들을 들어오게 해 많은 유물을 훔치려고 한다. 일이 잘 풀려 카메라와 보안 시스템을 감쪽같이 피해 귀중한 유물이 가득한 보관실까지 들어왔다. "식은 죽 먹기로군." 흐뭇한 미소를 지으며 그림들을 배낭에 채워 넣는다. 이때 경비원 하나가 소리를 지르며 달려오는 모습이 보인다. 즉시 싸울 태세를 갖추지만, 경비원은 바로 달려드는 대신 자기 가슴을 칼로 찔러 가르고 내장을 쏟아내면서 갈비뼈를 쪼개 날카로운 지저깨비를 수도 없이 많이 만들어낸다. 너무 놀라 넋이 나간 사이에 그는 날카로운 뼛조각들이 삐죽삐죽 박힌 내장을 휘두르며 당신을 내려친다. 세상에서 가장 역겨운 공격이다. 무자비한 공격에 깊은 상처를 입은 당신은 고통과 혼란 속에 울부짖지만, 너무 놀라 달아날 수도 없다. 그는 당신의 얼굴을 주먹으로 가격한다. 산 채로 삼켜지면서 당신은 생각한다. '세상일, 뜻대로 되지 않는군!'

---

3 실제로 중성구는 너무나 부주의해서 부수적 피해를 많이 입히기 때문에 심지어 큰 포식 세포가 손상된 세포를 중성구의 눈에 띄지 않도록 감추려는 경우도 있다! 우리의 몸속에서는 매일 다양한 이유로 일부 세포가 비자연적 방식으로 죽음을 맞는다. 휴대 전화를 들여다보다가 전봇대를 들이받는 일과 비슷하다고나 할까. 이런 손상은 대개 아주 가벼워서 면역계의 강력한 반응을 필요로 하지는 않는다. 이 점에 대해서는 나중에 더 자세히 살펴보겠지만 세포가 죽으면 필연적으로 중성구가 찾아오는데, 이들은 단 1개의 죽은 세포만 있어도 엄청나게 활성화되어 상황을 악화시키고 불필요하게 많은 세포를 손상시킨다. 이런 일을 막기 위해 큰 포식 세포는 1개의 세포가 죽었을 때 자기 몸으로 그 세포를 덮어 문자 그대로 중성구의 눈에 띄지 않도록 한다. 현장에 달려온 중성구는 혼란에 빠져 얼쩡거리다 결국 다른 곳으로 가 버린다.

바로 이것이 **중성구 세포밖 덫**(neutrophil extracellular trap, NET)이 작동하는 방식이다. 중성구는 특단의 조치가 필요하다고 생각하는 순간 이렇게 미친 짓을 하며 자살을 감행한다. 우선 중성구 속의 핵이 녹으면서 DNA를 방출한다. DNA가 세포 속을 가득 채우면 수많은 단백질과 효소가 달라붙는다. 앞서 말했던 갈비뼈 지저깨비들이다. 그 후 중성구는 DNA 전체를 주변에 뱉어 낸다. 그 모습은 마치 거대한 그물과 같다. 이 그물은 적들을 그 자리에 꽁꽁 묶어 놓고 손상을 가할 뿐 아니라, 세균이나 바이러스가 몸속으로 더 깊이 침입하지 못하게 막는 물리적 방벽이 된다. 당연한 일이지만 이 과정 중에 용맹한 중성구는 대부분 죽고 만다.

때때로 이 용감한 전사들은 자신의 DNA를 몽땅 토한 뒤에도 계속 싸우면서 적들에게 산(acid) 세례를 퍼붓고 적을 산 채로 삼키는 등 지쳐 쓰러질 때까지 임무를 수행한다. 유전 물질 전체를 포기한 세포가 살아 있다고 할 수 있을까? 물론 DNA가 없으면 세포는 내부 기능을 원활하게 수행할 수 없다. 그러나 세포의 죽음을 어떻게 정의하든 중성구는 꽤 오래 싸움을 계속할 수 있다. 이 상태를 살아 있다고 부르든, 아무런 의식도 없이 마지막에 받은 명령을 그저 기계적으로 수행하는 좀비에 불과하다고 생각하든 부여받은 임무를 계속 수행한다. 우리를 위해 싸우고 또 싸우다 죽음으로써 우리를 살린다. 어떤 무기 시스템을 사용하든 중성구는 우리가 지닌 가장 맹렬한 전사이며, 적은 물론 우리 몸 자체가 두려워하는 것이 당연한 존재다.[4]

큰 포식 세포와 중성구는 면역계의 다른 부분과 함께 또 다른 중요한 기능을 수행한다. 이 부분은 우리 몸을 방어하는 데 너무나 중요하기 때문에 다음 장에서 더 자세히 설명하려 한다. 요점은 그들이 염증을 일으킨다는 것이다. 염증이라는 과정은 우리 몸을 방어하고 건강을 유지하는 데 너무나 중요하기 때문에 잘 알아 둘 필요가 있다. 피비린내 나는 전쟁터와 우리 몸을 방어하는 군대들로 돌아가기 전에 잠시 샛길로 빠져 면역계가 전투에 사용하는 몇 가지 환상적이며 중요한 전략들을 살펴보자.

---

4   또 하나 신기한 사실은 병원체를 쫓을 때 중성구가 곤충 무리와 똑같은 수학 규칙들을 따른다는 점이다. 크기가 황소만 한 말벌 떼에 쫓긴다고 상상해 보면 많은 세균이 삶의 마지막에 겪어야 하는 절박한 상황을 어느 정도 이해할 수 있을 것이다.

9장 염증: 불장난

염증을 그리 깊이 생각해 본 적은 없을 것이다. 우리 몸에서 늘 일어나는 평범한 일이기 때문이다. 어딘가 다쳤는데 상처가 부어오르고 약간 빨개졌다. 이게 뭐 대수로운 일이겠는가? 아무도 신경 쓰지 않을 것이다. 하지만 염증은 생명과 건강을 유지하는 데 너무나 중요한 현상이다. 염증을 통해 면역계는 예기치 않게 생긴 상처와 감염을 제대로 처리할 수 있다.

염증은 어떤 식으로든 면역계가 교란되거나, 손상을 입거나, 자극받았을 때 가장 보편적으로 일어나는 반응이다. 화상을 입든, 칼에 베이든, 멍이 들든 마찬가지다. 세균이나 바이러스가 코를, 허파를, 장을 침입했든 똑같이 일어난다. 막 생겨난 암이 영양소를 빼앗아 가는 바람에 몇몇 민간인 세포가 죽었을 때나 특정 식품에 알레르기 반응이 생겼을 때도 염증이 일어난다. **손상을 입거나 위험이 닥치면 언제나 염증이 생긴다. 손상이나 위험이 실제로 일어났든, 몸이 그렇게 생각했든 상관없이.**

벌레에 물려 피부가 가려운 것도 염증이고, 감기에 걸렸을 때 목이 아픈 것도 염증이다. 간단히 말해 염증의 목적은 감염을 특정 부위에 국한시켜 더 이상 퍼지지 않도록 하는 것이지만, 동시에 손상되고 죽은 조직을 제거하는 데도 도움이 되고, 면역 세포와 공격용 단백질들이 즉시 감염 부위로 모여드는 일종의 고속도로 역할도 한다![1]

역설적이지만 만성화된 염증은 건강에 가장 해로운 것 중 하나다. 최근 밝혀진 바에 따

---

[1] 면역 세포가 염증을 이용해 전쟁터에 도착하는 방식은 희한하면서도 매혹적이다. 기본적으로 염증에 의해 생긴 화학적 신호가 염증 부위 주변 혈관을 변화시키는 동시에 그 신호를 받고 활성화된 면역 세포를 변화시키는 과정이다. 혈관과 면역 세포는 일종의 벨크로 역할을 하는 수많은 **특수 부착 분자(adhesion molecule)**를 내뿜는다. 혈관을 타고 놀라운 속도로 달려온 면역 세포들은 감염 부위 근처에 이르면 부착 분자를 이용해 혈관 내피 세포에 달라붙어 속도를 늦춘다. 염증이 생기면 혈관에 더 넓은 구멍이 더 많이 뚫려, 면역 세포가 쉽게 혈관 밖으로 빠져나가 싸움이 벌어진 감염 부위에 접근할 수 있다.

르면 만성 염증은 암이나 뇌졸중에서 간부전에 이르는 수많은 질병의 근본 원인으로, 매년 사망하는 사람의 절반 이상이 만성 염증 때문이다. 믿기지 않을지 모르지만 사실이다. **질병으로 사망한 두 사람 중 적어도 한 명은 질병의 근본 원인이 만성 염증이다. 만성 염증이 이처럼 신체에 큰 부담이 되는 것은 사실이지만, '일반' 염증은 우리 몸을 방어하는 데 필수적이다.**

염증은 상처나 감염이 생겼을 때 신속한 방어를 위해 면역계가 유발하는 생물학적 반응으로 매우 복잡하기 때문에 팀워크가 필요하다. 간단히 말해 염증은 혈관 속 세포들이 형태를 바꿔 혈액의 액체 성분인 혈장이 상처를 입었거나 감염된 조직에 충분히 흘러가도록 하는 과정이다. 문자 그대로 수문이 열려 물이 해일처럼 밀려드는 광경을 떠올려도 좋다. 염분과 온갖 특수 공격용 단백질이 가득 들어 있는 그 물은 삽시간에 세포 사이 공간을 가득 채운다. 그 부위 조직은 날로 팽창하는 대도시처럼 부풀어 오른다. 면역계는 뭔가 수상쩍은 일이 벌어진다고 생각하면 초기 대응으로 이렇게 극적인 면역 반응을 일으킨다.[2]

다섯 가지 징후를 통해 염증을 알아볼 수 있다. 발적(빨갛게 됨), 발열, 종창(부어오름), 통증, 기능 상실이 그것이다. 앞 장에서 예로 들었던 것처럼 날카로운 못을 밟았을 때 상처 입은 엄지발가락 조직은 즉시 체액이 차올라 퉁퉁 부으며, 더 많은 피가 몰려 벌겋게 된다.

혈액은 몸속의 열을 운반하기 때문에 엄지발가락은 따끈따끈해진다. 열은 유용한 기능이 있다. 대개 미생물은 열을 좋아하지 않기 때문에 상처의 온도가 올라가면 행동이 느려지며 스트레스를 받는다. 물론 몸속에 들어온 병원체가 스트레스를 받는 것은 우리에게 좋은 일이다. 반면 우리의 민간인 복구 세포는 따뜻한 환경을 매우 좋아하므로 대사가 빨라지면서 상처가 훨씬 빨리 아문다.

그리고 통증이 있다. 염증 반응에 의해 분비된 일부 화학 물질 때문에 신경 말단이 통증에 예민해지며, 주변이 부어오르면서 통각 수용체를 지닌 신경 세포에 압력이 가해지면

---

2 면역계에 관련된 모든 것에는 예외가 있다. 염증도 마찬가지라서 우리 몸에는 이런 식으로 반응하지 않는 부위가 몇 군데 있다. 뇌, 척수, 눈의 일부, 그리고 고환이다. (물론 고환이 있는 사람만 해당된다.) 하나같이 염증이 생기면 바로 회복 불가능한 손상을 입을 수 있는 민감한 장기다. 이런 부위를 **면역 특혜(immune privileged)** 조직이라고 한다. 특수한 혈액-조직 장벽으로 가로막혀 면역 세포가 함부로 들어갈 수 없다는 뜻이다. 이런 부위에도 면역 세포가 들어가기는 하지만, 매우 특별한 명령에 의해 극히 제한된 행동만 할 수 있을 뿐이다.

염증

염증이란 면역계가 상처나 감염에 대해 신속한
방어 전선을 구축하기 위해 일으키는 복잡한
생물학적 반응이다. 혈관을 빠져나온 혈장이
조직에 스며들면서 발적, 발열, 종창, 통증,
기능 상실이 일어난다.

염증이 생긴 상처

큰 포식 세포

중성구

전쟁터

상피

혈관

혈관에서 혈장이 빠져나와 전쟁터에 체액과
단백질과 새로운 병사들을 쏟아붓는다.

통증 신호가 뇌로 전달된다. 통증은 우리가 느끼고 싶지 않은 감각이기 때문에 (더 이상의 자극을 가하지 않을) 동기를 효과적으로 부여한다.

마지막으로 기능 상실이 일어난다. 너무나 당연한 결과다. 예컨대 손을 불에 데어 염증이 생긴다면 부어오르고 아프기 때문에 제대로 쓸 수 없다. 녹슨 못을 밟았을 때도 마찬가지로 발을 마음대로 놀리기 어렵다. 통증과 더불어 기능 상실이 일어나면 어쩔 수 없이 그 부위를 사용하지 못하기 때문에 결국 지나친 부담이나 긴장을 피할 수 있다. 원하지 않아도 쉬어야 하므로 상처 부위가 충분한 치유 시간을 버는 셈이다. 이 다섯 가지가 염증의 특징이다.

앞으로도 계속 강조하겠지만, 염증이 생기면 몸이 매우 힘들다. 조직에 부담이 가해지고 중성구 등 면역 세포가 흥분한 채 뛰어들어 계속 손상을 입히기 때문이다. 따라서 우리 몸에는 염증을 가라앉히기 위한 장치가 마련되어 있다. 예컨대 염증을 일으키는 화학적 신호는 아주 빨리 사라진다. 염증이 유지되려면 면역 세포들이 계속 염증을 일으켜야 한다. 그러지 않으면 염증은 저절로 가라앉는다. 이쯤에서 이렇게 묻는 독자도 있을 것이다. 도대체 염증을 일으키는 것은 정확히 무엇인가? 다양한 요인이 작용한다.

우선 염증은 죽은 세포를 통해 시작된다. 놀랍게도 우리 몸은 세포가 자연적으로 죽었는지, 격렬하고 폭력적인 방법으로 죽었는지 알아보는 능력을 진화시켰다. 세포가 자연적이 아닌 방식으로 죽었다면 면역계는 심각한 위험이 닥쳤다고 판단한다. 따라서 세포의 죽음은 염증을 일으키는 신호다.

정상적으로 죽음을 맞는 세포는 앞서 설명했던 세포 자멸사를 통해 깨끗이 삶을 마감한다. 세포 자멸사는 세포 내용물을 깔끔하게 갈무리하는, 말하자면 조용한 자살이다. 하지만 날카로운 못에 찔린다든지, 뜨거운 프라이팬에 덴다든지, 세균 감염으로 인한 노폐물에 중독되는 등 자연스럽지 않은 방식으로 죽는 민간인 세포는 내부에 들어 있던 내용물이 사방에 흩어진다. DNA나 **리보핵산**(ribonucleic acid, RNA) 등 일부 세포 내용물은 면역계를 강하게 자극해 즉각적으로 염증을 일으킨다.[3]

---

3 세포의 발전소 역할을 하는 미토콘드리아는 까마득한 옛날에 독립적으로 생활했던 세균이었으며, 어느 날 우리 조상들의 세포와 결합해 공생 관계를 맺게 되었다고 배웠을 것이다. 오늘날 미토콘드리아는 세포에 소중한 에너지를 제공하는 세포 내 소기관이다. 하지만 면역계는 아직도 그들을 세균으로 기억한다. 세포 밖에서 볼 일이 없을

나중에 자세히 알고 나면 미워하게 될지도 모르는 매우 특수한 세포 역시 지금 소개하면 좋을 것 같다. 심한 알레르기 반응으로 온몸이 갑자기 부어오른 적이 있다면 이 세포가 주범이었을 것이다. 바로 **비만 세포(mast cell)**다. 비만 세포는 터질 듯 부풀어 오른 모습을 한 커다란 세포로, 그 안에는 초소형 폭탄이 가득 탑재되어 있다. 그리고 폭탄 속에는 빠르고 격렬한 국소 염증을 일으키는 강력한 화학 물질이 들어 있다. (모기에 물렸을 때 심한 가려움증을 느낀다면 비만 세포가 방출한 화학 물질 때문일 가능성이 높다.) 비만 세포는 대부분 피부 아래에 머물면서 해야 할 일을 한다고는 하지만, …… 사실 하는 일이 별로 없다. 오히려 고마운 일이다. 하지만 상처를 입고 조직이 손상된다면 비만 세포는 그대로 죽거나 엄청나게 활성화된다. 염증을 유발하는 강력한 화학 물질을 방출해 격렬한 염증 반응을 일으키는 것이다.

결국 우리의 피부밑 조직(피하 조직)에는 비상 염증 버튼이 내장되어 있는 셈이다. 많은 교과서에는 실려 있지 않지만, 몇몇 면역학자는 비만 세포가 면역계에서 훨씬 직접적이고 중심적인 역할을 수행한다고 믿는다. 과학의 좋은 점은 기존에 확립된 개념이 잘못되었음을 밝히는 것이 모두에게 도움이 된다는 것이다. 그러니 비만 세포가 더 큰 사랑을 받을 자격이 있는지 앞으로 관심 있게 지켜보자.

염증을 일으키는 두 번째 방법은 상당히 능동적인 결정이다. 싸움에 참여한 큰 포식 세포와 중성구가 염증을 일으키라고 지시하는 것이다. 그들은 싸움이 진행되는 내내 이런 방식으로 화학 물질들을 분비해, 전쟁터에 체액이 넘실거리게 해 계속 새로운 지원 병력을 끌어들인다. 바로 이것이 어떤 전투라도 너무 오래 끌면 몸에 해로운 이유다.

폐렴이나 COVID-19에 걸려 허파 감염이 생겼다면 염증과 그로 인해 허파 조직에 침투한 체액 때문에 숨쉬기가 힘들고 물에 빠진 듯한 기분을 느낄 수 있다. 침대에 누운 채 물에 빠져 죽을 것 같다면 얼마나 다급하고 무섭겠는가? 다만 그 물이 바깥이 아니라 내 몸속에 존재한다는 점이 다를 뿐이다.

이만하면 우선 염증에 대해서는 충분히 설명한 것 같다. 간단히 요약해 보자. 우리 몸

뿐 우리 몸을 침범한 타자로 간주하는 것이다. 세포가 터져 속에 들어 있던 미토콘드리아가 밖으로 나오면 면역 세포들은 격렬한 공격을 퍼부어 대응한다.

속에서 세포가 자연적이 아닌 방식으로 죽었을 때, 어떤 이유로든 피부밑에 있는 비만 세포가 터지거나 자극받을 때, 또는 면역계가 적과 싸울 때, 염증을 일으키는 화학 물질들이 분비된다. 전쟁이 벌어지고 그 자리에 혈관을 빠져나온 체액과 온갖 화학 물질이 넘쳐흘러 적을 괴롭히고, 지원군을 불러들이고, 지원군이 감염 조직으로 파고들기 쉽게 만들어 치열한 방어전을 펼친다. 하지만 염증은 우리 몸에 큰 부담을 주며, 많은 경우 건강에 큰 위협이 되기도 한다.

10장 벌거벗고, 눈멀고, 겁에 질리다: 세포들은 어디로 가야 하는지를 어떻게 알까?

지금까지 아주 중요한 사실을 완전히 무시해 왔다. 세포는 어떤 길을 택해 어디로 가야 하는지, 어디서 자신을 필요로 하는지 어떻게 알까? 세포를 사람이라고 생각하면, 또한 거의 유럽 대륙만큼 넓은 지역을 돌아다닌다는 점을 기억한다면 가장 먼저 이런 질문이 떠오른다. 도대체 세포는 어떻게 정확한 길을 찾을까? 혹시 항상 길을 잃고 헤매나? 불리한 조건은 또 있다. 세포는 앞을 보지 못한다. 잠깐만 생각해 보면 알 수 있는 일이다.

뭔가를 보려면 빛의 파동이 물체의 표면에 부딪힌 후 반사되어 우리의 눈과 같은 감각 기관에 다시 부딪혀야 한다. 눈 속에 있는 수억 개의 특화된 세포가 빛의 파동을 전기 신호로 바꾸어 뇌로 보내면, 뇌는 이 신호를 해석한다. 모든 것이 세포 1개가 성취하기에는 지나치게 버거운 일이다.[1]

설사 세포에 눈이 있다고 해도 세포 수준의 미소 환경에서는 '본다.'라는 것이 별로 유용하지 않을 것이다. 세포가 살아가는 세상은 너무너무 작기 때문에 세포 1개의 입장에서는 빛의 파동조차 거대한 크기다. 그걸 이용한다는 건 실용적인 일이 아니다. 우리가 세포 크기라면 가시광선의 파장은 발끝에서 배꼽에 이를 정도다! 세균을 생각해 보자. 세균은 너무나 작아 광학 현미경으로 잘 보이지 않으며, 보인다 해도 흐릿한 형체로 나타날 뿐이다. 바이러스는 빛의 파장보다도 작아서 '본다.'라는 행위를 어떻게 정의하든 눈으로 볼 수 없다. 바이러스를 보려면 전자 현미경처럼 특수한 장비를 동원해야 한다. 게다가 우리 몸속은 대부분 매우 어둡다. 신체 내부에 빛이 잘 든다면 뭔가 크게 잘못된 것이다.

---

[1] 단세포 생물 중에도 광수용체가 있어 주변이 어두운지 밝은지, 어느 방향에서 빛이 들어오는지 구별하는 경우가 있다. 하지만 지금 말하는 내용과는 관련이 없다.

똑같은 원리가 듣는 데도 적용된다. '듣는다.'라는 것은 기체와 액체의 압력 변화를 감지해 그 차이를 정보로 바꾸는 과정이다. 우리는 이 기능을 전담하는 기관을 갖고 있으며, 그것은 인간이 사는 환경에 적합하지만 세포에게는 비실용적이다. 이처럼 우리에게 친숙한 의미로 '보기'와 '듣기'는 미시 세계에서 그리 좋은 전략이 될 수 없다. 그렇다면 세포는 주변 세계를 어떻게 경험할까? 어떻게 주변 세계를 감지하며, 어떻게 서로 의사소통을 할까?

어떤 의미로 세포는 평생 냄새에 의존해 살아간다. 세포에게 정보란 물리적 실체를 지닌 물질, 바로 **사이토카인**(cytokine)이다. 간단히 말해 사이토카인은 우리 몸이 정보를 전달하는 데 사용하는 아주 작은 단백질이다. 우리 몸속에는 수백 가지의 사이토카인이 존재하는데, 이들은 엄마의 자궁 속에서 태아가 발달하는 것부터 나이 들어 신체 각 부분이 퇴행하는 데 이르기까지 몸속에서 일어나는 거의 모든 생물학적 과정에 매우 중요하다. 하지만 사이토카인이 가장 빛을 발하는 분야는 역시 면역계다. 이들은 질병의 발생과 세포가 반응하는 방식에 결정적인 영향을 미친다. 사이토카인은 면역계의 언어다. 몇 번 더 중요하게 다룰 것이므로 우선 사이토카인이 어떤 일을 하는지 간단히 짚고 넘어가 보자.

큰 포식 세포가 이곳저곳 돌아다니다 적을 만났다. 빨리 동료 면역 세포에게 그 사실을 알려야 한다. 큰 포식 세포는 이런 정보를 지닌 사이토카인을 방출한다. **"비상! 적이다! 빨리 와서 도와주기 바람!"** 사이토카인은 오로지 체액 속에 있는 다양한 입자들의 무작위 운동에 의해 멀리 퍼진다. 꽤 떨어진 곳에서 중성구 하나가 담당 구역을 어슬렁거리다 이 사이토카인의 냄새를 맡고, 그 속에 담긴 정보를 '수신한다.' 더 많은 사이토카인을 감지할수록 중성구는 더욱 격렬하게 반응한다.

녹슨 못이 피부를 뚫고 들어와 엄청난 파괴와 죽음을 야기한다면 수천수만 개의 세포가 한꺼번에 비명을 지르며 엄청난 양의 공포 사이토카인을 방출한다. 그 속에는 무시무시한 일이 벌어졌으며 급히 도움이 필요하다는 메시지가 담겨 있다. 이 메시지를 받아 해독한 수많은 세포가 즉시 달려간다. 그것이 전부가 아니다. 사이토카인의 냄새는 내비게이션 역할도 한다.[2]

---

2 이 부분은 기술적으로 더 정확히 설명할 수 있다. 여기 관련된 사이토카인에는 두 가지 일반적인 범주가 있다.

사이토카인

사이토카인은 매우 작은 단백질로 정보를
전달하는 데 사용된다. 이들은 질병의 발생과
세포가 어떤 방식으로 반응할지에 결정적인
영향을 미친다. 어떤 의미로 사이토카인은
면역 세포의 언어다.

냄새의 진원지에 가까워질수록 더 많은 사이토카인이 존재할 것이다. 세포는 주변의 사이토카인 농도를 측정해 메시지가 어디서 오는지 정확히 감지하고 그쪽으로 움직인다. 개가 '냄새로 길을 찾는' 것처럼 냄새가 가장 강한 곳을 찾아간다. 바로 그곳이 치열한 전투 현장이다.

면역 세포의 코가 반드시 하나일 필요는 없다. 사실 면역 세포는 수백만 개의 코로 뒤덮여 있다. 코들은 세포막에 있으며, 모든 방향을 향해 나 있다.

코가 그렇게 많은 이유는 무엇일까? 두 가지다. 첫째, 세포막을 빠짐없이 코로 뒤덮으면 360° 면역 감지 시스템을 갖추게 된다. 사이토카인이 어느 방향에서 왔는지 정확히 알 수 있는 것이다. 코들은 매우 민감하다. 일부 세포는 1퍼센트의 농도 차이를 감지해 사이토카인이 어느 방향에서 왔는지 알아낸다. (특정한 방향에서 흘러와 세포에 도달한 분자가 1퍼센트만 많아도 감지할 수 있다는 뜻이다.) 세포는 이 정보를 이용해 광대한 공간 속에서 방향을 찾고, 더 많은 사이토카인이 날아오는 방향으로 계속 움직여 마침내 목표를 찾아낸다. 한 발짝 뗀 후 한 번 냄새 맡고, 다시 한 발짝 뗀 후 또 코를 킁킁거리는 식이다. 자신을 필요로 하는 곳에 도달할 때까지 끊임없이 이런 과정을 반복한다.

수백만 개의 코를 갖고 있는 두 번째 이유는 실수를 방지하기 위해서다. 면역 세포는 볼 수도 없고, 들을 수도 없으며, 머리가 나빠 길을 묻지도 못한다. 신호가 진짜인지, 신호를 올바로 해석했는지도 알지 못한다. 예컨대 중성구는 이미 승리를 거둔 전장에 남아 있는 사이

정보를 전달하는 사이토카인과 케모카인이다. 케모카인은 세포가 분비하는 아주 작은 사이토카인이다. 케모카인이라는 말은 '이동성 화학 물질'이라는 뜻으로, 세포들을 일정한 방향으로 이동하도록 자극하는 것이 주 기능임을 생각할 때 매우 적절한 이름이다. 항상 체액 속을 둥둥 떠다니는 것은 아니어서, 일부 민간인 세포들은 케모카인을 외부에 붙여 스스로 '치장'함으로써 면역 세포에게 길을 안내하기도 한다. 간단히 말해 케모카인은 면역 세포를 어떤 장소로 안내하거나 끌어들이는 사이토카인이다. 보통 면역학자들이 '사이토카인'이라고 할 때는 감염 부위에서 어떤 일이 벌어졌는지, 어떤 병원체가 침입했는지, 그들과 싸우기 위해 어떤 세포가 필요한지 등의 정보를 전달하는 사이토카인을 의미한다. 잠깐, 좀 헷갈리는데? 케모카인도 사이토카인인데, 사이토카인은 케모카인과 다른 일을 한다는 말인가? 면역학의 세계에 입문한 것을 환영한다! 이 세계의 용어들은 우리를 더 힘들게 하기 위해 존재한다. 이 문제를 해결하기 위해 이 책에서는 이런 방법을 쓴다. 일단 사이토카인이라는 용어는 오직 한 가지 사실을 이해하는 데 필요한 일반 원칙을 설명하기 위해서만 사용한다. 사이토카인은 매우 다양한 정보 단백질로 면역 세포에게 수많은 일을 수행하게 한다. 그중 하나가 면역 세포를 특정한 방향으로 이동시키는 것이다.

토카인 신호까지 예민하게 감지한다. 이런 식으로 잘못된 신호를 너무 예민하게 감지하면 자원을 낭비하게 될 뿐 아니라, 꼭 필요한 일에 집중할 수 없다. 해결책은 단 1개의 코에 의존할 것이 아니라 동시에 수많은 코를 이용하는 것이다. 1개의 코만 냄새를 감지했을 때는 아무 반응도 일어나지 않는다. 수십 개의 코가 같은 냄새를 맡는다면 면역 세포는 비로소 약간 흥분하기 시작한다. 수백, 수천 개의 코가 같은 냄새를 맡으면 면역 세포는 강렬한 흥분에 휩싸여 엄청나게 격렬한 반응을 보인다!

이 원칙은 매우 중요하다. 세포가 행동에 돌입하려면 신호가 일정한 역치를 넘어야 한다. 이것이야말로 면역계의 기발한 통제 전략이다. 수십 마리의 세균이 사소한 감염을 일으켰다면 소수의 면역 세포가 소량의 사이토카인을 방출하고, 다른 소수의 면역 세포만이 이 신호를 감지한다. 하지만 감염 부위가 넓어 위험할 정도라면 수많은 신호가 발산되고, 수많은 면역 세포가 이에 반응한다. 대기에 강렬한 전쟁의 '향기'가 퍼지면 이를 감지한 면역 세포들은 즉시 행동에 돌입한다. 이처럼 강렬한 냄새는 더 많은 세포를 불러 모을 뿐만 아니라, 면역 반응이 저절로 중단되도록 하는 데도 유리하다. 전쟁에 참여한 병사들이 성공적인 작전을 펼쳐 살아남은 적이 거의 없다면, 면역 세포들은 훨씬 적은 사이토카인을 방출한다. 이에 따라 전장으로 호출되는 지원 병력이 갈수록 줄어든다. 현장에서 싸우는 세포들은 시간이 지나면서 세포 자멸사를 통해 스스로 사라진다. 모든 일이 순조롭게 진행되면 마침내 면역 반응은 스스로 중단된다.

하지만 시스템 전체가 망가지는 경우도 있다. 그 결과는 끔찍하다. 사이토카인이 계속 너무 많이 분비되면 면역계는 완전히 통제를 잃고 지나치게 활성화되어 광포하게 날뛴다. 이런 상태를 **사이토카인 폭풍**이라고 한다. 위험이 없어졌는데도 너무 많은 면역 세포가 너무 많은 사이토카인을 계속 방출한다는 뜻이다. 활성화 신호가 사방에서 몰려들면 온몸의 면역 세포가 깨어나 더 많은 사이토카인을 방출한다. 이제 염증은 감염 부위에 국한되는 것이 아니라 전신에 걸쳐 점점 심해진다. 면역 세포가 거의 모든 장기로 흘러 들어가 엄청난 손상을 입힌다. 온몸의 혈관 투과성이 높아져 체액이 줄줄 새어 나간다. 조직은 혈관에서 새어 나온 체액에 잠긴 상태가 된다. 최악의 경우에는 혈압이 위험 수준까지 떨어지고, 주요 장기가 산소를 충분히 공급받지 못해 기능을 상실하며, 결국 죽음에 이른다. 다행히 이런 사태를 걱정해야 하는 경우는 그리 많지 않다. 사이토카인 폭풍은 일이 끔찍하게 잘못되었을 때에만 벌어지는 아주 예외적인 사건이다.

떠들다 보니 중요한 질문 한 가지를 빼먹었다. 사이토카인은 정확히 어떤 방법으로 정보를 전달하며, 그 의미는 무엇일까? 어떻게 단백질이 세포에게 무엇을 해야 할지 알려줄 수 있단 말인가? 앞서 말했듯 세포는 생화학에 의해 움직이는 단백질 로봇이다. 생명의 화학은 다양한 단백질 사이에서 일련의 반응을 유발한다. 이렇게 여러 가지 반응이 순차적으로 일어나는 것을 경로라고 한다. 경로들이 활성화되면 행동을 유발한다. 면역계의 정보 단백질인 사이토카인의 경우, 이런 과정은 세포 표면 수용체라는 특수한 구조와 관련된 경로를 통해 일어난다. **수용체(receptor)**가 바로 세포의 코에 해당한다.

간단히 말해 수용체는 세포막에 붙어 있는 단백질 인식기다. 수용체의 일부는 세포 밖으로 돌출되어 있으며, 나머지는 세포 안에 들어가 있다. 사실 세포 표면의 절반 정도는 특정 영양소를 받아들이거나, 다른 세포들과 소통하거나, 다양한 행동을 촉발하는 등 온갖 기능을 수행하는 수많은 수용체로 뒤덮여 있다. 단순화한다면 수용체란 밖에서 무슨 일이 벌어지는지를 세포 내부로 전달하는 세포의 감각 기관이다. 사이토카인을 인식한 수용체는 세포 내에서 특정한 경로를 활성화한다. 그러면 단백질들이 순차적으로 상호 작용을 일으켜 결국 세포 내 유전자를 활성화하거나 비활성화하는 신호를 만들어 낸다.

간단히 말해 단백질과 단백질이 몇 차례 반응을 주고받으면 결국 세포의 행동이 변한다. 면역계에서 어떤 생화학적 반응들이 일어나는지 자세히 살펴본다는 것은 악몽에 가까운 일이므로 여기서는 생략한다. (참을성이 남다르고 복잡한 이름이 엄청나게 쏟아져 나와도 견딜 수 있는 사람에게는 아주 흥미로운 분야일 수도 있다.)

정리해 보자. 세포 표면에는 수용체라는 수백만 개의 코가 있다. 세포는 사이토카인이라는 정보 전달 단백질을 방출해 서로 소통한다. 어떤 세포가 수용체(코)로 사이토카인의 냄새를 맡으면 세포 표면에서 일정한 경로가 활성화되어 유전자 발현이 변하고, 이에 따라 세포의 행동이 변한다. 세포는 의식이나 생각하는 능력이 없지만, 이런 식으로 생화학적 원리에 의해 정보에 반응한다. 바로 이것이 매우 멍청한 세포가 엄청나게 똑똑한 일을 해내는 비결이다. 일부 사이토카인은 내비게이션 역할을 한다. 면역 세포는 사이토카인이 어디에서 왔는지

냄새로 알아낸 후 문자 그대로 코를 이용해 전쟁터를 찾아간다.

  자, 이제 세포들이 주변에서 벌어지는 일을 어떻게 감지하는지 알게 되었다. 다시 전쟁터로 돌아가기 전에 면역계를 이해하는 데 중요한 마지막 원칙이 한 가지 남아 있다. 세포는 세균의 냄새를 어떻게 '알아차릴까'? 도대체 왜 세균은 세균의 냄새를 풍길까? 면역계는 어떻게 친구와 적을 구별할까?

11장 생명의 구성 요소 냄새 맡기

처음에 선천 면역계가 **자기**와 **타자**를 구분한다고 했다. 하지만 선천 면역계는 누구를 공격해야 할지 어떻게 알까? 누가 **자기**이고 누가 **타자**인가? 면역계의 전사들은 세균에서 어떤 냄새가 나는지 어떻게 알까? 앞서 말했듯 다세포 동물에 비해 미생물이 갖는 가장 큰 장점은 놀라운 속도로 자신을 변화시켜 적응한다는 것이다. 다세포 생물은 긴 세월 동안 미생물과 경쟁해 왔다. 그동안 세균은 왜 자신의 냄새를 감출 방법을 찾지 못했을까? 답은 생명체의 구조에 있다.

지구상 모든 생명체는 똑같은 기본 분자를 다양한 방식으로 조합해 만들어진다. 기본 분자란 탄수화물, 지방, 단백질, 핵산이다. 이들은 서로 반응을 주고받으며 결합해 특정한 구조물을 만드는데, 이 구조물들이야말로 지구상 모든 생명체의 구성 요소다. 가장 중요한 구성 요소는 이미 대략 살펴보았다. 바로 단백질이다. 논의를 단순화하기 위해 단백질에 초점을 맞춰 보자. 구성 요소 중에서도 대다수를 차지하기 때문이다. 그렇다고 다른 구성 요소가 중요하지 않다는 것은 아니지만, 작동 원리는 거의 비슷하므로 한 가지에 집중하는 편이 더 도움이 될 것이다. 단백질이 무엇을 할 수 있는지, 다른 단백질과 어떻게 상호 작용하는지, 어떤 구조물을 만들 수 있는지, 어떤 정보를 전달할 수 있는지는 모두 그 형태에 의해 결정된다고 했다. 단백질의 형태는 3D 퍼즐 조각과 비슷하다. 다른 조각과 이리저리 결합해 전체 퍼즐을 구성한다. 단백질의 형태를 퍼즐 조각이라고 생각하면 또 한 가지 중요한 점이 분명해진다. 특정 형태는 다른 특정 형태와만 결합한다는 점이다. 단백질은 딱 맞는 조각을 만나면 별다른 힘을 들이지 않아도 정확하고 단단하게 결합한다. 단백질의 형태는 너무나 다양해서 수십억에 수십억을 곱한 정도이므로 생명체가 만들어질 때는 엄청나게 다양한 퍼즐 조각을 사용할 수 있다. 예컨대 단백질이라는 생명의 퍼즐 조각으로 만들 수 있는 세균의 종류는 무

수용체

수용체는 세포의 감각 기관이다.
기본적으로 열쇠와 자물쇠처럼 작동해
특이적 분자와만 결합한다.

수히 많다. 그렇다고 아무런 규칙도 없이 제멋대로 만들 수 있다는 뜻은 아니다. 생명의 자유로움에는 어느 정도 제약이 따른다.

어떤 일을 하더라도 단백질이라는 생명의 퍼즐 조각은 변형할 수 없으며 그 기능을 그대로 유지한다. 어떤 세균이 얼마나 많이 돌연변이를 일으키는지, 어떤 영리한 단백질 조합을 새로 만들어 내는지는 중요하지 않다. 세균이 세균이 되려면 반드시 사용해야만 하는 단백질이 있는 것이다. 비유컨대 수많은 형태와 색깔을 지닌 차를 만들 수 있지만, 그것이 차인한 바퀴나 나사를 사용하지 않을 도리는 없다. 세균도 똑같다. 면역계는 바로 이 점을 이용해 **자신**과 **타자**를 인식한다. 원리는 이렇고, 실제로는 어떻게 작동하는지 알아보자.

편모가 좋은 예다. 편모는 일부 세균과 미생물종이 움직이기 위해 사용하는 초소형 기계 장치다. 세균의 조그만 엉덩이에 붙어 있는 이 기다란 단백질 프로펠러는 빠른 속도로 회전해 앞으로 나아갈 추진력을 만들어 낸다. 모두는 아니지만 꽤 많은 세균이 편모를 갖고 있다. 편모는 미시 세계를 돌아다니는 데 상당히 기발한 방법이며, 특히 지저분하고 얕은 물에 사는 세균에게 더욱 그렇다. 인간 세포는 편모를 아예 사용하지 않는다.[1]

따라서 면역 세포는 편모를 지닌 녀석을 발견하면 100퍼센트 **타자**로 인식해 즉시 죽

---

1 아니다, 사실은 그렇지 않다! 정자 세포는 길고 강력한 편모를 이용해 앞으로 나아간다. 하지만 정자의 편모는 원칙적으로 전혀 다른 구조이며, 작동 방식도 전혀 다르다. 이름만 같을 뿐이다. 그 이유는…… 거 봐, 생물학은 헷갈리는 학문이라고 하지 않았나! 어쨌든 정자는 어느 모로 보나 흥미로운 존재라 할 수 있다. 한번 생각해 보자. 왜 여성의 몸은 정자를 타자로 인식해 바로 죽여 버리지 않을까? 사실은, 바로 죽여 버린다! 바로 이것이 단 1개의 난자에 수정하기 위해 무려 2억 개의 정자가 필요한 이유다! 정자는 질 속에 들어가자마자 엄청나게 적대적인 환경을 마주한다. 질 속은 상당히 산성이 강해 방문객에게 죽음의 장소나 다름없다. 정자는 그런 환경에서 벗어나려고 있는 힘을 다해 빠른 속도로 움직인다. 대부분의 정자가 몇 분 안에 자궁 경부를 지나 자궁 속에 도달한다. 하지만 여기서 그들을 기다리는 것은 무자비한 살육자인 큰 포식 세포와 중성구들이다. 면역 세포들은 우호적인 방문객을 대부분 쓸어버린다. 특별히 악의가 있어서는 아니다. 그저 맡은 바 임무를 다할 뿐이다. 정자는 이렇듯 적대적인 면역계에 대항할 최소한의 장치를 갖고 있다. (이런 생각은 어떨지 모르지만 특수한 병원체 비슷하다고 볼 수도 있겠다.) 수많은 분자와 물질을 분비해 주변의 성난 면역 세포들을 달래 가며 약간의 시간을 번다. 어쩌면 자궁 내막 세포에 메시지를 보내 자신이 우호적인 방문객임을 알릴 기회를 잡을 수도 있다. 자궁 내막이 염증을 가라앉혀 줄지도 모르기 때문이다. 사실 정자가 자궁 속에 들어갔을 때 어떤 일이 벌어지는지에 대해서는 아직 완전히 알지 못하는 부분이 너무 많다. 어쨌든 자궁에 도달한 수많은 정자 중 살아서 나팔관에 들어가 난자에 수정을 시도할 수 있는 녀석은 수백 개에 불과하다.

여 버린다. 기나긴 세월 동안 많은 동물의 선천 면역계는 세균 등 적들만 사용하는 퍼즐 조각의 형태를 기억하는 쪽으로 진화했다. 컴퓨터에서 파일을 저장하는 과정과 비슷하다. 특정한 퍼즐 조각은 항상 문제를 의미한다는 사실을 '아는' 것이다. 물론 세포 자체는 매우 멍청하기 때문에 아무것도 모른다. 하지만 세포에게는 수용체가 있다! 선천 면역 세포에도 수용체가 있기 때문에 편모를 구성하는 단백질 퍼즐 조각의 형태를 인식하고 없애 버릴 수 있다. 세균의 편모를 구성하는 단백질은 우리 면역계의 전사들이 지닌 수용체에 딱 들어맞는 퍼즐 조각이다. 큰 포식 세포의 수용체가 딱 맞는 세균 단백질과 결합하면 두 가지 일이 벌어진다. 우선 세균을 꽉 붙잡는 한편, 세포 내부에서 연쇄 반응을 일으켜 메시지를 전달한다. 적을 발견했다! 이 녀석을 삼켜 버려야 한다! 바로 이것이 선천 면역계가 적과 적이 아닌 존재를 구분하는 핵심 원리다.

면역계의 전사들이 인식하는 퍼즐 조각이 편모 단백질만은 아니다. 선천 면역계는 몇 안 되는 수용체만 갖고도 다양한 단백질을 인식한다. 이 특수 수용체들은 사이토카인 때와 마찬가지로 감각 기관, 즉 단백질 인식기 역할을 한다. 과정은 단순하다. 수용체 자체가 특수한 퍼즐 조각이므로 다른 퍼즐 조각(편모 단백질)과 결합할 뿐이다. 큰 포식 세포는 수용체에 결합하는 것이라면 뭐든 살해 모드에 돌입한다.

바로 이것이 선천 면역계가 과거에 한 번도 만나본 적 없는 세균종을 인식하는 원리다. 모든 세균은 세균인 이상 반드시 갖는 단백질이 있다. 선천 면역계는 적이 흔하게 갖고 있는 대부분의 퍼즐 조각을 인식하는 특수 수용체들을 지니고 있다.

톨 유사 수용체(Toll-like receptor)의 발견은 두 번이나 노벨상을 받을 정도로 중요한 사건이었다. '톨(toll)'은 '위대한' 또는 '놀라운'이란 뜻의 독일어다. 놀랍기 이를 데 없는 이 정보 장치에 더없이 어울리는 명칭이다. 모든 동물의 면역계는 조금씩 다르지만 하나같이 톨 유사 수용체를 갖는다. 따라서 이 수용체는 최소한 5억 년 이전에 진화한, 면역계에서도 가장 오래된 부분일 것이다. 일부 톨 유사 수용체는 편모의 형태를 인식하고, 다른 수용체는 바이러스의 어떤 특징을 인식하며, 또 다른 수용체는 유동성 DNA(free-floating DNA) 등 위험과 혼란의 신호를 인식한다.

세균도, 바이러스도, 원생동물도, 곰팡이도 어떤 행동을 하든 이 수용체를 완전히 피할 수는 없다. 심지어 톨 유사 수용체 중에는 적과 직접 접촉할 필요조차 없는 것도 있다. 앞서 말했듯 세균은 악취를 풍긴다. 그저 일상적인 일을 하는 것만으로도, 아니 그저 살아 있는 것만으로도 미생물은 우리가 땀을 흘리듯 단백질과 노폐물을 방출한다. 이 물질들은 필연적으로 면역 세포의 수용체와 결합해 세균의 존재와 정체를 노출시킨다. 그런 것을 분비하지 않는다면 세균 입장에서는 기막히게 좋은 일이겠지만, 살아 있는 한 피할 수 없는 일이 있는 법이다. 선천 면역계는 기나긴 세월을 세균과 나란히 진화하면서 세균의 퍼즐 조각을 냄새로 알아내는 방법을 터득했다. 이런 원리로 중성구와 큰 포식 세포는 어떤 종류의 세균이 우리 몸을 침입했는지 몰라도 세균을 찾아낼 수 있다. 그저 적의 냄새를 감지하고 즉시 돌진해야 한다는 사실만 아는 것으로 충분하다.

이렇게 면역 세포가 표면에 있는 감각 수용체를 이용해 적의 퍼즐 조각을 발견하는 기술을 **미생물 패턴 인식(microbial pattern recognition)**이라고 한다. 이 기술은 나중에 다룰 후천 면역계에서 더욱 중요하다. 기본 원리는 같지만 후천 면역계는 더욱 기발한 방식으로 이 기술을 이용한다.

이제 됐다! 기본 원리에 대한 설명은 이만하면 충분하다. 이런 지식을 갖고 다시 전쟁터로 돌아가 선천 면역계의 가장 강력하고도 잔인한 무기에 대해 알아보자. 그 무기는 세포나 세균이 보기에도 아주아주 작은 것이다.

기억을 되살려 보자. 당신은 산책을 하다 녹슨 못을 밟았다. 염증이 일어나고 혈관에서 빠져나온 체액이 전쟁터를 적시면서 눈에 보이지 않는 군대가 나타나 적들을 공격하고 죽이는 장면이 떠오르는가? 자, 이제 눈에 보이지 않는 군대가 무엇인지 공개한다. 유감스럽게도 거기에는 면역학에서도 최악의 이름이 붙어 있다. 바로 보체계다.

12장 보이지 않는 암살자 부대: 보체계

들어 본 사람이 별로 없겠지만, 보체계는 면역계에서 가장 중요한 부분이다. 널리 알려지지 않았다는 것이 오히려 이상할 정도다. 면역계의 많은 부분이 보체계와 상호 작용하며, 그 기능이 원활하지 않다면 건강에 큰 영향을 미치기 때문이다.

보체계는 면역계에서 가장 오래된 부분 중 하나다. 지구상에서 가장 오래된 다세포 동물들이 모두 보체계를 갖고 있는 것으로 보아 적어도 5억 년 전에 진화했을 것이다. 동물의 모든 면역 반응 중 가장 기본적인 형태라 할 수 있지만, 매우 효과적이기도 하다. 진화는 불필요한 것을 보전하지 않으므로 큰 변화 없이 그토록 오랜 기간 동안 존속했다는 데서 보체계가 우리 생존에 얼마나 중요한지 알 수 있다. 보체계는 생물이 점점 복잡해지는 과정에서 다른 것으로 **대체되지 않았을** 뿐만 아니라, 오히려 다른 면역 방어 기전들이 조금씩 조정을 거쳐 보체계를 더욱 강력하게 만드는 쪽으로 진화해 왔다.

보체계가 잘 알려지지 않은 이유는 정신이 아득해지고 머리가 터져 버릴 정도로 복잡할 뿐 아니라, 직관에 어긋나기 때문이다. 대학교에서 이 부분을 깊게 배우는 사람들조차 관련된 복잡한 과정과 상호 작용을 확실히 이해하고 기억하는 데 어려움을 겪는다. 면역학을 통틀어 이처럼 기억하기 어렵고 복잡한 이름이 많이 등장하는 분야도 없다. 다행히 고급 면역학을 공부하지 않는다면 세세한 부분까지 이해하고 기억할 필요는 없다. 이 책에서도 복잡한 세부 사항은 그저 슬쩍 들여다보고 지나가는 것으로 만족하려고 한다. 그래도 된다. 이런 곳에 시간과 정성을 쏟기에는 삶이 너무나 짧다. 세세한 것까지 알아야 직성이 풀리는 사람은 보체계의 정확한 이름과 작동 원리를 설명한 그림들이 많으니 참고하기 바란다.

과연 보체계란 무엇인가?

본질적으로 보체계는 서른 가지가 넘는 단백질(세포가 아니다!)이 우아한 춤을 추듯 손

보체 단백질

C3b C3a Bb Ba C4b C4a

C2b C2a D P C1q C1r

C1s MBL MASP-1 MASP-2 C5b C5a

C6 C7 C8 C9 C1INH MCP

DAF H C4bp CD59 CR1 CR2

CR3 CR4

우리 면역계를 구성하는 핵심 멤버 중 하나는 보체계다.
보체계는 서른 가지가 넘는 단백질로 이루어지며, 복잡하고
우아한 춤을 추듯 손발을 착착 맞춰 침입자를 저지한다.
보체계의 역할은 세 가지다. 적을 공격하고, 면역계를
활성화하며, 적이 죽을 때까지 그 몸에 구멍을 뚫는 것이다.

발을 착착 맞춰 우리 몸을 침입한 타자를 저지하는 특수 부대라 할 수 있다. 지금 이 순간 우리 몸속을 흐르는 모든 체액은 약 **1500경**에 이르는 보체 단백질로 가득 차 있다. 보체 단백질은 아주아주 작으며 없는 곳이 없다. 심지어 바이러스조차 그 옆에 놓으면 상당히 커 보일 정도다. 세포 하나가 인간만 한 크기라면, 보체 단백질은 겨우 초파리 알 크기가 될동말동하다. 생각하고 판단하는 능력이 세포보다도 떨어지므로 오로지 화학적인 힘에 의해서만 움직인다. 그럼에도 이 단백질들은 다양한 목적을 훌륭하게 달성한다.

간단히 말해서, 보체계의 기능은 세 가지다.

- 적들을 공격해 그들의 삶을 비참하고 우울하게 만든다.
- 면역 세포들을 활성화한 후 침입자에게 이끌어 죽이도록 한다.
- 적들이 죽을 때까지 그 몸에 구멍을 뚫는다.

어떻게 이런 일을 할 수 있을까? 어쨌거나 보체는 아무런 의지나 방향도 없이 무작위로 체액 속을 둥둥 떠다니는 생각 없는 단백질들이 아닌가? 사실은 이조차 전략의 일부다. 보체는 말하자면 수동 모드로 체액 속을 떠다닌다. 활성화될 때까지는 아무 일도 하지 않는다. 보체들을 빽빽하게 쌓아 놓은 수백만 개의 성냥이라고 생각해 보자. 1개의 성냥에 불이 붙으면 즉시 주변 성냥에 점화되고 차례로 더 많은 성냥에 옮겨붙어 눈 깜짝할 새에 대형 화재로 번질 것이다.

보체의 세계에서 불이 붙는 것은 형태가 바뀌는 것을 의미한다. 앞서 말했듯 단백질의 형태는 그 단백질이 무엇을 할 수 있고 무엇을 할 수 없으며, 누구와 어떤 방식으로 상호 작용할지 결정한다. 수동적 형태를 띤 보체 단백질은 아무것도 하지 않는다. 하지만 활성 형태로 변하면 다른 보체 단백질의 형태를 변화시켜 활성화할 수 있다.

이런 단순한 원리를 통해 스스로 강화되는 연쇄 반응이 일어난다. 1개의 단백질은 다른 2개의 단백질을 활성화한다. 2개는 4개, 4개는 8개, 8개는 16개를 활성화한다. 활성화된 단백질은 삽시간에 수천 개로 불어난다. 세포에 관해 공부할 때 잠깐 짚고 넘어간 것처럼 단백질은 엄청난 속도로 움직인다. 불과 몇 초 만에 보체 단백질은 아무짝에도 쓸모없는 상태에서 피할 수 없는 무시무시한 무기로 돌변한 후 활활 타오르는 불꽃처럼 폭발적인 기세로 번져 간다.

이 과정이 실제로 어떻게 진행되는지 살펴보자. 다시 전쟁터로 돌아간다. 녹슨 못에 찔린 상처 말이다. 엄청난 손상을 입고 혼란에 빠진 현장에서 큰 포식 세포와 중성구는 염증을 일으키라는 명령을 내린다. 혈관이 확장하고, 투과성이 커져 체액이 조직으로 빠져나오고 전쟁터에 넘쳐흐른다. 체액 속에는 헤아릴 수 없이 많은 보체 단백질이 들어 있기 때문에 삽시간에 상처 부위는 보체 단백질이 가득 쌓인 꼴이 된다. 이제 필요한 것은 불을 댕길 최초의 성냥뿐이다.

이제 매우 중요하고 특이적인 보체의 형태가 변한다. 이 단백질은 놀랄 정도로 쓸데없는 이름을 갖고 있다. 바로 'C3'다. C3의 형태가 어떻게 바뀌어 활성화되는지는 매우 복잡하고, 지루하며, 당장은 그리 중요하지도 않다. 그러니 일단 이 과정이 무작위로, 완전히 운에 의해 일어난다고 치고 넘어가자.[1, 2]

정말로 중요한 것은 C3가 보체계에서 가장 중요한 부분, 연쇄 반응을 시작하기 위해 불이 붙어야 하는 첫 번째 성냥이라는 점이다. 반응이 시작되면 C3는 더 작은 2개의 단백질로 쪼개진다. 이들은 서로 형태가 다르지만 둘 다 활성화된 상태다. 마침내 첫 번째 성냥에 불이 붙은 것이다! C3가 쪼개져 생긴 단백질 중 하나에는 C3b라는 매우 창의적인 이름이 붙어 있다. 이 친구는 일종의 탐색 미사일이다. 수십 분의 1초에 불과한, 그야말로 눈 깜짝할 새에 적을 찾아내든지, 스스로 중화되어 반응을 중단시킨다. 적을 발견한 경우(세균이라고 하자.) 세균의 표면에 단단히 결합해 절대로 놓아주지 않는다. 이제 C3b 단백질은 다시 한번 형태를 바꿔 새로운 능력을 갖게 된다. (아주 작은 트랜스포머 로봇을 연상시킨다.) 다른 보체 단백질을 붙잡아 형태를 변화시킨 후 결합해 하나가 되는 것이다. 이렇게 몇 단계를 거치면 C3b는 신

---

1 실제로 보체는 무작위로, 완전히 운에 의해 활성화되기도 하고, 훨씬 복잡한 과정을 통해 활성화되기도 한다. 여기에 대해서는 다음 쪽의 환상적인 그림을 보기로 하자!

2 심지어 주변에 적이 없을 때도 무작위적 활성화가 일어날까? 그렇다! 그래서 세포는 무작위로 활성화된 보체의 공격을 피하기 위해 보체에 대한 방어 체계를 갖추고 있다!

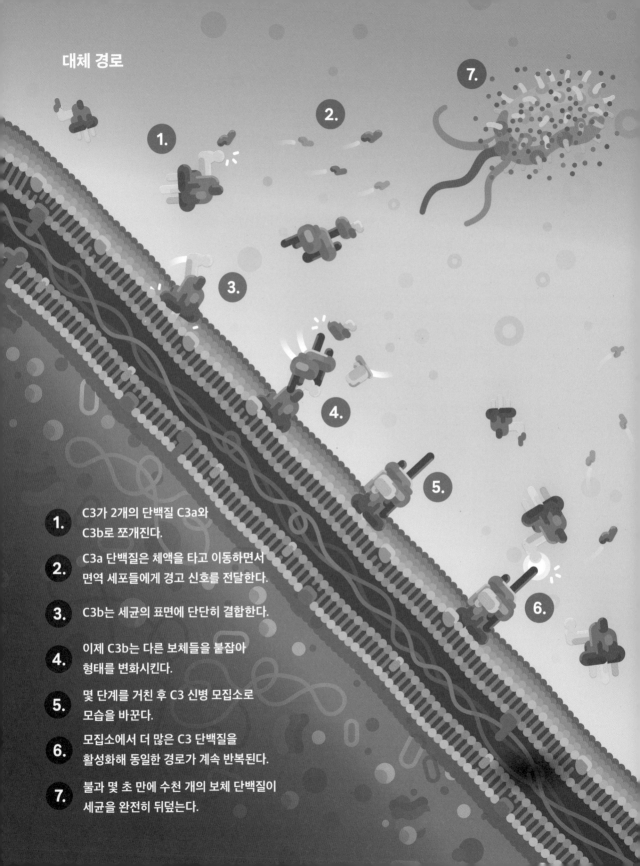

대체 경로

7.

2.

1.

3.

4.

5.

6.

1. C3가 2개의 단백질 C3a와 C3b로 쪼개진다.

2. C3a 단백질은 체액을 타고 이동하면서 면역 세포들에게 경고 신호를 전달한다.

3. C3b는 세균의 표면에 단단히 결합한다.

4. 이제 C3b는 다른 보체들을 붙잡아 형태를 변화시킨다.

5. 몇 단계를 거친 후 C3 신병 모집소로 모습을 바꾼다.

6. 모집소에서 더 많은 C3 단백질을 활성화해 동일한 경로가 계속 반복된다.

7. 불과 몇 초 만에 수천 개의 보체 단백질이 세균을 완전히 뒤덮는다.

병 모집소로 변한다. 이 모집소는 더 많은 C3 보체를 활성화해 전 과정을 새로 시작하는 데 특화되어 있다. 증폭 회로가 돌기 시작하는 것이다. 활성화와 변형이 끊임없이 반복된다. 활성화된 C3b 단백질이 점점 더 많이 세균에 달라붙어 새로운 신병 모집소가 되고, 여기서 더 많은 C3가 활성화된다. 첫 번째 보체 단백질이 활성화되고 불과 몇 초 만에 수천 개의 단백질이 세균의 표면을 빽빽하게 덮어 버린다.

세균 입장에서는 매우 나쁜 상황이다. 별일 없이 평소대로 하루를 보내던 중 느닷없이 수십만 마리의 파리 떼가 일사불란하게 움직이며 우리 몸을 머리끝에서 발끝까지 뒤덮어 버린다고 생각해 보라. 그 자체가 무시무시한 경험일 뿐만 아니라, 아무 일도 없는 듯 무시할 수도 없을 것이다. 세균은 필수적인 기능을 잃고 불구가 되어 버린다. 활동이 크게 느려지면서 무력한 상태에 빠지는 것이다.

이걸로 끝이 아니다. C3가 쪼개지면서 또 다른 단백질이 생긴 것을 기억하는가? 이 친구의 이름은 C3a다. (왜 아니겠어?) C3a는 앞서 논의한 사이토카인처럼 조난 표지 역할을 한다. 긴박한 메시지, 공습경보다. 수많은 C3a가 전쟁터에서 점점 멀리 퍼져 나가며 비명을 질러 면역 세포를 일깨운다. 특수 수용체를 통해 결합하여 C3a의 냄새를 맡은 큰 포식 세포나 중성구 같은 수동 면역 세포들이 잠에서 깨어나 감염 부위로 이동하기 시작한다. 이동하는 동안 경보를 발하는 보체 단백질을 많이 만날수록 점점 흥분해 공격적인 상태가 된다. 보체계가 활성화되었다는 것은 뭔가 나쁜 일이 생겼다는 뜻이다. 이들은 C3a 보체가 흘러온 길을 거슬러 올라가 자신을 가장 필요로 하는 곳에 정확히 집결한다. 이때 보체는 사이토카인과 똑같은 역할을 하는 셈이다. 사이토카인처럼 세포에 의해 만들어지지 않고 수동적으로 생성된다는 점만 다를 뿐이다.

지금까지 보체는 침입자의 행동을 늦추고(C3b가 침입자의 표면을 뒤덮는다.), 지원을 요청했다. (C3a가 조난 표지 역할을 한다.) 이제는 적을 살해하는 과정을 능동적으로 돕기 시작한다. 앞에서 보았듯 직접 적과 싸우는 것은 식세포, 즉 적을 통째로 삼키는 세포다. 적을 삼키려면 먼저 붙잡아야 한다. 말처럼 쉬운 일이 아니다. 당연히 세균은 식세포에 붙잡히는 것을 좋아하지 않으며 어떻게든 빠져나가려고 한다.

설사 발버둥 치지 않는다고 해도 일종의 물리적 문제가 있다. 세포막과 세균이 모두 음전하를 띤다는 점이다. 어려서 자석을 갖고 놀면서 배웠듯 극성이 같은 전하는 서로 밀어낸다. 전하는 그리 강하지 않아 식세포가 극복할 수 없을 정도는 아니지만, 어쨌든 세균을 붙잡는 데 방해가 되는 것은 사실이다.

그러나! 보체는 양전하를 띤다. 따라서 세균에 단단히 결합한 보체 단백질은 순간 접착제, 아니 작은 손잡이 역할을 해 면역 세포는 훨씬 쉽게 적을 붙잡을 수 있다. 보체로 뒤덮인 세균은 면역 전사들에게 손쉬운 표적이며, 어떤 면에서 훨씬 맛이 좋다! 이 과정을 **옵소닌화**(opsonization)라고 한다. 맛있는 군것질거리를 뜻하는 고대 그리스 어에서 유래한 말이다. 옵소닌화되면 더 맛있어진다고 생각해도 좋다.

더 좋은 일도 있다. 우리 몸이 온통 파리로 뒤덮인 모습을 다시 한번 떠올려 보자. 눈 깜짝할 새에 파리가 전부 말벌로 변하면 어떻게 될까? 또 한 번 연쇄 반응이 일어날 참이다. 이번 것은 치명적이다. 세균 표면에 있는 C3 신병 모집소가 다시 한번 형태를 바꿔 또 다른 보체 단백질을 활성화한다. 이들은 힘을 합쳐 더 큰 구조물을 짓기 시작한다. 이름하여 **세포막 공격 복합체**(membrane attack complex, MAC)다. 장담컨대 보체계에서 유일하게 그나마 쓸 만한 이름이 붙은 경우다. 새로운 보체 단백질이 한 조각 한 조각 모여 긴 창(槍) 같은 구조를 형성하면서 세균의 표면을 뚫고 깊숙이 박혀 고정되기 때문에 제거할 수 없다. 이 구조물은 길게 늘어나면서 결국 세균에 구멍을 뚫는데, 구멍을 다시 막기는 불가능하다. 문자 그대로 치명상을 입히는 것이다. 외부에서 체액이 세균 속으로 밀려들고, 세균의 내부에 있던 것들이 밖으로 흘러나온다. 세균은 이내 죽고 만다.

물론 세균도 보체를 싫어하지만, 보체가 가장 눈부신 활약을 하는 것은 바이러스와 싸울 때다. 바이러스는 한 가지 골치 아픈 문제를 안고 있다. 극히 작고 둥둥 떠다니는 주제에 세포에서 세포로 옮겨 다녀야 한다는 것이다. 세포 밖을 떠도는 바이러스는 오매불망 적당한 세포를 만나 감염시키는 행운이 하늘에서 뚝 떨어지기만을 바라고 또 바란다. 이렇게 둥둥 떠다니는 바이러스는 사실상 무방비 상태다. 이때 보체가 이들을 발견하면 즉시 달려들어 불구로 만들어 버린다. 이제 바이러스는 아무런 해를 입히지 못한다. 보체가 없다면 바이러스 감염은 훨씬 치명적이다. 여기에 대해서는 나중에 더 자세히 알아보려 한다.

다시 못에 찔린 상처로 돌아가 보자. 헤아릴 수 없이 많은 보체 단백질이 세균에 상처를

선천 면역계의 기초

물리적 장벽

큰 포식 세포

중성구

보체

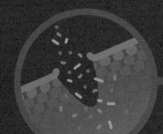

1. 국경 장벽(피부)이 무너진다.

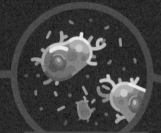

2. 큰 포식 세포가 적들을 먹어 치우고 죽인다.

5. 보체를 비롯한 지원군이 도착한다.

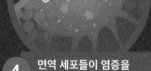

4. 면역 세포들이 염증을 일으키라는 명령을 내린다.

3. 큰 포식 세포가 중성구를 부른다.

6. 보체는 적에게 표시를 하고, 손상을 입히고, 죽인다.

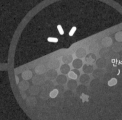

만세!

7. 침입자를 완전히 물리쳤다.

입히고 죽이면 중성구와 큰 포식 세포는 세균을 깨끗이 처리하기가 훨씬 쉽다. 세균 숫자가 줄면 당연히 보체 단백질이 달라붙는 세균도 줄고, 활성화되는 보체도 줄어든다. 보체 활성이 느려지는 것이다. 더 이상 싸울 적이 남지 않으면 보체는 수동적이며 눈에 보이지 않는 무기로 다시 돌아간다. 보체계는 아무 생각 없이 그저 물질에 불과한 수많은 단백질이 한데 모여 기막히게 똑똑한 일을 해내는 멋진 예다. 또한 면역계가 다양한 층위에서 매우 중요한 협력을 해 가며 작동하는 본보기이기도 하다.

무시무시한 전투력이라는 면에서 우리 몸에서 가장 중요한 전사가 누구인지, 이들을 움직이는 핵심 원리가 무엇인지 알아보았다. 다음 주제로 진행하기 전에 지금까지 선천 면역계에 대해 배운 것을 간단히 정리해 보자.

우리 몸은 자가 수리 기능을 갖춘 기막힌 국경 장벽으로 둘러싸여 있다. 장벽은 놀랄 만큼 뚫고 들어오기 어려워 우리를 거의 완벽하게 보호한다. 장벽이 뚫리면 선천 면역계는 즉시 행동에 나선다. 우선 우리의 검은코뿔소, 큰 포식 세포가 등장한다. 거대한 큰 포식 세포는 적을 통째로 삼켜 버리지만, 적이 너무 많으면 사이토카인을 방출한다. 정보 단백질인 사이토카인은 기관총을 든 침팬지, 중성구를 부른다. 면역계의 자살 특공대인 중성구는 오래 살지 못하며, 싸우는 과정에서 수많은 민간인 세포를 죽이기 때문에 우리 몸에도 해롭다. 두 가지 세포는 합심해 염증을 일으킨다. 감염 부위에 넘쳐 흐르는 체액을 타고 지원군이 도착해 전쟁터가 부풀어 오른다. 지원군 중 하나가 보체 단백질이다. 아주 작지만 헤아릴 수 없이 많은 보체는 수동적으로 면역 세포의 싸움을 지원하면서 적에게 표식을 하고, 달라붙고, 상처를 입혀 결국 쓰러뜨린다. 어지간한 작은 상처나 감염은 이 강력한 팀플레이로 완전히 해결된다.

하지만 이 모든 노력조차 충분하지 않다면 어떻게 할 것인가? 우리는 이것으로 문제가 해결되리라 바라지만, 현실은 결코 만만치 않다. 이 정도로는 어림도 없는 상황이 종종 생긴다. 세균은 호락호락하지 않다. 수많은 전략을 동원해 자신을 감추고 면역계의 일차 방어선을 회피한다. 감염을 일정한 부위에 국한시키고 빨리 가라앉히지 못하면 작고 사소한 상처도 사형 선고가 될 수 있다.

자, 그렇다면 상황이 훨씬 심각하다고 생각해 보자.

13장 세포계의 특수 정보 요원: 가지 세포

녹슨 못이 낸 상처에서 상황은 걷잡을 수 없이 나빠졌다. 큰 포식 세포와 중성구는 몇 시간 동안 용감하게 싸우면서 수많은 적을 죽였지만, 감염을 완전히 통제하지 못했다. 상처를 침범한 온갖 세균을 모두 찌르고 베고 집어삼켰지만 한 가지 세균만은 어떻게 해볼 도리가 없다. 그 녀석은 우리 몸에서 동원하는 온갖 방어 전략에 별 타격을 받지 않고 끈질기게 저항한다.[1]

상처를 감염시킨 이 병원성 토양 세균은 현란한 방어 전략을 펼치며 빠른 속도로 증식해 견고한 진지를 구축했다. 민간인 세포가 이용해야 할 자원을 배가 터져라 먹어 치우고, 사방에 똥을 눈다. 거기서 나온 화학 물질들은 민간인 세포, 면역 세포 할 것 없이 모든 세포에 손상을 입히고 심지어 죽이기도 한다. 혈관 밖으로 새어 나온 체액을 타고 물밀듯 밀려들었던 보체 단백질은 소진되고, 며칠씩 싸움을 이어가던 면역 세포 지원군마저 지쳐 나가떨어지거나 죽고 말았다.

아직도 새로운 중성구들이 용감하게 전쟁에 뛰어들지만, 이들의 무모한 싸움 방식은 그 자체로 몸에 점점 큰 부담이 된다. 더 심한 염증을 일으키라고 명령을 내리고, 전열을 정비해

---

1   세균이 어떻게 면역계에 저항하는지 알아보는 것도 아주 재미있다. 예컨대 많은 병원성 세균은 보체계에 크게 신경 쓰지 않는다. 보체는 대부분의 세균에게 큰 타격을 입혀 죽음으로 몰고 가지만, 진짜 독한 병원체들은 보체가 몰려와도 코웃음을 친다. 조심스럽게 공격을 피해 가며 하던 일을 계속할 뿐이다. "바보 같은 꼬맹이들!" **폐렴막대균**(*Klebsiella pneumoniae*)은 이런저런 무서운 병을 일으키지만 이름대로 특히 폐렴을 잘 일으킨다. 이 녀석이 우리 몸속에서 보체의 공격을 피하는 과정은 환상적이다. 폐렴막대균은 캡슐이라고 불리는 질척하고 끈끈한 구조물 뒤에 숨어 보체를 피한다. 보체가 어떤 전략을 동원해도 통하지 않는다. 캡슐은 세균이 만들어 내는 끈적끈적한 당질막으로 면역계가 인식하는 분자들을 덮어 버린다. 땀 냄새를 가리기 위해 탈취제를 쓰는 것처럼, 세균 냄새를 감추는 이 전략은 단순하지만 매우 효과적이다.

몇 차례 새로운 보체 공격을 감행하지만 그 때문에 조직은 점점 더 부어오른다. 부수적 피해가 급증한다. 이제 세균의 공격 때문이 아니라 면역계의 방어 작용 때문에 죽는 민간인 세포가 더 많을 정도다. 사망자 수는 갈수록 늘어나는데, 이런 악순환은 끝날 기미조차 보이지 않는다.

당신은 사태가 심상치 않음을 알아차린다. 약간 불편함을 느껴 산책을 중단하고 돌아와 샤워를 한 후 상처에 일회용 반창고를 붙인다. 다음날에도 여전히 걷기가 불편하다. 벌게진 엄지발가락은 눈에 띄게 부어오르고 욱신거리는 통증이 느껴진다. 누르지 않아도 아플 정도다. 상처를 찬찬히 살피다 꼭 눌러 보니 딱지 앉은 부위가 터지듯 열리면서 노르스름한 고름 한 방울이 배어난다.

희한한 냄새가 나는 이 물질은 감염되고 하루 이틀 지난 상처에서 볼 수 있다. 고름은 우리를 위해 싸우다 장렬히 전사한 수많은 중성구의 사체와 갈가리 찢긴 민간인 세포의 잔해, 죽은 적들, 전쟁 중 소모된 항균성 물질이 한데 섞인 것이다. 물론 약간 역겹지만 면역 세포들이 우리를 위해 자신을 돌보지 않고 용감하게 싸우다 죽음을 맞았다는 증거다. 중성구의 숭고한 희생이 없었다면 감염은 훨씬 넓게 퍼졌을 것이다. 적이 혈액을 침범하는 데 성공한다면 혈관을 타고 온몸 구석구석까지 퍼져 실로 심각한 상황이 벌어질 수 있다.

하지만 아직도 희망은 있다. 격렬한 교전이 벌어지는 동안 선천 면역계의 정보기관이 드러나지 않는 곳에서 조용히 자신의 임무를 수행해 왔기 때문이다. 이제 가지 세포가 등장할 차례다.

가지 세포는 오랫동안 주목받지 못했다. 생긴 모습을 보면 그럴 만도 하다. 뭐랄까, 그저 우스꽝스럽다. 불가사리처럼 기다란 팔이 사방으로 불쑥불쑥 솟아난 이 커다란 세포는 끊임없이 뭔가를 마시고 토해 낸다. 하지만 알고 보니 이들은 면역계 전체를 통틀어 가장 중요한 일을, 하나도 아니고 두 가지나 하고 있었다. 우선 이들은 우리를 감염시킨 적이 누구인지, 즉 세균인지 바이러스인지 기생충인지 알아낸다. 또한 다음 단계의 방어 전략을 활성화할지 결정한다. 다음 단계란 바로 후천 면역계다. 후천 면역계의 세포들은 선천 면역계의 방어선이 궤멸 위기에 처했을 때 투입되는 중화기와 특수 병기라 할 수 있다.

가지 세포는 매우 세심하며 항상 편안하고 느긋한 태도를 유지하는 보초병이다. 모든

가지 세포

세심한 체액 감정사인 가지 세포는 긴 팔을
흐느적거리며 주변의 체액을 끊임없이 머금었다
뱉는다. 그러다가 체액에서 바이러스나 세균
조각, 죽어 가는 민간인 세포 조각, 또는 급박한
사이토카인의 맛을 감지하는 순간 뱉어 내기를
멈추고 체액을 꿀꺽꿀꺽 삼켜 표본을 저장한다.
이 일이 끝나면 전쟁터를 뒤로하고 림프계로
들어가 후천 면역계를 활성화한다.

부위의 피부와 점막 밑에 존재하며, 면역계의 군사 기지 역할을 하는 림프절에도 빠짐없이 존재한다. 이들의 임무는 단순하다. 마시고 또 마시는 것이다. 가지 세포는 세포 사이를 흐르는 체액을 세심하게 감정한다. 이들은 체액을 최고급 와인 품평회에 선보인 값비싼 와인 대하듯 한다. 한 모금 마시고 입속에서 이리저리 굴려 가며 온갖 다양한 맛과 향과 질감을 분석한 후, 다시 뱉는다. 이들이 삼켰다가 뱉는 체액은 매일 자기 몸의 몇 배에 이른다.

가지 세포는 언제나 독특한 맛을 추구한다. 세균이나 바이러스의 맛, 죽어 가는 민간인 세포의 맛, 교전 중인 면역 세포가 방출한 급박한 사이토카인의 맛을 찾는다. 한 모금 들이켰을 때 이런 맛이 느껴지면 위험을 직감하고 적극적인 샘플링 모드에 돌입한다. 조금 맛을 보고 뱉는 것이 아니라 꿀걱꿀걱 들이켜기 시작한다. 조금씩 표본을 골라 맛을 보고 있을 여유가 없으므로 한순간도 허비할 수 없다. 큰 포식 세포처럼 전쟁터 주변을 둥둥 떠다니는 모든 쓰레기와 적들을 붙잡아 삼켜 버린다. 식작용을 시작하는 것이다. 하지만 한 가지 결정적인 차이가 있다. 가지 세포는 적을 녹여 버리려고 하지 않는다. 작은 조각으로 분해하기는 하지만, 그 목적은 표본을 추출해 적의 정체를 밝히는 것이다. 가지 세포는 예컨대 적이 세균이라는 사실을 구분할 뿐 아니라, 어떤 종류의 세균인지, 물리치려면 어떤 전략이 필요한지까지도 알아낼 수 있다.

감염된 후 몇 시간 동안 엄지발가락 속에서 가지 세포는 정확히 이런 일을 수행했다. 조용히 주변을 떠다니며 기다란 촉수 같은 팔로 붙잡을 수 있는 것이라면 뭐든 닥치는 대로 삼켰다. 온갖 화학 물질과 적의 시체를 모으고 분석하고 저장했다. 몇 시간 후 내장된 타이머가 완전히 돌아가면 가지 세포는 갑자기 표본 수집을 멈춘다. 필요한 정보를 모두 수집한 것이다. 냄새로 보아 여전히 전투는 치열하고 절박하다. 빨리 움직여야 한다. 그는 전쟁터를 뒤로하고 길을 떠난다. 목적지는 면역 세포들의 집합소, 수백만의 잠재적 파트너가 기다리는 정보 센터다.

일단 이동을 시작하면 가지 세포는 특정 시점에 전쟁터의 상태를 찍은 스냅 사진 같은 모습으로 변한다. 표본 수집 시점에 감염 부위에서 어떤 일이 벌어지고 있었는지를 고스란히 보여 주는 살아 있는 정보 전달자가 되는 것이다. 나중에 더 자세히 알아보겠지만, 간단히 설명하면 가지 세포는 후천 면역계에 **맥락**을 전달한다. 이동 중에도 계속 표본을 수집하면 두 가지 문제가 생길 수 있다. 우선 전쟁터에서 수집한 표본이 이동 중 수집한 표본에 의해 희석될 수 있다. 스냅 사진만 보아서는 위험 수준이 뚜렷이 드러나지 않을 수 있는 것이다.

또 한 가지 문제는 전쟁터가 아닌 곳에서 표본을 수집하면 자기 몸에서 유래한 무해 물질을 수집해, 의도치 않게 자가 면역 질환을 일으킬 수 있다는 것이다. 무시무시하면서도 매혹적인 자가 면역 질환은 나중에 자세히 다룰 것이므로 어떻게, 그리고 왜 이런 일이 벌어지는지 지금 당장 이해할 필요는 없다.

어쨌든 가지 세포는 살아 있는 정보 센터로서 전쟁터의 스냅 사진을 림프절에 전달해야 한다. 빠른 시간 내에 림프절에 도달하려면 면역 슈퍼하이웨이를 이용해야 한다. 바로 **림프계**다. 림프계를 살펴보면 우리 몸속의 배관이 어떻게 되어 있는지 알 수 있다!

14장 슈퍼하이웨이와 메가시티

처음에 얘기했던 살로 된 대륙을 떠올려 보자. 세포 입장에서 인간이 얼마나 거대한 존재인지 설명하면서 이런 비유를 들었다. 세포가 볼 때 우리는 살로 된 거대한 산으로, 높이는 에베레스트 산의 10배가 넘는다. 물론 그저 고깃덩이를 쌓아 놓은 듯 존재하는 것이 아니라 수많은 국가와 지역으로 정비되어 실로 다양한 기능을 수행한다. 생각하는 국가의 이름은 뇌다. 고압선이 복잡한 네트워크를 이루며 뇌의 명령과 지시를 전달한다. 산(酸)으로 부글거리는 바다의 이름은 위다. 위는 몇몇 국가의 연합체인 장과 함께 원자재들을 처리해 단정한 포장 식품을 만든다. 택배 기사들이 몸속 구석구석을 흐르는 강물 속에서 수영을 해 가며 포장 식품을 배달한다.

면역계가 이용하는 메가시티와 슈퍼하이웨이 네트워크도 이런 시스템과 국가 중 하나다. 그 이름은 바로 **림프계**다. 림프계는 교과서에서 그리 사랑받는 주제가 아니다. 심장과 혈관, 뇌와 전기로 작동하는 신경처럼 분명하지도 않고, 뚜렷하게 유용해 보이지도 않기 때문이다. 그렇다고 거대한 슈퍼스타인 간처럼 중심에 턱 버티고 있는 것도 아니다. 림프계는 아주 조그만 구성 요소 수백 개가 모여 만들어진다. 하지만 심혈관계처럼 가느다란 관이 끝없이 뻗어 복잡한 네트워크를 이루고, 그 속에는 고유의 특수한 체액이 흐른다. 림프계가 없다면 우리는 심장이 없는 것처럼 죽고 말 것이다. 그러니 여기서 간단히 살펴볼 이유는 충분하다.

림프관은 우리 몸 구석구석까지 뻗어 있다. 모두 합치면 너끈히 몇 킬로미터에 이른다. 림프계는 혈관과 혈액의 파트너라 할 수 있다. 혈액의 주 기능은 산소 같은 자원을 몸속의 모든 세포에 전달하는 것이다. 이를 위해 혈액의 일부는 혈관 밖으로 빠져나가 조직과 장기를 적시며 필요한 자원을 세포에 직접 전달한다. (이 과정은 잠깐 생각해 보면 아주 합리적이지만, 그래도 약간 이상한 기분이 든다.) 이렇게 혈관을 빠져나간 혈액은 대부분 혈관으로 다시 흡수된

림프계

면역계에는 전용 슈퍼하이웨이 시스템과
수백 개의 기지가 있다.

편도

가슴샘

지라

림프관

림프절

다. 하지만 액체 성분 중 일부는 세포 사이 조직에 그대로 남는다. 따라서 이들을 순환계로 다시 돌려보내야 한다. 이 일을 맡아 하는 것이 바로 림프계다. 림프계는 전신에 분포하며 조직에 남아 있는 체액을 끊임없이 혈액으로 돌려보내 재순환시킨다. 이런 기능이 없다면 우리 몸은 풍선처럼 부풀어 오르고 말 것이다.

림프계는 전신에 빠짐없이 퍼져 있는 복잡한 모세 혈관 네트워크에서 시작한다. 모세 혈관보다 굵고 불규칙한 형태를 띤 림프관은 일방통행 밸브들이 계속 이어진 것과 같다. 체액은 조직에서 림프관으로 들어올 뿐, 다시 조직으로 빠져나갈 수 없다. 이렇게 모인 림프액은 오직 한 방향으로만 흐른다. 작은 림프관들이 만나 조금 큰 림프관이 되고, 이들이 만나 더 큰 림프관이 된다. 림프계에는 심장이 따로 없으므로 림프액은 아주 천천히 흐른다. 세포가 인간만 하다면, 혈액은 천둥소리를 내며 흐르는 강물 같은 상태로 유속은 음속보다 빠를 것이다. 반면 림프관을 타고 여행하는 일은 느리게 항해하는 유람선을 타고 느긋하게 경치를 감상하는 것과 비슷하다.

심장은 힘차게 박동하며 매일 약 8,000리터의 혈액을 온몸 구석구석까지 순환시키지만, 림프계를 통해 조직에서 혈액으로 돌아오는 체액량은 하루 약 3리터 정도에 불과하다. 이렇게 느린 속도는 음압과 림프관을 둘러싼 아주 얇은 근육층 때문에 가능하다. 아주 얇고, 넓게 퍼져 있으며, 펌프 비슷한 기능을 하는 심장 비슷한 것이 있어 4~6분에 한 번씩 박동하면서 온몸에 림프액을 순환시킨다고 상상해 보라.[1]

림프계를 통해 운반되는 체액을 **림프**라고 한다. 피를 떠올리면 약간 역겨운 사람은 림프도 좋아하지 않을 것이다. 림프는 대체로 맑지만, 소장 근처 등 몇몇 부위에서는 상한 우유처럼 누리끼리한 흰색을 띤다. 물만 운반하는 것이 아니라 몸에서 만들어진 온갖 노폐물과 경고 시스템을 구성하는 물질들이 섞여 있기 때문이다. 세포 사이를 흐르는 과량의 액체가 림프계로 흘러들 때 그 속에는 온갖 노폐물과 쓰레기가 섞여 있다. 손상을 입어 완전히 파괴된 신체 세포, 죽거나 심지어 때때로 살아 있는 세균이나 우리 몸을 침입한 미생물, 조직 속

---

1 '박동'이 딱 맞는 표현은 아니다. 림프계의 '박동'은 시간적으로 일치하지 않기 때문이다. 굳이 비유한다면 전신에 걸쳐 1,000개의 치약 튜브를 각자 제각기 짜는 것과 비슷하다.

에 존재하는 온갖 화학적 신호 물질과 잡동사니들이 모두 림프계로 흘러든다.

이런 사실은 특히 감염증을 앓고 있을 때 중요하다. 림프를 들여다보면 전쟁터 주변을 둥둥 떠다니는 온갖 화학 물질들의 단면도(斷面圖) 비슷한 것을 쉽게 알 수 있다. 림프는 이 것들을 싣고 면역계의 정보 센터인 **림프절**로 흘러 들어간다. 림프절에서는 림프를 여과한 후 성분을 분석한다.[2]

림프는 아주 많은 물질을 운반하지만, 가장 중요한 기능은 면역 세포가 이동하는 슈퍼 하이웨이 역할을 한다는 점일 것이다. 매 순간 몸속에서는 수천억 개의 면역 세포가 주어진 임무를 완수하기 위해 면역계를 따라 빠른 속도로 이동한다. 그들은 면역계의 메가시티에서 임무를 부여받는다. 바로 작은 콩처럼 생긴 림프절이다. 림프는 다시 혈액 속으로 흘러들기 전에 반드시 림프절을 거친다. 약 600개 정도의 림프절이 전신에 분포한다.

대부분의 림프절은 장 주변과 겨드랑이, 목, 머리, 사타구니에 몰려 있다. 당장 만져볼 수도 있다. 머리를 뒤로 젖히고 아래턱 밑 부드러운 부분을 조심스럽게 만져보자. 너무 작아 서 느껴지지 않을지도 모르지만, 목이 아프거나 감기에 걸리면 림프절이 커지기 때문에 약 간 단단한 멍울로 만져진다. 림프절이라는 메가시티는 후천 면역계와 선천 면역계가 만나 뜨 거운 사랑을 나누는 거대한 데이트 장소다. 후천 면역계의 세포들이 이상적인 짝을 찾아 들 르는 곳이라고 표현하는 편이 나을지도 모르겠다. 전쟁터를 뒤로 하고 약 하루가 걸리는 힘 겨운 여정 끝에 가지 세포가 도착하는 곳이 바로 림프절이다.

토막 상식! 지라와 편도: 림프절의 가장 친한 친구들

지라(비장)는 림프계의 하부 구조를 이루는 특수한 장기다. 대부분의 사람이 인식하지 못하 지만, 매우 중요한 기능을 수행한다. 사실 지라 자체가 커다란 림프절이라고 할 수 있다. 림프

---

2 아주 재미있는 사실이 있다. 너무 이상해서 언급하지 않을 도리가 없다. 바로 림프계가 우리 몸의 지방 운반 시 스템이라는 점이다. 림프계는 장 주변에서 소화 흡수된 지방을 수거해 혈관 속에 쏟아 놓는다. 지방은 혈류를 타고 온몸으로 운반된다.

절과 마찬가지로 콩 모양이지만 크기는 복숭아만 하다. 역시 림프절과 마찬가지로 일종의 필터 역할을 하지만 규모가 훨씬 크다. 지라에서는 수명을 다한 혈액 세포의 90퍼센트가 걸러져 재활용된다. 또한 비상시에 대비해 혈액을 저장해 두는 역할도 한다. 양은 한 컵 정도로 그리 많지 않지만, 응급 상황이 발생해 혈액이 부족해지면 매우 유용하다. 이걸로 끝이 아니다. 적혈구의 25~30퍼센트, 혈소판(상처를 봉합해 주는 혈액 세포 조각들, 기억나는가?)의 25퍼센트가 역시 응급 상황에 대비해 지라에 저장된다.

하지만 지라가 단지 상처를 입었을 때 비상용으로 사용할 혈액을 저장하기만 하는 것은 아니다. 우리 몸을 위해 싸우는 전사, 즉 면역 세포도 여기 집결한다. 이를테면 병영이요, 기지다. 피부에 상처가 났을 때 중요한 역할을 하지만 앞에서 미처 언급하지 못한 면역 세포가 있다. 바로 단핵구다. 단핵구는 일종의 예비 세포로 필요할 때는 큰 포식 세포와 가지 세포로 변한다. 이들이 본거지로 삼는 장기가 지라다. 단핵구의 절반 정도는 이 순간에도 혈액 속을 돌아다니며 순찰 임무를 수행하고 있다. 혈관 속에 떠다니는 세포 중 가장 큰 것이 단핵구다. 상처를 입거나 감염이 생겨 많은 큰 포식 세포가 죽거나 소모되면 예비 병력인 단핵구가 출동한다. 감염 부위에 도달한 단핵구는 갓 태어나 힘이 펄펄 넘치는 큰 포식 세포로 둔갑한다. 이런 식으로 격렬한 전투에서 큰 포식 세포를 잃어도 젊은 신병을 계속 동원할 수 있다.

단핵구의 나머지 절반은 비상시 사용할 예비 병력으로 지라 속에 대기한다. 이렇게 말하면 그저 큰 포식 세포의 보충병 정도로 생각하기 쉽지만, 단핵구에도 몇 가지 종류가 있어서 염증을 크게 증폭시킨다든지, 심장 발작이 일어났을 때 달려가 심장 조직의 치유를 돕는 등 특수한 임무를 수행하기도 한다.

비상시 사용할 혈액을 저장하고 면역 세포의 병영 노릇을 하는 것 외에도 지라는 혈액을 여과하는 거대한 림프절로서(여느 림프절처럼 림프액을 여과하는 것이 아니다.) 림프절이 수행하는 모든 일을 똑같이 수행한다. 따라서 림프절의 기능을 공부할 때 지라 역시 림프액이 아니라 혈액을 다룰 뿐 똑같은 기능을 수행한다는 점을 기억하자!

사람들은 종종 지라를 잃는다. 예컨대 교통사고를 당해 복부에 강한 충격을 받으면 지라가 파열되어 제거해야 한다. 놀랍게도 지라를 잃는다고 해서 큰 일이 벌어지지는 않는다. 간이나 림프절, 골수 등 다른 장기가 지라의 기능을 대신하기 때문이다. 게다가 전체 인구의

30퍼센트 정도는 운 좋게도 지라를 하나 더 갖고 있다. 두 번째 지라는 크기가 아주 작지만, 첫 번째 지라가 없어지면 점점 커져 그대로 원래의 기능을 수행한다.

하지만 쉽게 짐작할 수 있듯 지라를 잃는 것은 결코 좋은 일이 아니다. 우리 몸에 존재하는 것은 대개 존재 이유가 있다. 지라를 잃은 사람은 폐렴 같은 병에 걸리기가 매우 쉬우며, 운이 나쁘면 이런 감염증으로 사망할 수도 있다. 지라를 잃는 것이 곧 사형 선고는 아니지만, 이 작고 희한한 장기를 되도록 잘 보존하려고 애써야 한다!

편도에 대해 사람들이 아는 것은 목구멍 깊숙이 자리 잡은 희한한 덩어리로 어린이들은 때때로 수술로 잘라낸다는 것 정도다. 하지만 편도는 쓸모없는 조직이 아니다. 편도는 입에 있으면서 면역계의 정보기관 중 중심적인 역할을 수행한다. 여기서는 수많은 면역 세포가 건강을 지키기 위해 땀 흘려 일한다. 편도는 깊은 협곡을 마련해 아주 작은 음식물 조각들이 끼도록 함으로써 면역 세포에게 표본을 제공한다. 호기심 넘치는 **미세 주름 세포(microfold cell)**들이 입에서 온갖 물질을 붙잡은 후 편도 조직 깊은 곳까지 끌고 들어가 다른 면역 세포들에게 보여 준다.

기본적으로 이런 과정은 두 가지 점에서 유용하다. 우선 어린 나이에 면역계를 훈련시켜 어떤 종류의 음식은 무해하므로 공격해서는 안 된다는 점을 인식시킨다. 끌고 들어간 물질 중에 침입자가 있을 경우 공격 무기를 개발할 수도 있다. 이런 과정은 뒷부분에 자세히 설명할 것이므로 여기서는 너무 깊이 들어가지 않도록 하겠다. 편도가 의욕에 넘친 나머지 너무 열심히 일하면, 만성 염증이 생기고 부풀어 올라 온갖 불쾌한 증상이 생길 수도 있다. 때때로 커진 편도를 수술로 제거하는 수도 있지만 그런 결정은 의사가 신중히 고려한 후에 내려야 한다. 설사 편도를 잘라 낸다고 해도 일곱 살이 넘어 면역계가 성숙한 어린이는 그리 문제가 되지 않는다. 간단히 말해서 편도는 면역계의 전초 기지로 입을 통해 몸에 들어오는 것들의 표본을 능동적으로 수집한다.[3]

---

3 편도에 대해 잘 몰랐던 시절에는 편도가 감염되면 잘라 버리는 것이 표준적인 치료였다. 심지어 예방 차원에서 편도 절제술을 시행하기도 했다. 오늘날에는 편도도 존재 이유가 있음을 알기 때문에 절제술은 훨씬 신중하게 결정한다. 가만히 생각해 보면 그저 성가시고 그리 유용해 보이지 않는다고 해서 신체 일부를 쉽게 잘라 내는 행위가 오히려 놀라운 일이다.

자, 전쟁터로 돌아갈 시간이다! 신비주의적 어조로 표현하자면, 후천 면역계가 깨어난다. 아주 천천히. 해뜨기 전 어머니가 10대 아들을 깨우듯, 기지개를 켜고 앓는 소리를 내며 서서히 침대를 빠져나와 힘을 끌어 모은다.

감염 부위에서는 그가 빨리 도착하기만을 학수고대하고 있다.

15장 특수 무기들의 등장

녹슨 못에 찔린 상처에서 온갖 스냅 사진과 정보를 끌어모은 가지 세포가 전령이 되어 길을 떠난 지도 며칠이 지났다. 세포에게는 영겁에 가까운 시간이다. 그동안에도 선천 면역계의 용감한 전사들은 끊임없이 조직 속을 파고드는 병원성 토양 세균에 맞서 치열한 싸움을 벌였다. 얼마나 많은 적을 죽였는지 헤아릴 수 없을 정도다. 온 힘을 다해 공격을 퍼부어도 세균은 주변 조직으로 더 넓게 퍼져 나가며, 매번 더 강력한 세력이 되어 반격해 온다. 전쟁터는 난장판이다. 민간인과 전사들의 시체, 중성구가 설치해 놓은 NETS(이 자살용 덫은 실제로 그물처럼 생겼다), 세균이 흩뿌려 놓은 독소와 배설물, 쉴 새 없이 울려 퍼지는 공습경보, 할 일을 다하고 널브러진 보체 단백질들. 어디를 둘러봐도 죽음뿐이다. 수많은 면역 세포가 싸우다 죽었다. 결국 선천 면역계가 승리할지도 모른다. 하지만 몇 주가 걸릴지 알 수 없다. 이긴다는 보장도 없다. 면역계가 패배한다면 침입자들은 거인의 몸속 깊이 침투해 더 많은 혼란과 파괴를 야기할 것이다.

끝없는 전쟁에 기진맥진한 큰 포식 세포 하나가 서서히 움직이며 죽여야 할 세균이 있는지 찾는다. 하지만 더 싸울 힘이 없다. 너무너무 지쳤다. 당장 그만두고 항복해 죽음과 달콤한 입맞춤을 나누고 영원한 잠 속으로 빠져들고 싶다. 마음을 정하고 막 결행하려는 순간, 예기치 못했던 광경이 펼쳐진다. 수많은 면역 세포가 전쟁터에 도착해 빠른 속도로 흩어진 것이다. 하지만 이들은 전사가 아니다.

바로 조력 T 세포다!

후천 면역계의 전문가인 이들은 오직 이 전투를 위해 기량을 갈고닦았다. 그리고 지금까지 그토록 많은 고통을 안겨 준 바로 그 토양 세균과 싸우기 위해서만 존재한다! 조력 T 세포 중 하나가 어슬렁거리며 코를 킁킁거리고 주변을 둘러본다. 잠시 정신을 집중하며 힘을 끌어 모으는 것 같다. 바로 기진맥진한 큰 포식 세포에게 다가가 뭔가를 속삭인다. 물론 우리처럼 속삭이는 것은 아니고 메시지를 전달하기 위해 특수한 사이토카인을 사용한다. 느닷없이 엄청난 에너지가 퉁퉁 부은 큰 포식 세포의 몸을 관통한다. 눈 깜짝할 새에 큰 포식 세포는 기력을 되찾고 사기가 충천해진다. 그걸로 끝이 아니다. 큰 포식 세포는 뜨거운 분노에 사로잡힌다. 이제 자기가 할 일이 무엇인지 분명해졌다. 세균을 죽여라, 지금 당장! 기운이 펄펄난 큰 포식 세포는 적진 한가운데를 뚫고 들어가 적들을 갈가리 찢어 버린다. 조력 T 세포가 지친 전사의 귀에 마법의 주문을 속삭일 때마다 그들은 기력을 되찾아 세균을 향해 돌진한다. 그 무시무시한 기세는 전과 비교할 수 없다. 전쟁터 전체에서 이런 일이 벌어진다.

그뿐만이 아니다. 더욱 희한한 일이 벌어진다. 또 다른 아주 조그만 병사들의 군대가 싸움에 합류한 것이다. 후천 면역계가 직접 만든 전사다. 헤아릴 수 없이 많은 전사들이 전장을 휩쓸며 적을 향해 돌진한다. 항체라는 특수 부대가 도착한 것이다! 단백질로 이루어진 것은 보체와 마찬가지지만 항체의 위력은 다르다! 보체가 주먹과 곤봉으로 싸우는 전사라면, 항체는 저격용 소총을 든 암살자다. 싸움의 목적 또한 당장 눈앞의 감염 부위에 있는 바로 그 세균만을 무력화하고 죽이는 것이다. 이번에는 피할 도리가 없다. 수천, 수만 개의 항체가 세포 뒤에 숨거나 전쟁터에서 황급히 달아나는 세균에 달라붙는다. 설상가상으로 몇 개의 세균이 끈끈이를 바른 듯 서로 달라붙어 꼼짝도 못 한다.

항체의 도움으로 전사들은 세균을 훨씬 잘 알아볼 수 있다. 게다가 세균은 옵소닌화되어 전보다 훨씬 맛있어 보인다.

심지어 보체계조차 전보다 훨씬 공격적으로 다시 한번 세균들에게 달려들어 몸에 구멍을 뚫는다. 며칠간 절망적인 분위기가 흐르던 전쟁터가 눈 깜짝할 새에 일방적인 살육의 장으로 변한다. 병원성 세균은 손발이 착착 맞는 면역계의 전략 앞에서 속수무책이다. 세균들은 차근차근 쓰러지고 무자비하게 살육당한다.

아까 기진맥진했던 큰 포식 세포가 공포에 질린 마지막 세균 한 마리를 집어삼킨다. 전쟁은 끝났다. T 세포의 사이토카인 속삭임이 서서히 잦아들자 큰 포식 세포는 피로를 느낀다. 근처에 있던 전사들은 스스로 죽음을 택해 쓰러지기 시작한다. 대부분 용맹하게 싸웠던 중성구다. 이제 그들은 더 이상 필요치 않다. 그들 스스로 계속 존재하는 것이 오히려 몸에

특수 무기가 도착했다.

전쟁터에 도착한 후천 면역계는
침입자들을 삽시간에 쓸어버린다.

중성구 NET

분노한
큰 포식 세포

조력 T 세포

한데 뭉쳐 옵소닌화된
병원체

항체

해가 된다는 사실을 잘 안다. 조직을 지키기 위해 새로 파견된 젊고 건강한 큰 포식 세포들이 그들의 시체를 깨끗이 치운다.

새로 파견된 큰 포식 세포가 맨 먼저 할 일은 민간인 세포들에게 재건을 격려하는 메시지를 보내 상처를 치유하도록 이끄는 것이다. 조력 T 세포 역시 대부분 통제된 집단 자살에 동참하지만, 일부는 향후 공격에서 조직을 보호하기 위해 감염이 치유된 자리에 남아 정착한다.

염증은 가라앉고 혈관도 다시 수축한다. 전쟁터에 넘쳐흘렀던 체액은 림프관을 통해 빠져나간다. 부풀어 올랐던 조직은 서서히 가라앉으며 이전 모습을 되찾는다. 젊은 민간인 세포들이 사라진 세포들의 자리를 메우면서 손상된 조직은 이미 다시 자라고 있다. 재생이 시작된 것이다.

인간의 관점에서 보자. 녹슨 못을 잘못 밟아 상처를 입은 운수 사나운 날로부터 며칠 뒤 아침에 일어나니 엄지발가락이 훨씬 좋아진 것을 느낀다. 부기가 가라앉고 상처 위로 새살이 자라 흐릿한 붉은 기운만 남았다. 평소와 거의 다름없다. 다 나은 것이다. 우리는 몸속에서 면역 세포들이 치른 장대한 드라마에 대해서는 아무것도 모른다. 헤아릴 수 없이 많은 세포가 생사를 걸고 절박한 싸움에 뛰어들어 엄청난 고통을 겪었지만, 우리 입장에서는 그저 조금 성가신 상처였을 뿐이다. 하지만 면역 세포들은 임무를 다했다. 목숨을 던져 우리를 지켰다.

그런데 지금 막 일어난 일은 도대체 어떻게 된 것일까? 후천 면역계가 파견한 지원군은 어떻게 일시에 전황을 역전시키고 세균들을 쓸어버릴 수 있었을까? 물론 불만을 늘어놓고 싶지는 않지만, 면역계는 왜 그렇게 늑장을 부렸을까?

16장 우주에서 가장 큰 도서관

후천 면역계가 전쟁터에 모습을 드러내자 절박했던 전황이 삽시간에 역전되어 세균들을 대학살한 끝에 승리를 거둔 것은 우연이 아니다. 세균은 이길 가능성이 없었다. 지원군으로 도착한 면역 세포와 항체가 애초에 오로지 그 세균과 싸울 목적으로 탄생했기 때문이다. 사실 후천 면역계는 우주에 존재하는 모든 잠재적인 적에 맞설 특이적 무기를 지니고 있다. 과거에 존재했던 모든 감염, 현재 이 세상에 존재하는 모든 감염, 그리고 지금까지 한 번도 존재한 적이 없지만 미래에 언젠가 존재할지도 모르는 모든 감염에 대한 무기를 갖고 있다는 뜻이다. 그야말로 우주에서 가장 큰 도서관이다.

잠깐, 뭐라고? 어떻게? 왜? 마지막 질문은 쉽다. 필요하기 때문이다.

미생물은 살덩이로 이루어진 거인에 불과한 우리에 비해 엄청나게 유리하다. 우리가 스스로를 복제하기 위해 얼마나 많은 노력을 들여야 하는지 생각해 보자. 일단 수십조 개에 달하는 세포를 만들어 내야 한다. 혼자서만 가능한 일도 아니다. 자신을 복제하려면 먼저 우리가 귀엽다고 생각하는 또 다른 살덩어리 괴물을 찾아내야 한다. 그리고 엄청 복잡한 과정을 거쳐 밀당을 하면서 두 사람의 세포 2개가 합쳐질 수 있기를 간절히 기원해야 한다.

그러고도 우리는 하나로 합쳐진 세포가 증식에 증식을 거듭해 마침내 수십조 개로 불어나 세상에 나올 때까지 거의 1년을 기다려야 한다. 건강한 인간이 탄생하기를 바라며 가슴 졸이는 것은 기본이다. 그런 과정을 거친 뒤에도 우리가 얻는 것은 허약한 미니 인간일 뿐이다. 몇 년간 온갖 정성을 다해 보살펴야만 겨우 쓸모없는 신세를 면한다. 우리의 자손이 다시 밀당을 하고 자신을 복제하기까지는 훨씬 오랜 세월이 필요하다. 형편이 이렇다 보니 새로운 문제가 생겼을 때 어떤 식으로든 진화적 적응을 하는 것 또한 엄청나게 느리고 비효율적일 수밖에 없다.

세균은 그저 세포 1개로 이루어져 있다. 약 30분이면 완벽하게 자란 세균을 만들어 낸다. 엄청난 속도로 증식할 수 있을 뿐만 아니라, 규모가 기하급수적으로 불어난다. 세균에게 우리는 인간이 아니다. 자신에게 선택압을 가하는 적대적 생태계일 뿐이다. 우리 면역계는 수십억 마리의 세균을 죽여 버릴 수 있지만, 때때로 완전히 무작위적인 행운에 의해 우리 방어 체계에 적응해 병원체의 자리에 등극하는 놈이 생기게 마련이다. 병원체란 앞서 보았듯 병을 일으키는 미생물이란 뜻이다. 설상가상으로 감염이 진행되는 와중에 병원체의 유전 부호가 변해 죽이기가 훨씬 어려운 병원체로 돌변할 수도 있다. 세균은 결코 약하지 않다. 그중에서도 오랜 세월에 걸친 진화 속에서 우리의 방어 전략을 회피하는 기발한 방법을 개발하고, 기회가 주어질 때 그 전략을 훨씬 정교하게 다듬는 놈들이 가장 위험하다. 미생물의 세계에서도 가장 강력한 적들에 맞서 엄청난 숫자의 세포로 이루어진 우리가 그저 선천 면역계만 믿고 있을 수는 없는 노릇이다.

헤아릴 수 없이 종류가 많은 데다 끊임없이 변하기까지 하는 적을 이겨 내고 살아남으려면 **적응(adapt)**할 수 있는 뭔가가 필요하다. **특이적**인 뭔가가 필요한 것이다. 수많은 적들 하나하나마다 가장 잘 듣는 무기가 있어야 한다. 희한하게도 우리 면역계는 정확히 그런 무기를 갖고 있다. 하지만 그건 불가능한 일이 아닌가? 그렇게 느려 터진 살덩어리 대륙이 어떻게 수백만 종의 서로 다른 미생물 하나하나마다 특이적인 방어 무기를 만들도록 진화했단 말인가? 하물며 존재하지도 않는 미생물에 대한 무기는 또 어떻게 만든단 말인가?

답은 아리송한 만큼이나 단순하다. 일단 인간으로 태어난 후에는 면역계가 새로운 침입자들에게 적응할 수 없다. 다만 수십억 가지 서로 다른 면역 세포가 미리 장착된 채로 태어날 뿐이다. 이 정도 다양성이라면 살면서 우주 전체에서 마주칠 가능성이 있는 모든 적 하나하나마다 면역 세포를 몇 개씩 할당할 수 있다. 지금 우리 몸속에는 흑사병, 모든 종류의 독감, 코로나바이러스, 그리고 100년 후 화성에 건설될 도시에서 새로 출현할 첫 번째 병원성 세균에 대항하는 특이적인 무기, 즉 면역 세포가 적어도 1개는 있다. 이 우주에 존재할 가능성이 있는 모든 미생물에 대비가 되어 있는 것이다.

이제부터 배울 내용은 면역계의 가장 놀라운 측면이다. 다 설명하려면 몇 개의 장을 할애해야 하지만, 우리를 생존하게 해 주는 몇 가지 기막힌 원칙들은 그렇게 해서라도 알아 둘

가치가 있다. 면역계의 간판스타라 할 수 있는 방어 전문 세포들과 항체처럼, 신종 코로나바이러스 유행 이후 매체를 통해 수시로 접하게 되는 것들에 대해서도 소개하려고 한다.

17장 맛있는 수용체 레시피 만들기

후천 면역계의 세포들이 어떻게 우주에 존재하는 모든 잠재적인 적을 인식하는지 이해하기 위해 11장 '생명의 구성 요소 냄새 맡기'로 돌아가 보자. 이어지는 내용을 이해하려면 거기서 설명했던 원칙들이 너무나 중요하기 때문에 다시 한번 기억을 되살려 보기 바란다.

앞서 논의했듯 지구상 모든 생명체는 동일한 기본 부품으로 만들어진다. 부품의 대부분은 단백질이다. 단백질은 수많은 형태를 취할 수 있는데, 이를 3차원 퍼즐 조각이라고 생각할 수 있다. 면역 세포가 세균을 인식하고 붙잡으려면 세균 단백질이라는 퍼즐 조각과 연결되어야 한다.

선천 면역계는 **톨 유사 수용체**라는 특수 수용체를 이용해 적들에게 흔히 발견되는 단백질 퍼즐 조각의 일부를 인식한다. 하지만 이 기능은 선천 면역계의 능력 범위를 오히려 제한하는 결과를 낳는다. 톨 유사 수용체에 결합할 수 있는 구조만 인식하기 때문이다. 더도 덜도 없다.

미생물은 이렇듯 흔한 단백질을 아예 사용하지 않을 수는 없지만, 그 밖에도 재료로 사용할 수 있는 단백질은 무궁무진하다. 면역계가 인식할 수 있는 단백질 조각을 면역학 용어로 **항원**(antigen)이라고 한다. 선천 면역계가 인식하지 못하는 **항원**은 사실상 수억, 수십억 종류에 달하며, 진화라는 마법을 통해 향후 언제든 새로운 항원이 출현할 수 있다. 항원은 이 책의 나머지 부분을 이해하는 데 너무나 중요하고 유용한 개념이므로 마지막으로 한 번 더 기억해 두자. **항원이란 우리의 면역계가 인식할 수 있는 적의 일부분이다.**

잠재적 항원은 무궁무진하다. 존재할 가능성이 있는 단백질이 무궁무진하기 때문이다. 이 문제를 해결하기 위해 후천 면역계는 기발한 방법을 동원한다. 지금 이 순간 우리 몸속에는 우주에 존재할 가능성이 있는 끝없이 많은 항원 중 어떤 것이든 인식할 수 있는 **수용체**를 지난 면역 세포가 최소한 1개는 존재한다. 다시 한번 반복하자. **바로 이 순간 우리 몸은 우주에 존재할 가능성이 있는 모든 잠재적 항원을 인식할 능력이 있다.**

이 문제를 잠시 곰곰이 생각해 보자. 실로 놀라운 능력이지만 많은 사람이 그 의미를 음미하지 않고 지나치기 일쑤다. 얼마나 기막힌 전략이며, 그 전략이 통한다는 사실 또한 얼마나 기막힌 일인가!

하지만 잠깐, 앞서 말했듯 수용체는 단백질로 되어 있다. 하나의 단백질을 만드는 방법을 부호로 정리해 놓은 것이 바로 유전자다. 우리 몸속에 우주에 존재하는 모든 잠재적 단백질의 형태를 인식하는 수십억 개의 서로 다른 수용체가 있다면, 면역 세포의 수용체만을 위해 수천억 종류의 유전자를 가지고 있어야 할 것 아닌가? 그렇지 않다. 인간의 게놈 속에 존재하는 유전자는 20,000~25,000개에 불과하다. 뭐라고? 그렇게 적은 유전 부호로 어떻게 그렇게 다양한 수용체를 만들어 낼 수 있을까? 더욱이 20,000~25,000개의 단백질 부호화 유전자는 세포가 살아가는 데 필요한 단백질을 만드는 것처럼 면역과 아무 관련이 없는 기능까지 수행한다. 우주에서 가장 큰 도서관을 만들기 위해 진화 과정 속에서 면역계는 아주 적은 수의 유전자만을 할당받았을 뿐이다. 유전자 전체도 아니고 일부에 불과하다. 어떻게 이런 일이 가능할까? 답은 소수의 유전자를 신중하게 조합해 엄청난 다양성을 만들어 내는 것이다. 조금 더 깊이 들어가 보자.

자신이 요리사가 되어 우주에서 가장 환상적인 디너 파티를 준비한다고 상상하자. 손님으로 초대된 사람은 수억 명에 이른다. 게다가 손님들은 엄청나게 입맛이 까다롭고 사람을 성가시게 하는 재주가 있다. 그들 하나하나가 저녁 식사로 각기 다른 독특하고도 특이적인 음식을 내놓으라고 요구한다. 그 음식을 차려 주지 않으면 그들은 당신을 엄청나게 괴롭히고 심지어 죽이려고 할 것이다. 설상가상으로 당신은 디너 파티에 어떤 손님이 올지 미리 알 수도 없다. 방법은 단 하나, 창의력을 발휘하는 것뿐이다.

부엌을 둘러보니 재료는 여든세 가지밖에 없다. 크게 나누면 세 종류다. 채소, 고기, 탄수화물. 계속 비유로만 설명하면 헷갈릴 수 있으니 이쯤에서 각각의 재료가 유전자를 뜻한다고 생각해 보자! 어쨌든 우리의 과제는 이 재료들을 조합해 다양한 음식을 만들어 내는 것이다.

우선 야채는 토마토, 주키니호박, 양파, 후추, 당근, 가지, 브로콜리 등 쉰 가지가 있다. 하나를 고른다. 고기로 넘어가 보자. 소고기, 돼지고기, 닭고기, 양고기, 참치, 게살까지 여섯 가지밖에 없어 간단하다. 여기서도 하나를 고른다. 마지막으로 밥, 스파게티, 감자튀김, 빵, 구운 감자 등 스물일곱 가지 탄수화물 중 하나를 고른다. 세 가지 범주마다 다양한 선택을 할 수 있으므로 예컨대 이런 식단을 내놓을 수 있다.

토마토, 닭고기, 밥

토마토, 닭고기, 감자튀김

토마토, 닭고기, 빵

주키니호박, 소고기, 스파게티

주키니호박, 닭고기, 스파게티

주키니호박, 양고기, 펜네(원통형 파스타)

양파, 돼지고기, 구운 감자

양파, 참치, 감자튀김

양파, 돼지고기, 감자튀김

이런 식이다. 이제 감 잡았을 것이다. 재료는 여든세 가지밖에 없지만 이들을 조합하면 8,262가지의 서로 다른 메인 코스 요리를 내놓을 수 있다. 꽤 많지만 그날 참석할지 모르는 모든 잠재적 손님에게 각기 독특한 식단을 제공하기에는 충분하지 않다! 디저트 코스를 추가한다. 방법은 같다. 재료는 적지만 똑같이 하면 된다.

초콜릿, 시나몬, 체리

카라멜, 시나몬, 체리

마시멜로, 육두구, 딸기

이런 식으로 몇 가지 과자와 향신료를 조합해 433가지 디저트를 마련했다! 이제 디저트를 메인 코스와 조합하면 훨씬 다양한 식단이 나온다. 8,262가지 코스 요리와 433가지 디저트를 조합하면 3,577,446가지의 서로 다른 저녁 식사를 제공할 수 있다! 이제 수백만 가지 식단을 확보했으므로 이를 바탕으로 훨씬 과감한 시도를 해 보자. 재료의 일부를 무작위로 더하거나 빼는 것이다. 예컨대 어떤 식단에는 양파를 반 개만 넣고, 다른 식단에서는 토마토를 2개 사용한다. 이런 식으로 변형하면 가능한 식단의 수는 폭발적으로 늘어난다. 예를 들면 이런 저녁 식사를 차릴 수 있을 것이다.

앙트레(주요리): 토마토, 닭고기, 밥, 양파 반쪽

디저트: 마시멜로, 후추, 딸기, 바나나 4분의 1개

하루 종일 요리를 하면서 재료를 무작위로 조합하거나 뺀 끝에 마침내 최소한 수십억 가지의 서로 다른 식단을 손에 넣었다. 이 정도면 1억 명의 잠재적 손님에게 서로 다른 저녁 식사를 제공하기에 충분하다. 물론 대부분 맛이 이상할 것이다. 하지만 우리의 목표는 맛있는 저녁 식사를 대접하는 것이 아니라, 복잡하기 짝이 없는 손님들에게 각기 다른 다양한 식사를 내놓는 것이다.

후천 면역 세포가 몇 안 되는 유전자를 가지고 하는 일이 원칙적으로 이와 같다. 유전자 분절을 무작위로 뽑아 조합하고, 또 다른 유전자 분절로 똑같은 일을 한 후 부분적으로 더하거나 빼는 방식으로 수십억 가지 서로 다른 수용체를 만들어 낸다. 이들이 사용하는 유전자는 크게 세 가지 범주다. 각 범주에서 아무렇게나 하나씩 뽑아 조합한다. 이것이 주요리다. 그 후 같은 일을 한 번 더 반복하는데, 유전자 수는 훨씬 적다. 이것이 디저트다. 그렇게 완성된 식단에서 역시 무작위로 뭔가를 빼거나 더한다. 이런 식으로 후천 면역 세포는 **독특한 수용체**를 수없이 만들어 낸다.

각각의 수용체는 디너 파티에 참석할 가능성이 있는 어떤 손님과 정확히 일치한다. 여기서 손님이란 우리 몸을 침범할 가능성이 있는 **미생물의 항원**을 말한다. 이렇게 통제된 재조합을 통해 면역계는 적이 만들어 낼 가능성이 있는 모든 항원에 대처할 수 있다. 이 기발한 방법에도 약점은 있다. 놀라운 다양성으로 인해 후천 면역계의 세포가 오히려 우리 자신에게 위험할 수 있다는 것이다. 이렇게 다양한 수용체를 만들 수 있는데 왜 우리 자신의 몸, 즉 **자기**를 인식하는 수용체는 만들지 않을까? 그것은 바로 교육의 힘이다. 이제 아마도 당신이 한 번도 들어 본 적 없는 중요한 장기에 대해 이야기할 차례다.

18장 가슴샘 킬러 대학교

새로운 학교나 대학을 가는 것은 상당히 불쾌하고 성가신 일일 수 있다. 시간표, 시험, 성취 압력, 다른 사람들, 아침에 일찍 일어나야 하는 것이 모두 그렇다. 게다가 이 모든 일이 인간의 일생에서 최악의 단계인 10대에 쓸모 있는 인간으로 변모하는 시기와 겹친다. (운이 좋다면 말이지만.)

하지만 후천 면역 세포가 반드시 졸업해야 하는 대학교에 비하면 인간의 학교는 안전한 곳이다. 우스울 정도다. 면역 세포가 반드시 가야 하는 대학의 이름은 **가슴샘 킬러 대학교**다. 가슴샘(흉선)은 우리 생존에 절대적으로 중요한 장기이며, 어떤 면에서 우리가 언제 죽을지도 결정한다. 그렇다면 간이나 허파, 심장만큼 유명해야 마땅할 것이다. 하지만 놀랍게도 대부분의 사람은 자기가 가슴샘이라는 장기를 갖고 있다는 사실조차 모른다. 그 이유는 어쩌면 가슴샘이 못생겼기 때문이 아닐까?

가슴샘은 지루하게 생긴 조직이다. 매력이란 찾아볼 수 없다. 늙어 빠진 닭의 울퉁불퉁한 가슴살을 맞붙여 가운데를 꿰맨 것처럼 생겼다. 이렇게 못생겼지만 가슴샘은 면역 세포를 교육하는 대학교 중 하나로 건강에 너무나 중요하다. (다른 대학교로는 B 세포들이 다니는 골수가 있다. 나중에 한 장을 통째로 할애할 것이므로 여기서는 그냥 넘어간다.) 후천 면역 세포 중에서 가장 힘세고 중요한 친구들이 여기서 교육과 실습을 받는다. 바로 **T 세포**다.[1]

우리는 이미 전쟁터에 홀연히 나타나 적들을 쓸어버린 T 세포를 잠깐 만났다. 하지만 T 세포의 특징을 알아볼 생각조차 못 했다. T 세포는 다른 면역 세포를 지휘 통솔하고, 바이러

---

[1] T 세포라는 이름 자체가 그들이 졸업한 대학교의 이름인 가슴샘(thymus)에서 따온 것이다! 생각해 보면 참 희한한 명명법이다. 노스웨스턴 대학교나 브라운 대학교를 나왔다고 해서 'NW 인간'이라든지 'B 인간'이라고 하지는 않으니 말이다.

가슴샘

가슴샘은 모든 T 세포가 거쳐야 하는 킬러 양성 대학교다.
T 세포는 부모에게 효도하기 위해서가 아니라 살아남기
위해 반드시 졸업 시험을 통과해야 한다.

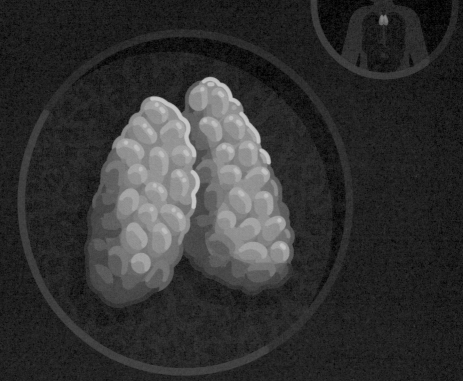

T 세포 훈련 과정

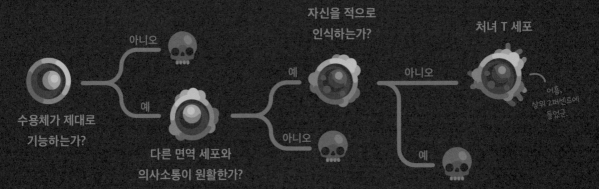

아니오

예

수용체가 제대로
기능하는가?

다른 면역 세포와
의사소통이 원활한가?

자신을 적으로
인식하는가?

예

아니오

처녀 T 세포

아니오

예

어흠,
상위 2퍼센트에
들었군.

스를 물리치는 특수 무기 역할을 하며, 암세포를 죽이는 등 다양한 일을 한다. 이 놀라운 세포와 더욱 놀라운 기능에 대해서는 나중에 자세히 알아보겠지만, 우선 지금은 이 점만 기억하자. T 세포가 없으면 우리는 죽은 목숨이다. 아마 T 세포는 후천 면역 세포 중에서도 가장 중요한 역할을 할 것이다. 하지만 우리를 위해 싸우려면 먼저 가슴샘 대학교에서 무시무시할 정도로 위험한 과목들을 이수해야 한다. 졸업 시험에서 떨어지면 그저 나쁜 성적을 받는 데서 끝나는 것이 아니다. 가슴샘 대학교에서 불합격이란 곧 죽음을 의미한다.

최고 중에서도 최고의 학생만이 이런 운명을 피할 수 있다. 17장에서 논의했듯 **후천 면역계는 유전자 분절을 조합해 놀랄 정도로 다양한 수용체를 만들어 냄으로써 우주에 존재할 가능성이 있는 모든 단백질(면역의 맥락에서는 항원)과 결합할 수 있다. 각각의 T 세포가 오직 한 가지 특이적 수용체를 갖고 태어나며, 오직 한 가지 특이적 항원을 인식할 수 있다는 뜻이다.** 하지만 결정적인 약점이 있다. 이렇게 많은 수용체가 존재하기 때문에 자기 자신의 세포 단백질과 결합하는 수용체를 지닌 T 세포가, 그것도 아주 많이 존재한다는 점이다. 이론적인 위험이 아니다. 실제로 지금 이 순간에도 수많은 사람에게 매우 심각한 병을 일으키는 원인이다. 이런 병들을 자가 면역 질환이라고 한다.

예컨대 **T 세포 수용체가** 자기 피부 세포의 표면에 있는 단백질에 결합할 수 있다고 치자. T 세포는 자기 세포와 결합했다는 사실을 알지 못한다. 그저 결합했으니 죽여야 한다고 생각할 뿐이다. 더 나쁜 상황이 벌어질 수도 있다. 우리 몸에는 피부 세포가 아주 많기 때문에 T 세포 입장에서는 사방에서 적이 몰려와 대규모 공격을 감행한다고 생각한다. 온몸의 면역계에 공습경보를 발령해 공격 모드로 전환시키고 염증을 비롯해 온갖 혼란을 일으킬 수 있다. 물론 이 정도도 심각하지만, 피부 세포는 양반이다. 심장 세포나 신경 세포를 공격하면 정말 죽느냐 사느냐의 문제가 되고 만다.

미국의 경우 인구의 7퍼센트 이상이 자가 면역 질환을 앓는다. 나중에 더 자세히 알아보겠지만, 간단히 말해 자가 면역 질환은 후천 면역계가 자신의 세포를 적으로, 즉 **타자로** 간주하는 상태다. 생존 자체가 심각한 위험에 처한다는 말은 결코 과장이 아니다.

당연히 우리 몸은 이 문제를 매우 심각하게 받아들인다. 가슴샘 킬러 대학교 같은 고급 교육 기관을 만든 것이 바로 그 때문이다. 갓 태어난 T 세포는 즉시 이 대학교에 입학해 훈련

133

을 시작한다. 훈련은 세 단계, 아니 세 가지 시험으로 구성된다.

첫 번째 시험은 T 세포가 문제없이 작동하는 T 세포 수용체를 만들어 내는지 확인하는 것이다. 보통 교육 기관이라면 교사들이 친절하게 학생에게 다가가 교과서나 공책을 가져왔는지 확인할 테지만, 킬러 대학교에서는 일이 그런 식으로 진행되지 않는다. 학생을 집으로 돌려보내는 대신 그 자리에서 머리를 총으로 쏴 죽여 버린다.[2]

첫 번째 시험을 통과한 T 세포들은 기능상 문제가 없는 수용체를 갖고 있다. 지금까지는 아주 잘했다! 두 번째 시험의 제목은 **긍정 선택**(positive selection)이다. 이제 교사 세포는 T 세포가 함께 일해야 할 다른 세포들의 수용체를 제대로 인식하는지 검사한다. 마치 학생이 가져온 펜 속에 잉크가 가득 채워져 있고, 문제집이 쓸 만한 상태인지 검사하는 것과 같다. 두 번째 시험에 떨어져도 목숨을 내놓아야 한다.

두 가지 관문을 통과한 학생 T 세포 앞에는 가장 중요한 세 번째 시험이 기다린다. 바로 **부정 선택**(negative selection)이다. 아마 가장 어려운 시험일 것이다. 문제는 간단하다. T 세포가 **자기**를 **타자**로 인식하는가? 수용체가 몸속 중요한 단백질에 결합하는가? 자기를 구성하는 단백질이야말로 자기 자신이다. 유일하게 허용되는 답은 이렇다. "아니, 전혀 인식하지 않는다."

마지막 시험에서 T 세포 앞에는 자신의 신체를 구성하는 세포들이 사용하는 모든 종류의 단백질 조합이 제시된다. 이 과정 또한 환상적이다. 시험을 감독하는 가슴샘 속 교사 세포들은 심장, 이자(췌장), 간 등의 장기, 인슐린을 비롯한 호르몬 등 몸속 모든 단백질을 만들 수 있는 특별 면허를 지닌다. 학생 T 세포에게 '**자기**'라고 표시된 모든 종류의 단백질을 보여 줄 수 있는 것이다. T 세포가 자기 단백질 중 하나라도 항원으로 인식한다면 교사들은 즉시 밖으로 끌고 나가 머리를 쏴 버린다.[3]

---

2 원칙적으로 가슴샘에서 죽이는 T 세포는 없다. 정확히 말해 교사 세포는 학생에게 스스로 죽으라고 명령할 뿐이다. 자살 명령을 내리는 것이다. 머리를 날려 버린다는 것은 그저 웃자고 한 소리다.

3 최악의 학생 중에서도 일부가 구제받는 작은 예외가 하나 있다. 간단히 말해 '자기'를 인식하는 데 뛰어난 T 세포는 조절 T 세포라는 특수 세포로 전환될 수 있다. 이들의 목적은 면역계를 진정시키고 자가 면역을 예방하는 것이다. 이 세포에 대해서는 나중에 더 자세히 설명한다.

전체적으로 대학교에 입학한 100명의 학생 중 98명이 시험을 통과하지 못해 졸업 전에 죽고 만다. 매일 가슴샘을 떠나는 T 세포는 대략 1000만~2000만 개 정도다. 이들이 졸업에 성공한 상위 2퍼센트다. 이들은 너무나 다양해서 결국 우리는 우주에 존재하는 모든 잠재적인 적을 인식하는 T 세포를 1개 이상 갖게 된다.[4]

유감스럽게도 당신의 킬러 양성 대학교는 이미 폐쇄 과정을 밟고 있다. 가슴샘은 어린 꼬마 시절에 크기가 줄기 시작하며 그 뒤로도 끊임없이 위축된다. 이 과정은 사춘기가 되면 더욱 빨라진다. 한 해가 지날 때마다 더 많은 가슴샘 세포가 지방 세포나 아무짝에도 쓸모없는 조직으로 변해 간다. 가슴샘 킬러 대학교는 나이가 들수록 점점 많은 과를 폐쇄하고, 대략 85세에 도달하면 영원히 문을 닫는다. 건강하게 생명을 유지한다는 개념을 좋아하는 사람에게는 끔찍하게 들릴지도 모르겠다. 사실 우리 몸에는 T 세포를 훈련시키는 다른 장소들도 있지만, 전반적으로 이 시점에 도달하면 면역 기능은 여러 가지 면에서 제약을 받는다. 가슴샘이 더 이상 기능을 수행하지 않으면 사실상 그때까지 교육을 마친 T 세포만 갖고 살아야 한다. 면역 세포 양성 대학교가 문을 닫는 것은 고령자가 젊은이에 비해 훨씬 약하고 감염성 질환이나 암에 잘 걸리는 가장 중요한 이유다. 왜 그럴까? 자연은 더 이상 아이를 만들지 못하는 개체에 신경을 쓰지 않는다. 고령의 나이까지 생존하는 데는 진화적 선택압이 거의 가해지지 않은 것이다.[5]

자, 앞선 2개의 장을 통해 후천 면역계가 우주에서 가장 큰 도서관임을 알게 되었다. 또한 T 세포는 비교적 소수의 특정 유전자 분절을 재배열해 수없이 많은 수용체를 만든다는 사실도 배웠다. 각각의 T 세포는 오직 한 가지 유형의 수용체를 갖지만, 고유한 수용체를 지닌 수많은 T 세포가 있기 때문에 전체적으로 T 세포는 우주에 존재하는 모든 잠재적 항원

---

4 죽은 학생들은 어떻게 될까? 가슴샘에는 큰 포식 세포가 아주 많다. 그들의 임무는 불운하게도 시험을 통과하지 못한 학생들을 모두 먹어 치우는 것이다.

5 사람의 수명을 연장하는 분야에서 가장 유망한 주제는 가슴샘 세포의 위축을 늦추거나, 심지어 재증식시키는 것이다. 이 책을 쓰고 있는 현재, 자원자들의 가슴샘 조직을 성공적으로 재생했다고 주장하는 연구가 한 건 있다. 물론 표본 크기가 아주 작고, 아직 많은 연구와 더 많은 참여자를 통해 재현 및 확인되지 않은 소견이다. 그러나 이 글을 읽는 독자가 아주 젊다면 은퇴할 때쯤에는 가슴샘을 재생하는 약이나 치료가 나올지도 모른다!

을 인식할 수 있다. 후천 면역 세포가 우발적으로 자기 자신을 적으로 인식해 공격하지 않도록 T 세포는 엄격한 시험을 거쳐 극히 소수만 살아남는다. 하지만 결국 우리는 우리를 감염시킬 수 있는 모든 잠재적인 적에 대처할 수 있는 면역 세포를 갖게 된다.

지금까지 잘해 왔다! 하지만 세상 모든 일이 그렇듯 문제는 끝이 없다. 아직 해결되지 않은 몇 가지 작은 문제들이 남아 있다.

19장 정보를 황금 접시에 담아 내놓다: 항원 제시

 발가락의 사소한 감염에서 보았듯 면역 세포가 많지 않으면 적이 대규모로 침입했을 때 별 쓸모가 없다. 강력한 적을 맞아 효과적으로 싸우려면 수백만까지는 몰라도 수십만 개 정도의 면역 세포가 있어야 한다. 후천 면역계에 수십, 수백억의 서로 다른 세포가 있지만 그들 각각은 잠재적인 적 하나만을 상대할 수 있는 1개의 수용체를 지니고 있을 뿐이므로, 실제 적이 침입했을 때 대항할 수 있는 고유한 수용체를 지닌 세포는 10개 남짓한 수준이다.

 말도 안 되는 것 같지만 곰곰이 생각해 보면 합리적이다. 우리를 침입할 가능성이 있는 수억 종의 병원체 하나하나마다 수백만 개의 세포를 준비해야 한다면 우리 몸은 면역 세포를 만드는 것 외에 아무것도 할 수 없을 것이다. 물론 그렇게 철저히 대비한다면 아예 병에 걸리지 않을지도 모르지만, 그때 우리는 그저 끈끈한 점액으로 이루어진 물웅덩이에 불과할 것이다. 그렇게 지루하게 살아서 무엇 하겠는가? 자연은 이런 난제를 해결하기 위해 매우 우아한, 전체적으로 훨씬 좋은 방법을 찾아냈다.

 감염이 일어났을 때 면역계는 어떤 방어 전략이, 얼마나 많이 필요한지 결정한다. 후천 면역계는 선천 면역계와 협력해 침입한 병원체에 딱 맞는 수용체가 무엇인지 알아내고, 거대한 대륙만큼 넓은 우리 몸속에 있는 수천억 개의 세포 중 그 수용체를 지닌 10개 남짓의 세포를 찾아낸 후, 재빨리 이 세포를 생산한다.

 이런 방법을 통해 우리는 모든 잠재적인 적에 대해 불과 몇 개의 면역 세포만 준비하는 방식으로 건강하게 살아가며, 불필요하게 무기를 과잉 생산해 귀중한 자원을 낭비하는 일도 막을 수 있다. 원래 면역계는 상당히 에너지를 많이 잡아먹는 시스템이므로 이런 전략은 매우 유용하다. 하지만 어떻게 이런 일이 가능한 것일까? 이 과정을 이해하려면 **제시 (presentation)**가 무엇인지 알아야 한다.

후천 면역계는 누가 싸움에 참여할지, 언제 이들을 활성화할지 판단하지 않는다. 이것은 선천 면역계, 그중에서도 특히 문어처럼 수많은 팔을 흐느적거리며 표본을 수집하는 크고 이상하게 생긴 가지 세포의 임무다. 감염이 생기면 가지 세포는 적에게서 수집한 항원으로 자기 몸을 뒤덮는다. 그리고 특이적 수용체를 통해 그 항원 중 하나를 인식하는 조력 T 세포를 찾아 나선다. 바로 이것이 가지 세포가 그토록 중요한 이유다. 이 친구가 없다면 2차 방어선 자체가 없다. 발가락 전쟁터에서 극적인 막판 역전극 따위는 일어나지 않는다.[1]

감염이 생기고 몇 시간 동안 가지 세포는 부지런히 전쟁터를 돌아다니며 표본을 수집하고 적에 관한 정보를 모은다. 고상하게 들리지만 사실 적을 꿀꺽 삼킨 후 작은 조각, 즉 **항원**으로 해체하는 것이다. 따라서 가지 세포를 **항원 제시 세포**(antigen-presenting cell)라고 한다. 어렵게 들린다면, '자기 몸을 적의 내장으로 뒤덮고 있다.'라는 뜻으로 생각해도 좋다. 가지 세포는 문자 그대로 병원체를 항원 크기로 조각조각 분해한 후 얼기설기 엮어서 자신의 세포막 위에 기묘한 모양을 띤 특수한 형태로 드러낸다. 인간에 비유하면 적군 병사를 잡아 죽인 후에 조각조각 잘라 그의 근육, 장기, 뼈로 자기 몸을 뒤덮은 채 다른 사람이 그것을 자세히 살펴볼 수 있도록 돌아다니는 것과 같다. 잔인하게 들리지만 이것이 면역 세포의 일상이다. 게다가 이 방법은 매우 효과적이다.

적의 내장으로 뒤덮인 가지 세포는 림프관을 통해 여행을 시작한다. 목적은 단 하나다. **후천 면역계, 정확하게는 조력 T 세포에게 그것들을 보여 주는 것이다.**

모든 항원 제시 세포는 한 가지 공통점이 있다. 매우 특수한 분자를 갖는다는 것이다. 그 분자의 이름은 어렵고 복잡하기로 악명 높은 면역학 용어 중에서도 최악이지만, 톨 유사 수용체만큼이나 중요하기 때문에 어쩔 수 없이 알고 넘어가야 한다. **제2형 주요 조직적합성 복합체**(major histocompatibility complex class II), 또는 줄여서 **제2형 MHC**라고 부른다. 줄이면 좀 낫긴 하지만 뭐, 큰 차이는 없다.

---

1 이 기회에 또 한 가지를 지적해 두자. 세포는 멍청하다. 가지 세포도 멍청하다. 세포의 세계에서는 어느 누구도 결정을 내리거나, 의식적인 분석을 수행하지 않는다. 여기서 설명한 것은 모두 우연에 의해 일어나는 일이다. 면역계의 마법은 일견 불가능해 보이는 사건들이 일어날 확률을 실제로 우리 몸을 보호할 수 있는 수준까지 끌어올리는 방향으로 진화했다는 데 있다! 이어지는 장에서 더욱 자세히 살펴볼 것이다.

항원 제시 또는 '핫도그'

1. 세균을 붙잡은 후
식작용에 의해 삼킨다.

2. 세균을 작은 조각으로 분해한다.
이를 항원이라 한다. (우리의 핫도그 이야기에서
프랑크푸르트 소시지에 해당한다.)

3. 항원이 제2형 MHC 분자에 끼워진다.
(우리의 핫도그 이야기에서 빵에 해당한다.)

4. 제2형 MHC 분자가 표면으로 이동해
항원을 조력 T 세포에게 제시한다

1.

2.

항원

3.

제2형 MHC

4.

제2형 MHC 분자:
핫도그 빵

항원:
프랑크푸르트 소시지

가지 세포

제2형 MHC 수용체는 맛있는 **프랑크푸르트 소시지(wiener)**가 들어 있는 핫도그 빵이라고 할 수 있다. 소시지가 바로 항원이다. MHC-핫도그 빵 분자가 중요한 이유는 그것이 또 하나의 보안 장치이기 때문이다. 한 번 더 통제하는 것이다. 앞서 간단히 언급했고 이어지는 몇 개의 장에서 더 자세히 얘기하겠지만, 후천 면역계는 엄청나게 힘이 세다. 혹시라도 사고로 활성화되는 것만은 어떤 일이 있어도 피해야 한다. 따라서 후천 면역계를 활성화하려면 몇 가지 특별한 요건을 반드시 충족해야 한다. 그중 하나가 바로 핫도그 빵, 즉 제2형 MHC 수용체다.

조력 T 세포는 제2형 MHC 분자 안에 들어 있는 상태로 제시된 항원만 인식할 수 있다. 다시 말해 핫도그 빵 안에 들어 있는 소시지만 먹는다. 조력 T 세포는 음식에 매우 까다로운 사람과 비슷하다. **절대로** 소시지만 빼서 따로 먹지 않는다. 심지어 그런 소시지는 건드리지도 않는다. 됐소, 그건 보기만 해도 구역질이 나는군! 격식을 갖춰 핫도그 빵 안에 넣어 주어야 겨우 소시지를 먹을까 생각해 보는 정도다.

이런 장치 덕분에 조력 T 세포가 혈액이나 림프 속에 자유롭게 떠다니는 항원을 우연히 인식해 활성화되는 일은 생기지 않는다. 항원은 언제나 항원 제시 세포의 제2형 MHC 분자 안에 얌전히 끼워진 상태로 제시되어야 한다. 조력 T 세포는 오직 이 방법을 통해서만 실제로 위험이 닥쳤으며, 자신이 활성화되어야 한다고 확신한다!

상당히 이상하게 들릴지도 모르겠다. 도무지 직관적으로 이해가 되지 않는다고 느껴져도 괜찮다. 다시 한번 찬찬히 살펴보자. 이번에는 녹슨 못에 찔렸던 이야기 속에서 가지 세포의 여정을 따라가 볼 것이다.

다시 전쟁터로 돌아왔다. 치열한 전투가 펼쳐지는 가운데 병사들은 싸우느라 정신이 없다. 가지 세포는 전쟁터의 '단면도'를 보여 주기 위해 적을 포함해 주변에 떠다니는 모든 것을 집어삼킨다. 세균을 붙잡으면 조각조각 찢어 항원(소시지)으로 만든 뒤에 자신의 표면을 뒤덮은 제2형 MHC 분자(핫도그 빵) 사이에 끼워 넣는다. 이제 가지 세포는 죽은 적들의 작은 조각과 감염 부위에서 발생한 온갖 쓰레기로 뒤덮인다.

그 상태로 가지 세포는 림프관을 타고 가장 가까운 림프절로 가 조력 T 세포를 찾는다. 림프절이라는 메가시티에는 특별 데이트 장소가 있음을 기억하는가? 전쟁터에서 달려온 가지 세포와 전신을 돌아다니던 조력 T 세포가 서로 만나 사랑을 나누는 곳이다. 자, 이제 그들의 데이트 장면을 살짝 엿보기로 하자.

제2형 MHC 분자(핫도그 빵) 사이에 항원(소시지)을 끼운 것으로 표면이 온통 뒤덮인 가지 세포는 모든 T 세포를 하나하나 붙잡고 자기 몸을 비벼 대며 뜨거운 반응이 나타나는지 알아본다. 운 좋게도 딱 맞는 T 세포 수용체를 지닌 세포, 즉 딱 맞는 형태를 갖추어 제2형 MHC 분자 사이에 낀 항원을 인식하는 조력 T 세포를 만나면 둘은 즉시 결합한다. 정확히 들어맞는 2개의 퍼즐 조각이 딱 소리를 내며 연결되는 것과 같다.

상당히 짜릿한 순간이다. 가지 세포는 수십억 개의 조력 T 세포 중에 딱 맞는 짝을 찾은 것이다! 하지만 **아직도** 조력 T 세포를 활성화하기에는 충분하지 않다. 두 번째 신호가 필요하다. 이를 위해 두 세포는 표면에 있는 또 다른 수용체들을 통해 다시 한번 서로 소통해야 한다.

표현이 마음에 들지 모르겠지만 두 번째 신호는 가지 세포의 부드러운 입맞춤과 같다. 이를 통해 가지 세포는 또 한 번 확인 신호를 보낸다. "이건 진짜야, 너는 정말로 활성화돼야 해!" 이게 따로 언급할 정도로 중요한 과정인가? 그렇다. 이것은 조력 T 세포가 실수로 활성화되는 것을 막는 또 하나의 보안 장치다. 선천 면역계를 대표하는 가지 세포가 진정한 위험을 맞아 활성화되었을 때만 후천 면역계를 대표하는 조력 T 세포가 활성화되도록 해 놓은 것이다.

마지막으로 한 번만 더 정리하자. 이 부분은 정말 중요하고, 정말 어렵기 때문이다. 후천 면역계를 활성화하기 위해 가지 세포는 적을 죽인 후 아주 작은 조각으로 자른다. 이것을 항원이라고 한다. 항원은 소시지라고 생각할 수 있다. 항원은 반드시 제2형 MHC 분자라는 특수 분자 사이에 끼워 넣어야 하는데, 이 특수 분자를 핫도그 빵이라고 생각할 수 있다.

한편 조력 T 세포는 유전자 분절을 재배열해 오직 한 가지 특이적 항원(특이적 소시지)과만 결합하는 단 1개의 특이적 수용체를 만들어 낸다. 가지 세포는 특이적 수용체가 자신의 항원과 딱 맞게 결합하는 조력 T 세포를 찾아야 한다.

운명의 짝을 찾으면 2개의 세포는 서로 결합한다. 이때 두 번째 신호가 필요하다. 결합을 독려하는 의미로 뺨에 부드럽게 입을 맞춰야 한다. 두 번째 신호는 T 세포에게 모든 일이 잘 되고 있으며, 지금 제시된 항원은 진짜 위험을 나타내는 것이라고 일러주는 것과 같다. 조력 T 세포는 오직 이때만 활성화된다.

휴, 이제 다 설명했다. 너무 복잡한가?

이렇게 기가 질릴 정도로 복잡한 댄스가 정말 필요할까? 이렇게 성가신 단계들이 왜 있어야 할까? 글쎄, 거듭 강조할 수밖에 없다. 후천 면역계는 자원을 너무 많이 잡아먹고, 너무 강력하며, 솔직히 말해 우리 자신에게조차 위험하다. 따라서 면역계는 위험이 없는데도 잘못된 신호에 의해 우발적으로 활성화되는 상황을 **절대로** 피하려고 한다.

물론 면역계는 의식이 없으므로 뭔가를 원하지는 않는다. 그러나 후천 면역계가 너무 쉽게 활성화되는 동물은 진화 과정에서 살아남지 못하고 도태되었을 가능성이 크다.

후천 면역계의 활성화에는 또 하나 매우 흥미로운 측면이 있다. 어떤 의미로 이 과정은 감염에 대한 정보가 선천 면역계에서 후천 면역계로 전송되는 것이다. 앞서 가지 세포를 살아 있는 정보 전달자라고 했다. 전쟁터의 표본을 모으고 그 표본들을 수용체에 끼워 전시함으로써 가지 세포는 전쟁터의 특정 순간을 고스란히 포착한 채 살아 있는 스냅 사진 노릇을 한다. 일단 전쟁터를 떠나면 표본 수집을 중단하므로 그때까지 모은 표본은 한 장의 사진처럼 고정된다.

림프절에 도착한 가지 세포는 내부 타이머를 약 1주일 정도로 맞추고 T 세포를 찾기 시작한다. 정해진 기간 동안 T 세포를 찾지 못하면 많은 면역 세포가 그렇듯 스스로 사멸하는 길을 택한다. 자신이 간직한 전쟁터의 과거 정보를 몸에서 완전히 지워 버리는 것이다. 정보를 지우는 것은 면역계가 자신을 통제하는 또 하나의 전략이다. 어떤 의미로 가지 세포는 후천 면역계에 최신 뉴스를 전달하는 신문 배달 소년과 같다.

몇 시간 간격으로 최신 스냅 사진, 즉 신문을 전달하고 그 전에 전달한 것은 지워 버림으로써 면역계는 전쟁터에 관한 최신 정보를 끊임없이 수집하고 전달한다. 주기적으로 정보를 지워 오래된 정보를 근거로 행동에 나서는 일을 방지하는 것이다. 최신 뉴스가 실린 오늘 신문은 유용한 정보를 제공하지만, 어제 신문은 생선을 싸는 데나 쓸 수 있는 폐지일 뿐이다.

감염이 가라앉으면 새로운 가지 세포 스냅 사진은 더 이상 후천 면역계에 전달되지 않으며, 오래된 정보는 지워지기 때문에 T 세포가 새로 활성화되지 않는다. 이런 원칙은 매우 중요하다. 앞으로도 면역계가 이런 식으로 작동하는 모습을 계속 보게 될 것이다. 면역계가 활성화 상태를 유지하려면 끊임없는 자극이 필요하다. 전쟁터에서 계속 최신 뉴스를 전달하고, 그 뉴스는 일정 기간이 지난 뒤에 자동 삭제됨으로써 면역계는 항상 딱 필요한 만큼 활성화된 상태를 유지할 수 있다.

다음 장으로 넘어가기 전에 정말 흥미로운 사실 하나를 지적하고자 한다. MHC 분자를 부호화하는 유전자는 인간의 모든 유전자 중 가장 다양하다. 따라서 각 개인의 MHC 분자도 엄청난 다양성을 나타낸다. 물론 사람은 온갖 측면에서 서로 다르지만, 유독 MHC 분자가 사람에 따라 크게 다른 이유는 무엇일까?

우선 서로 다른 MHC는 다양한 적 항원을 제시하는 능력이 조금씩 다르다. 어떤 MHC 분자는 특정 바이러스 항원을 제시하는 데 매우 뛰어나고, 다른 분자는 세균 항원을 제시하는 데 훨씬 뛰어날 수 있다. 인류를 하나의 생물종으로 본다면 다양성은 종의 생존에 큰 도움이 된다. 이런 다양성을 갖추고 있으면 한 가지 병원체가 인간이란 종을 절멸 위기로 몰고 가기란 거의 불가능하다.

예를 들어, 흑사병이 중세 유럽을 강타했을 때도 제2형 MHC 분자가 흑사병의 원인인 페스트균(Yersinia pestis)의 항원을 제시하는 데 원래부터 뛰어난 사람들이 있었다. 이들은 살아남을 가능성이 더 높았을 것이다. 인류 전체로 보면 종의 생존에 중요한 특성이다. 이런 특성은 집단 생존에 놀랄 만큼 중요하기 때문에 진화 과정에서 짝을 고르는 데 중요한 요인으로 작용했을 가능성이 있다.

좀 더 쉽게 와닿는 말로 바꾸면 우리는 의식하지 못하는 사이에 MHC 분자가 다른 사람을 더 매력적이라고 생각해 배우자로 고를 가능성이 높다! 잠깐, 뭐라고? 그걸 어떻게 안단 말입니까? 우리는 문자 그대로 그 차이를 냄새 맡을 수 있다! MHC 분자의 형태는 우리 몸에서 분비되는 수많은 특수 분자에 영향을 미친다. 이런 분자는 독특한 체취를 풍겨 무의식적 호감을 일으킬 수 있다. 우리는 체취를 통해 어떤 종류의 면역계를 갖고 있는지 서로 알리는 셈이다!

심지어 독일인들은 "누군가의 냄새를 아주 잘 맡을 수 있다.(Jemanden gut riechen können.)"라는 말을 즐겨 쓴다. '직관적인 수준에서 누군가를 좋아한다.'라는 뜻이다. 냄새로 호감을 전달한다는 것은 결코 빈말이 아니다! 물론 오직 냄새 때문에 직관적으로 '이 사람이다!'라는 느낌이 드는 것은 아니겠지만, 인간을 포함한 모든 동물이 MHC 분자가 자신과 다른 짝짓기 상대의 냄새를 선호한다는 사실을 보여 주는 수많은 연구가 있다. 면역계가 나와 다르다면 그(그녀)의 체취가 훨씬 섹시하게 느껴진다는 것이다. 호감에 관여하는 이런 기전은 근친상간을 피하는 데도 작용한다. 생물학적 형제의 체취는 성적인 차원에서 호감이 훨씬 떨어지기 때문에 가까운 가족끼리 성적인 관계를 맺을 가능성이 낮다는 것이다. 충분히 합리적인 가설이다. 전혀 다른 유전자끼리 결합하면 면역계의 다양성이 높아지므로 더 건강한 자손을 낳을 가능성이 훨씬 높다. 다음번에 파트너와 포옹할 때는 당신이 그를 매력적이라고 느끼는 이유 중에 면역계도 포함된다는 사실을 떠올려 보자.

자, 이제 이런 지식을 염두에 두고 드디어 면역계의 특수 무기들이 어떻게 작동하는지 알아보자.

20장 후천 면역계를 일깨우다: T 세포

후천 면역계를 일깨우는 일은 보통 림프절이라는 거대한 데이트 장소에서 시작된다. 항원으로 속을 채운 핫도그 빵을 표면에 줄레줄레 매단 가지 세포가 딱 맞는 T 세포를 찾아 방문하는 그곳이다. T 세포는 앞서 살펴보았던 큰 포식 세포나 중성구보다 훨씬 다양한 임무를 수행한다. 우선 조력 T 세포, 살해 T 세포, 조절 T 세포 등으로 종류부터 다양하다. 각자 더욱 다양한 하위 계층으로 구성되어 상상할 수 있는 모든 종류의 감염에 전문적으로 대처한다.[1]

    T 세포를 보면 그리 깊은 인상을 받지 못할 것이다. 아주 크지도 않고 어느 모로 보나 특별해 보이지 않는다. 하지만 T 세포는 우리의 생존에 없어서는 안 될 존재다. 유전적 문제, 항암 화학 치료, 후천 면역 결핍 증후군(acquired immune deficiency syndrome, AIDS) 등의 질병으로 인해 T 세포 숫자가 충분하지 않으면 감염이나 암으로 사망할 가능성이 매우 높다. 슬

---

1 혹시 **던전즈 앤 드래곤즈**(Dungeons & Dragons, 전 세계적으로 선풍적인 인기를 끈 역사상 최초의 롤플레잉 게임. – 옮긴이)라는 게임을 해 보았다면 똑같은 계층 원리를 접했을 것이다. 캐릭터를 선택할 때 파이터니 위저드니 클레릭이니 하는 클래스를 고를 수 있지 않던가? 이런 클래스는 다시 하위 계층으로 나뉜다. 예컨대 파이터는 특수한 기술을 연마해 나이트(knight), 배틀 마스터(battle master), 챔피언(champion)이 될 수 있다. (그 밖에도 훨씬 많은 하위 계층이 있다.) 이런 하위 계층은 모두 파이터에 속하므로 전투 무기로 적의 머리를 박살낼 수 있지만, 특정한 상황에 더욱 유리하게 대처할 수 있는 다양한 전문 분야가 있다. 완전히 새로운 클래스를 만들 필요가 없다면 하위 계층만으로도 다양한 옵션을 골라 플레이할 수 있다.

    면역계도 정확히 이런 방식으로 작동한다. 대부분의 면역 세포는 다양한 임무와 특수 기능을 갖춘 수많은 하위 계층이 있다. 지금도 끊임없이 새로운 하위 계층이 발견된다. 우리가 Th1에서 Th17에 이르는 하위 계층을 모두 알 필요는 없다. 복잡하기도 하려니와 차이가 그리 뚜렷하지 않고 미묘한 경우도 많기 때문이다. 이를테면 검을 사용하는 나이트와 창을 사용하는 챔피언 정도라 할까? 두 가지 하위 계층 모두 몬스터가 더 이상 움직이지 않을 때까지 뾰족한 것으로 찌른다는 점은 마찬가지다. 이 책에서는 꼭 알아야 할 때만 특정 하위 계층을 언급할 것이다.

T 세포의 발달 과정

전구 T 세포

가슴샘에서
수련

처녀 T 세포

조절 T 세포

MHC II를 통한 활성화

MHC I을 통한 활성화

조력 T 세포

살해 T 세포

감염 해결

조직 상주 기억 T 세포

작용 기억 T 세포

중심 기억 T 세포

프지만 T 세포가 없다면 온갖 현대 의학적 방법을 동원해도 생명을 구할 수 없을 때가 많다. 바로 뒤에서 설명하듯 T 세포는 면역계 전체를 지휘한다. 다른 모든 세포를 조율하면서 면역계가 동원할 수 있는 가장 화력 좋은 무기들을 직접 활성화한다.

T 세포는 골수에서 만들어진다. 이때 유전자 분절을 다양하게 조합해 독특한 T 세포 수용체를 갖게 된다. 골수를 빠져나온 처녀 T 세포(virgin T cell)는 먼 길을 여행해 가슴샘 킬러 대학교를 찾아간다. 힘든 교육 과정을 마치고 살아남은 T 세포는 림프관으로 연결된 메가시티 네트워크를 따라 이리저리 돌아다니며 능력을 발휘할 기회를 찾는다. 마침내 자신의 수용체에 정확히 들어맞는 항원을 발견하고, 가지 세포의 확인 입맞춤을 받으면 활성화된다. 어쩌면 아직도 이런 원칙이 실제로 작동한다는 것이 말도 안 된다고 생각하는 사람이 있을지 모르겠다. 특정 항원을 지닌 가지 세포가 한 치의 오차도 없이 들어맞는 수용체를 지닌 T 세포를 발견할 가능성이 얼마나 되겠는가? 비유컨대 수백만, 수천만 개의 퍼즐 조각을 무작위로 집어내 수십억, 수백억 개의 세포 중에 딱 맞는 조각을 지닌 1개의 세포를 찾아 결합한다는 것이 가능키나 한 일인가?

글쎄, 우선 지적할 것은 가지 세포가 딱 1개는 아니란 점이다. 일단 감염이 생기면 적어도 수십 개의 가지 세포가 전쟁터의 스냅 사진을 갖고 여행을 시작한다. 또한 빼놓을 수 없는 요소는 세포들이 매우 빨리 움직인다는 점이다. T 세포는 림프계 슈퍼하이웨이 전체를 하루에 한 번씩 빠짐없이 순찰한다. 인간이라면 매일 뉴욕에서 로스앤젤레스까지 차를 타고 왕복하며 중간에 있는 수백 개의 마을과 휴게소에 빠짐없이 들러 자기를 찾는 사람이 없는지 확인하는 것과 같다. (뉴욕에서 로스앤젤레스까지는 약 4,000킬로미터다. — 옮긴이) 따라서 자신의 수용체에 정확히 들어맞는 항원을 지닌 가지 세포를 만날 가능성은 결코 낮지 않다. 이런 만남을 통해 T 세포가 활성화되는 순간 지옥문이 열린다. 쉽고 간단하게 설명하기 위해 우선 **조력 T 세포**만 알아보겠지만, 나중에 다른 T 세포에 대해서도 자세히 설명할 것이다. 조력 T 세포는 앞서 간단히 얘기했지만 자세히 살펴보자.

다시 감염 현장으로 돌아간다. 가지 세포가 전쟁터를 뒤로 하고 길을 떠난 지 하루쯤 지났다. 수많은 중성구와 큰 포식 세포가 싸우다 지쳐 장렬히 전사한다. 이때쯤 림프절 한 곳에서 단 1개의 조력 T 세포가 활성화된다. 후천 면역계가 깨어난 것이다. 이제 후천 면역계는

147

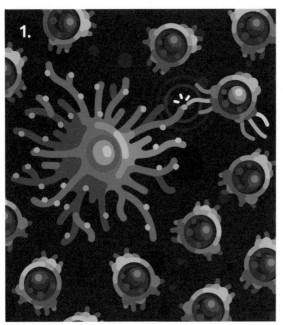

가지 세포는 항원(소시지)을 제시하면서 일치하는
수용체를 지닌 T 세포를 찾는다.

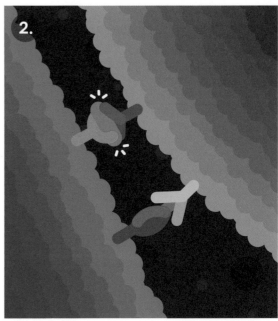

가지 세포가 특이적 T 세포를 찾으면 두 세포는 서로 연결되고
동시에 또 다른 수용체를 통해 확인 신호를 공유한다. (입맞춤)
조력 T 세포가 활성화된 것이다!

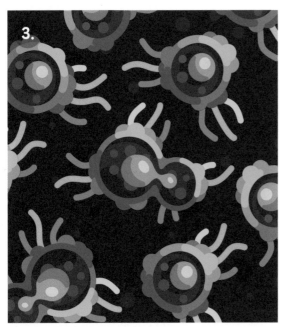

활성화된 조력 T 세포는 림프절 안에서 빠른 속도로 증식한 후
두 집단으로 나뉜다.

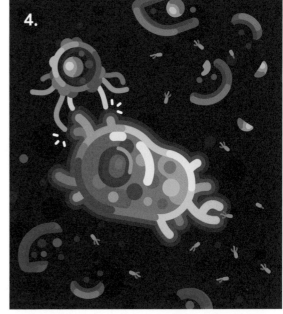

한 집단은 전쟁터로 달려가 전투를 지휘한다. 이들은 큰 포식
세포를 킬러 모드로 전환시키고 언제 싸움을 끝낼지 결정한다.

모든 상황을 장악하기 위해 팔을 걷어 부친다.

감염을 물리치려면 조력 T 세포 1개의 힘으로는 어림도 없다. 따라서 제일 먼저 할 일은 자신을 복제하는 것이다. 이어지는 2개의 장에서 **클론 선택 이론**(clonal selection theory)을 간단히 설명하겠지만, 이 이론은 면역계가 작동하는 가장 중요한 원리 중 하나로 노벨상을 받기도 했다. 기본적인 줄거리는 이렇다.

활성화된 T 세포는 자신을 활성화한 가지 세포와 작별하고 림프절 메가시티의 다른 곳으로 가서 자가 복제를 시작한다. 최대한 빨리 분열하면서 자기와 똑같은 세포들을 만들어 내는 것이다. 1개의 조력 T 세포가 2개가 되고, 2개는 4개, 4개는 8개가 되는 식으로 분열해 몇 시간 만에 수만 개로 불어난다. 각각의 클론은 최초로 활성화된 조력 T 세포와 동일한 T 세포 수용체를 갖고 있으므로, 적의 형태에 정확히 들어맞는 특이적 수용체를 지닌 세포가 엄청나게 많이 생긴다. 분열 속도 또한 매우 빠르다. 분열 중에 림프절을 잘라 단면을 들여다보면 새로 생성된 조력 T 세포가 꽉 차 있는 모습을 볼 수 있을 것이다.

충분한 클론이 만들어지면 각각의 세포는 크게 두 집단으로 나뉜다. 첫 번째 집단을 따라가 보자! 이들은 우선 어디로 갈지 알기 위해 공중에 코를 쳐들고 깊게 숨을 들이쉰다. 림프를 타고 림프절로 들어온 사이토카인, 즉 위험 신호를 포착하려는 것이다. 그리고 화학적 자취를 좇아 최대한 빠른 속도로 전쟁터를 향해 내닫는다.

상처가 생긴 지 약 5일에서 1주일 뒤 조력 T 세포가 감염 부위에 도달해 지역 사령관 임무를 수행하기 시작한다. 직접 싸움에 참여하지는 않지만 조력 T 세포는 지역 방어 세포, 특히 전투 능력이 뛰어난 세포의 전투력을 엄청나게 향상시킨다. 예컨대 더 많은 지원군을 소집하는 데서 염증을 증가시키는 데 이르기까지 다양한 효과를 발휘하는 사이토카인을 방출한다. 동시에 일선에서 싸우는 전사 세포의 전투력을 향상시켜 직접적으로 전투에 기여한다. 그 모습은 앞에서 보았다. 검은코뿔소에게 비밀의 주문을 속삭여 격렬한 돌진을 부추기던 장면 말이다. 큰 포식 세포가 이 정도로 분노에 활활 타오르는 것은 오로지 조력 T 세포의 도움을 받았을 때뿐이다. 가만히 생각해 보면 매우 합리적이다. 큰 포식 세포는 매우 강력하고 위험한 괴물이므로 있는 힘을 다해 마음껏 싸우도록 풀어 주기 전에 모든 상황을 주의 깊게 고려해야 한다. 비실비실한 세균 몇 마리가 나타날 때마다 미친 듯이 싸워 댄다면 우리 몸에 오히려 해로울 수도 있다.

조력 T 세포가 이제 정말 싸워야 할 때라고 일러준다는 것은 감염이 너무 심각해서 후천 면역계가 깨어났으며, 이들이 선천 면역계에게 있는 힘껏 싸워도 좋다고 허락한다는 뜻이다. 감염 부위의 사령관으로서 조력 T 세포는 강력한 적을 물리치기 위해 선천 면역계가 지닌 힘을 최대한 끌어내 증폭시킨다.

조력 T 세포의 역할은 큰 포식 세포를 킬러 모드로 바꾸는 데 그치는 것이 아니다. 일단 이런 식으로 전투에 뛰어들었다면 큰 포식 세포가 살아남아 싸움을 계속하도록 지원해야 한다. 조력 T 세포는 전황을 주의 깊게 관찰하며 위험이 사라질 때까지 끊임없이 큰 포식 세포를 자극하고, 아직 싸움이 끝나지 않았음을 상기시킨다. 무제한 살육 모드에 돌입한 큰 포식 세포는 내부 타이머가 작동하기 때문에 일정한 시간이 되면 스스로 목숨을 끊는다. 면역계가 지나치게 활성화되지 않도록 제한하는 또 다른 안전 장치다. 하지만 조력 T 세포는 큰 포식 세포의 자살 타이머를 몇 번이고 재설정할 수 있다. 위험이 존재하는 한 지친 전사들을 몇 번이고 자극해 싸움을 계속하도록 독려하는 것이다. 언제까지 이런 일을 계속해야 할까? 그것도 조력 T 세포가 결정한다. 조력 T 세포는 확실한 승기를 잡았다고 판단하면 서서히 전사들을 독려하는 일을 줄인다. 점점 많은 전사가 기진맥진한 상태로 최후를 맞는다. 조력 T 세포는 전투력을 최대한 끌어올릴 뿐 아니라 언제 공격을 늦추고 모든 전사를 진정시킬지도 결정하는 것이다.

전쟁이 승리로 막을 내렸을 때 조력 T 세포에게는 마지막 임무가 남아 있다. 더 이상 신체에 해를 입히지 않기 위해 스스로 사멸하는 길을 택한 대부분의 전사들과 함께 스스로 목숨을 끊는 것이다. 하지만 소수의 조력 T 세포는 이 과정에 동참하지 않고 살아남아 **기억 조력 T 세포**가 된다. 어떤 질병에 면역이 생겼다는 것은 이런 세포들이 생겼다는 뜻이다. 특정한 적을 기억하는 기억 세포가 몸속 어딘가에 살아 있는 것이다. 적이 언제 돌아올지 모르므로 기억 세포들은 몸속에 남아 강력한 수호자 역할을 한다. 기억 세포는 한 번 기억한 적을 선천 면역계보다 훨씬 빨리 인식한다. 같은 적이 다시 한번 침입하면 이제는 가지 세포가 림프절까지 긴 여행을 할 필요가 없다. 기억 조력 T 세포가 즉시 활성화되어 엄청난 지원군을 동원한다.

이런 기억 반응은 매우 빠르고 놀랄 정도로 효율적이어서 대부분의 병원체는 우리를 감염시킬 기회를 단 한 차례밖에 가질 수 없다. 후천 면역계가 적응하고 기억하기 때문이다. 기억 세포에 대해서는 나중에 한 장을 통째로 할애할 것이므로 여기까지만 설명하겠다.

조력 T 세포의 중요성은 여기서 끝나는 것이 아니다. 아까 림프절에서 전쟁터를 향해 떠난 2개의 집단 중 한 집단만 따라갔던 것을 기억하는가? 또 다른 집단은 림프절을 떠나지 않는다. 하지만 그들이 하는 일이 훨씬 중요할 수도 있다. 우리 몸에서 사용할 수 있는 가장 효율적인 면역 무기를 활성화하기 때문이다. 살아 있는 무기 공장이라 할 수 있는 위대하고 강력한 **B 세포** 말이다.

21장 무기 공장과 저격용 소총: B 세포와 항체

B 세포는 커다란 방울처럼 생긴 친구로 T 세포와 몇 가지 공통점이 있다. 모두 골수에서 만들어지며, 혹독하고 치명적인 교육 과정을 거친다. 다만 B 세포의 교육은 가슴샘이 아니라 골수에서 이루어진다는 점이 다를 뿐이다.[1]

절친한 사이인 T 세포와 마찬가지로 B 세포도 모두 합쳐 **수백만 가지 다양한 항체와 결합하는 수억에서 수십억 종류의 수용체를 갖는다.** 하지만 역시 T 세포와 마찬가지로 **각각의 B 세포는 단 한 가지 특이적 수용체를 갖고 단 한 가지 특이적 항원만 인식한다.**

B 세포가 특수한 점은 면역계가 사용하는 무기 중에서 가장 강력하고 특화된 무기를 사용한다는 것이다. 적은 물론 때로는 아군에게도 위험한 이 무기의 이름은 항체다. 항체는 아주 희한한 성질을 지니고 있으며, 매우 복잡하고 매혹적이다. 요점만 말하면 항체란 다름 아닌 **B 세포 수용체**다. 게의 집게발처럼 생긴 저격용 소총이라 할 수 있다. 특이적 항원, 즉 특이적인 적을 향해 정확히 날아가 결합한다. 비유하자면 병원체의 미간을 정확히 명중시킨다고 할 수 있다.

---

1 T 세포의 'T'는 가슴샘(thymus)의 머리글자를 딴 것이다. 그렇다면 B 세포의 'B'도 골수(bone marrow)의 머리글자를 딴 것일까? 미안하지만 그렇지 않다. 그저 우연일 뿐이다. 난장판이나 다름없는 면역학 용어에서 너무 많은 의미를 찾으려고 하면 안 된다. B 세포의 'B'는 '파브리시우스 소낭(bursa of fabricius)'에서 따온 것이다. 파브리시우스 소낭은 조류의 창자 맨 끝 바로 위에 자리 잡은 아주 작은 주머니 모양의 장기다. 옛날부터 이런 장기가 있다는 사실은 알았지만 어떤 기능을 하는지는 몰랐다. 그러다 한 대학원생이 이 소낭이 없는 닭은 항체를 만들지 못한다는 사실을 발견했다. 이어서 그는 항체를 만드는 공장이라 할 수 있는 B 세포를 발견하고, 조류의 B 세포가 그 조그만 수수께끼의 장기에서 만들어진다는 사실까지 밝혔다. 이 발견은 면역학을 엄청나게 발전시켜 완전히 새로운 학문 분야를 열었다. 물론 인간은 소낭 따위는 없다. 우리는 골수에서 B 세포를 만든다. 하지만 이름만은 그대로 남아 여전히 우리를 혼란스럽게 한다.

잠깐, 어떻게 수용체인 동시에 주변을 자유롭게 떠다니는 무기일 수 있단 말인가? 항체는 평소에 B 세포 표면에 결합된 상태로 B 세포 수용체 노릇을 한다. 특정 항원과 결합해 B 세포를 활성화할 수 있다는 뜻이다. 일단 활성화되면 B 세포는 수천수만 개의 새로운 항체를 만들어 마구 쏟아 낸다. 이 저격용 항체는 초당 2,000개라는 무시무시한 속도로 적을 향해 정확히 날아가 꽂힌다. 모든 항체가 이런 식이다. 하지만 B 세포에 대해 설명을 다 듣고 나면 틀림없이 독자들은 항체를 사랑하게 될 것이다. 우선 한 가지만 기억하자. 항체는 B 세포 수용체이며, B 세포는 활성화되면 초당 수천 개의 항체를 만들어 방출한다!

한 가지 짚고 넘어갈 것이 있다. B 세포 활성화와 B 세포의 생명 주기는 매우 복잡하다. 이 과정을 설명하려면 지금까지 배운 많은 지식을 응용해야 한다. 면역계에는 다양한 구성 요소가 있을뿐더러 서로 복잡하게 얽혀 있기 때문에 많은 일이 한꺼번에 진행된다. 다음 몇 문단을 읽는 동안 이런 생각이 들지도 모른다. '휴, 뭐가 이렇게 복잡해!' 걱정할 것 없다. 이번 장에서는 때때로 휴식을 취하며 그때까지 배운 것을 요약하고 다질 기회를 여러 번 가질 테니까.

이 부분은 이 책에서 가장 복잡하기 때문에 한 번에 하나씩 천천히 알고 넘어간다. 하지만 대충이라도 이해하고 나면 공부할 만한 가치가 있다고 느낄 것이다. 면역계가 얼마나 기막히게 구성되어 있는지 깨닫게 될 테니 말이다. 이 고비만 넘기면 그 뒤로는 그야말로 순풍에 돛 단 듯 쉽게 이해할 수 있다.

자, 이제 시작해 보자! 처음에 설명했듯 B 세포는 골수에서 만들어진다. 골수에서는 비교적 적은 수의 유전자 분절을 조합해 한 가지 특이적 항원과 결합하는 **B 세포 수용체**를 만든다. (앞에서 비교적 적은 재료로 수많은 메뉴를 만들어 낸 비유로 돌아가 생각해 보면 특이적 수용체를 지닌 B 세포가 각각 한 가지 요리라고 할 수 있다.) 이 작업이 끝난 후 B 세포는 T 세포와 마찬가지로 특이적 수용체가 몸을 구성하는 단백질과 분자에 결합하지 않는지 확인하는 혹독하고도 치명적인 교육을 거친다. 여기서 살아남으면 처녀 B 세포(virgin B cell)가 되어 매일 림프관을 순찰한다. T 세포와 마찬가지로 하루도 빠짐없이 뉴욕에서 로스앤젤레스를 오가며 중간에 수백 군데의 마을과 휴게소에 들러 자기를 찾는 사람이 없는지 확인한다. 하지만 T 세포와 B 세포의 유사성은 여기까지다.

림프절 메가시티에는 B 세포만 모이는 구역이 따로 있다. 여기서 B 세포들은 서로 어울

B 세포의 다채로운 경력

전구 B 세포

골수 내 훈련

처녀 B 세포

활성화 #1 — 항원

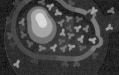

B 세포

활성화 #2 — T 세포

형질 세포

감염 해결

감염 해결

기억 B 세포

장기 생존 형질 세포

려 커피도 마시고 수다도 떨면서 자기를 찾는 사람이 없는지 잠깐 기다린다. B 세포는 매우 위험하기 때문에 활성화되려면 두 단계의 엄격한 인증을 거쳐야 한다. 한 번은 선천 면역계가, 또 한 번은 후천 면역계가 인증을 담당한다! 이 과정을 단계별로 나누어 살펴보고, 나중에 한데 합쳐 요약해 보자.

제1단계: 선천 면역계에 의한 B 세포 활성화

제1단계를 이해하려면 처음으로 돌아가 면역계의 기반 시설이 어떻게 연결돼 있는지 떠올려 봐야 한다. 감염된 발가락으로 돌아가 보자. 큰 포식 세포와 중성구가 살을 파고든 세균과 마구 뒤엉켜 치열한 전투를 벌인 지 하루 이틀쯤 되었다.

전투에 희생자가 없을 수 없다. 헤아릴 수 없이 많은 세균이 죽는다. 큰 포식 세포가 통째로 삼킨 놈도 많지만, 그게 다는 아니다. 중성구에 의해 갈가리 찢기거나, 보체(눈에 보이지 않는 군대)에 의해 구멍이 뚫려 피를 흘리거나, 중성구 NET(혹시 잊어버렸을지 몰라 간단히 설명하면 중성구가 자폭하면서 자신의 DNA를 얼키설키 얽은 후 철조망처럼 유해한 화학 물질을 장치해 놓은 일종의 그물로 병원체를 꽁꽁 묶어 붙잡아 둔다.)를 빠져나오려고 몸부림치다 찢겨 죽은 녀석도 많다. 면역 반응은 난폭하다. 죽음이 도처에 넘쳐난다.

시간만 충분하다면 면역 세포는 이 난장판을 깨끗이 치우겠지만 당장은 살아 있는 세균을 막아 내고 죽이는 데 여념이 없다. 전쟁터에는 죽음과 고통이 가득하다. 엄청난 숫자의 세균 잔해와 사체가 널려 있다. 많은 수가 보체로 뒤덮여 있다. 그야말로 시체와 피 속에 무릎까지 잠긴 채 싸우는 여느 전쟁터와 다를 바 없다.

하지만 이 절박한 순간에 이미 면역계의 기발한 장치들이 작동해 끔찍한 잔해들을 걸러 내고 치우기 시작한다. 앞서 언급했듯 면역계의 명령과 죽어 가는 세포에 의해 염증이 유발되는 것이다. 염증이 생기면 다량의 체액이 혈액에서 빠져나와 감염 부위로 흘러들면서 전쟁터를 흥건히 적신다. 싸움을 오래 끌수록 더 많은 체액이 흘러든다. 물론 이 과정이 언제까지나 지속될 수는 없다. 그렇게 된다면 조직이 터져 버릴 것이다. 일부 체액은 다른 곳으로 흘

155

러 나가야 한다.

조직 속에 너무 많은 체액이 존재할 때 우리 몸에서 어떻게 처리하는지도 앞에서 배웠다. 체액은 끊임없이 림프계로 빠져나간다. **림프** 속에는 체액뿐만 아니라 죽은 세균 조각, 임무를 마친 사이토카인, 기타 노폐물이 가득하다. 림프란 모든 조직에서 흘러나온 체액이 끊임없이 한데 모이는 약간 역겨운 액체라고 했던 말, 기억나는가? 감염이 생기면 림프 속에는 갈가리 찢긴 세균의 잔해가 가득하다. 많은 수가 보체로 뒤덮여 있다. 이렇게 몸속을 흐르는 림프는 말하자면 **액상 정보 운반체**(liquid information carrier)라 할 수 있다.

이 정보는 면역계가 곳곳에 설치해 놓은 기지에 도달한다. 면역계의 정보 센터, 바로 림프절 메가시티다. 이곳에 도착한 림프는 처녀 B 세포들이 노닥거리는 수천 개의 B 세포 영역으로 흘러든다. B 세포는 림프가 자신과 B 세포 수용체를 적시도록 끊임없이 흘러드는 체액 정보 물줄기의 한가운데 몸을 담근 채, 조직에서 운반돼 온 모든 항원과 노폐물을 직접 접하면서 요모조모 뜯어본다.

처녀 B 세포는 자신의 독특한 B 세포 수용체에 특이적으로 결합하는 항체를 찾고 있다. 결합할 수 있는 항원을 발견하는 순간, 이제 활성화될 것임을 깨닫는다!

여기까지는 만사가 순조롭다. 그런데 뭔가 다른 점을 눈치채지 못했는가? 가지 세포는 어디 갔지? B 세포는 다른 세포와 밀당할 필요가 없나? 바로 이것이 T 세포 수용체와 B 세포 수용체의 가장 큰 차이다. 이 점은 너무나 중요하기 때문에 당장 알고 넘어가야 한다. 다시 소시지를 불러와라!

제2형 MHC 분자를 기억하는가? 소시지, 즉 항원을 T 세포 수용체에 제시해 활성화하는 핫도그 빵 말이다. T 세포 수용체는 정말 까다로운 손님이다. 오직 소시지만 먹으며, 그것도 핫도그 빵 안에 들어 있어야 먹는다. 하지만 이로 인해 T 세포는 큰 문제를 겪는다. T 세포 수용체를 활성화할 수 있는 항원이 아주 짧아야 한다는 것이다. MHC 분자 자체가 짧은 항원만 운반할 수 있기 때문이다. 가지 세포의 핫도그 빵은 오직 소시지만 그 속에 끼울 수 있다. 반면, B 세포 수용체는 그리 까다롭지 않다.

T 세포 수용체와 B 세포 수용체 모두 특이적 항원을 인식하지만, B 세포는 훨씬 제약이 적다. 따라서 T 세포와 B 세포는 크기와 규모 면에서 매우 다른 것들을 인식한다. B 세포는

주변의 체액 속에 떠다니는 항원을 바로 인식해 활성화될 수 있을 뿐 아니라, 음식으로 비유하자면 훨씬 큰 고깃덩어리를 낚아챌 수도 있다.

소시지는 고도로 가공된 육류로 원재료인 동물의 신체 부위와 전혀 비슷하지 않다. T 세포가 인식하는 항원도 마찬가지다. 한편 B 세포 수용체가 인식하는 항원은 비유컨대 뼈와 껍질이 그대로 붙어 있는 큼직한 칠면조 다리 구이 정도 된다. T 세포는 음식에 굉장히 까다롭지만, B 세포는 자잘한 것에 신경 쓰지 않는다.

또한 B 세포는 MHC 분자가 필요 없다. T 세포처럼 다른 세포의 항원 제시 과정이 필요 없다는 뜻이다. B 세포는 림프절을 통과하는 림프액에서 커다란 항원 덩어리(칠면조 다리)를 직접 건져 먹을 수 있다.

자, 이제 두 가지를 알게 되었다. 처녀 B 세포는 림프절에서 림프액 속에 몸을 담근 채 가장 가까운 전쟁터에서 흘러 들어온 모든 항원을 받아들인다. B 세포 수용체는 림프액 속에서 커다란 항원 덩어리를 그대로 건져 올릴 수 있으며, B 세포는 이런 식으로 활성화될 수 있다. 이걸로 끝이 아니다.

실제로 B 세포는 선천 면역계의 더 직접적인 지원을 받는다. 눈치 빠른 독자라면 전쟁터의 세균들이 보체로 뒤덮여 있다는 사실을 계속 강조하는 것이 이상하다고 느꼈을 것이다. B 세포는 죽은 세균 항원을 그대로 인식할 수는 없다. 대신 보체 단백질을 인식하는 특수한 수용체가 있다.

앞에서 선천 면역계가 후천 면역계를 활성화하면서 맥락을 제공한다고 했다. 여기서 이런 원칙을 한 번 더 확인하게 된다! 보체계는 병원체에 단단히 결합해 B 세포에게 진짜 위험이 닥쳤다고 공식적으로 확인해 주는 셈이다. 보체 단백질이 결합한 항원은 그렇지 않은 항원에 비해 100배쯤 쉽게 B 세포를 활성화한다. 이렇게 여러 층위에서 복잡하지만 섬세하게 상호 작용하며 긴밀한 소통을 통해 몇 번씩 재확인하기 때문에 면역계가 놀랍고도 아름답다고 하는 것이다. (항원에 결합한 보체는 칠면조 다리에 발라 놓은 기막히게 맛있는 소스에 비유할 수 있다. 이런 소스를 바르면 B 세포는 그 항원을 훨씬 '맛있다.'라고 인식한다.)

흥미롭게도 지금까지 설명한 것은 B 세포 활성화의 제1단계에 불과하다. 하지만 이 과정은 감염에 대해 신속한 반응을 촉발하므로 매우 중요하다. (림프액은 언제나 조직에서 필요 없는 것들을 실어 나르므로) 추가적인 단계가 필요 없이 저절로 일어나는 이 단순한 기전만으로도 비교적 신속한 반응이 일어난다. 이 과정은 아직 많은 가지 세포가 림프절에 도착하지 못해 조력 T 세포를 충분히 활성화하지 못한 감염 초기 단계에 특히 중요하다. 여기서 잠시 숨을 고르며 지금까지 배운 것을 상기해 보자. 전쟁터, 보체로 뒤덮인 채 죽은 세균, 이들의 시체를 실어 나르는 림프, 림프절 안에서 그것을 건져 올리는 B 세포, 그리고 마침내 초기 B 세포 활성화!

초기 활성화는 실제로 어떤 모습일까? 무엇보다 활성화된 B 세포는 림프절의 다른 부위로 옮겨 가 자신을 복제하기 시작한다. 1개가 2개가 되고, 2개는 4개, 4개는 8개가 되는 식이다. 자가 복제는 정확히 동일한 약 2만 개의 클론 군단이 만들어질 때까지 계속된다. 이렇게 생겨난 B 세포는 모두 처녀 B 세포가 최초로 인식한 항원과 결합하는 특이적 수용체를 갖고 있다. 이제 B 세포 클론 군단은 항체를 만들기 시작한다. 항체는 혈액을 타고 감염 장소로 흘러가 전쟁터를 온통 뒤덮으며 맡은 바 임무를 수행한다. 사실 이들은 2급 항체라서 일 솜씨가 놀랄 정도는 아니고 그저 괜찮은 수준이다. 저격수가 맞긴 한데 적의 머리를 맞추지 못하고 몸을 맞추는 경우가 많다고 할까?

두 번째 단계, 즉 2차 활성화가 진행되지 않으면 B 세포 클론은 대개 하루 이내에 자멸사를 선택한다. 아깝지만 합리적인 결정이다. 다시 한번 활성화가 일어나지 않으면 B 세포는 감염이 대수롭지 않으며, 따라서 자신이 절박하게 필요하지는 않다고 생각한다. 그렇다면 굳이 귀중한 자원을 낭비하거나, 신체에 불필요한 손상을 가할 필요 없이 깨끗하게 사라지는 편이 상책이다. B 세포가 잠에서 깨어난 맹수처럼 진정 위력을 발휘하려면 2단계로 구성된 인증 과정의 두 번째 부분이 진행되어야 한다. 이 과정에 필요한 것들을 B 세포에게 제공하는 존재는 후천 면역계의 동료, 즉 활성화된 조력 T 세포다.

제2단계: 후천 면역계에 의한 B 세포 활성화

20장에서 살펴보았듯 조력 T 세포는 활성화되어 수많은 자가 복제 클론을 만든 후 두 집단으로 나뉜다. 한 집단은 전쟁터로 향하고, 다른 한 집단은 B 세포를 제대로 활성화하는 임무를 맡는다. 간단히 말해 활성화된 T 세포는 활성화된 B 세포를 찾아내야 하고, 두 가지 세포가 모두 동일한 항원을 인식해야 한다! 잠깐, 그렇다면 두 가지 세포가 무작위로 유전자 분절을 혼합한다는 말인가? 그렇게 하면 수억에서 수십억에 이르는 조합 중 어떤 결과가 나올지 알 수 있나? 그렇다면 병원체가 나타났을 때 두 가지 세포가 순전히 우연에 의해 서로 독립적으로 활성화되고, 그 뒤에 서로 만나야 한단 말인가? 그리고 오직 그때만, 말도 안 될 정도로 특이적이고 거의 불가능해 보이는 일이 벌어졌을 때만, 면역 반응이 완전히 활성화된다는 뜻인가? 그렇다. 이런 식으로 일이 진행된다는 것은 생각만 해도 아득하지만, 실제로 자연은 너무나 우아하게 이런 일을 해낸다.

제대로 활성화되려면 B 세포 자체가 **항원 제시 세포**가 되어야 한다. 이런 일이 가능한 이유는 B 세포 수용체가 T 세포 수용체와 매우 다르기 때문이다. 식성이 까다로운 녀석과 뭐든지 가리지 않고 먹어 대는 녀석, 기억하는가? T 세포 수용체는 아주 작은 항원 조각만 인식하고, 반드시 핫도그 빵이 필요하지만, B 세포 수용체는 그렇지 않다.

B 세포 수용체가 칠면조 다리, 즉 커다란 항원 덩어리와 결합하면 B 세포는 마치 가지 세포처럼 항원을 꿀꺽 삼킨 후 내부에서 처리한다. 커다란 고깃덩어리를 수십 개, 심지어 수백 개의 아주 작은 소시지 조각으로 자르는 것이다. 조각의 크기는 T 세포가 인식하는 소시지와 비슷하다. 그 후 B 세포는 작은 항원 조각을 표면에 있는 MHC 분자(핫도그 빵) 사이에 끼워 넣는다. **간단히 말해 B 세포는 복잡한 항원을 받아들여 수많은 단순한 조각으로 가공한 후 그것들을 조력 T 세포에게 제시한다.**

면역계가 이 단계에서 하는 일을 찬찬히 생각해 보자. 결국 이런 과정을 통해 B 세포와 T 세포가 서로 딱 맞는 짝을 만날 확률이 **엄청나게** 상승한다. B 세포는 그저 1개의 특이적 항원을 제시하는 데 그치지 않는다. 자신의 MHC 분자 속에 수십 가지, 심지어 수백 가지 서로 다른 항원들을 제시한다! 수백 가지 서로 다른 소시지 조각을 수백 가지 서로 다른 핫도그 빵 사이에 끼워서 내민다. **따라서 원칙적으로 B 세포와 T 세포가 정확히 동일한 항원을 인식하는 것은 아니다.** 하지만 후천 면역계는 이것으로 충분하다. 조력 T 세포가 B 세포가 제시한 항원과 결합할 수 있다면 분명 몸속에 적이 침입했으며 두 가지 세포가 모두 그 적을 인식할 수 있다는 뜻이기 때문이다. B 세포 활성화의 비밀은 이렇다. B 세포는 **오직** 두 단계의 인증 과정을 통과해야만 완전히 활성화될 수 있다.

잠깐! 너무 복잡하고 어렵다. 머리에서 김이 모락모락 피어오르고 눈이 빙글빙글 돈다. 이상할 것 없다. 누구나 그렇다. 긴 시간에 걸쳐 수많은 장소에서 수많은 세포가 관여해 너무 많은 일이 일어나므로 헷갈릴 수밖에 없다. 다시 한번 요약해 보자.

제1단계: 싸움이 벌어진다. 적들의 시체, 즉 커다란 항원 덩어리(칠면조 다리)가 림프절로 흘러든다. 림프절 속에서 **특이적 수용체**를 지닌 B 세포가 항원과 결합한다. 이때 적의 시체가 보체로 뒤덮여 있다면 훨씬 쉽게 활성화된다. 활성화된 B 세포는 자기 복제를 반복해 자신의 수많은 복제본을 만들고, 이들은 저등급 항체를 생산한다. 하지만 더 이상 활성화가 일어나지 않으면 B 세포는 대략 하루 뒤에 모두 죽어 없어진다.

제2단계: 한편 전쟁터에서 가지 세포는 적들의 시체를 꿀꺽 삼킨 후 가공해 작은 항원들(소시지)로 만든 후 제2형 MHC 분자(핫도그 빵) 사이에 끼워 넣은 채 림프절 속에 있는 T 세포 데이트 장소로 향한다. 여기서 저마다 독특한 T 세포 수용체를 지닌 조력 T 세포 중에 자신이 제시한 항원을 인식하는(핫도그 빵 속의 소시지를 먹을 수 있는) T 세포를 찾아야 한다. 그런 T 세포를 찾는 데 성공하면 조력 T 세포는 활성화되어 자신의 수많은 복제본을 만든다.

제3단계: B 세포는 커다란 항원 덩어리(칠면조 다리)를 잘게 쪼개 수십 개 내지 수백 개의 작은 항원들(소시지 크기)로 만든 후 제2형 MHC 분자(핫도그 빵) 사이에 끼워 제시한다.

제4단계: 수백 가지 서로 다른 항원(작은 소시지 조각)을 제시하는 활성화된 B 세포가 특이적 T 세포 수용체를 통해 그 항원 중 하나를 인식하는 T 세포를 만난다. 바로 이것이 B 세포의 두 번째 활성화 신호다. 이 복잡한 사건이 정확히 이런 순서에 따라 일어난 경우에만 B 세포가 진정으로 활성화된다. 어떤가, 이래도 생물학이 대단하다는 생각이 들지 않는가?[2]

2 이 설명 역시 엄청나게 단순화한 것이다. 일부러 배놓은 것 중에도 중요한 사실이 많다. 그중 일부는 이 책의 여기저기서 설명할 것이다. 하지만 솔직히 말해 이 부분은 엄청나게 단순화해도 가슴이 졸아들 정도로 직관에 어긋나며, 어렵기도 하다. 어찌어찌해서 B 세포 스스로 커다란 항원들을 낚아채서 활성화된 후 T 세포에 의해 또 한 번 활성화된다는 사실을 기억한다면 그것만도 장한 일이다. 그 정도만 기억해도 면역계에 대해 대단한 지식을 지닌 셈이

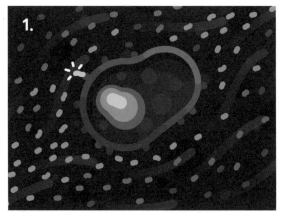

전쟁터에서 떠내려 온 항원들이 림프절을 통과할 때
처녀 B 세포가 결합한다.

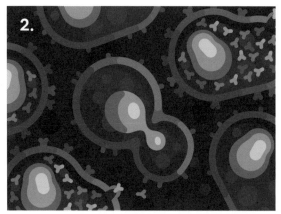

B 세포가 낮은 수준으로 활성화되어 자신의 수많은 복제본을
만들어 낸다.

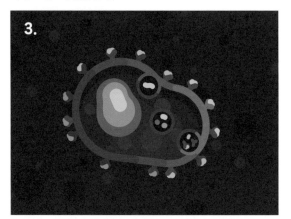

B 세포는 항원을 잘게 잘라 제2형 MHC 분자 사이에 끼워
제시한다.

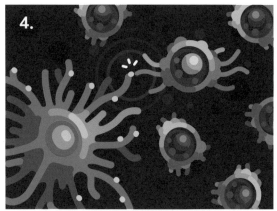

한편 가지 세포는 작은 크기의 항원을 제2형 MHC 분자 사이에
끼워 제시함으로써 딱 맞는 T 세포를 활성화한다.

B 세포는 제시한 항원 중 하나를 특이적 T 세포 수용체를 통해
인식할 수 있는 활성화된 T 세포를 만난다.

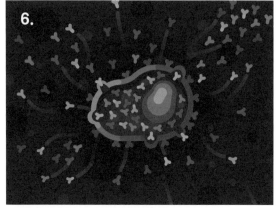

B 세포는 완전히 활성화되어 형질 세포로 변한다!

이 과정이 얼마나 섬세한지 이해가 되는가? 수십억, 수백억 개에 이르는 T 세포와 B 세포를 만들고, 이들을 서로 다른 경로를 통해 따로 활성화하고, 그 뒤에 서로 만나기를 기대한다는 것은 정신 나간 소리로 들린다. 하지만 진화와 시간은 정신 나갈 만큼 복잡하고 섬세한 기전을 만드는 데 진정 놀라운 재주를 지니고 있다. 이런 일련의 사건을 통해 마침내 후천 면역계의 가장 강력한 마지막 단계에 시동이 걸린다. 면역계가 제시한 온갖 까다로운 조건이 모두 충족된 것이다. 이제 면역계는 수많은 적이 우리 몸에 침입했음을 완전히 확신하게 되었다.

2단계 인증 과정을 통해 완벽하게 활성화된 B 세포는 변하기 시작한다. 평생 기다려 온 순간이다. B 세포는 우선 2배 정도 부풀어 오른 후 완벽하게 최종 형태로 변모한다. 바로 **형질 세포**다.[3]

이제 형질 세포는 제대로 항체를 만들기 시작한다. 초당 2,000개씩 항체를 방출해 림프액과 혈액과 조직 사이를 흐르는 체액을 가득 채운다. 제2차 세계 대전 당시 적군에게 끊임없이 미사일을 퍼붓던 소련 로켓포 부대처럼 수백만 개씩 날아오는 항체는 적들에게 끔찍한 악몽이다. 세균이든 바이러스든 기생충이든, 심지어 암세포라고 해도 마찬가지다. 불운하게도 자가 면역 질환을 지닌 사람이라면 정상 세포 또한 항체의 공격을 피할 수 없다.

휴, 엄청 복잡하구만. 하지만 잠깐, 이걸로 끝이 아니다. B 세포 활성화의 마지막 측면을 알고 나면 이 과정이 훨씬 기발하게 느껴질 것이다. 이제 면역계는 아름다운 춤을 추면서 훨씬 강력한 방어선을 구축하기 시작한다. 미생물에게는 죽음의 춤이다. 이 춤과 함께 면역계는 본격적으로 병원체를 공격하기 시작한다.

다! 하지만 이 마법 같은 부분은 모르고 넘어가기에는 너무나 멋진 것이 사실이다.

3 『드래곤볼』에 열광했던 세대라면 이런 설명이 더 와닿을지 모르겠다. B 세포가 사이어인이라면 형질 세포는 초사이어인이다. 『드래곤볼 Z』를 본 적이 없다면 사이어인, 초사이어인이라는 말을 그저 B 세포는 강력한 전사고, 형질 세포는 훨씬 강력한 전사란 말을 멋지게 표현한 데 지나지 않는다고 이해해도 좋다. 초사이어인은 금발에다가 머리카락도 엄청 곤두서 있어 정말 멋지다. 음, 더 헷갈릴 수 있으니 이번 각주는 이쯤에서 끝내는 게 좋겠다.

22장 T 세포와 B 세포의 춤

지금까지 전략적으로 언급하지 않은 것이 있다. B 세포 수용체는 항원 인식 능력이 얼마나 뛰어날까? 앞에서 수용체와 항원은 퍼즐 조각처럼 완벽하게 들어맞는다고 했다. 그런데 그건, 뭐랄까, 약간 거짓말이었다. (미안!) 흔히 말하듯 완벽한 것은 좋은 것의 적이다. 위험한 감염이 진행 중일 때 면역계는 **완벽한** 짝을 기다릴 시간이 없다. 어느 정도 좋은 짝, 심지어 그저 괜찮은 짝 정도만 되어도 감지덕지다. 사실 B 세포는 수용체가 항원을 인식해 '**이 정도면 충분하다**.'라는 수준만 되면 바로 활성화될 수 있다.

면역계가 이런 식으로 진화한 이유는 완전히 만신창이가 된 뒤에 완벽한 무기를 동원하는 것보다 **어느 정도** 효과가 있는 무기를 최대한 빨리 동원하는 편이 낫기 때문이다. 하지만 이런 전략은 동시에 면역계의 방어력을 약화시킨다. 앞서 말했듯 단백질의 세계에서는 **형태**가 모든 것이다. 완벽한 형태를 갖추어 항원에 딱 들어맞는 항체를 갖는다는 것은 때때로 삶과 죽음을 갈라놓는 엄청난 이점일 수 있다. 면역계는 양쪽을 다 필요로 한다. 우선 신속 대응한 후에 완벽한 방어선을 구축하는 전략이다. 따라서 면역계는 쓸 만한 항체를 최대한 빨리 생산하고 나서, 미세 조정을 거쳐 항체의 기능을 완벽하게 향상시키는 기막힌 시스템을 개발했다. 이 모든 것은 호흡이 착착 맞는 춤으로 시작된다.

B 세포가 형질 세포가 되려면 조력 T 세포(가지 세포에 의해 활성화된다.)에 의해 활성화되어야 한다고 했다. 하지만 실제로 이 과정은 훨씬 놀랍고 정교하다. 면역계는 **놀라운** 항체를 만들 능력이 있는 B 세포만 골라 형질 세포로 전환시킨다. 거기까진 좋다. 하지만 어떻게 그럴 수 있을까? 솔직히 이 부분은 엄청 복잡하기 때문에 약간 단순화해서 설명하려고 한다. 간단히 말해 T 세포가 B 세포가 제시한 항원을 인식한 후 다시 B 세포를 자극하는 방식이다. 마치 부드러운 입맞춤이나 힘을 북돋우는 따뜻한 포옹과 같은 이 자극에 의해 B 세포는

수명이 늘어날 뿐 아니라 항체를 개선하려는 강력한 동기를 부여받는다!

조력 T 세포에게서 긍정적인 신호를 받을 때마다 B 세포는 목적이 뚜렷한 일련의 돌연변이를 시작한다. 이 과정은 **체세포 과변이**(somatic hypermutation, **친화도 성숙**(affinity maturation)**이라고도 한다.**)라 하지만 이 투박한 용어는 다시 사용하지 않을 생각이다.

음식 비평가에게 칭찬을 듣고 신이 나서 조리법을 더욱 개선하려고 열심히 노력하는 요리사처럼 B 세포는 항체 제조법을 더욱 강화하고 정교하게 다듬기 시작한다. B 세포 수용체를 만드는 유전자 분절에 **돌연변이를 일으키는 것이다.** B 세포 수용체가 곧 항체이므로 결국 항체가 변하게 된다.

여기서 B 세포가 하는 일은 디너 파티 도중에 부엌으로 돌아가는 것과 같다. 이미 손님들은 자리에 앉았고, 어떤 메뉴를 주문할지도 정했다. 하지만 이제 B 세포는 메뉴를 여기저기 무작위로 조금씩 바꾸기 시작한다. 목표는 미쉐린 3스타 레스토랑처럼 **완벽한** 요리를 만드는 것이다. 좋은 정도로는 안 되고, 굉장한 정도로도 안 되고, 완벽해야 한다! 원래 메뉴에는 당근을 잘게 썰고, 소고기를 불에 굽게 되어 있었다. 하지만 이제 B 세포는 당근을 막대기 모양으로 길쭉길쭉 썰고 소고기를 찐다. 새로운 식재료는 없지만, 조리법을 조금씩 조정해 마지막에 내놓는 요리를 바꾼다.

목표는? 손님들이 황홀경에 빠질 정도로 맛있는 요리, 완벽한 저녁 식사를 내놓는 것이다. 병원체에게 딱 맞는 완벽한 항체를 만들어야 한다. 하지만 B 세포 요리사는 손님들이 원래 요리보다 새로 개발한 메뉴를 좋아하는지 어떻게 알까? 새로운 항체가 원래 항체보다 병원체에 더 강력하게 결합한다는 것을 어떻게 알까? 그 방법은 애초에 B 세포가 활성화되는 것과 정확히 동일하다. 즉 개량한 수용체를 장착하고 전쟁터에서 림프절로 흘러 들어오는 림프액의 흐름에 완전히 몸을 담가 보는 것이다. 전투가 계속되고 있다면 림프액을 타고 여전히 엄청난 양의 항원이 흘러 들어올 것이다.

무작위적 돌연변이(메뉴의 미세 조정)에 의해 B 세포 수용체가 성능이 떨어졌다면 항원을 낚아채기가 더 어려워진다. 그러면 T 세포에게서 자극과 입맞춤을 받을 수 없다. B 세포는 슬픔에 빠지고, 이런 상태가 지속되면 스스로 목숨을 끊고 만다.

돌연변이에 의해 B 세포 수용체가 향상된다면 항원을 훨씬 잘 인식하고, 다시 한번 활성화 신호를 받게 된다! B 세포는 항원 덩어리(칠면조 다리)를 또 한 번 낚아채 수많은 작은 조각(소시지)으로 자르고 다시 조력 T 세포에게 제시한다. 마치 요리사가 더 나은 메뉴를 완성한 것에 짜릿한 흥분을 느끼고 기쁨에 겨워 자신의 레시피를 세상에 공개하는 것과 같다!

요리에 대한 비유에서 조력 T 세포는 식탁에 앉아 있다가 음식을 맛보고 감동해 B 세포에게 칭찬과 입맞춤을 퍼붓는 요리 비평가와 같다. 격려를 받은 B 세포 요리사는 메뉴를 더 완벽하게 만들려는 강력한 동기를 갖게 된다! 이런 일이 계속 반복된다.

시간이 지나면 자연 선택이 작용한다. B 세포 수용체가 림프절로 흘러 드는 항원을 더 잘 인식할수록 B 세포는 더 많은 자극과 격려를 받는다. 반대로 B 세포 수용체가 향상되지 않고 기능이 떨어진 B 세포는 스스로 사라진다.

이런 과정이 반복되면 가장 우수한 B 세포만 살아남아 수많은 자기 복제 클론을 만든다! 이런 B 세포는 결국 형질 세포가 된다. 이들은 이미 수용체를 계속 향상해 왔으므로 적에 대해 가장 완벽한 무기를 만들어 낼 수 있다. 바로 이것이 항체가 그토록 치명적인, 마치 저격수처럼 적의 미간을 정확히 쏘아 맞힐 수 있는 무기인 이유다. 항체는 아무렇게나 선택한 것이 아니라, 이렇게 섬세한 과정을 거쳐 만들어지고, 개량되고, 미세 조정되어 완벽한 상태에 도달한다. 면역계에 대해 아무것도 모르는 사람조차 '항체'라는 말을 여기저기서 듣게 되는 것은 바로 이런 까닭이다. 항체는 그야말로 첨단 무기이며, 우리가 심각한 감염에 걸려도 살아남을 수 있는 가장 중요한 이유다.

이런 기전을 통해 후천 면역계는 실시간으로 적에게 **적응**한다. 앞서 적도 스스로 변할 수 있는 데다, 그런 적이 수십억, 수백억에 이르는데 어떻게 면역계가 대응할 수 있느냐는 의문을 제기했었다. **한 가지 전략이 바로 항체다.** 항체는 빠른 속도로 자신을 복제하며, 변하는 표적을 그때그때 정의해 잽싸게 적응하며, 완벽한 상태가 될 때까지 스스로 미세 조정해 끊임없이 향상시키는 시스템이다. 후천 면역계를 적응 면역계라고도 하는 이유가 바로 여기에 있다. 항체는 아름답고 우아하며 기발한 전략으로 모든 면에서 미생물을 완벽하게 능가한다.

지금까지 2개의 장을 완벽하게 이해했다면 정말 대단하다! 진심이다. 상당히 단순화했지만 이 부분은 결코 이해하기가 쉽지 않다. 면역계와 우주는 너무나 중요한 주제지만 애석하게도 스마트폰을 손에 든 유인원이 직관적으로 이해할 수 있도록 되어 있지 않다. 깊게 빠질수록 더 어렵다. 그러니 지금 막 읽은 것을 하나도 빠짐없이 기억할 필요는 없다.

사실 이번 장을 한 번만 읽고 지금까지 설명한 것을 정확히 기억하기란 불가능하다고 생각한다. 정말 괜찮다. 어쨌든 중요한 원칙들을 배웠고, 이 책에서 가장 어려운 부분을 잘 헤쳐 나왔다! 이 부분이 가장 어렵고 복잡하기 때문에 이제부터는 대체로 평화로운 항해가 될 것이다. 다시 조마조마한 전쟁 이야기로 돌아갈 때가 거의 다 되었다! 하지만······ 면역계를 완벽하게 이해하기 위해 마지막으로 한 가지만 더 짚고 넘어가자. 무기 자체, 저격용 소총이 바로 그것이다!

23장 항체

항체는 면역계가 사용하는 것 중 가장 강력하며 가장 전문화된 무기다. B 세포가 생산하는 항체 자체는 특별히 치명적일 것이 없다. 스스로는 아무런 생각도 하지 못하고 무작정 항원에 달라붙는 단백질 조각일 뿐이다. 하지만 그 일만은 엄청 효율적으로 수행한다.

항체가 항원에 결합하는 것은 말하자면 죽음이라는 해시태그를 붙이는 일과 같다. 가장 흔한 항체는 집게발이 2개 달린 작은 게처럼 생겼다. 항체는 정말, 정말 작다. 평균적인 면역 세포가 사람만 하다면, 항체는 좁쌀 한 알 정도 크기다. 크기로만 보면 보체와 비슷하다. (보체 또한 그저 체액 속을 떠다니는 아주 작은 단백질에 불과하다.) 하지만 커다란 차이가 있다. 보체는 팔방미인인 반면, 항체는 특이적이다.

병원체가 항체를 피해 숨기란 엄청나게 어렵다. 항체는 오로지 그 병원체와 결합하기 위해 만들어졌기 때문이다. 항체는 귀신처럼 병원체를 찾아내 조그만 집게발로 꼭 붙잡는다. 일단 결합하면 절대로 떨어지지 않는다. 이것이 항체의 본질이다. 표적으로 삼은 적을 쫓아가 자석처럼 철석 달라붙는 일이라면 몸속 어떤 것보다 우수한 아주 작은 게 모양 단백질, 바로 그것이 항체다. 항체가 이런 능력을 발휘하는 것은 바로 앞에서 설명했듯 그 자체가 바로 **B 세포 수용체**이기 때문이다.

항체의 능력이 뛰어난 이유는 그 형태 덕분이다. 모든 항체는 2개의 집게발을 갖고 있는데, 각각 특이적인 항원을 엄청나게 강한 힘으로 붙잡는다. 게다가 귀여운 엉덩이는 면역 세포와 결합하는 능력이 기막히다. 그러니까 집게발로는 적을 붙잡고, 귀여운 엉덩이로는 친구를 붙잡는다.

항체는 이런 도구를 갖고 다양한 일을 해낸다. 보체와 마찬가지로 적을 **옵소닌화**한다. 떼로 몰려가 적을 온통 뒤덮는데, 이런 상태가 되면 면역 세포의 눈에는 너무나 맛있는 먹이로 보인다. 항체가 병원체를 붙잡는 힘은 바짝 약이 오른 게가 한 사람을 성가시게 꽉 물고 놓아주지 않는 것과 비슷하다. 온몸이 꿈틀거리는 게로 뒤덮여 있는데, 한 마리 한 마리가 모두 집게발로 살점을 꽉 물고 놓지 않는다면 행복한 삶을 살기란 불가능할 것이다. 거의 공포 영화의 한 장면 아닌가?

항체 군단이 감염된 발가락에 도달하면 항체로 뒤덮인 세균들은 행복하지 않은 정도가 아니라 완전히 무력해지고 만다. 항체는 적을 무력화하는 데 그치지 않고, 손상을 입히며 움직이지도 못하게 한다. 바이러스라면 직접 적을 중화시켜 아예 세포를 감염시키지 못하게 만들어 버릴 수도 있다.[1]

설상가상으로 항체는 집게발이 2개다. 2명의 적을 붙잡을 수 있다. 적들은 하나로 묶인 상태가 되고 만다. 전쟁터에 수백만 개의 항체가 쏟아져 들어오면 그만큼 많은 병원체를 한데 묶을 수 있다. 이제 병원체들은 한데 엉겨 옴짝달싹도 못 한다. 하나의 커다란 덩어리가 된 병원체는 큰 포식 세포와 중성구에게 쉽게 발견된다. 큰 포식 세포와 중성구는 꽁꽁 묶인 채 겁에 질린 적들 앞에 음산한 미소를 지으며 나타나 꿀꺽 삼켜 버리거나 유독한 산을 마구 뿌려 댄다. 병원체 입장에서 상상해 보라. 기껏 사람의 몸에 들어갔더니 어디서 힘센 집게발을 지닌 조그만 게 떼가 몰려와 수십 명의 동료와 함께 꼼짝도 못 하는 신세가 되고 말았다. 그때 적군 병사들이 미친 듯 웃어 대며 화염 방사기를 들고 다가온다.

또한 항체는 보체와 마찬가지로 면역계의 전사들을 직접 지원한다. 짐작하겠지만 세균이라고 해서 산 채로 잡아 먹히거나, 산을 뒤집어쓴 채 끔찍하게 죽기를 원하지는 않는다. 따라서 세균은 오랜 세월에 걸쳐 큰 포식 세포와 중성구의 소나기를 피하는 방향으로 진화했다. 비유하자면 온몸에 기름을 바른 채 공포에 사로잡혀 사방으로 뛰어다니는 새끼 돼지와 비슷하다. 이때 항체는 특수 강력 접착제 역할을 한다. 면역 세포, 특히 적을 산 채로 집어삼

---

1 바이러스를 '중화'한다는 것이 정확히 무슨 뜻일까? 우리 세포를 지하철 객차, 바이러스를 객차에 타려는 승객이라고 생각해 보자. 지하철에 올라타는 것은 매우 쉬운 일이다. 자동개찰구를 지나 객차 문으로 들어가기만 하면 된다. 이때 항체는 바이러스가 손에 든 승차권을 붙잡고 기계에 넣지 못하게 방해한다. 개찰구를 통과하지 못하고 밖에 머물게 하는 것이다. 승차권에 더 많은 항체가 달라붙을수록 지하철에 오르기는 점점 힘들어진다. 결국 바이러스는 중요한 일을 하나도 하지 못한 채 지하철 역에 버려진 상태가 된다. 이 과정을 중화라 한다.

키는 식세포는 미끌미끌한 세균을 붙잡기는 어렵지만 항체의 조그만 엉덩이는 쉽게 붙잡을 수 있다. 물에 젖은 손과 잘 마른 손으로 병뚜껑을 열 때의 차이와 비슷하다.

여기서 면역계의 또 다른 안전 장치가 등장한다. 그저 체액 속을 떠다닐 때 항체의 귀여운 엉덩이는 일종의 '감춤 모드'를 취한다. 따라서 면역 세포는 적과 결합하지 않은 채 그저 체액 속을 떠다니는 항체를 붙잡을 수 없다. 항체가 그 작은 집게발로 적을 붙잡자마자 엉덩이도 형태가 변해 면역 세포와 쉽게 결합할 수 있게 된다. 이 기전은 매우 중요하다. 몸속에는 항상 수많은 항체가 존재하기 때문이다. 면역 세포가 아무 때나 항체의 엉덩이와 결합한다면 그야말로 끔찍한 혼란이 벌어질 것이다.

항체가 조그만 엉덩이로 할 수 있는 일은 또 있다. 보체계를 활성화하는 것이다. 보체는 매우 효율적이고 치명적이므로 적이 곁에 없을 때는 능력을 제한해야 한다. 사실 보체가 적을 발견하는 것 자체가 큰 운이 따라야 하는 일이다. 다시 강조하지만 보체는 그저 림프 속을 수동적으로 떠다니는 단백질일 뿐이다. 일부 세균은 보체계가 감지하지 못하게 몸을 숨기는 재주가 있다. 이런 세균은 바로 옆에 있어도 보체계가 활성화되지 않는다. 항체는 이런 경우에도 보체계를 활성화한다. 심지어 세균 쪽으로 잡아끌기까지 해 보체계의 효율성을 엄청나게 상승시킨다. 두 가지 면역계의 작동 원리를 보여 주는 또 다른 예다. 선천 면역계는 실제로 싸우고, 후천 면역계는 훨씬 정확하고 효율적으로 싸우도록 지원한다.

하지만 항체는 그저 집게발을 지닌 조그만 게가 아니다. 항체에도 여러 종류가 있어서 각기 다른 상황에서 매우 다른 기능을 수행한다. 당연히 이름은 금방 이해되지 않으며 기억하기도 어렵다. 그러니 **매우** 간략하게 살펴보고 넘어가자. 앞으로 어떤 종류의 항체인지 언급해야 한다면 그때마다 기능을 짧게 짚고 넘어갈 것이므로 빨리 다음 이야기를 읽고 싶은 사람은 이어지는 설명을 건너뛰어도 좋다.

토막 상식! 항체의 네 가지 유형²

IgM 항체: 첫 번째 방어 요원

IgM 항체는 활성화된 B 세포가 생산하는 항체의 대부분을 차지한다. 수억 년 전 진화한 최초의 항체일 가능성이 높다. IgM은 5개의 항체가 서로 엉덩이를 붙인 채 결합한 형태다. 엉덩이가 5개 있다는 게 큰 장점이다. 엉덩이 중 2개가 함께 작용하면 또 다른 보체 경로를 활성화할 수 있다. 활성화된 보체가 더 많다는 말은 더 많은 면역 세포가 적을 향해 돌진한다는 뜻이다. 이 기능은 감염 초기, 아직 후천 면역계가 완전한 전투 모드에 돌입하지 않았을 때 큰 도움이 된다. 선천 면역계가 더 정확하고 강력하게 대응하도록 해 주는 것이다. 특히 바이러스가 침입했을 때 IgM 항체는 초기에 감염의 진행을 늦추는 강력한 무기다. 집게발이 10개나 되므로 손쉽게 바이러스들을 붙잡아 한 덩어리로 엉기게 만들 수 있다. 이런 장점으로 인해 IgM 항체는 맨 먼저 현장에 뛰어드는 항체다. 돌연변이나 B 세포와 T 세포의 춤을 통해 정교화될 시간이 없다는 뜻이기도 하다. 괜찮다. 이들의 가장 중요한 임무는 더 정교하고 강력한 항체가 만들어질 때까지 시간을 버는 것이기 때문이다.³

---

2   좀 이상하다고 생각하는 사람도 있을 것이다. 당연하다. 인간의 항체에는 다섯 가지 유형이 있다. 하지만 이 책에서는 좀 섭섭해도 IgD 항체를 무시하려고 한다. 어떤 주제와도 관련이 없기 때문이다. 한마디로 IgD는 일련의 면역 세포가 활성화되는 과정을 돕는다. 하지만 이미 항체에 관해 충분히 설명했으며 IgD에 관한 부분은 그리 중요하지 않다고 생각한다. 미안, 제목에 각주를 달다니!

3   앞에서 지라가 혈액에 대해 일종의 림프절 역할을 한다고 설명했는데, 그게 전부는 아니다! 이 조그만 장기는 혈액 속에서 IgM 항체가 놀랄 정도로 신속하게 반응하는 데 가장 중요한 역할을 한다. 예컨대 상처를 통해 세균 같은 병원체가 직접 혈액 속을 침투했을 때, 신속 대응에 나서는 일종의 비상 기지다. 지라는 평소에도 항상 혈액을 거른다. 그러다 적을 발견하면 즉시 B 세포를 활성화해 IgM 항체를 만들어 낸다. 물론 다른 유형의 항체만큼 정교하지는 않지만, 엄청나게 빠른 속도로 현장에 투입할 수 있다. 혈액 속을 직접 침투한 병원체는 삽시간에 전신으로 퍼질 수 있으므로 신속한 대응이 무척 중요하다! 지라가 중요한 이유가 바로 이것이다. 이런 기전이 밝혀진 것은 전쟁터에서 복부에 심각한 부상을 입고 지라를 제거한 환자를 연구하면서부터다. 이들은 나이 들어 패혈증으로 사망하는 비율이 일반 인구에 비해 훨씬 높다. 오늘날 의사들은 자동차 사고 등으로 지라가 손상되었을 때 그냥 제거하는 대신 최대한 보전하려고 노력한다.

IgG 항체: 전문가

IgG 항체에는 다시 몇 가지 유형이 있다. 자세히 알 필요는 없으니 서로 다른 맛을 내는 아이스크림이라고 해 두자. 첫 번째 맛은 보체와 비슷하다. 표적 병원체를 옵소닌화하는 데 매우 뛰어나다는 뜻이다. 그리고 세균을 파리 떼처럼 뒤덮어 제대로 기능하지 못하게 한다. 조그만 엉덩이는 특수 접착제와 같아서, 식세포가 쉽게 이 부분을 붙잡아 적을 삼켜 버릴 수 있다. 전반적으로 IgG는 보체를 활성화하는 능력이 IgM보다 못하지만 여전히 강력하다.

IgG의 두 번째 맛은 감염이 한창 진행되었을 때 특히 유용하다. 상황이 이 정도 되면 이미 면역계의 다양한 멤버들이 상당히 심한 염증을 일으켜 놓았을 것이다. 앞서 보았듯 염증은 적을 물리치는 데 유용하지만 민간인 세포와 전신 건강에 나쁜 영향을 미친다. 감염이 만성화되면 더욱 그렇다. IgG 항체는 만성기에 접어든 감염증에서 보체계를 활성화하지 못하게 되어 있다. 염증을 제한하려는 조치다.

또한 IgG 항체는 태반을 통해 엄마의 혈액에서 태아의 혈액으로 넘어갈 수 있는 유일한 항체다. 이런 기전에 의해 산모가 바이러스 감염을 앓더라도 태아를 안전하게 보호한다. 이런 보호 효과는 출생 후에도 한동안 지속된다. IgG는 수명이 가장 긴 항체로 신생아의 면역계가 성숙해져서 스스로 보호할 수 있을 때까지 몇 개월간 바이러스 감염에 수동적 방어 능력을 제공한다.

IgA: 대변을 만들고 아기를 보호하는 항체

IgA는 우리 몸에서 가장 많은 항체로 주 기능은 점막을 깨끗이 청소하는 것이다. 따라서 기도, 생식 기관, 그리고 특히 입을 포함한 위장관에 많다. 이런 곳에서는 특화된 B 세포들이 IgA를 대량 생산한다. 말하자면 IgA라는 특수 항체는 신체 내부와 눈, 코, 입으로 통하는 출입문을 지키는 문지기다. 병원체를 중화해 아예 처음부터 불청객이 안으로 들어오지 못하게 싹을 잘라 버리는 것이다.

항체

항체 자체는 특별히 치명적인 것이 아니다.
그저 항원과 결합하는 능력을 지닌 생각 없는
단백질 조각에 불과하다. '죽음'이라고 쓰인
일종의 해시태그라고 볼 수도 있다.

집게발

IgG

'엉덩이'

IgM

IgA

항원

IgE

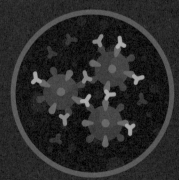

항체(노란색)는 바이러스들을
한 덩어리로 묶어 버린다.

IgA는 점막 왕국의 안쪽 국경을 안에서 밖으로 자유롭게 통과하는 유일한 항체다. 국경 바깥쪽에 대규모로 포진하는 전략이다. 성가신 감기에 걸렸을 때 콧물 속에는 IgA가 대량 분비되어 바이러스와 세균을 괴롭힌다.

IgA는 다른 항체와 한 가지 큰 차이가 있다. 작은 엉덩이가 한데 붙어 있어 보체계를 전혀 활성화하지 못한다. 이것은 우연이 아니다. 보체계가 활성화된다는 것은 곧 염증을 뜻한다. IgA 항체는 위장관 속에서 끊임없이 만들어지므로 보체계를 활성화한다면 위장관은 끊임없이 염증에 시달릴 것이다. 위장관염이란 배가 아프고 설사가 계속되는 병이니 결코 행복하게 살 수 없다. 크론병처럼 위장관에 염증이 지속되는 병은 장난이 아니다. 삶의 질은 곤두박질친다.

IgA는 한 번에 많은 표적을 공격해 세균을 한 덩어리로 꽁꽁 묶은 후 콧물이나 점액이나 대변에 실어 밖으로 내보는 일을 특히 잘한다. 대변의 약 3분의 1은 이런 식으로 꽁꽁 묶인 세균이다. 일단 묶인 세균은 절대 탈출할 수 없다. 이렇게 위장관을 보호하고 깨끗이 하는 것 외에도 IgA는 갓난아이를 보호한다. 모유 수유 시에는 대량의 IgA 항체가 모유에 섞여 아기에게 넘어간다. 이 항체는 아기의 장 속을 빠짐없이 덮어 아직 미숙한 위장관이 감염되지 않게 지켜 준다.

IgE 항체: 고맙지만, 나는 네가 싫어

솔직히 말해 IgE 항체는 그리 특별해 보이지 않는다. 어떻게 보면 2개의 작은 집게발로 손가락 욕을 하는 것 같다. 알레르기 쇼크로 아주 불쾌한 경험을 겪은 적이 있다면 그토록 멋진 시간을 갖게 한 데 대해 IgE 항체에 감사할 일이다. 조금 덜 심각한 상황을 예로 들자면 꽃가루나 땅콩이나 벌침처럼 별것 아닌 녀석들에게 알레르기 반응을 일으키는 것 역시 IgE 때문이다. 물론 진화 과정에서 아무런 이유 없이 그저 우리를 괴롭히기 위해 알레르기 반응이 생긴 것은 아니다. IgE 항체의 원래 목적은 커다란 적, 즉 기생충 감염을 막는 것이었다. 어떻게, 그리고 왜 그런 일이 가능한지는 따로 한 장을 할애할 것이므로 우선 IgE 항체가 알레르기를 일으킨다는 데 대해 주먹을 한 번 불끈 쥐고 넘어가는 것으로 하자.

B 세포는 어떤 종류의 항체를 만들어야 할지 어떻게 알까?

이제 이렇게 묻는 독자도 있을 것이다. 항체의 종류와 변형이 이렇게 많은데 B 세포는 어떤 항체가 필요한지 어떻게 알까? 어쨌든 서로 다른 종류의 항체는 자기가 맡은 일은 아주 잘하지만 다른 일에는 거의 쓸모가 없다.

가지 세포는 전쟁터의 스냅 사진을 가지고 가서 맥락을 설명한다고 했다. 감염 부위의 상황을 찍은 스냅 사진으로 조력 T 세포와 소통하는 것이다. 시간이 지나면 새로운 가지 세포가 전혀 다른 스냅 사진 사진을 갖고 림프절에 도착한다. 결국 감염 부위의 상황은 시간이 지나면서 계속 변한다.

따라서 B 세포는 특정한 종류의 항체만 만들도록 고정된 것이 아니다. 항상 IgM으로 시작하지만 조력 T 세포가 요청하고 격려하면 생산하는 항체 종류를 바꿀 수도 있다! 고약한 감기에 걸리거나 위장관 감염이 생겨 콧물이나 대변 속에 다량의 항체가 필요하다고? IgA를 만들어라! 장 속에 기생충이 있다고? IgE를 만들어라! 엄청난 수의 세균이 몰려와 상처 감염을 일으켰다고? IgG를 만들어라! 바이러스에 감염된 세포가 크게 증가했다고? 더 많은 IgG를! (하지만 일단 항체 종류가 바뀐 뒤에는 원래대로 돌아갈 수 없다.)

이렇게 정보를 수집하고 소통하는 데 놀라운 능력을 갖고 있다는 것은 충격적일 정도로 탁월하고 아름다운 면역계의 전략을 보여 주는 또 하나의 예다. 어떤 부분도 스스로 생각하거나 의도적으로 행동하지 않지만, 모든 부분이 서로 협력해 가며 끊임없이 변화하고 노력하고 조정한다.

축하한다! 이제 책의 첫 부분을 마쳤다! 우리 몸이 얼마나 다양한지에 대해 많은 것을 배웠으리라 믿는다. 지금까지 공부한 내용이 가장 어려운 부분이다. 이제 잠시 한걸음 뒤로 물러나 지금까지 배운 것들을 되새겨 보자.

우리는 우리 몸의 규모와 세포와 가장 자주 침범하는 적, 그중에서도 특히 세균에 대해 배웠다. 내부에서 우리 몸을 지키는 전사와 호위병 세포들, 그들이 침입자를 식별하고 살상하는 데 사용하는 전략, 염증이라는 현상을 이용해 어떻게 전쟁을 이끌어가는지 배웠다. 세포가 어떻게 다른 존재를 인식하고, 어떻게 서로 소통하는지도 배웠다. 몸속의 모든 체액을 가득 채우는 보체를 살펴보았다. 필요할 때 지원군을 요청하는 감시 세포에 대해서도 배웠다. 신체 내부의 기반 시설과 재조합을 이용해 수백억 가지 서로 다른 무기를 만드는 방법, 이런 특수 무기를 어떻게 배치하고 돌연변이를 통해 어떻게 개량하는지도 배웠다. 물론 몸의 첫 번째 방어선인 피부가 적에게 얼마나 삭막하고 적대적인 환경인지도 배웠다.

그런데 가만히 생각해 보자. 상처가 감염되어, 또는 그냥 피부 감염으로 앓아누웠다는 소리를 자주 들어보았는가? 사실 우리 피부는 방어 능력이 너무나 뛰어나 흔한 병원체는 손쉽게 막아낸다. 심각하게 대처해야 하는 대부분의 감염병은 다른 곳, 또 다른 왕국을 통해 우리 몸을 파고든다. 이 왕국은 방어 네트워크 전체를 통틀어 가장 어려운 난제를 해결해야 한다. 그곳이야말로 가장 위험한 적들이 우리를 공격해 들어오는 관문이다.

3부

적대적 인수

24장 늪의 왕국, 점막

어떤 일을 하고 살든 바깥세상과 거기서 제공되는 것이 없다면 생존하면서 한 인간으로 기능하기란 불가능하다. 침구로 가상의 요새를 짓고 그 속에 들어가 웅크리거나, 숲속의 외딴 집에 틀어박히거나, 자기 방에서 컴퓨터에 푹 빠지거나, 전 세계적으로 사회적 거리두기를 한다 해도 세계와 상호 작용을 주고받아야 한다는 사실은 변하지 않는다. 최소한 계속 뭔가를 먹어야 살 수 있기 때문에 바깥세상과 조금이라도 접촉하지 않고 살 도리는 없다.

우리 몸도 똑같다. 세포가 기능을 계속하려면 산소와 영양소가 필요하고 대사의 부산물로 생긴 유해한 노폐물을 어디에든 버려야 한다. 다시 말해 자원은 밖에서 안으로 들어오고, 쓰레기는 안에서 밖으로 나가야 한다. 몸은 닫힌 시스템이 될 수 없다. 어디선가는 내부와 외부가 직접 접촉해 상호 작용을 주고받아야 한다.

하지만 이런 접촉 장소는 살로 이루어진 대륙에 초대받지 않은 불청객이 몰래 숨어드는 위험하고 취약한 곳이 될 수 있다. 실제로 병을 일으키는 병원체의 절대 다수가 외부와 상호 작용이 일어나는 곳을 통해 우리 몸에 들어온다. 입에서 항문에 이르는 긴 대롱이나 물질 교환이 일어나는 동굴로 통하는 수많은 곁가지 속에서 병원체는 기회를 잡는다.

맨 앞에 언급했듯 허파, 위장관, 입, 호흡계와 생식계의 많은 도관은 사실 신체 외부가 내부로 말려들어 온 것이다. 그 속은 '내부 피부'라 할 수 있는 것으로 덮여 있다. 정확한 이름은 **점막**(mucosa)이지만, 조금 불량기 도는 표현으로 **늪의 왕국**이라 부르기로 하자.

늪의 왕국은 엄청나게 어려운 문제를 해결해야 한다. 영양소와 몸에서 흡수해야 할 물질은 통과하기 쉬운 동시에 병원체는 통과하기 어려워야 한다. 늪의 왕국 내부와 주변에서는 면역계가 다른 신체 부위에서와 전혀 다르게 행동해야 한다는 뜻이다.

우리 몸, 살의 대륙은 대부분 무균 상태다. 미생물을 찾아볼 수 없다. **타자가 존재하지**

않는 영역이다. 하지만 늪의 왕국은 항상 온갖 종류의 **타자**와 접촉한다. 영양소로 바꾸어 신체 내부로 받아들여야 하는 음식들, 그저 도관 속을 통과해 가는 소화 불가능한 물질들, 장 속에 머물도록 영주권을 허가받은 우호적인 세균들, 오염 물질에서 먼지에 이르기까지 숨을 들이쉴 때 공기와 함께 들어온 온갖 종류의 입자들 같은 것이다.

이 모든 것에 헤아릴 수 없이 많은 불청객이 섞여 들어와 호시탐탐 몸의 방어선을 뚫고 잠입할 기회를 엿본다. 어떤 녀석은 그저 길을 잘못 든 무고한 여행객에 불과하지만, 인간을 사냥하는 데 특화된 무시무시한 병원체도 분명 섞여 있다. 따라서 이곳을 지키는 면역계는 매우 어려운 일을 감당해야 한다. 강력해야 하는 것은 물론이지만, 강력한 힘의 균형을 잡기란 그보다 훨씬 어렵다. 점막이라는 늪의 왕국에서 면역계는 융통성을 발휘해야 하는 것이다.

대부분의 신체 부위에서 면역계는 관용이 **전혀 없다**. 칼에 손을 베어 세균이 연조직을 침범했다면 면역계는 최고 수준의 폭력과 분노로 대응한다. 세균이 피부밑이나 살 속에 들어왔다는 것은 용납할 수 없는 일이며, 어떤 대가를 치르더라도 즉시 죽여 버려야 한다. 점막 주변에서는 이런 일이 불가능하다. 한번 생각해 보자. 음식에 섞여 들어온 원치 않는 세균을 녹슨 못을 통해 침범한 세균처럼 분노에 가득 차 최후의 한 마리까지 공격한다면 어떤 일이 벌어질까?

숨 쉴 때 들어온 미세한 먼지 한 점에까지 격렬한 반응을 일으킨다면 어떻게 될까? 늪의 왕국을 지키는 면역계는 다른 부위의 면역계처럼 공격적일 수 없다. 그랬다가는 기체를 교환하고 영양소를 얻기 위해 기껏 만들어 놓은 장기를 몽땅 파괴해 삶이 비참해질 뿐 아니라, 심지어 죽을 수도 있다. (자가 면역 질환이나 알레르기로 고생하는 많은 사람이 이런 일을 겪는다. 나중에 더 자세히 얘기할 것이다.) 점막의 면역계는 자극받았을 때 가볍게 짓밟는 법, 최대한 국소적으로 반응하는 법을 배워야 한다. 동시에 점막은 몸에서 가장 취약한 부위이므로 면역계의 능력을 제한하거나 마냥 괜찮다며 적을 봐줄 수도 없는 노릇이다. 요컨대 운신의 폭이 매우 좁다.

침입을 방지하기 위한 첫 번째 대책은 점막을 미생물에게 끔찍하고 치명적인 장소로 만드는 것이다. 이를 위해 점막은 다양한 방어 체계를 동원한다.

피부가 광대한 사막이자 살의 대륙의 국경선을 지키는 난공불락의 성벽이라면, 점막은 국경 수비대가 곳곳에 치명적인 덫을 설치해 놓고 쉴 새 없이 순찰을 도는 거대한 늪지대와 같다. 사막과 성벽보다는 통과하기가 조금 수월하지만, 통과하기 **쉽다**고는 할 수 없다. 점막이란 도대체 무엇이며 어떻게 우리를 방어할까?

늪의 왕국에서 동원하는 일차 방어선은 바로 늪 자체, 유식한 말로 **점액층**이다. 점액이란 묽은 헤어젤처럼 미끌미끌하고 끈적끈적한 물질이다. 감기에 걸렸을 때 코에서 흘러나오는 진득하고 역겨운 콧물이 바로 점액이다. 위장관, 허파, 호흡관, 입, 눈꺼풀 안쪽 등 몸속 어디나 그런 물질이 뒤덮고 있다. 다시 말해 점액은 내부로 말려 들어와 있으면서 외부와 상호 작용하는 모든 표면을 덮고 있다. 점액은 **술잔 세포**(goblet cell, 배상 세포)에서 끊임없이 생산된다. 남의 외모를 가지고 뭐라 하면 안 되겠지만, 술잔 세포는 정말 우습게 생겼다. 괴상하게 으깨진 것처럼 생긴 벌레가 끊임없이 점액을 토해내 점액층을 만든다고 상상해 보라.

미끌미끌하고 끈적끈적한 점액은 아주 많은 일을 한다. 가장 단순한 것은 물리적 장벽을 형성해 침입자가 점액층 아래에 있는 세포에 도달하기 어렵게 만드는 것이다. 콧물로 가득 찬 수영장에서 수영을 한다고 생각해 보라. 수영장 바닥까지 잠수를 하려고 하는데, 그 깊이가 100미터쯤 된다. (좀 역겨워도 용서해 주시길.) 게다가 점액은 그저 끈적거리는 장벽이 아니다. 사막 왕국처럼 놀랍고도 불쾌한 것들로 가득 차 있다. 온갖 종류의 염(鹽), 미생물의 표면을 녹이는 무기화된 효소, 세균이 살아가는 데 필요한 영양소를 스펀지처럼 빨아들이는 특수한 물질이 곳곳에 포진하고 있어 수영장 밑바닥까지 내려가다 죽는 경우가 비일비재하다.

설상가상으로 대부분의 점액 속에는 치명적인 IgA 항체가 가득 들어 있다. 늪의 왕국을 구성하는 점액은 그 자체로 매우 적대적인 환경이다. 점액은 외부 침입자뿐만 아니라 우리 몸에서 만들어 낸 물질로부터 몸을 보호하기도 한다. 우리가 몸속에 산으로 가득 찬 주머니를 갖고도 어떻게 살아 있을 수 있을까? 위 점막이 보호막 역할을 해 위벽 세포들을 위산으로부터 지켜 주기 때문이다.

게다가 점액은 그저 한자리에 머물러 있는 것이 아니다. 계속 움직인다. 점막의 첫 번째 층을 구성하는 특수한 세포를 **상피 세포**라 한다. 상피 세포의 세포막은 머리카락처럼 생긴 아주 작은 소기관으로 덮여 있는데 이것을 **섬모**라고 한다. 작고도 섬세한 섬모는 엄청나게 넓은 네트워크를 이루어 그 위에 있는 점액을 끊임없이 이동시킨다. 상피 세포는 말하자면

위장관 점막

점액층

상피 세포

섬모

술잔 세포

큰 포식 세포

가지 세포

고유층

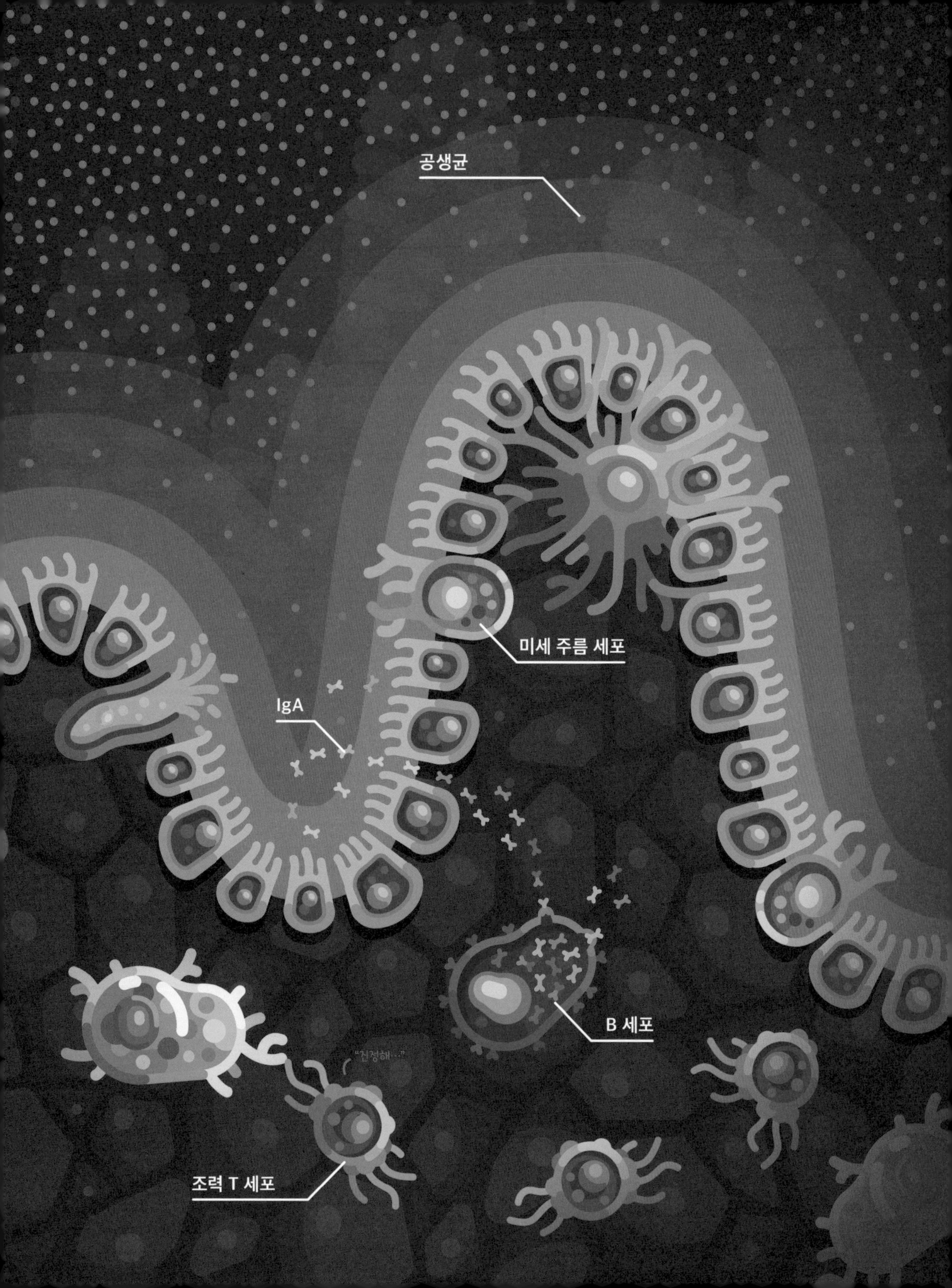
공생균
미세 주름 세포
IgA
B 세포
"진정해..."
조력 T 세포

몸속에 있는 피부 세포라 할 수 있다. 점막의 접촉면에 있으면서 직접 외부와 접촉한다는 점에서 그렇다. 다만 점액으로 덮여 있을 뿐이다. 그러니 이들을 '내부 피부' 세포라 하자.

어떤 부위의 점막은 단일 층으로 되어 있다. 점액과 신체 내부 사이에 한 층의 상피 세포만 존재한다. 상피 세포는 피부처럼 세포가 서로 겹쳐 수백 개의 층을 이루는 호사를 누리지 못한다. 따라서 상피 세포는 결코 만만한 존재가 아니다. 원칙적으로는 면역 세포라 할 수 없지만, 우리 몸을 방어하는 데 결정적인 역할을 한다. 특히 면역계를 활성화하고 특수 사이토카인을 분비해 지원군을 부르는 데 능하다. 비유하자면 시민군이다. 직접 적군을 상대하기에는 역부족이지만, 적이 침입했을 때 신체를 방어하는 데 아주 요긴한 도움을 주는 존재다.

또 한 가지 상피 세포의 중요한 기능은 머리카락처럼 생긴 섬모를 이용해 점액을 이동시키는 것이다. 미생물 중에도 섬모를 이용해 스스로 이동하는 것이 있지만, 상피 세포는 스스로 이동하는 것이 아니다. 여럿이 협동해 일종의 '박동' 운동을 일치시키는 방식으로 상피 세포 위를 덮은 점액을 끊임없이 밀어 이동시킨다. 방향은 위치에 따라 다르다. 기도, 코, 허파에서 점액은 코나 입을 통해 몸밖으로 나가는 방향, 또는 약간 방향을 틀어 위 속으로 삼켜지는 쪽으로 움직인다.

우리는 평생 상당히 많은 점액을 삼킨다. 역겹게 들릴지도 모르지만 매우 효율적인 시스템이다. 어쨌든 위는 위산으로 이루어진 바다로서 그 속에 빠진 병원체는 대부분 살아남지 못하니 말이다. 장(腸) 속에서 점액의 운동 방향 역시 몸에서 밀어내는 쪽이다. 입으로 삼켜져 위를 거쳐 넘어온 것들은 결국 항문을 통해 영원히 몸 밖으로 배출된다. 점액의 운동 방향도 그와 같다.

점막이라는 늪의 왕국은 사실 하나의 왕국이 아니다. 서로 판이하게 다르지만 공통의 목표를 위해 협력하는 수많은 왕국의 연합체에 가깝다. 이치에 닿는 소리다. 피부라는 사막 왕국은 발바닥과 허리의 두께가 판이하게 달라도 하는 일은 거의 같다. 반면 허파의 점막과 위장관의 점막과 여성 생식관의 점막은 완전히 다른 일을 한다. 자신의 전공 분야에 따라 그곳을 방어하는 면역계 역시 전혀 다른 기능을 수행한다. 또 하나의 거대한 적인 바이러스로 넘어가기 전에 위장관이라는 희한한 왕국이 어떻게 생겼는지, 그 속에 사는 수십조, 수백조 마리의 세균을 어떻게 통치하는지 잠시 살펴보자.

25장 희한하고 특별한 위장관 면역계

장은 면역계 입장에서 매우 특별한 공간이다. 우리 몸을 건강하게 유지하기 위해서는 여기서 매우 복잡한 문제들을 관리해야 하기 때문이다.

다시 한번 우리의 장이 전신을 통과하는 기다란 대롱이라고 생각해 보자. 이 대롱 속에서는 외부 세계의 아주 작은 일부가 우리 내부와 접촉한다. 접촉면, 즉 장 점막에는 약 1,000가지 서로 다른 종에 속하는 30조~40조 마리의 세균과 수만 종에 이르는 바이러스가 모여 산다. 소위 장내 미생물총이다. (장내 바이러스의 절대 다수는 주변에 있는 세균을 사냥할 뿐 우리에게는 관심이 없다.)

면역계와 장내 미생물총의 상호 작용과 기능에 대해서는 아직 밝혀지지 않은 부분이 많다. 많은 질병과 장애가 이런 상호 작용의 균형이 깨지는 것과 관련이 있음은 분명하지만, 이 복잡한 관계를 완전히 이해하려면 앞으로도 많은 연구가 필요하다. 그러나 향후 몇 년 안에 짜릿한 흥분을 몰고 올 사실이 엄청나게 많이 밝혀질 것만은 틀림없다.[1]

---

[1] 대변 이식과 제2차 세계 대전 중 독일 병사들이 낙타 대변을 먹었던 일에 대해 잠깐 이야기하려고 한다. 장내 미생물총이 얼마나 건강한지가 우리 자신의 건강과 강력한 연관이 있음은 잘 알려져 있다. 이런 맥락에서 지난 몇 년간 소위 대변 이식이 현대 의학의 뜨거운 감자로 떠올랐다. 뭐라고, 혹시? 생각한 대로다. 건강한 장내 미생물총이 듬뿍 들어 있는 건강한 사람의 대변을 특수한 제형으로 만들어 환자에게 투여하는 것이다. (꼭 알아야 하겠다면 목구멍을 통해 긴 튜브를 장 속까지 밀어 넣은 후 대변을 한 방울씩 떨어뜨리는 방법도 있다.)

위험이 전혀 없다고는 할 수 없지만 대변 이식은 예컨대 **클로스트리듐 디피실리**(*Clostridium difficile*) 감염증에 매우 효과적이다. 이 세균은 자연계에 널리 분포하며 우리의 장 속에도 적은 수가 살고 있다. 하지만 어떤 경우, 예컨대 다량의 항생제를 장기간 투여해 원래 장 속에 살던 세균들이 대량으로 죽어 버리면 클로스트리듐이 주도권을 잡고 설사, 구토, 심하면 생명을 위협하는 만성 장염에 이르기까지 온갖 질병을 일으킬 수 있다. 이 녀석은 매우 튼튼하고 저항력이 강하며, 현재는 많은 균주가 다양한 항생제에 내성을 갖기 때문에 퇴치하기가 매우 어렵다. 애초에 클로스트리듐 디피실리균이 문제가 된 것 자체가 장내 미생물총이 약해졌기 때문이다. 이때 대변을 이식하면 균형이 회

25장에서는 이토록 많은 불청객과 공존하는 일이 어떻게 가능한지 알아볼 것이다. 우선 장내 면역계는 반쯤 폐쇄된 시스템이다. 다른 신체 부위의 면역계와 어느 정도 분리되어 있다. 어떤 의미로 유럽 연합을 구성하는 국가들로 둘러싸여 있는 스위스와 비슷하다. 물론 스위스도 유럽의 일부지만 어느 정도 독자성을 지니고 있으며, 원칙적으로 완전 독립국이다. 장 속에 있는 늪의 왕국 또한 이와 비슷하다. 많은 것을 다른 부위의 면역계와 다르게 처리해야 한다.

가장 어려운 점은 장 속에서는 방어 지역이 끊임없이 침범당한다는 것이다. 다른 부위와 달리 장 점막은 끊임없이 공격받으므로 장내 면역계는 쉬지 않고 대응하면서 친구와 적을 갈라놓아야 한다. 지금쯤 짐작했겠지만 장 속은 정신없이 분주하다. 장내 미생물총을 구성하는 수십, 수백조의 미생물과 별개로 입을 통해 들어온 음식물이 끊임없이 밀고 내려오기 때문이다.

음식물이 우리와 우리를 구성하는 세포가 되는 긴 여행은 입에서 치아에 의해 잘게 부서지고 침과 골고루 잘 섞이면서 시작된다. 침 속에는 음식물을 분해하는 데 도움이 되는 수많은 화학 물질이 들어 있기 때문에 소화 과정은 먹는 순간부터 시작되는 셈이다. 음식이 우리 내부를 관통하는 긴 대롱을 따라 이동하는 시간은 정해져 있으므로 그 속에 든 모든 영

복되어 환자 스스로 침입자를 퇴치할 가능성이 높아진다는 사실이 입증되었다.

이것이 대변 이식의 기본 개념이지만, 사실 대변 이식은 새로운 착상이 아니다. 수천 년 전에도 인류가 위장관에 관련된 문제와 질병을 치료하기 위해 동물의 대변을 먹었다는 증거가 있다. 제2차 세계 대전 때 북아프리카를 정복하는 데 실패한 독일군 진영으로 가 보자. 퇴각하는 길목의 도처에 도사린 지뢰 외에도 독일군이 마주친 커다란 문제가 있었으니, 바로 이질이었다. 끔찍한 복통과 어지러움, 설사, 탈수(그렇지 않아도 사막에 있었으므로 많은 물을 잃어버릴 형편이 아니었다.)를 일으키는 이 만성 염증성 장 질환은 종종 치명적이었다.

문제는 독일군이 현지 미생물에 익숙하지 않았다는 점이다. 항생제 개발 전이었으므로 해 볼 만한 수단도 별로 없었다. 그런데 고통받는 병사들을 돕기 위해 파견된 의료진이 특이한 점을 발견했다. 현지인들은 이질에 걸려도 죽지 않았던 것이다. 가만히 보니 그들은 이질에 걸리면 낙타 똥을 먹었다. 놀랍게도 며칠 안에 병이 씻은 듯 낫곤 했다.

현지인들도 왜 병이 낫는지는 몰랐다. 그저 전해온 대로 할 뿐이었다. 독일 의사들은 부랴부랴 낙타 똥을 조사해 **고초균**(*Bacillus subtilis*)을 발견했다. 고초균은 다른 세균을 억제하는 성질이 있는데, 이질균도 예외가 아니었다. 고초균을 대량으로 배양해 죽어 가는 병사들에게 투여하자 독일군의 이질 문제를 어느 정도 해결할 수 있었다. 과학사의 중요한 순간으로 기념할 만한 사건이었지만, 그렇다고 북아프리카 작전을 엄청난 실패에서 돌려놓지는 못했다.

양소를 추출하려면 서둘러야 한다. 그러니 음식물을 입에 넣자마자 소화가 시작되는 것은 합리적이다. 모름지기 출발이 좋아야 하는 법이니까. 입에서 삼켜진 음식물은 곧장 위산의 바다에 풍덩 빠진다. 이 과정은 질긴 고기나 식물성 섬유를 더 쉽게 분해되는 상태로 만들어 소화에 도움이 될 뿐 아니라, 강한 산성을 띤 위산과 접촉하는 순간 수많은 미생물이 사멸하므로 면역계가 할 일을 훨씬 쉽게 만든다.

위를 빠져나온 음식물은 장을 통과한다. 장은 길이가 3~7미터에 이르러 소화관에서 가장 긴 부분이다. 살아가는 데 필요한 영양소의 90퍼센트 이상이 이곳에서 흡수된다. 또한 우리 생존에 꼭 필요한 수많은 세균이 음식을 더욱 잘게 분해해 영양소를 남김없이 흡수하도록 돕는다. 하지만 이들은 여느 세균과 다르다. 까마득한 옛날, 우리 조상들은 한 무리의 미생물종과 위험한 거래를 했다. 인간은 미생물에게 길고 따뜻한 터널을 살 곳으로 내주고 끊임없이 먹을 것을 공급하는 대신, 세균은 우리가 소화할 수 없는 탄수화물을 분해하고 우리 스스로 만들지 못하는 비타민을 생산해 주기로 한 것이다. 장내 미생물총 속의 세균은 말하자면 세입자로 이런 자원들을 집세로 내는 셈이다.

이런 세균을 **공생균**이라 한다. 공생을 뜻하는 단어(commensal)은 '같은 테이블에 함께 앉는다.'라는 뜻을 지닌 라틴 어 commensalis에서 유래했다. 피부라는 사막 왕국 위에 존재하는 어마어마한 숫자의 야만족 세균처럼 공생균 역시 우리의 친구다. 이런 거래는 세균이 우리에게 해를 끼치지 않고, 우리 면역계가 이들을 죽이려고 하지 않을 때 가장 매끄럽게 성사된다. 모든 일을 깔끔하고 평화롭게 처리하기 위해 장내 세균은 점액층 가장 윗부분에 산다. 피부 세균이 피부 제일 윗부분에 사는 것과 똑같다. 장내 세균이 이런 분리 정책에 군소리 없이 잘 따르는 한, 즉 점액층 깊이까지 잠수해 상피 세포에 접근하지 않는 한 모든 일이 순조롭다. 물론 세상일이 항상 쉽게 풀리지는 않는다.

세균은 사실 친구라고는 할 수 없다. 거래 따위는 전혀 모르며, 규칙을 존중하지도 않는다. 장 속은 세균에게 광대무변한 공간이며, 세균의 수 또한 믿을 수 없을 정도로 엄청나기 때문에 살아가는 매 순간 일부 공생균이 길을 잘못 들어 우리 몸의 더 깊은 곳을 침범한다. 이것은 결코 사소한 문제가 아니다. 공생균이라고 하지만 만에 하나 진짜 우리 **내부**로 들어와 혈액을 침범하는 날에는 끔찍한 피해를 입히고, 심지어 생명을 앗아갈 수도 있기 때문이다. 장 점막은 이런 사태를 미연에 방지하도록 만들어져 있다.

간단히 말해 장 점막은 3개의 층으로 되어 있다. 첫 번째 층은 점액이다. 그 속에는 항체, 디펜신(피부에서 만났던 물질이다. 미생물을 죽이는 아주 작은 바늘, 기억나는가?), 기타 세균을 죽이거나 손상시킬 수 있는 단백질이 가득하다. 장내 점액층은 매우 얇으며 군데군데 구멍이 나 있다. 음식 속 영양소가 안쪽으로 들어가야 하기 때문이다. 첫 번째 보호층의 성능이 너무 좋아 아무것도 통과할 수 없다면 우리는 굶어 죽을 것이다.

점액층 아래로는 장 상피 세포가 내부와 외부를 가르는 실제 장벽을 구성한다. 허파와 마찬가지로 내부를 보호하는 상피 세포층의 두께는 **단 1개**의 세포에 불과하다. 대신 내부를 잘 보호하기 위해 상피 세포들은 서로 몸을 바짝 붙이고 촘촘한 대열을 짓는다. 특수한 단백질 접착제가 세포들을 단단히 결합시키므로 아주 튼튼한 장벽 역할을 할 수 있다. 게다가 면역계가 상피 세포 장벽을 항상 감시하면서 미생물이 상피 세포에 달라붙는 순간 즉시 활성화된다.

일부 공생균이 방어벽을 뚫고 들어오는 사건은 잠시도 쉬지 않고, 지금 이 순간에도 끊임없이 일어난다. 따라서 장 점막은 상피 세포 아래에 세 번째 층을 마련했다. **고유층**(lamina propria)에는 장을 지키는 면역계의 병력 대부분이 집결해 있다. 표면 바로 아래서 특화된 큰 포식 세포, B 세포, 가지 세포들이 만반의 태세를 갖추고 불청객을 기다린다.

장의 면역계는 꼭 필요한 경우가 아니라면 염증을 일으키고 싶어 하지 않는다. 염증이 일어난다는 것은 많은 체액이 장으로 몰린다는 뜻이다. 당연히 설사가 일어난다. 설사는 그저 물 같은 변을 보는 것이 아니다. 음식 속 영양소를 우리 몸속으로 흡수하는 매우 얇고 예민한 세포층이 손상되어 떨어져 나가는 현상이다. 설사가 심하면 단시간 내에 위험할 정도로 심한 탈수가 생길 수도 있다.

사람들은 대부분 관심이 없지만 설사는 아직도 전 세계적으로 엄청난 보건 문제다. 매년 약 50만 명의 어린이가 설사로 목숨을 잃는다. 우리가 진화한 수백만 년 전에도 우리 몸과 면역계는 장의 염증을 심각하게 받아들였을 것이다.

장을 지키는 큰 포식 세포는 두 가지 특징을 갖는다. 첫째, 세균을 삼키는 데 매우 능하다. 둘째, 중성구를 불러들이고 염증을 일으키는 사이토카인을 방출하지 않는다. 부산 떨지 않으면서 국경을 넘은 세균을 조용히 집어삼키는 침묵의 살인자다.

위장관의 가지 세포도 특수한 방식으로 행동한다. 많은 숫자가 상피 세포층 바로 아래에 자리 잡은 채 상피 세포 사이로 긴 팔을 뻗어 장 점액 속에 밀어 넣는다. 뻔뻔스럽게도 분수를 지키지 않고 너무 깊은 곳까지 파고들어 온 세균의 표본을 끊임없이 수집하려는 것이다.

바로 이 지점에서 면역학의 거대한 수수께끼가 등장한다. 이 문제를 해결하는 사람은 틀림없이 노벨상을 받을 것이다. 가지 세포는 장 속에서 표본 수집한 세균이 위험한 병원체인지, 아니면 그저 무해한 공생균인지 어떻게 알 수 있을까? 아무도 답을 모른다. 분명한 것은 수집한 표본이 공생균일 때 가지 세포는 국소적으로 면역계에 자신이 제시한 항원에 놀라지 말고 흥분을 가라앉히라는 명령을 내린다는 점이다.

이걸로 끝이 아니다. 장 주변에서는 특수한 B 세포들이 IgA 항체를 대량으로 만들어 낸다. IgA 항체는 특히 점액 속에서 뛰어난 능력을 발휘한다. 이런 환경에 딱 맞게 제작되었기 때문이다. 예컨대 이 항체는 상피 세포 장벽을 그대로 통과해 장 점액 속에 고농도로 존재할 수 있다.

또한 IgA는 보체계를 활성화하거나, 염증을 유발하지 **않는다**. 이 두 가지 특성은 장에서 매우 중요하다. 대신 IgA는 다른 능력을 갖고 있다. 서로 반대 방향을 향한 4개의 집게발로 두 마리의 세균을 붙잡아 한 덩어리로 만드는 데 전문가다.

IgA가 풍부한 장 점액 속에서는 무력해진 세균들이 거대한 덩어리를 이루어 엉겨 붙은 채 대변에 섞여 몸 밖으로 빠져나간다. 전체적으로 대변의 약 30퍼센트가 세균 덩어리다. 많은 수가 IgA 항체에 의해 떡처럼 서로 엉겨 있다. (좀 역겨운 말이지만, 세균의 50퍼센트가 우리 몸을 떠나는 순간에도 살아 있다.) 위장관 면역계는 이런 식으로 우리의 내부와 외부를 조용히 단속한다. 이 모든 기전과 특수 세포 덕분에 면역계는 너무 부산을 떨어 장에 손상을 입히는 일을 피하면서, 지나치게 야심이 큰 공생균을 장 점액에서 제거한다.

하지만 정말 무서운 침입자가 들어왔을 때, 이를테면 혹독한 위산의 바다에서 어떻게든 살아남아 장에 도달한 병원체를 만나면 이 모든 기전이 끔찍한 악몽으로 변한다. 이렇듯 무서운 적을 최대한 빨리 잡아내기 위해 위장관에는 특수한 림프절이 발달해 있다. **파이어판(peyer's patch)**은 장에 통합된 림프절이다. **미세 주름 세포(편도에서 잠깐 만났다.)**는 직접

장에 나가 면역계가 살펴보고 싶어하리라 생각되는 것들의 표본을 수집한다. 어떤 면에서 승객을 태우고 그대로 파이어 판으로 데려가는 엘리베이터와 같다. 파이어 판에서는 후천 면역 세포들이 장 속으로 들어오는 모든 것을 검사한다. 이런 식으로 우리의 장은 엄청나게 빠른 속도로 면역 선별을 수행해 장 점막에 존재하는 엄청난 숫자의 세균을 면밀히 관찰한다.

세균이 우리 몸과 어떤 상호 작용을 주고받는지에 대해서는 이만하면 된 것 같다. 이제 살면서 가장 흔히 맞서 싸워야 하는 침입자 중 하나를 만날 시간이다. 그저 우리 몸을 침입하는 데 그치는 것이 아니라, 한술 더 떠 세포 자체를 감염시키고 그 속에서 면역계의 매서운 감시를 피해 가며 나쁜 짓을 일삼는 녀석이다. 이처럼 영리하고도 위험한 전략을 구사하기 때문에 면역계는 이 녀석들을 막아 내기 위해 전혀 다른 무기와 전략을 개발해야 했다.

자, 이제 (논란의 여지는 있지만) 가장 사악한 적을 만나 보자. 바로 바이러스다!

26장 바이러스란 무엇인가?

바이러스는 자신을 복제하는 것 중 가장 단순한 생명체다. 하지만 누구에게 물어보느냐에 따라 바이러스를 살아 있는 생명체라고 생각하지 않는 사람도 있다. 세포는 의식과 지각이 없다고 했다. 유전 부호와 구성 요소 사이의 화학 반응이라는 매우 복잡한 생화학적 원리에 의해 기능을 수행할 뿐이다. 조금 덜 정교하다고 할 수 있을지 모르지만, 세균도 마찬가지다. 놀라운 일을 해내는 단백질 로봇의 집합체일 뿐이다.

바이러스는 그 수준에도 못 미친다. 바이러스가 어떤 일이 되었든 해낼 수 있다는 사실 자체가 매우 우울한 동시에 매혹적이다. 바이러스는 그저 껍질 속에 몇 줄 안 되는 유전 부호와 몇 개의 단백질이 들어 있을 뿐이다. 제 생명을 부지하는 것조차 완전히 다른 생명체에게 의존한다. 하지만 그 일만은 너무나 완벽하게 해낸다.

바이러스가 정확히 언제, 어떻게 존재하게 되었는지는 불분명하지만, 아주 오래전부터 있었을 것이다. 수십억 년 전 지구 위 모든 생명체의 마지막 공통 조상이 살아 있었을 때도 이미 존재했을 것이다. 어떤 과학자는 바이러스가 생명 출현에 필수적인 단계였다고 생각하지만, 약 15억 년 전 어떤 고대 세균이 복잡해지는 대신 더 단순해지는 경로를 밟은 결과 생겨났다고 믿는 사람도 있다. 이 가설에 따르면 바이러스는 흔히 벌어지는 생명의 게임 방식에서 벗어나 모든 힘겨운 일을 타자에게 의존하고 제대로 기능하는 세포를 만드는 데 필요한 에너지와 노력을 아끼기로 마음먹은 생명체다.

어쨌든 바이러스는 믿기 어려울 정도로 눈부신 성공을 거두었다. 논란의 여지는 있지만 지구상에서 가장 성공적인 존재라 해도 과히 틀린 말은 아니다. 지구 위에는 10^{31}개의 바

다양한 바이러스

논란의 여지는 있지만 바이러스는 지구상에서
가장 성공적인 존재다. 또한 매우 재미있게 생겼다.

 스파이크 단백질

 캡시드

 지질 피막

 DNA/RNA

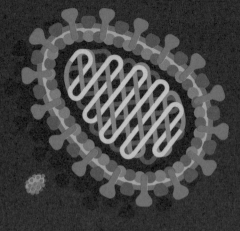

A형 독감 바이러스

아데노
바이러스

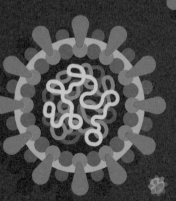

코로나바이러스
(SARS-CoV-2)

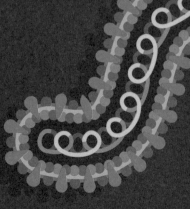

에볼라 바이러스

이러스가 있다고 추정된다. 1만×10억×10억×10억 개란 뜻이다.[1]

어떻게 바이러스는 그 정도로 큰 성공을 거두었을까? 글쎄, 사실 녀석들은 아무것도 하지 않는다. 대사 기능도 없고, 자극에 반응하지도 않으며, 혼자서는 증식할 수도 없다. 너무 기본적인 것만 갖고 있기 때문에 뭔가를 능동적으로 할 수 없다. 문자 그대로 환경 속을 둥둥 떠다니는 입자일 뿐이다. 감염시킬 대상을 만나는 것조차 수동적으로, 완전히 무작위적 우연에 의해 일어나는 일이다.

지구상 모든 생명체가 멸종한다면 바이러스도 사라질 것이다. 바이러스가 생존하려면 다른 생물의 세포, 능동적으로 살아 있는 세포가 필요하기 때문이다. 심지어 일부 과학자는 바이러스 입자가 정자 세포처럼 생식 단계에 있다고 보고, 바이러스에 감염된 세포를 진정한 생존 형태로 간주하자고 제안한다. 어쨌든 바이러스는 사악하고 교활하며 전문적인 침입자다. 당연히 세포는 바이러스에 감염되기를 절대 원치 않는다. 하지만 바이러스 입장에서는 다른 세포 속에 들어가는 것이 죽느냐 사느냐의 문제다. 이를 위해 녀석들은 살아 있는 세포라면 절대로 완벽하게 회피할 수 없는 약점을 이용한다. 수용체를 공격하는 것이다.

수용체에 대해서는 이미 상당히 많은 것을 얘기했다. 수용체는 세포 표면의 약 절반 정도를 뒤덮고 있는 단백질 인식 장치다. 하지만 사실 그보다 훨씬 많은 일을 한다. 환경과 상호작용하고, 세포 안팎으로 물질을 실어 나른다. 세포의 생존에 절대적으로 중요하다. 그런데 바이러스의 껍질 외부에는 세포 표면의 특정 수용체에 결합하는 특수한 단백질들이 삐죽삐죽 돋아나 있다. 아무 세포에나 달라붙을 수는 없다는 뜻이다. 오직 결합할 수 있는 수용체를 지닌 세포에만 달라붙을 수 있다. 모든 바이러스는 수많은 퍼즐 조각 단백질을 갖고 있으며, 이것들은 딱 맞는 퍼즐 조각 수용체를 지닌 세포에만 결합한다.

---

[1] 바이러스를 한데 모아 나란히 세울 수 있다면 그 길이는 1억 광년에 이른다. 우리은하 500개를 나란히 늘어놓은 것과 같다. 전 세계 바닷속에서만 초당 10만×10억×10억 개의 세포가 바이러스에 감염된다. 사실 바다에 사는 세균의 약 40퍼센트가 '매일' 바이러스에 감염돼 사멸한다. 존재의 가장 은밀한 부분조차 바이러스로부터 안전하지 않다. 우리 DNA의 약 8퍼센트는 바이러스 DNA의 잔재다. 잠시 책을 덮고 이 거대한 숫자들을 곰곰이 음미해보자. 이 정도 규모는 평소 실감하는 수준을 벗어난다. 어쨌든 지구상에는 무지무지 많은 바이러스가 있으며, 모두들 잘 지내는 것 같다고만 알고 넘어가도 좋다. 정장을 차려입은 유인원 몇 마리가 생명체인지 아닌지를 두고 입씨름을 벌이든 말든 바이러스는 눈 하나 깜짝하지 않을 것이다.

즉 바이러스는 전문가다. 뭐든 두루 잘하는 것이 아니라 한 가지만 잘한다. 특별히 선호하는 먹이가 있다. 우리에게는 좋은 일이다. 헤아릴 수 없이 많은 종류의 바이러스가 있지만, 사람을 감염시키는 것은 약 200종에 불과하다.

자기에게 딱 맞는 세포를 만나면 바이러스는 조용히 그 세포를 점령한다. 방법은 생물종에 따라 다르지만, 대개 바이러스의 유전 물질을 세포 속에 주입해 세포의 원래 기능을 멈춰 세운다. 세포는 차츰 바이러스 생산 공장으로 변하고 만다. 일부 바이러스는 세포를 살려 두면서 영구적인 생산 공장으로 활용하는 반면, 최대한 빨리 세포의 모든 것을 소진시켜 죽음에 이르게 하는 바이러스도 있다. 보통 8시간에서 72시간이 지나면 세포의 모든 자원은 바이러스의 구성 부품을 만드는 데 동원되며, 이렇게 만들어진 구성 부품이 결합해 새로운 바이러스가 된다. 이 과정은 세포 내부가 수백~수만 개의 새로운 바이러스로 가득 찰 때까지 계속된다.

피막형 바이러스는 세포 표면에서 새싹이 돋아나듯 봉오리를 형성한 후 떨어져 나온다. 세포막의 일부가 '손가락으로 집어 똑 떼어 내듯' 떨어져 나와 그대로 바이러스의 보호막이 된다. 다른 바이러스들은 감염된 세포를 녹여 버린다. 세포가 녹아 터지면 수많은 바이러스가 쏟아져 나와 새로운 세포를 감염시킨다.

세포가 의식이 있다면 바이러스는 두려운 존재일 것이다. 벽을 기어 올라가는 거미 말고, 공중에 대롱대롱 매달려 있는 거미를 생각해 보자. 잠깐 방심하면 거미는 입속으로 들어와 뇌로 기어 올라간 후 수많은 새끼를 까서 우리 몸속을 가득 채운다. 그리고 갑자기 피부가 터지듯 갈라지고 헤아릴 수 없이 많은 새끼 거미들이 쏟아져 나와 가족과 친구들에게 달려든다. 바로 이것이 바이러스가 세포에게 저지르는 일이다.

병원성 바이러스는 면역계를 회피하는 능력이 기막히다. 초능력을 갖고 있기 때문이다. 어떤 것도 그렇게 빨리 증식하지 못한다. 어떤 것도 바이러스만큼 빨리 돌연변이를 일으키거나, 변하지 못한다. 우리가 바이러스를 이길 수 없는 이유는 바이러스 자체가 무척 엉성하고, 정교한 자기 복제 따위에 개의치 않기 때문이다. 바이러스는 기본적인 것만 갖고 있기 때문에 세포가 돌연변이를 막기 위해 동원하는 정교한 안전 장치 따위는 생각도 하지 않는다. 돌연변이를 피하기는커녕 **항상** 돌연변이를 일으킨다.

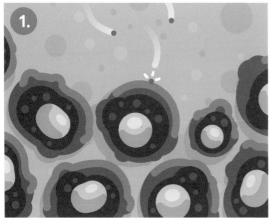

바이러스 1개가 세포막에 결합하는 데 성공한다.

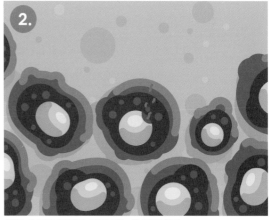

세포 속으로 들어가 모든 기능을 장악한다.

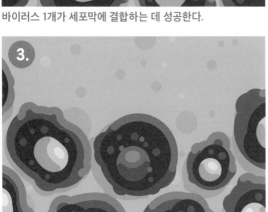

세포의 자원을 이용해 더 많은 바이러스를 만들어 낸다.

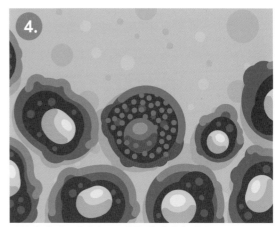

감염된 세포는 바이러스로 가득 찬 상태가 된다.

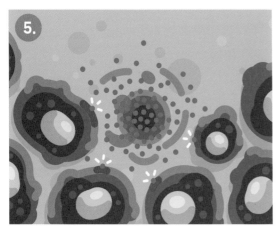

세포막이 터지면서 세포가 죽고 수많은 바이러스가
쏟아져 나온다.

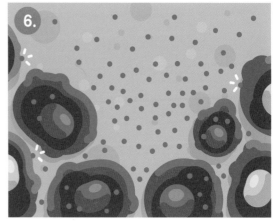

이웃한 세포들이 바이러스에 점령당하면서 똑같은 일이
반복된다.

대개 돌연변이가 일어나면 생명체에 이로울 가능성보다 해로울 가능성이 훨씬 크다. 바이러스는 그런 것에도 개의치 않는다. 증식 속도가 믿을 수 없을 만큼 빠르고, 한번 증식했다 하면 어마어마한 개체가 쏟아져 나오므로 감염된 세포 속에서 수천 가지 돌연변이가 일어난다고 해도 그중 단 한 가지만 바이러스에게 유리하다면 전체 집단의 생존 가능성이 크게 높아진다. 낡은 방식의 진화다. 폭력적이다. 손에 잡히는 대로 마구 던져서 하나만 명중하면 된다. 하지만 매우 효과적인 방법이기도 하다.[2]

바이러스 감염에 맞서 싸울 때 면역계는 세균에게 사용했던 무기들을 쓸 수 없다. 적도 다르고, 구사하는 전략도 다르기 때문이다. 바이러스는 세균보다 훨씬 작을 뿐 아니라 감지하기도 훨씬 어렵다. 대사 작용을 하지 않으므로 면역 세포가 감지할 수 있는 화학 물질, 즉 노폐물을 방출하지 않기 때문이다. 게다가 대부분의 생명 주기를 세포 속에 숨어 살면서 감염된 세포를 조종해 면역계를 속여 넘긴다. 세균보다 훨씬 빨리 변하며, 엄청난 속도로 기하급수적 증식을 일으켜 단 1개의 바이러스가 하루 만에 1만 개가 되기도 한다. 병원성 바이러스는 그야말로 무시무시하고 위험한 적이다. 면역계가 바이러스를 막는 데 엄청난 투자를 한다고 해서 결코 놀랄 일이 아니다.

우리가 지닌 무기들을 알아보기 전에 바이러스의 가장 중요한 출입구인 또 다른 점막 왕국을 방문해 보자. 병원성 바이러스의 대다수가 호흡기 점막을 통해 우리 몸에 들어온다. 앞서 말했듯 바이러스 입장에서 피부라는 사막 왕국은 인간 세포를 침입하기에 너무너무 안 좋은 장소다. 죽은 세포들이 수많은 층을 이루어 쌓여 있기 때문이다. 반면 허파의 점막은 아주 매력적인 출입구다. 그렇다고 해서 바이러스가 허파를 통해 우리 몸속에 들어오기가 쉽다는 말은 결코 아니다. 피부와 마찬가지로 우리 몸은 이곳에도 강력한 방어력을 지닌 왕국을 세워 두었다.

---

2 사실 이것은 진화가 지닌 유일한 전략이다. 진화는 많은 것을 시도해 보고 죽기 전에 비록 적지만 자손을 남길 수만 있다면 그 방법을 반복한다. 이런 시도를 엄청나게 자주 반복한 결과 현재 지구상에 존재하는 생물의 엄청난 다양성이 만들어진 것이다. 매년 겨울 새로운 감기 바이러스가 나타나는 것도 이런 이유다. 기본적으로 진화는 온갖 잡동사니를 한데 모아 놓는 방식으로 진행된다.

27장 허파의 면역계

재미있는 상상이긴 하지만, 사실 우리의 허파는 커다란 풍선이 아니다. 그보다는 헤아릴 수 없이 많은 공간이 존재하는 치밀한 스펀지 모양에 더 가깝다. 실제 호흡에 관계하는 부분은 표면적이 아주 넓어 120제곱미터가 넘는다. 피부 전체 표면적의 6배가 넘는 넓이다.

우리는 매일 8,000리터에 육박하는 공기를 들이마시기 때문에 이 드넓은 공간은 끊임 없이 외부와 접촉한다. 따라서 허파는 우리 몸에서 가장 많이 노출되는 곳이다. 우리는 한 번 숨 쉴 때 약 500밀리리터의 공기를 들이마시는데, 그 속에는 우리에게 필요한 산소는 물론 그다지 중요하지 않은 몇 가지 다른 기체와 수많은 입자가 들어 있다. 숨 쉴 때 어떤 것이, 얼마나 많이 허파로 들어오는지는 우리가 지구에서 어디에 있는지에 달려 있다.

남극에 있다면 좀 추워서 그렇지, 공기는 더할 나위 없이 신선할 것이다. 하지만 대도시의 번잡한 거리를 걷는다면 유독성 배기가스, 자동차에서 뿜어져 나온 온갖 입자, 타이어가 마모될 때 나오는 고무, 석면 등 몸에 좋지 않은 물질을 들이마시게 된다. 인공적 오염 물질 말고도 공기 속에는 다양한 식물의 꽃가루나 집 먼지 속에 특히 많이 사는 진드기 사체 등 무수한 알레르기 유발 물질이 섞여 있을 수 있다.

세균, 바이러스, 곰팡이의 포자는 이런 입자나 아주 작은 물방울에 실려, 또는 그 자체로 공기 중에 둥둥 떠다니며 발붙이고 살 곳을 찾는다. 따라서 허파 속을 덮고 있는 세포는 독성 화학 물질, 온갖 종류의 입자, 미생물과 끊임없이 접촉한다. 신체 다른 부위가 이렇게 유독한 혼합물과 접촉한다면 면역계는 얼마나 많은 손상이 뒤따를지는 고려하지 않은 채 폭발적인 반응을 일으킬 것이다. 하지만 허파에서라면 그리 현명한 대응이 아니다. 숨쉬기를 멈출 수는 없는 노릇이니까.

여기서 면역계는 더 신중해야 한다. 마구 때려 부숴 가며 싸울 수는 없다. 따라서 허파

호흡계

호흡 기관의 방어 전략은 균형을 잡는 것이다. 침입자를 막아내고 오염 물질을 제거하면서도 산소-이산화탄소 교환을 멈추지 않아야 하기 때문이다.

코털

점액층

상피 세포

허파꽈리 큰 포식 세포

의 면역계는 균형 잡힌 시스템으로 진화했다. 침입자를 막아내고 오염 물질을 제거하면서도 산소-이산화탄소 교환을 멈추지 않아야 하기 때문이다.

호흡계의 방어는 코에서 시작된다. 일단 코털이 상당히 큰 이물질들을 걸러낸다. 아주 작은 것에는 그리 유용하지 않지만, 먼지 입자나 꽃가루 등 큰 것들은 코털에 막혀 더 이상 들어가지 못한다. 코털을 지나면 점액성 환경이 펼쳐진다. 모든 표면이 점액으로 덮여 있으며, 폭발적인 재채기 반사를 이용해 점액에 포획된 이물질을 신속하게 몸 밖으로 밀어낸다. 점액은 바깥쪽을 향해 끊임없이 이동하지만, 때에 따라서는 삼켜질 수도 있다.

허파 속 깊은 곳에서는 점액을 통한 방어 기능이 그리 유용하지 않다. 허파꽈리(폐포) 자체는 호흡을 통한 기체 교환을 위해 점액으로 덮여 있을 수 없기 때문이다. 허파의 가장 깊은 곳은 문자 그대로 상피 세포가 단 1개의 층을 이루어 신체 외부와 내부 사이를 구분 짓기 때문에 매우 취약하다. 병원체 입장에서는 외부와 접촉하는 부위 중에서도 가장 완벽한 표적이다.

이 영역을 안전하게 지키기 위해 매우 특수한 큰 포식 세포가 상주한다. 이름해 **허파꽈리 큰 포식 세포(폐포 대식 세포)**다. 이 친구의 주 임무는 허파꽈리를 순찰하면서 쓰레기를 수거하는 것이다. 대부분의 쓰레기와 기타 불쾌한 물질은 상기도 점막에서 걸러지지만, 깊숙이 내려오는 것이 있게 마련이다. 허파꽈리 큰 포식 세포는 매우, 매우 차분하다. 피부 큰 포식 세포보다 훨씬 활성화하기 어렵다. 기도 속에서 이들은 중성구 등 다른 면역 세포를 하향 조절해 덜 공격적으로 만든다. 가장 중요한 것은 모든 염증을 억제한다는 점이다. 허파에서 가장 원치 않는 것은 체액, 즉 액체다.

허파 속에도 미생물총이 있을지 모른다는 증거가 있다. 일정한 미생물들이 집단을 이루어 살지도 모른다는 뜻이다. 최소한 몇몇 종류의 미생물이 일시적인 공동체를 형성해 허파 속에서 살아가며, 이들은 면역계가 용인할 가능성이 높다. 하지만 위장관 미생물총과 달리 허파의 미생물총에 대해서는 거의 밝혀진 것이 없다. 몇 가지 이유가 있다. 우선 미생물 수준의 아주 미세한 세계에서 호흡이란 허리케인 수준의 폭풍이 잠시도 쉬지 않고 부는 것과 마찬가지다. 모든 것이 비교적 잠잠한 위장관과 달리 허파에서는 미생물이 발붙이고 살기가 매우 어렵다. 또한 허파 속에는 위장관에 비해 이용할 수 있는 자원이 훨씬 적으므로 우호적인 세균도 살아가기가 쉽지 않다. 하지만 우리 입장에서 가장 큰 문제는 허파 속 깊숙한 곳에서 미생물 표본을 수집하기가 매우 어렵다는 점이다. 장은 길고도 넓은 대롱으로 거의 매일 몸속에 있는 모든 것들의 표본이 항문을 통해 저절로 밖으로 나온다. 표본 수집은 식은 죽 먹기다. 허파에서는 그런 일이 일어나지 않으며, 깊은 곳에서 채취한 표본을 오염되지 않은 상태로 끄집어내기도 매우 어렵다. 이런 이유로 허파 속 미생물총과 그것들이 우리 몸과 주고받는 상호 작용에 대해서는 아직도 알아야 할 것이 너무나 많다.

어쨌든 인간을 감염시키는 가장 흔하고 가장 위험한 병원성 바이러스들이 호흡계를 통해 우리 몸에 들어온다는 사실은 분명하다. 이제 허파의 환경 조건에 대한 개념을 잡았으므로 허파가 감염되면 어떤 일이 벌어지는지, 바이러스라는 적을 물리치기 위해 면역계는 어떤 특수한 방어 전략을 사용하는지 알아보자.

28장 독감:
무시해서는 안 될 '무해한' 바이러스

"3일만 지나면 주말이야!" 휴게실에 들어서며 당신은 이렇게 생각한다. 커피를 만들고 있는 동료 뒤로 지나가는데 그녀가 갑자기 세차게 기침을 해 댄다. 급히 팔을 들어 입과 코를 소매로 막았지만, 타이밍을 놓치고 말았다. 첫 번째 기침은 아무런 방해도 받지 않고 수백 개의 미세한 물방울을 마치 옅은 구름처럼 온 방 안에 흩어 놓는다. 세포 수준에서 보면 이런 물방울은 총알 정도가 아니라 눈 깜짝할 새에 대양을 가로지르는 대륙간 탄도 미사일과 같다. 그 속을 가득 채운 것은 핵탄두는 아니지만 비슷할 정도로 위험하다. 우리가 **독감**이라고 부르는 질병을 일으키는 수백만 개의 **A형 독감** 바이러스가 우글거리고 있다.[1]

이런 물방울을 비말이라고 한다. 크고 무거운 비말은 멀리 가지 못하고 금방 땅으로 떨어진다. 하지만 가벼운 비말은 공기의 흐름에 실려 멀리 퍼질 수 있다. 비말로 된 구름 속을 곧장 걸어서 통과해도 우리는 아무것도 느끼지 못한다. 늘 하던 대로 숨을 들이쉰다. 이때 바이러스로 가득 찬 수십 개의 미사일이 기도로 빨려 들어와 삽시간에 점막에 흩뿌려진다. 이내 바이러스들이 스멀스멀 기어 나온다. 당신은 지금 막 심각한 일이 벌어졌음을 까맣게 모른 채 커피를 만든다. 몇 시간 후 커피를 한 잔 더 마실까 생각할 때쯤 첫 번째 바이러스가 세포 하나를 침입해 장악한다. 같은 운명을 맞게 될 수십억 개 중 첫 번째 세포가 적의 수중에 떨어진 것이다.

아무것도 모른 채 들이마신 A형 독감 바이러스는 우리 인간에게 매우 성가신 존재인

---

[1] 독감을 뜻하는 인플루엔자라는 말은 '영향'이란 뜻의 중세 라틴 어 influentia에서 왔다. 당시 사람들은 천체의 운행이 사람의 건강에 영향을 미쳐 질병을 일으킨다고 생각했다. 예컨대 별에서 흘러내린 액체가 어찌어찌 지구로 떨어져 사람의 몸속으로 들어온다고 믿었다. 우리가 태어난 날 별들의 위치가 성격과 일생의 운세에 영향을 미친다는 것만큼 정신 나간 소리가 아닐 수 없다.

기침

수백만 개의 바이러스가 우글거리는 비말들이
공기 중에 빠른 속도로 흩어진다. 크기가 큰 것은
금방 바닥에 떨어지지만, 가벼운 것은 오래도록
공기 중에 둥둥 떠다니며 멀리까지 퍼지기 때문에
누군가는 아무것도 모른 채 들이마시게 된다.

바이러스가 실려 있는 에어로졸

오소믹소바이러스과(Orthomyxoviridae) 중에서도 가장 강력하고 위험한 균주다. (정확히 말하면 바이러스 주라고 해야 하지만, 독자들에게 익숙한 표현인 '균주'로 옮겼다. — 옮긴이) A형 독감 바이러스는 포유동물의 호흡기 상피 세포를 공략하는 데 특화되어 있다. 포유동물에는 물론 인간도 들어간다. A형 독감 바이러스는 4000만 명 이상을 죽음으로 몰고 갔던 악명 높은 스페인 독감을 비롯해 20세기에만도 네 차례의 세계적 범유행(팬데믹)을 일으켰다. 다행히 휴게실에서 들이마신 균주는 그 정도로 치명적인 놈은 아니다. 우리가 겨울에 걸리는 '보통' 독감은 매년 평균 '겨우' 50만 명 정도를 죽일 뿐이다.[2]

휴게실에서 호흡기로 들어온 바이러스에게는 운명의 시곗바늘이 재깍거린다. 이제 불과 몇 시간 안에 목표를 달성해야 한다. 그러지 못하면 늪의 왕국이라는 환경 속에서 천천히, 그러나 확실히 파괴되고 말 것이다. 이곳을 둥둥 떠다니는 온갖 단백질과 항체는 바이러스를 완전히 녹이거나, 쓸모없이 만든 후 끊임없이 퐁퐁 솟아나는 점액층에 실어 제거해 버릴 수 있다. 사실 숨을 들이쉴 때 몸에 들어온 많은 바이러스 입자가 정해진 시간 내에 뜻을 이루지 못한 채 붙잡혀 파괴된다. 하지만 극적인 순간이 찾아온다. 단 1개의 바이러스가 점액의 보호막을 뚫고 그 아래에 있는 세포에 결합한 것이다.

상피 세포는 우리 몸속을 덮고 있는 '피부'라 할 수 있다. A형 독감 바이러스는 상피 세포 표면에 있는 수용체에 결합해 세포 속으로 들어간다. 일단 수용체에 결합하면 바이러스가 세포 속에서 일어나는 모든 자연적 과정을 장악하는 데는 1시간 정도면 충분하다. 무슨 일이 일어나는지도 모른 채 세포는 바이러스를 꼼꼼하게 포장해 세포의 뇌라 할 수 있는 핵으로 끌고 들어간다. 목적지에 도달한 바이러스는 역시 세포 속에서 자연적으로 일어나는 과정에 의해 유전 부호와 함께 몇 가지 적대적인 바이러스 단백질을 방출할 때가 왔다는 신호를 받는다.

이렇게 해 독감 바이러스는 세포를 감쪽같이 속이고 10분도 안 되어 자신의 유전 물질

---

2 스페인 독감은 아주 작은 차이로 인해 특별한 질병이 될 수 있었다. 보통 독감 사망자는 어린이와 노약자인 반면 스페인 독감은 반대였다. 가장 건강한 연령인 젊은 성인이 죽을 가능성이 가장 높았다. 이처럼 건강한 사람이 위험했던 이유는 면역계가 너무 흥분해 자제력을 잃고 과도하게 활성화되었기 때문이다. 스페인 독감의 전체 사망률은 약 10퍼센트에 이르렀다.

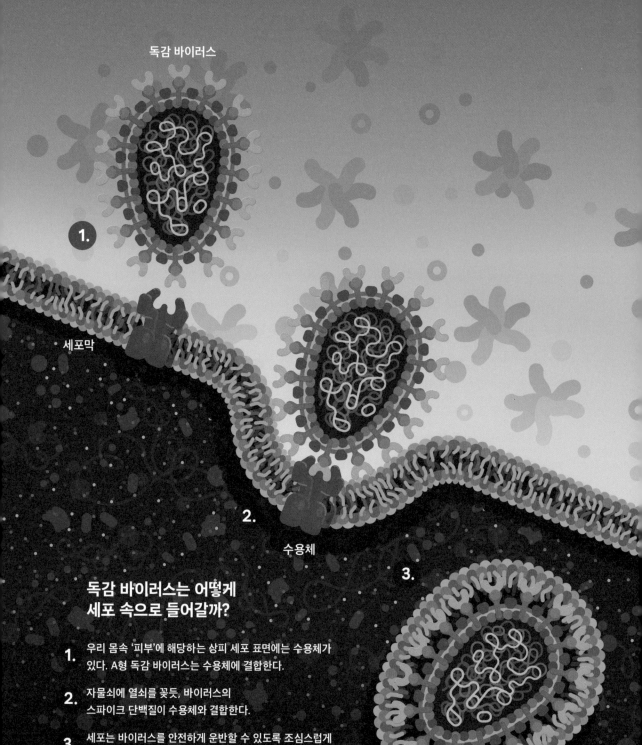

독감 바이러스

1.

세포막

2.

수용체

3.

독감 바이러스는 어떻게 세포 속으로 들어갈까?

1. 우리 몸속 '피부'에 해당하는 상피 세포 표면에는 수용체가 있다. A형 독감 바이러스는 수용체에 결합한다.

2. 자물쇠에 열쇠를 꽂듯, 바이러스의 스파이크 단백질이 수용체와 결합한다.

3. 세포는 바이러스를 안전하게 운반할 수 있도록 조심스럽게 감싼 후, 세포핵 쪽으로 깊숙이 끌어들인다.

을 세포의 사령탑인 핵 속에 직접 주입한다. 동시에 바이러스 단백질은 세포 내부의 항바이러스 방어선을 해체하기 시작한다. 이 과정이 끝나는 순간 세포는 바이러스에 완전히 정복당하고 만다.

A형 독감 바이러스는 세포핵을 직접 지배하려고 한다. 핵 속의 DNA는 세포 내 모든 단백질이 읽고 따르는 사용 설명서다. 그저 설계도가 아니라 생산 주기이기도 하다. 세포의 발달과 기능과 성장과 행동과 증식을 좌우하는 것은 바로 이 단백질들이다. 따라서 단백질 생산 과정을 지배하면 세포 자체를 지배하는 것과 같다. 어떻게 그럴까? DNA는 유전자라는 작은 구역들로 이루어진다. 각각의 유전자는 1개의 단백질에 대한 지침서다. 유전자라는 지침서에서 1개의 단백질을 생산하라는 명령을 내리면 이 정보는 세포 속 단백질 생산 공장에 전달되어야 한다.

유전자는 어떻게 정보를 전달할까? 실제로는 아무 일도 하지 않는다. 유전자는 그저 DNA의 한 부분일 뿐이다. 유전자에 저장된 정보를 세포의 다른 부분으로 전달하는 것은 RNA다. RNA는 복잡하고도 환상적인 분자로 매우 다양하고 중요한 기능을 수행한다. 지금 우리에게 중요한 사실은 RNA가 유전자의 단백질 합성 지침을 세포 내 단백질 생산 공장에 전달하는 전령 역할을 한다는 것이다.

바이러스는 바로 여기에 끼어들어 모든 것을 엉망으로 만든다. 다양한 방식으로 자신의 작업 절차에 따라 이 아름다운 자연적 과정에 끼어드는 것이다. 예컨대 A형 독감 바이러스는 수많은 RNA 분자를 핵 속에 쏟아붓는다. RNA 분자들은 시치미를 뚝 떼고 인간 유전자에서 임무를 부여받은 것처럼 행동한다. 세포는 감쪽같이 속아 넘어가 바이러스 단백질을 열심히 만들어 낸다. 물론 바이러스 단백질은 우리에게 해롭지만, 세포는 전혀 눈치채지 못한 채 건강한 세포 단백질 대신 바이러스의 구성 요소를 생산한다.[3]

---

3 이제 바이러스와 함께 신기하고도 놀라운 생화학의 세계에 뛰어들었다. 세포는 수백만 개의 부분으로 이루어지며, 각 부분은 수천, 수만 가지 과정을 한꺼번에 진행하면서 복잡하고도 놀라운 춤을 춘다. 이런 춤을 우리는 생명이라고 한다. 바이러스는 실로 복잡한 방식으로 세포의 기능을 방해한다. 이 문제를 더 깊게 파고들려면 바이러스 단백질은 물론 vRNP처럼 끔찍한 이름을 지닌 분자, PB1, PB2, PA 등 바이러스 중합 효소 복합체, HA, NA, M2 등 바이러스 막단백질, HA1, HA2 등 폴리펩티드들을 다뤄야 한다. 하나같이 환상적이지만 세포의 자세한 작동 원리와 바이러스의 구성 요소가 어떤 상호 작용을 통해 세포를 조종하는지 설명하려면 분자 하나마다 몇 쪽씩 할애

상피 세포를 감염시킨 A형 독감 바이러스는 목적을 달성하는 데 성공했다. 불쌍한 세포의 운명은 결정되었다. 이제 세포는 더 이상 우리에게 봉사하지 않는다. 사악하기 짝이 없는 새로운 주인의 뜻에 따라 매우 위험한 시한폭탄으로 변해 버린 것이다.

이후 몇 시간 동안 새로운 바이러스를 대량 생산하기 위해 세포 내 공정과 생산 라인이 완전히 달라진다. 어떤 추정치에 따르면 A형 독감 바이러스에 감염된 세포 1개는 몇 시간 뒤 완전히 탈진해 사멸하기 전까지 평균 22개의 새로운 세포를 감염시키는 데 충분한 바이러스를 생산한다.

이 과정이 아무런 저항에 부딪히지 않고 순조롭게 진행된다면, 또한 각각의 바이러스가 오직 감염되지 않은 세포만 감염시킨다면, 감염된 세포 1개는 22개가 되고, 다시 484개가 될 것이다. 484개는 다시 10,648개, 234,256개, 5,153,632개가 된다. 불과 다섯 번의 생식 주기 만에(각 생식 주기는 약 12시간이 소요된다.) 1개의 바이러스가 수백만 개로 늘어나는 것이다. (실제로 벌어지는 일은 약간 다르다. 우리 몸도 가만히 앉아서 당하지는 않기 때문이다. 하지만 다른 각도에서 생각해 보면 애초에 감염이 시작될 때 여러 개의 바이러스가 한꺼번에 몸속에 들어올 수도 있다. 그러니 수백만 개의 감염된 세포가 생긴다는 가정이 그리 많이 빗나가지는 않을 것이다.)[4]

바이러스의 가장 큰 특징은 기하급수적으로 증식하는 것이다. 바이러스는 세균처럼 이분법으로 증식하지 않고 엄청난 규모로, 폭발하듯 증식한다는 점에서 매우 특이한 존재다.

녹슨 못을 밟았을 때 우리 몸에 들어온 세균과 싸우는 과정은 직관적으로 이해할 수 있지만, 바이러스에 감염된 상황은 전혀 다르다. 칼에 베인 상처를 통해 세균이 몸속에 들어

해 설명해야 한다. 그러니 불필요하게 복잡한 일을 벌일 것이 아니라 가장 중요한 원칙만 알고 넘어가자. 한 가지는 기억해야 한다. 바이러스는 세포를 움직이는 모든 내부 기관을 매우 적대적으로 점령한다는 사실이다.

4 수백만 개의 세포가 감염된다는 것은 실제로 어떤 의미일까? 허파가 감염된다면 얼마나 큰 영향을 받을까? 상피 세포 100만 개가 감염된다면 면적으로 얼마나 될까? 대충 가늠해 보면 100만 개의 감염된 상피 세포는 약 1.2 제곱센티미터의 면적을 차지한다. (50원짜리 동전의 절반 정도도.) 한편 허파 전체의 표면적은 70제곱미터로 배드민턴 경기장보다 약간 작다. 따라서 100만 개의 세포가 감염돼도 아주 작은 일부에 불과하다. 하지만 앞서 얘기했듯 세포 하나가 얼마나 작은지, 그러나 거기서부터 출발해도 얼마나 빨리 엄청난 규모로 불어나는지 다시 생각해 본다면 등골이 오싹해진다. 바이러스가 계속 같은 속도로 불어나게 내버려 두면 삽시간에 허파 전체가 감염되어 죽고 말 것이다.

왔을 때의 상황은 이해하기 쉽다. 조직 손상이 일어나면 즉시 염증이 생기고 면역계가 개입한다. 적의 숫자는 엄청나지만 반드시 각자 독립적으로 행동하는 것은 아니며, 대부분 술에 취해 사탕 가게에 들어온 어린아이처럼 행동한다.[5]

바이러스는 주목받기를 원치 않는다. 초기 A형 독감은 전면 공격과 거리가 멀다. 특수부대원 몇 명이 잠입해 조용히 방어 초소를 손에 넣는 방식과 비슷하다.

수천 년 전 트로이를 정복했던 고대 그리스 군의 전설을 떠올려 보자. 유명한 목마 이야기 말이다. 트로이를 우리 몸이라고 생각하면 대부분의 세균은 성을 포위한 채 성문 앞에 몰려 공성전을 펼친다. 고래고래 소리 지르며 이리저리 뛰어다닌다. 그런 모습에 자극받은 수비군, 즉 면역계는 이들을 닥치는 대로 잡아 죽인다.

반면 독감 바이러스는 트로이 목마 속에 몸을 숨긴 채 최대한 조용히 도시로 잠입한 후 드러나지 않게 공격을 준비하는 그리스 군 병사들과 비슷하다. 일단 성문을 통과한 후 밤이 되면 한 집 한 집 조용히 돌아다니며 잠든 트로이 시민들을 쥐도 새도 모르게 처치한다. 누군가 공격을 알아차리고 도시 수비대에 연락할 때쯤이면 이미 상당한 지역이 적의 손에 떨어진 뒤다. 이들이 차지한 집은 새로운 기지가 되어 더 많은 침략군을 만들고, 매일 밤 더 많은 병사들이 소리소문없이 더 많은 집을 점령하고, 더 많은 시민이 잠든 새에 죽음을 맞는다. 여기까지 끌고 오다 보니 비유가 잘 맞지 않는 부분도 있지만, 전체적인 흐름을 이해할 수는 있을 것이다.

간단히 말해 바로 이것이 병원성 바이러스 감염의 가장 큰 특징이다. 살금살금 접근한

---

5 나도 안다. 약간 공정하지 못한 표현이다. 모든 세균이 몸놀림이 어설픈 바보처럼 행동하지는 않는다. 감쪽같이 몸을 감추었다가 상황이 맞아떨어지면 맹렬한 공격을 퍼붓는 식으로 천재적인 전략을 구사하는 병원성 세균도 많다. **정족수 인식(quorum sensing)**은 특히 감탄스러운 전략이다. 간단히 설명하면 이런 전략을 구사하는 병원성 세균은 조직을 침입한 후에 극도로 조심스럽게 행동한다. 스스로 놀라운 자제력을 발휘하는 것처럼 보일 정도다. 증식할 때만 대사 작용을 하며 모든 대사산물(세균의 똥)을 하향 조절해 면역계의 주의를 끌 위험한 무기들을 감쪽같이 감춘다. 숨죽인 채 공격 개시를 알리는 화학적 신호를 기다리는 것이다. 그러다 숫자가 결정적인 임계점에 도달하면 일사불란하게 모습을 드러낸다. 드디어 때가 왔도다! 이제 세균은 쉽게 제압할 수 있는 사소한 위협이 아니라 엄청나게 강력한 군대로 돌변해 밀물처럼 밀려닥친다. 세력이 약한 초기에 이런 식으로 행동한다면 금방 면역계의 공격을 받아 죽고 말 것이다. 비록 적이지만 이런 전략은 감탄하지 않을 도리가 없다. 세균은 그 밖에도 뛰어난 전략을 많이 갖고 있다.

다는 것은 또한 전쟁터의 모습이 세균 감염 때와는 크게 다르다는 뜻이다. 감염된 지 얼마 안 된 허파 조직을 직접 가서 둘러본들 아무것도 눈에 띄지 않을 것이다. 건강해 보이는 세포들이 평소와 조금도 다름없는 일을 하고 있을 뿐이다. 하지만 세포 속에서 바이러스는 칼로 목을 베어 가며 방어 기능을 무력화시키고 있다. 실로 바이러스 감염은 피부가 손상된 틈으로 세균이 마구 쏟아져 들어오는 것보다 훨씬 조용하지만 훨씬 잔인하다.

병원성 바이러스는 정말 무서운 적이다. 가장 취약한 고리를 공격해 무고한 시민의 몸속에 숨은 채 어떤 병원체보다도 폭발적으로 증식하며, 새로운 증식 주기마다 헤아릴 수 없이 많은 세포를 감염시킨다. 감염이 최고조에 달하면 우리 몸속에는 수백억 개의 바이러스가 존재한다. 이렇듯 특수한 속성 때문에 면역계는 대부분의 세균과 사뭇 다른 전략을 이용해 바이러스에 대적해야 한다.

그렇다고 너무 겁먹을 것은 없다. 면역계는 기나긴 세월 동안 무수한 항바이러스 방어 전략을 진화시켜 왔으니까. 수십 개 정도의 세포가 감염되면 벌써 우리 몸은 반격에 나선다. 초기 단계부터 면역계에 감염 사실을 알리려는 세포와 세포의 입에 재갈을 물리려는 바이러스 사이에 치열한 드잡이가 시작된다.

트로이의 비유로 돌아가면 평화롭게 잠들었던 시민이 자신의 목을 자르려고 집안에 침입한 적들의 기척에 눈을 뜨는 것과 같다. 바이러스가 행동을 개시하기 전에 그는 창가로 달려가 큰 소리로 도시 수비대에게 적의 침입을 알린다. 하지만 고함을 지르려는 찰나, 침입자들은 그를 난폭하게 창문에서 끌어낸 후 사정없이 칼로 찔러 영원히 입을 봉해 버린다. 바이러스도 나름대로 모든 집과 시민을 통제하기 위해 안간힘을 쓰는 것이다. 시민들이 이겨 수비대에게 적의 침입을 알리는 데 성공하면 잠자던 면역계가 깨어난다. 하지만 교활한 적이 승리를 거둔다면 더 많은 전사를 만들어 투입할 기회를 잡고, 결국 도시 전체가 심각한 위험에 처한다.

집과 병사들과 시민들, 비명과 드잡이와 칼부림. 무엇이 실제이고, 무엇이 비유일까? 다시 한번 우리는 믿을 수 없을 정도로 복잡한 문제와 아찔할 정도로 우아한 해결책을 보게 될 것이다.

우리 몸이 최초로 바이러스에 대해 펼치는 진정한 방어 전략은 바로 **화학전**이다!

208

29장 화학 전쟁: 인터페론, 적을 붙들고 늘어져라!

도시로 잠입한 그리스 병사들을 맞아 절박한 싸움을 치렀던 트로이 시민들처럼, 세포는 내부에 침입한 독감 바이러스와 필사적으로 싸운다. 생존을 건 투쟁의 첫 단계는 세포가 스스로 침입당했음을 깨닫는 것이다. 특히 점막을 형성하는 상피 세포는 바이러스 공격의 1차 표적이므로 평소 이런 상황에 대비한다! 앞서 언급했듯 상피 세포는 민병대와 같다. 역시 앞서 설명했던 톨 유사 수용체와 비슷한 패턴 감지 수용체를 갖고 있다. 톨 유사 수용체란 선천 면역 세포가 바이러스 같은 적의 가장 흔한 형태를 감지하는 수용체라고 했다. 상피 세포는 다양한 수용체를 통해 그들 자신의 **내부**를 꼼꼼히 검사해 문제를 찾아낸다.

수용체에 특정한 바이러스 단백질이나 분자가 결합하면 상피 세포는 적이 침입해 뭔가 단단히 잘못되었음을 깨닫고 즉시 비상 대응에 나선다.

이제 우리는 바이러스 감염이라는 심각한 문제에 맞서야 한다. 하지만 선천 면역계는 병원성 바이러스에 대해 세균만큼 효과적으로 대응하지는 못한다. 따라서 병원성 바이러스 (또는 세포 속에 몸을 숨기는 세균)에 감염되었을 경우 우리 몸은 적을 물리치기 위해 후천 면역계의 도움을 절박하게 필요로 한다.

지금쯤이면 독자들도 짐작하겠지만, 후천 면역계는 느리다. 본격적인 대응에 나서는 데 적어도 며칠은 걸린다. 바이러스가 얼마나 빨리 증식하는지 생각하면 결코 좋은 상황이 아니다. 따라서 심각한 바이러스 감염 시 선천 면역계와 감염된 민간인 세포는 우주에서 가장 귀중한 자원을 확보하기 위해 싸워야 한다. 바로 시간이다. 바이러스가 더 많은 민간인 세포 속으로 퍼지는 일을 최대한 어렵게 해 감염의 전파를 지연시키는 것이다.

세포는 이를 위해 어떤 전략을 펼칠까? 바로 화학전이다. 사이토카인에 대해서는 이미 상당히 많이 얘기했다. 정보를 전달하고, 세포를 활성화하며, 면역 세포를 접전 장소로 이끌거나, 면역 세포의 행동을 바꾸는 놀라운 단백질이다. 간단히 말해 면역계를 활성화하고 길을 안내하는 분자다. 사이토카인은 바이러스 감염 때도 똑같은 일을 한다. 아니, 논란의 여지는 있지만 훨씬 큰 역할을 한다고 해야 할 것이다.

스스로 바이러스에 감염되었음을 깨닫는 순간 세포는 즉시 주변 세포들과 면역계에 다양한 비상 사이토카인을 방출한다. 무고한 시민이 침대밑에 불쑥 나타난 침입자를 보고 비명을 지르는 것과 같다.

이런 상황에서 방출되는 사이토카인은 다양하며, 당연히 다양한 역할을 하지만 우선 매우 특수한 한 가지 분자를 강조하고자 한다. 바로 **인터페론**이다. 인터페론이란 이름은 '방해하다.'라는 뜻을 지닌 영어 단어 interfere에서 유래했다. 문자 그대로 바이러스를 **방해하는** 사이토카인이다.

어떤 면에서 인터페론은 거리에 쩌렁쩌렁 울려 퍼지는 경고 방송이라고 생각할 수도 있다. 시민들에게 문을 닫아걸고, 가구를 문 앞에 쌓아 열지 못하게 하며, 창문을 판자로 막아 적군의 공격에 대비하라는 지침이다. **"바이러스에 대비하라."**라는 신호인 셈이다.

인터페론 분자와 결합한 세포는 다양한 경로를 활성화해 극적인 행동 변화를 나타낸다. 알아 둘 것은 이 시점에 우리 몸은 얼마나 많은 바이러스가 존재하는지, 얼마나 많은 세포가 침입당했는지, 얼마나 많은 세포가 비밀리에 새로운 바이러스를 생산하고 있는지 알 길이 없다는 점이다.

따라서 세포들이 취하는 첫 번째 조치는 일시적으로 단백질 생산을 중단하는 것이다. 우리가 살아 숨 쉬는 동안 세포들은 한시도 쉬지 않고 내부 구성 요소와 물질들을 재활용 및 재생산한다. 모든 단백질을 건강한 상태로 유지해 최상의 기능을 발휘하도록 하기 위해서다. 이때 인터페론이 다가가 좀 쉬라고, 새로운 단백질 생산 속도를 늦추라고 말하는 것이다. 단백질 생산 속도를 늦추면 감염된 세포의 바이러스 단백질 생산 속도 역시 늦어질 수밖에 없다. 결국 인터페론은 세포에게 속도를 늦추라고 명령함으로써 바이러스 생산 속도를 크게 저하시킨다.

이렇게 **표적화된 개입**(targeted intervention)의 예는 얼마든지 있다. 매우 다양한 인터페론이 매우 다양한 기능을 수행하므로 훨씬 깊게 알아볼 수도 있지만, 그런 세부 사항이 전

인터페론

상피 세포는 내부 수용체를 통해 스스로
감염되었음을 알아차린다. 다른 세포에게
이 사실을 알리고 시간을 벌기 위해 감염된 상피
세포는 '인터페론'이라는 특수한
사이토카인을 방출한다. 인터페론 신호를
인식한 세포는 단백질 생산을 중단해
감염 속도를 늦춘다.

감염된 세포

인터페론

형질 세포양 가지 세포

체적으로 중요한 것은 아니다. 중요한 것은 인터페론이 바이러스 복제의 모든 단계를 방해한다는 점이다. 인터페론 자체가 감염을 완전히 물리치는 경우는 드물지만, 사실 그렇게 할 필요도 없다. 인터페론의 임무는 주변 세포들이 바이러스 감염에 훨씬 큰 저항성을 갖게 해 바이러스 증식 속도를 늦추는 것이다. 때로는 이런 조치만으로 감염의 전파를 효율적으로 막아 바이러스 스스로 사멸하는 수도 있다. 이런 경우 대개 우리는 무슨 일이 일어났는지조차 느끼지 못한다.

휴게실에서 A형 독감에 걸린 당신은 이렇게까지 운이 좋지는 않다. 이 독감 바이러스는 오래도록 인간의 면역계에 적응해 왔기에 나름대로 준비가 잘 되어 있었다. 유전 정보를 주입해 세포를 손아귀에 넣었을 때 이미 바이러스는 다양한 '공격용' 단백질까지 준비해 두었다. 감염된 세포의 내부 방어 기전을 파괴하고 차단하는 무기들이다. 비유하자면 집을 침입한 병사들이 손에 쥔 단검과 같다. 무고한 시민을 찔러 비명(사이토카인 방출)을 지르지 못하게 막는 무기다.

항상 성공하는 것은 아니지만 A형 독감 바이러스는 인터페론 방출을 막고 시간을 버는 재주가 뛰어나다. 가만히 생각해 보면 너무나 환상적이지 않은가? 바이러스와 인간 세포라는 판이한 적이 각자 시간을 벌기 위해 사력을 다해 엎치락뒤치락하는 모습이.

A형 독감은 이런 싸움에 아주 능해서 종종 몇 시간 만에 수십 개가 수만 개로 불어난다. 이쯤 되면 최대한 몸을 감춘다는 초기 전략이 슬슬 한계를 드러낸다. 처음에는 통했을지 모르지만, 이제 오히려 걸림돌로 작용한다. 영원히 몸을 숨길 수는 없다. 바이러스에 감염된 세포가 늘어날수록 더 많은 민간인이 화학전에 뛰어들고, 더 많은 민간인 세포가 죽으며, 이에 따라 염증이 생기고 면역계가 스스로 활성화되며, 세포 사이를 흐르는 체액 속에는 더 많은 바이러스 입자가 떠다니면서 사방에 경고 사이렌이 울려 퍼진다. 몸을 감추는 재주가 아무리 뛰어나도 더는 어쩔 수 없다.

대개 그보다 먼저 화학전에 의해 선천 면역계의 항바이러스 기능이 한 단계 업그레이드된다. **형질 세포양 가지 세포**가 등장하는 것이다.[1]

---

1 형질 세포양 가지 세포 역시 면역학 특유의 끔찍한 이름이다. 면역계의 특징 중 하나는 세포들이 수많은 하위

이 특수한 세포는 혈액 속을 돌아다니거나 림프 네트워크 속에 진을 치고 들어앉아 바이러스 침입의 징후를 감시하는 데 평생을 바친다. 민간인 세포가 공포에 사로잡혀 방출한 인터페론이나 체액 속을 둥둥 떠다니는 바이러스 자체를 행여 놓칠세라 눈에 불을 켠다. 바이러스 감염의 징후를 감지하는 순간 이들은 즉시 활성화되어 화학 공장으로 변신한다. 엄청난 양의 인터페론을 쏟아 내 민간인 세포들을 (단백질 생산을 중단하는 등) 항바이러스 모드로 전환시키는 동시에 면역계를 활성화해 전면전을 준비한다. 비유하자면 여기저기 돌아다니는 화재 감지기와 같다. A형 독감 같은 병원성 바이러스는 희생자 세포의 자연적인 화학전 반응을 억제해 자신의 존재를 감추려고 할 수도 있다. 하지만 형질 세포양 가지 세포는 바이러스의 존재를 암시하는 아주 조그만 징후도 놓치지 않고 잡아내 엄청나게 증폭시킨다. 사방에 사이렌이 울려 퍼지는 것이다.

이들은 바이러스 감염 징후에 아주 민감해 민간인 세포가 감염된 지 몇 시간만 지나면 봇물 터진 듯 인터페론을 방출한다. 이 반응이 얼마나 빠른지 혈중 인터페론 수치는 보통 바이러스 감염의 증상이 나타나거나 바이러스 자체가 검출되기보다 훨씬 먼저 급등한다. 사실상 우리가 감지할 수 있는 가장 빠른 징후다. 휴게실 독감 이야기에서는 동료의 기침에 의해 감염된 후 몇 시간 만에 이런 현상이 일어났다. 물론 당신은 그런지 어쩐지 느끼지도 못하고, 신경조차 쓰지 않는다. 아직은 아무런 증상도 없기 때문이다.

인터페론이 활성화되어 면역계 전체를 일깨우는 것은 물론 좋은 일이지만, A형 독감 바이러스는 호흡기 전체에 걸쳐 계속 빠른 속도로 확산된다. 수많은 바이러스가 생겨나면서 상피 세포는 처음에 몇천 개 단위로, 나중에는 몇백만 개 단위로 죽어 나간다. 바이러스는 더 이상 몸을 숨기고 조심스럽게 접근할 필요가 없다. 기하급수적으로 증식하는 데 필요한 시

집단으로 세분된다는 점이다. 가지 세포에도 여러 종류가 있고, 큰 포식 세포에도 여러 가지가 있다. 하지만 이런 분류는 우리에게 그다지 중요하지 않다. 형질 세포양 가지 세포는 차라리 '화학전 세포'라든지 '바이러스 경고 세포' 정도로 불렀다면 좋았을 것이다. 그 기능을 훨씬 잘 드러내기 때문이다. 이 책에서는 여기서 한 번만 설명하고 다시는 이런 이름을 언급하지 않음으로써 이 문제를 해결하고자 한다. 첫째는 우리가 이렇게 특수한 항바이러스 화학전 세포를 갖고 있다는 사실을 언급하지 않는 편이 훨씬 멋지고, 둘째는 앞에서 머리가 아플 정도로 설명한 가지 세포와 전혀 다른 기능을 하는 특수한 '가지 세포들'이 있다는 사실이 너무 혼란스럽기 때문이다. 그러니 한 번만 얘기하고 끝내자. 이런 세포에 대해 자세히 알아보지 않는 편이 오래 사는 데 도움이 될 것이다.

간을 충분히 벌었기 때문이다. 마지막으로 트로이 비유를 한 번만 더 써먹자면 이제 침략군은 벌건 대낮에 거침없이 거리로 쏟아져 나온다. 병사들, 도시 수비대, 시민들이 거리에서 한데 뒤엉켜 싸운다. 면역계는 트로이 시민들보다 훨씬 잘 싸워야 한다. 그렇지 않으면 바이러스가 이내 우리 몸 전체를 손아귀에 쥐고 흔들 테니까.

다시 사람의 입장으로 돌아가면, 이제 주말이다. 늘어지게 늦잠을 잔 후, 겨우 침대에서 빠져나와 비디오 게임을 비롯해 중요한 일들을 처리하리라 마음먹는다. 그런데 몸이 좀 이상하다. 목이 아프고 콧물이 흐르며 약간 머리가 무거운가 하는 순간, 기침이 터져 나온다. 보통 때는 아침에 일어나자마자 허기를 느꼈는데 오늘은 아무것도 먹고 싶지 않다.[2]

감기에 걸렸군! 확신에 차서 스스로 진단을 내린다. "하필이면 주말에 감기에 걸리다니. 정말 이번 생은 왜 이리 꼬이는 걸까! 나처럼 힘들게 사는 사람은 없을 거야. 앞으로도 그럴 테지, 흑!" 스스로 애통해하며 우주가 뭔가 공감을 표하지 않을까 기대해 보지만 당연히 아무 일도 없다. 힘을 내기로 한다. 이까짓 게 무슨 대수라고! 아스피린 몇 알 먹고 푹 쉬면 감기 정도야 금방 낫겠지. 물론 감기 정도라면 금방 나을 것이다. 감기가 아니라는 게 문제다.

심각하게 빗나간 자가 진단을 내리는 동안 A형 독감 바이러스는 신속하게 세력을 확장해 허파 전체로 퍼진다. 이내 감염은 위험한 수준으로 치닫는다. 금방 깨닫게 되겠지만 면역계는 이미 전면 대응 모드에 돌입했다. 앞서 몇 번 언급했듯 감염이 생겼을 때 병원체 자체보다 면역계에 의해 더 큰 피해를 입는 경우가 종종 있다. 독감도 마찬가지다. 이제부터 겪을 온갖 불쾌한 증상은 잔인한 적이 허파를 마음껏 유린하는 것을 막으려는 면역계의 노력으로 인해 생기는 것이다.

상기도에서 시작해 하기도 깊숙이까지 확장된 전쟁터는 그야말로 난장판이다. 지역 방

2 왜 몸이 아프면 식욕이 떨어질까? 일차적으로 면역계가 마구 방출하는 사이토카인 때문이다. 사이토카인은 당장 전면적인 방어 행동에 돌입해야 하므로 필요한 에너지를 비축해야 한다고 뇌에 알린다. 적과 맞서 싸우기 위해 수백만에서 수백억 개의 면역 세포를 동원하려면 엄청난 자원이 필요하다. 음식을 소화하는 데도 많은 에너지가 필요하므로 이를 중단하면 몸은 오로지 방어에만 에너지를 사용할 수 있다. 음식을 먹지 않으면 병원체가 매우 좋아하는 영양소의 혈중 농도가 떨어지는 효과도 있다. 그렇다고 병에 걸리면 일부러 굶어야 한다는 소리는 아니다. 소화 활동을 멈추는 것은 단기 전략일 뿐 결코 장기적 해결책이 될 수 없다. 만성 질환을 앓으면 식욕이 떨어져 위험할 정도로 체중이 줄기도 한다. 먹을 수 있다면 뭔가를 먹어 에너지를 보충해야 한다.

어를 담당한 큰 포식 세포들이 죽은 상피 세포를 깨끗이 치우는 한편 주변을 떠다니는 바이러스를 보는 족족 집어삼킨다. 동시에 사이토카인을 방출해 지원군을 요청하고 더 심한 염증을 일으킨다.

이 싸움에 중성구가 빠질 리 없다. 하지만 역할은 분명치 않다. (중성구가 바이러스 감염에 실제 도움이 되는지, 불필요한 손상만 입힐 뿐인지에 대해서는 아직도 면역학자들 사이에 논란이 있으며 많은 연구가 진행 중이다.) 중성구는 바이러스와 싸우는 데 별로 신통한 능력을 발휘하지 못하므로, 그 역할은 대부분 수동적이다. 격렬하고도 불안정한 전사로서 이들은 염증을 증가시킨다.

선천 면역계는 맥락을 제공하고 대단히 중요한 결정을 내린다고 했다. 여기서 이런 역할이 다시 한번 명백히 드러난다. 면역 세포는 바이러스 감염을 다루고 있으며 대규모 지원군이 필요하다는 사실을 깨닫는 즉시 또 다른 사이토카인들을 방출한다. 바로 **발열원(pyrogen)**이다.

발열원은 말 그대로 '열을 만들어 내는 것'이다. 간단히 말해 **발열**을 일으키는 화학 물질이다. 발열은 전신에 걸쳐 일어나는 대응 전략으로 병원체에게 견디기 힘든 환경을 조성하는 동시에 면역 세포가 훨씬 격렬하게 싸우도록 자극한다. 또한 누워서 쉬고 싶다는 강렬한 느낌을 일으켜 에너지를 절약하고 몸과 면역계에 기력을 회복해 병원체와 싸울 시간을 벌어 준다.[3]

발열원은 정말 멋진 방식으로 작용한다. 직접 뇌에 영향을 미쳐 목적을 달성하는 것이다. 혈액-뇌 장벽이란 말을 들어 보았을 것이다. 뇌는 매우 섬세한 조직이므로 이렇듯 기발한 보호 장치를 만들어 대부분의 세포와 물질(물론 병원체도)이 들어오지 못하게 차단함으로써 손상을 입거나 문제가 생기지 않도록 한다. 하지만 뇌에는 부분적으로 발열원이 통과할 수 있는 부위가 있다. 이곳을 통해 들어간 발열원은 뇌와 상호 작용해 복잡한 연쇄 반응을 일으킴으로써 신체 내부의 온도 조절기를 재설정해 체온을 올린다.

---

3 특징 인터페론에서 활성화된 큰 포식 세포가 방출하는 특수 분자나 세균의 세포벽에 이르기까지 다양한 물질이 발열원이 될 수 있다. 중요한 것은 선천 면역 세포들이 발열원이라는 물질을 방출해 뇌에게 체온을 높이라고 명령을 내린다는 점이다!

뇌가 체온을 올리는 데는 크게 두 가지 방법이 있다. 우선 떨림을 유발해 더 많은 열을 생산한다. 근육이 빠른 속도로 수축해 부산물로 열이 발생하는 것이다. 또한 이렇게 만든 열이 쉽게 빠져나가지 않도록 체표면에서 가까운 혈관들이 수축해 피부를 통한 열의 발산을 막는다. 열이 날 때 춥다고 느끼는 것은 실제로 피부가 차가워지기 때문이다. 대신 우리 몸은 심부 체온을 올려 전쟁이 벌어진 곳의 환경을 병원체에게 불리하게 한다.

하지만 열이 나는 것은 몸에서 엄청난 자원을 투자하는 일이다. 온몸의 체온을 올리려면 많은 에너지가 필요하다. 물론 필요한 에너지는 얼마나 심한 열이 나느냐에 따라 달라진다. 체온이 약 1도 올라갈 때마다 대사율은 평균 10퍼센트 증가한다. 아무것도 하지 않고 그저 생명을 유지하기 위해 더 많은 칼로리를 소모한다는 뜻이다. 칼로리가 소모되면 살이 빠질 것이라고 좋아하는 사람이 있을지 모르지만, 이런 식으로 칼로리를 태워도 대개 건강에 도움이 되지 않는다. 어쨌든 생명체는 결국 이익을 보리라 기대하고 투자한다. 그리고 대부분 정말로 이익을 본다!

인간의 몸을 좋아하는 대부분의 병원체는 우리의 일상적인 체온에서 가장 활발하게 활동한다. 열이 나서 체온이 높아지면 병원체 역시 매우 힘들어한다. 상쾌한 봄날 아침에 조깅하는 것과 그늘 한 점 없는 한여름의 뙤약볕 아래서 조깅하는 것의 차이를 생각해 보면 이해하기 쉽다. 주변 온도가 높을 때 뭔가를 하려면 훨씬 힘이 든다. 체온이 올라가면 실제로 바이러스와 세균의 증식 속도가 떨어지며 면역계의 공격을 견디는 힘도 약해진다.[4]

---

4 여기서 가장 말도 안 되는 연구에 노벨 의학상을 수여한 사건을 짚고 넘어가자. 과거가 얼마나 엉망이었는지, 지금은 얼마나 세상이 좋아졌는지 알 수 있다. 매독은 **나선균**(*Treponema pallidum*)이 일으키는 성매개성 감염이다. 매독의 증상은 실로 무시무시하다. 굳이 불쾌한 시간을 보내고 싶다면 인터넷에서 사진을 몇 장 찾아보기 바란다. 매독을 제대로 치료하지 않아 말기에 이르면 중추 신경계까지 감염되는데, 이를 신경 매독이라 한다. 신경 매독 환자는 대개 뇌수막염과 진행성 뇌손상으로 고생한다. 더욱 끔찍한 것은 치매에서 조울증, 우울증, 조증, 섬망에 이르는 정신적 문제가 동반된다는 점이다. 모두 세균이 뇌를 망가뜨려 생기는 일이다. 신경 매독 환자는 엄청나게 힘들게 살다가 죽음을 맞았다. 의사도 고통을 약간 덜 줄 수 있을 뿐 큰 도움이 되지 않았다. 그러다 흥미로운 현상이 알려졌다. 일부 환자가 매독과 무관한 이유로 엄청난 고열을 겪은 뒤에 매독이 치유되었던 것이다. 당연히 의사들은 온열 치료를 실험하기 시작했다. 열을 일으키기 위해 매독 환자에게 말라리아 병원체를 주사했다는 뜻이다. 끔찍하지만 위험을 감수할 만한 가치가 있었다. 환자는 가만히 있으면 어차피 죽을 것이 확실하고, 말라리아 치료법은 이미 개발되어 있었으니 말이다. 말라리아를 선택한 이유는 고열이 상당 기간 지속되어 매독균을 그야말로 삶아 버릴 수

아직 면역계의 작동 방식과 그 효과를 모두 알지는 못하지만, 대개 열이 나면 선천 면역계든 후천 면역계든 다양한 방식을 통해 더 효과적으로 작동한다. 중성구가 더 빠른 속도로 몰려들고, 큰 포식 세포와 가지 세포는 더 쉽게 적을 제거하며, 살해 세포들도 기능이 향상되고, 항원 제시 세포 역시 더 원활하게 작동한다. T 세포는 혈액과 림프액 속을 더 쉽게 돌아다닌다. 전체적으로 열이 나면 면역계가 활성화되어 병원체와 싸우는 능력이 향상되는 것 같다.

체온이 높다는 것이 정확히 어떻게 병원체에게 부담을 주며, 면역 세포가 싸우는 데 도움이 될까? 모두 세포 내 단백질과 그 기능에 관련되는 일이다. 단순하게 표현하면 단백질 사이에서 일어나는 일부 화학 반응이 최적 구간, 즉 가장 효율적으로 진행되는 온도 범위가 있기 때문이다. 열이 나면 병원체는 이런 최적 구간을 벗어난 환경에서 기능을 수행해야 한다. 그렇다면 이 온도가 왜 세포에는 영향을 미치지 않고 오히려 도움이 될까? 앞서 말했듯, 동물 세포는 예컨대 세균 세포보다 훨씬 크고 복잡하다. 세포는 **열충격 단백질**(heat shock protein) 등 고온에서 자신을 보호하는 정교한 장치를 갖고 있다. 또한 세포는 여분의 기능을 넉넉히 확보하고 있어 내부 기능 중 한 가지에 문제가 생겼을 때 대신할 경로를 갖고 있는 수가 많다. 발열이 면역 세포에게는 오히려 도움이 되는 이유다. 면역 세포는 열을 다룰 수 있다. 온도가 올라가면 단백질 사이의 특정 반응이 빨라지는 현상을 유리한 방향으로 활용할 수 있다. 결국 세포는 많은 미생물에 비해 훨씬 복잡하기 때문에 발열로 인해 기능이 저하되는 것이 아니라 오히려 더 효율적으로 작동할 수 있다. 물론 아무리 세포라도 한계는 있다. 너무 높은 온도가 너무 오랫동안 지속되면 결국 시스템이 고장을 일으킨다.[5]

있었기 때문이다. 실제로 이 치료법은 너무나 효과가 좋아 1927년에 노벨 의학상을 받았다. 하지만 1940년대에 항생제가 개발됨으로써 의학사의 뒤안길로 사라지고 말았다.

[5] 많은 동물이 그런 것 같다. 예를 들어 온도가 더 높은 테라리움(식물이나 뱀·거북 등을 기르는 데 쓰는 유리 용기 – 옮긴이)에서 기르는 도마뱀은 온도가 낮은 환경에 있는 도마뱀보다 감염을 견디고 살아남을 확률이 더 높다. 물고기, 실험용 쥐, 토끼, 심지어 일부 식물을 대상으로 비슷한 실험이 많이 수행되었다. 인체라는 환경을 더 더운 생태계로 전환하는 것은 미시 세계의 침입자에게서 우리를 지키는 좋은 방어 전략인 것 같다. 흥미롭게도 도마뱀이나 거북 등 포유류처럼 체온을 조절할 수 없는 소위 '변온' 또는 '냉혈' 동물에서는 행동 발열이란 현상이 관찰된다. 면역 세포가 특정한 사이토카인을 방출하면 예컨대 뜨거운 햇볕 아래 있던 바위 등 더운 곳을 찾아가 오래 머문다. 체온을 올려 몸속 병원체에게 적대적인 환경을 만들기 위해 스스로 바비큐가 되는 셈이다.

싸움이 한창인 전쟁터로 돌아가 보자. 가지 세포들이 전쟁터에서 흘러나오는 체액과 쓰레기들을 집어삼킨 후 샅샅이 검사해 독감 바이러스를 찾아낸다. 물론 이들도 바이러스에 감염되지만 상피 세포보다 훨씬 잘 견디기 때문에 아랑곳하지 않는다. (이런 특성은 나중에 아주 중요해진다.) 이들의 역할은 너무나 중요하다. 후천 면역계가 개입하지 않으면 몸은 바이러스 감염, 특히 독감 바이러스처럼 힘센 병원체를 효과적으로 처리할 수 없다. 후천 면역계가 깨어날 때까지 들이는 모든 노력은 시간을 벌 뿐 바이러스 감염을 완전히 퇴치하지 못한다. 바이러스는 끊임없이 세력을 확장하며 점점 더 많은 세포를 감염시킨다.

토막 상식! 독감과 감기의 차이

독감은 일반적으로 **급성 바이러스 상기도 감염**이란 범주에 들어간다. 인간이 겪는 질병 중 가장 흔한 유형이다. 여기에 대해 이야기할 때 정말 성가신 것은 병명이 길고 복잡할 뿐 아니라, 온갖 잡다한 질병이 포함된다는 것이다. 가장 흔한 것은 감기다. 건강한 성인도 1년에 2~5회, 어린이는 7회 감기에 걸린다고 하니 모든 것을 고려해도 비교적 무해한 질병이라 할 수 있다.[6]

감기 증상은 아주 가벼워 거의 느끼지 못할 수도 있고, 매우 고통스러울 수도 있다. 아예 증상이 없을 수도 있고 두통, 재채기, 오한, 인후통, 코막힘, 기침, 전신 무력감 같은 것이 한꺼번에 나타날 수도 있다.

독감에 걸리면 대개 발열과 다른 증상이 폭풍처럼 몰려든다. 아무렇지도 않다가 좀 피곤한가 싶은 순간 **두둥!** 갑자기 심한 증상이 덮쳐 꼼짝도 못 할 정도로 힘이 빠진다. A형 독감에 제대로 걸리면 말도 못 하게 괴로운 증상이 한꺼번에 밀어닥친다. 고열은 기본이고, 엄

---

6 이쯤에서 묻지도 않았는데 갑자기 숨을 훅 들이마시며 자기는 절대 감기에 걸리지 않는다고 주장하는 사람이 꼭 있다. 이러저러한 이유로(말도 안 되는 이유다.) 몇 년째 한 번도 감기에 걸리지 않았다는 것이다. 확실히 알고 넘어가자. 누구나 감기에 걸린다. 증상이 너무 가벼웠거나 기억력이 선택적으로 작동했을 뿐이다. 이런 식으로 훅 치고 들어오는 사람에게 대응하는 가장 좋은 방법은 예의 바르게 고개를 끄덕여 주고 주제를 바꾸는 것이다.

청나게 피곤하며 쇠약한 느낌이 들고, 머리가 지끈거려 뭔가를 생각하거나 읽기도 어렵다. 목은 찢어질 듯 아프고 격렬한 기침이 동반된다. 그걸로도 모자라 조금 지나면 온몸이 쑤시고 아프다. 팔다리 근육이 만지기만 해도 비명을 지른다. 하지만 이런 증상은 독감뿐만 아니라 다른 감염증에서도 얼마든지 생길 수 있으므로 때로는 의사도 증상만 보고는 정확히 독감이라고 확신하기 어렵다.

콧물 색깔을 보면 감기인지 독감인지 알 수 있다는 통념이 있지만 사실이 아니다. 콧물의 색깔은 콧속의 염증이 얼마나 심한지 알려 줄 뿐, 염증의 원인은 알 수 없다. 콧물의 색깔이 진할수록 더 많은 중성구가 장렬히 산화했다는 뜻일 뿐이다.

잠깐 생각해 보자. 재채기를 할 때마다 수천~수백만 마리의 바이러스나 세균은 물론 그들과 싸우다 장렬히 전사한 우리 자신의 세포까지 몸 밖으로 튀어나온다. 심지어 휴지에 코를 풀 때 콧물 속에는 아직도 중성구가 살아 있을 수 있다. 우주선에서 떨어져 나가 무한한 공간으로 사라지는 우주인처럼 슬픈 운명을 맞는 것이다. 있는 힘을 다해 우리를 위해 싸우다가 적과 함께 버려져 쓰레기통 속에서 최후를 맞다니. 끔찍한 운명이 아닐 수 없다. 이런 식으로 최후를 맞을 줄 안다면 세포는 또 얼마나 슬플까? 토요일 아침을 징징거리며 보내다가 그래도 주말을 한껏 즐기겠노라 굳은 결심을 하는 순간, A형 독감은 본격적으로 행동에 돌입한다. 갈수록 컨디션이 나빠지면서 열이 나고 무력감이 찾아든다. 모든 증상이 일시에 터져 나온다. 더 이상 무시할 수 없다. 제대로 걸린 것이다! 다시 침대로 기어가 눕는 수밖에 다른 도리가 없다. 실제로 면역계가 제대로 임무를 완수하기를 바라는 것 말고는 할 수 있는 일이 거의 없다. 적어도 한두 주 정도는 출근하지 않아도 된다는 데 위안을 느끼며 당신은 열에 들떠 잠 속으로 빠져든다.

A형 독감에 걸린 지 3일 이내에 바이러스 증식은 정점에 달한다. 선천 면역계는 닥치는 대로 바이러스를 잡아 죽이며 분투하지만, 대부분의 바이러스는 안전하게 세포 속에 숨어 음지에서 양지를 지향하는 지저분한 공작을 펼친다. 싸움이 계속 이런 식으로 진행된다면 바이러스는 결코 몸에서 사라지지 않을 것이다. 대부분의 시간을 감염된 세포 속에서 지내기 때문에 세포에서 세포로 옮겨 가는 짧은 순간에 모든 바이러스를 일망타진하기란 불가능하다. 면역계가 세포 밖에 있는 바이러스만 상대할 수밖에 없다면 절대 승리를 거둘 수 없으

219

며, 오늘날 인간은 아예 존재하지도 않았을지 모른다.

　많은 바이러스를 한꺼번에 죽이는 가장 좋은 방법은 감염된 세포와 그 속에 든 바이러스를 한꺼번에 파괴하는 것이다. 이것이 얼마나 엄청난 일인지 생각해 보자. 일단 면역계는 자기 세포를 죽여야 한다. 실제로 면역계는 자기 자신에 대한 살인 면허를 갖고 있다. 쉽게 상상할 수 있듯 엄청난 책임이 뒤따르는 끔찍할 정도로 위험한 권능이다. 면역 세포가 잘못되어 건강한 조직과 장기들을 죽이기로 결정한다면? 실제로 매일 수백만 명에게 일어나는 일이다. 이런 병을 자가 면역 질환이라고 하며 나중에 더 자세히 알아볼 것이다. 그렇다면 면역계는 어떻게 우리 몸에 끔찍한 손상을 가하지 않고 바이러스에 감염된 세포만 골라서 죽일 수 있을까?

30장 세포의 영혼으로 통하는 창

11장 '생명의 구성 요소 냄새 맡기'에서 세포는 주변 환경의 냄새를 맡고 적의 다양한 분자 형태를 인식하는 톨 유사 수용체를 이용해 침입자와 그 배설물을 인식한다고 배웠다. 이렇게 해서 우리 몸을 지키는 전사들은 효율적으로 적을 감지하고 죽인다. 멋지긴 하지만 중요한 맹점이 하나 남는다. 우리 내부에 존재하는 감염되거나 변질된 세포는 어떻게 감지할까?

민간인 세포를 파괴해야 할지 결정하는 것은 비단 바이러스 감염에서만 중요한 일이 아니다. **결핵균** 등 일부 세균은 실제로 세포 속을 침입해 면역계의 감시를 피하는 동시에 세포를 안에서부터 갉아먹는다. 겉보기에는 멀쩡하지만 안쪽은 서서히 망가져 가는 암세포도 있다. 이처럼 감염되었거나 변질된 세포는 병원체를 퍼뜨리거나 암 덩어리로 자라나는 등 몸에 큰 손상을 초래하기 전에 빨리 찾아내 죽여야 한다. 아 참, 원생동물을 잊어서는 안 된다. 수면병을 일으키는 브루스파동편모충(*Trypanosoma brucei*)이나 말라리아를 일으키는 말라리아원충(plasmodium)처럼 연간 약 50만 명을 죽음으로 몰고 가는 우리의 단세포 '동물' 친구들 말이다.

면역계는 이렇듯 변질된 세포로 인한 위험을 조기에 감지하기 위해 역시 기발한 방법을 개발해 냈다. 다른 세포의 내부를 들여다볼 수 있게 해 놓은 것이다. 간단히 말해 세포의 내부를 밖으로 끌어냄으로써 이런 일이 가능하다. 잠깐, 뭐라고? 내부를 외부로 끌어낸다고? 그게 무슨 말이지?

세포의 성질을 잠깐 떠올려 보자. 세포는 아주 복잡한 단백질 기계로 내부의 여러 가지 구조물과 다양한 구성 요소를 끊임없이 분해하고 재구축한다. 세포는 다양한 기능과 임무를 수행하는 수백, 수천만 개의 단백질로 가득 차 있으며, 단백질들은 서로 도와 가며 아름다운 생명의 협주곡을 연주한다.

이 음악회의 지휘자는 핵 속에 있는 DNA다. 그렇다면 단백질 합성 명령을 전달하는 mRNA 분자는 지휘봉을 쥐고 흔드는 팔쯤 될 것이다. 하지만 단백질은 그저 재료나 부속품에 그치는 것이 아니다. 단백질은 이야기를 들려준다. 세포 안에서 어떤 일이 벌어지고 있는지에 관한 이야기다. 세포 안에 있는 모든 단백질의 상태를 볼 수만 있다면 세포가 그 순간 무슨 일을 하는지, 어떤 것들을 만들고 있는지, 지휘자는 오케스트라가 어떤 선율을 연주하기 원하는지 알 수 있다. 물론 뭔가 잘못되었을 때도 금방 알아차릴 수 있다.

예컨대 세포가 바이러스 단백질을 만들고 있다면 두말할 것도 없이 바이러스에 감염된 것이다. 세포가 암세포로 변질되었다면 불완전하거나 비정상적인 단백질을 만들기 시작할 것이다.[1]

면역 세포라고 해서 민간인 세포의 내부에서 어떤 단백질이 만들어지는지를 비롯해 모든 일이 정상적으로 진행되는지 바로 들여다볼 수는 없다. 세포막은 투명하지 않기 때문이다. 자연은 이 문제를 다른 방식으로 해결했다. 마치 쇼윈도처럼 내부 단백질을 전시하는 특수 분자를 이용해 내부의 이야기를 외부에 들려줄 수 있도록 한 것이다.

이 특수 분자는 끔찍한 면역학적 이름을 갖고 있지만, 다행히 친근하게 들릴 것이다. 바로 **제1형 주요 조직적합성 복합체 분자(major histocompatibility complex class I)**, 줄여서 **제1형 MHC 분자**다. 독자들은 앞에서 자세히 살펴본 제2형 MHC 분자와 밀접한 연관이 있으리라 짐작할 것이다. 바로 이런 점 때문에 면역학이 헷갈리고 성가신 것이다. 두 가지 MHC 분자는 매우 중요하지만, **근본적으로** 다르다. 별 관련이 없다. 제1형 MHC 분자는 쇼윈도. 제2형 MHC 분자는 핫도그 빵이다! 전혀 다른데 이름은 비슷하다. 아, 짜증 나!

무엇보다 제1형 MHC 분자의 임무는 제2형 MHC 분자와 마찬가지로 **항원을 제시하**

---

1 그런데 비정상적인 단백질이 정확히 무엇일까? 예를 들어 우리가 엄마 자궁 속에 웅크리고 있던 **배아(embryo)** 시절에만 만들어지는 단백질들이 있다. 그중 일부는 배아 세포를 빠른 속도로 성장 및 증식시킨다. 생명이 발생한 초기에는 꼭 필요한 일이지만, 성인의 몸속에서 이런 일이 벌어진다면 매우 해롭다. 성인 세포의 DNA에도 여전히 이런 단백질의 설계도가 들어 있기는 하지만, 더 이상 사용되지는 않는다. 배아 시기 이후에 이런 단백질이 나타난다면 면역계는 곧바로 뭔가 잘못되었음을 깨닫는다. 이 단백질들이 불완전하다고 할 수는 없다. 오히려 원래 기능을 너무 잘 수행해 암을 일으키는 것이다. 하지만 이들은 두말할 것도 없이 비정상적이며, 우리 몸에 위험이 닥쳤다는 신호다.

제1형 MHC: 세포 속을 들여다보는 창

제1형 MHC 분자는 세포 내부의 단백질을 무작위로 바깥에 보여 준다.
이 방법을 통해 바이러스 감염 등 세포 내부의 상태를 밖에서 볼 수 있다.

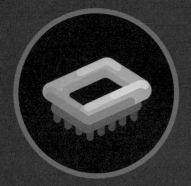

제1형 MHC 분자

항원을 보여 줌

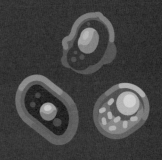

핵을 갖는 몸속의
모든 세포에 존재

제2형 MHC: 핫도그 빵

제2형 MHC 분자는 항원을 제시해 다른 면역 세포를 활성화하거나 자극한다.

제2형 MHC 분자

항원 제시

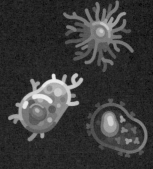

가지 세포, 큰 포식 세포,
B 세포에만 존재

는 **것**이다. 하지만 가장 결정적인 차이점은 오직 **항원 제시 세포**만이 제2형 MHC 분자를 갖는다는 것이다.

항원 제시 세포는 어떤 것들일까? 가지 세포, 큰 포식 세포, B 세포다. 모두 면역 세포다! 이 점이 중요하다. **이들 외에는 어떤 세포도 제2형 MHC 분자를 가질 수 없다.**[2]

반면 **핵을 갖는 모든 세포는**(따라서 적혈구는 제외다.) **제1형 MHC 분자를 갖고 있다.** 그 이유는 무엇일까? 제1형 MHC 분자는 어떻게 작동할까?

앞서 말했듯 세포는 끊임없이 내부 단백질을 분해해 구성 요소를 재활용 및 재사용한다. 여기서 중요한 점은 재사용 과정에서 세포가 단백질 조각을 무작위로 선정해 세포막으로 옮긴 후 밖에 보여 준다는 것이다.

제1형 MHC 분자는 이 단백질 조각들을 외부에 보여 주는 쇼윈도와 같다. 고급 상점에서 손님의 마음을 사로잡기 위해 멋진 상품을 골라 진열하는 것과 비슷하다. 이런 식으로 단백질은 세포 안에서 벌어지는 일을 바깥에 알린다. 자신의 이야기를 들려주는 것이다. 항상 최신 소식을 전하기 위해 세포는 수천 개의 쇼윈도, 즉 수천 개의 제1형 MHC 분자를 갖고 있으며, 각각의 쇼윈도에 대략 하루 간격으로 새로운 단백질을 전시한다. 핵을 갖고 단백질을 생산하는 모든 세포는 끊임없이 이런 일을 계속한다. 면역계가 이 창을 들여다보고 합격 판정을 내릴 수 있도록 세포 내부에서 벌어지는 일을 끊임없이 바깥에 알리는 것이다. 지금 이 순간에도 면역 세포는 끊임없이 우리 몸속을 돌아다니며 무작위로 선정한 세포의 창문을 들여다보고 내부에서 안 좋은 일이 벌어지고 있지는 않은지 확인한다.

이 방법이 얼마나 기발하며, 얼마나 많은 문제를 한꺼번에 해결해 주는지 생각해 보자. A형 독감에 감염된 예에서는 이렇게 작동한다. 바이러스는 세포를 침입하는 데 성공하면 가장 먼저 단백질 생산 공장부터 점령한다. 그리고 세포가 지닌 도구와 자원을 이용해 바이러스 단백질, 바이러스 항원을 만든다.

그러나 바이러스 항원 중 일부는 자동 선택되어 세포의 **쇼윈도, 즉 제1형 MHC 분자**로

---

2   잠깐, 엄숙하게 선언해 놓고 금방 예외를 인정해야겠다. 우리 몸에는 제2형 MHC 분자를 필요로 하는 세포가 하나 더 있다. 바로 가슴샘 속에 있는 교사 세포다. 이들은 제2형 MHC 분자를 제대로 인식하도록 조력 T 세포를 교육시켜야 하므로 일종의 교재로서 이 분자를 갖고 있다!

보내져 세포 외부에 모습을 드러낸다. 이 과정은 세포 내에서 일종의 배경 소음처럼 항상 일어나는 일이므로 피할 수 없다. 이렇게 해 세포는 자신이 감염되었다는 신호를 명확히 전달할 뿐 아니라, 누가 침입했는지까지 알릴 수 있다. 비록 적은 내부에 숨어 보이지 않지만, 그 항원은 드러나는 것이다!

모든 세포가 제1형 MHC 분자를 통해 끊임없이 단백질을 보여 주므로, 감염된 세포는 심지어 자신이 감염된 사실을 '알지' 못해도 자신의 내부를 외부에 드러내게 된다! 쇼윈도는 세포의 일상생활 중 일부로 끊임없이 배경에서 작동하는 자동화된 과정이다. 면역 세포가 어떤 세포를 점검하고 싶다면 그저 가까이 다가가 이 작은 '창문'을 들여다보기만 하면 된다. 그 속에서 무슨 일이 일어나는지 훤히 알 수 있다. 창문을 통해 정상적인 세포에 있어서는 안되는 일이 벌어지고 있음을 아는 순간, 면역 세포는 감염된 세포를 죽여 버린다.

한층 좋은 것은 제1형 MHC 분자의 개수가 고정되어 있지 않다는 점이다. 인터페론에 의해 화학전이 벌어지는 동안 일어나는 일 중에 가장 중요한 사건은 세포들이 자극을 받아 더 많은 제1형 MHC 분자를 만들어 내는 것이다. 즉 일단 감염이 일어나면 인터페론은 주변의 모든 세포에게 더 많은 창문을 만들어 세포 안에서 벌어지는 단백질들의 이야기를 보다 투명하게 공개하라고, 면역계에 더 잘 보이게 하라고 명령한다.

세포의 쇼윈도가 특별한 점은 우리 각자의 개별성을 상징하는 배지와 같다는 것이다. 제1형이든 제2형이든 MHC 분자를 부호화하는 유전자들이 인간 유전자 중에서 가장 다양하다고 언급한 바 있다. 일란성 쌍둥이가 아닌 한, 제1형 MHC 분자는 **오로지 그 사람에게만 존재하는 독특한 것**이다. 어려운 말로 개인 특이적 분자다. 이들은 모든 건강한 사람에서 똑같은 방식으로 작동하지만, 이들을 구성하는 단백질은 수많은 형태를 띠며 사람마다 조금씩 다르다.

이런 사실은 너무나 중요한 동시에, 한 가지 점에서는 너무나 유감스럽기도 하다. 바로 장기 이식이다. 면역계가 장기를 기증해준 관대한 사람의 장기 속에 있는 세포가 자기 것이 아님을 인식하는 장소가 바로 MHC 분자다. 그 세포는 **자기**가 아니라 **타자**다. 일단 **타자**를 인식하면 면역계는 사정없이 공격을 퍼부어 장기 자체를 죽여 버린다. 이런 일이 벌어지기 쉬운 또 다른 이유는 장기 이식의 본질적인 성격에 있다.

이식 장기는 생명체에서 떨어져 나와야 한다. 분리되어야 한다. 이때 보통 예리한 도구를 사용한다. 모든 과정에서 작은 상처들이 날 가능성이 높다. 몸속에서 상처가 생기면 어떤 일이 일어났더라? 바로 염증이다. 염증은 선천 면역계를 불러들인다. 그러고도 사태가 진정되지 않으면 즉시 후천 면역계가 깨어난다. 그리고 생명을 구해 준 귀중한 장기를 파고들면서 더 많은 면역 세포에게 뭔가 이상하다고 외친다. 이식 장기 속 모든 세포의 쇼윈도를 신속하게 확인하라고 다그친다. 결국 모든 세포가 자기가 아니란 사실이 밝혀진다.

바로 이것이 장기 이식을 받고 난 후 강력한 약을 사용해 일생 동안 면역을 억제해야 하는 이유다. 면역계가 타자의 제1형 MHC 분자를 발견해 그 분자를 지닌 세포를 죽여 버릴 확률을 최소화해야 하는 것이다. 하지만 약으로 면역을 억제하면 감염병에 걸릴 가능성이 매우 높아진다.

수억 년 전 면역계가 진화했을 당시에는 장차 유인원 중 어떤 종이 현대 의학을 발전시켜 심장과 허파를 이식하리라곤 상상도 못 했을 것이다. 주제를 너무 벗어난 것 같다. 세포의 쇼윈도인 제1형 MHC 분자 얘기로 돌아가 보자. 이 쇼윈도에 전적으로 의존하는 가장 무시무시한 세포를 만날 차례다. 후천 면역계의 잔인한 살인자, 바이러스의 가장 강력한 라이벌인 그 세포의 이름은 살해 T 세포다.

31장 살인 전문가: 살해 T 세포

살해 T 세포는 조력 T 세포와 형제 관계지만 하는 일은 전혀 다르다. 조력 T 세포가 똑똑한 결정을 내리는 신중한 기획자로서 체계적으로 조직하는 능력을 통해 빛나는 존재라면, 살해 T 세포는 미친 듯이 웃으며 해머로 적의 골통을 부숴 버리는 멋진 친구다. '살해' T 세포라는 이름은 하는 일과 완벽하게 어울린다. **살해 T 세포는 죽인다.** 효율적으로, 빠르게, 무자비하게.

몸속의 T 세포 중 대략 40퍼센트가 살해 T 세포다. 형제인 조력 T 세포와 마찬가지로 살해 T 세포 역시 가능한 모든 항원을 인식하기 위해 수십, 수백억 종류의 특이적 수용체를 갖고 있다. 또한 그들 역시 혈관 속으로 뛰어들기 전에 가슴샘 킬러 대학교의 교육을 통과해야 한다.

조력 T 세포가 항원을 인식하기 위해 핫도그 빵(제2형 MHC 분자)이 필요하듯, 살해 T 세포가 활성화되려면 세포의 쇼윈도(제1형 MHC 분자)가 꼭 필요하다.

이 모든 것은 우리의 A형 독감 감염 시나리오에서 어떤 방식으로 작동할까?

다시 한번 전쟁터로 돌아가 보자. 수천만 개의 바이러스가 수십만 개의 세포를 죽이고 있다. 가지 세포들이 전쟁터를 누비며 주변을 떠다니는 잔해와 바이러스를 집어삼킨다. 이렇게 표본을 수집한 후에는 잘게 쪼개 항원을 만들고 그것을 핫도그 빵, 즉 제2형 MHC 분자 사이에 끼워 제시한다. 하지만 이런 노력은 조력 T 세포만 활성화할 뿐 살해 세포에게는 아무 쓸모가 없다. 여기서 설명이 조금 복잡해진다. 정확한 기전에 대해 아직 풀리지 않은 의문들이 많기 때문이다. 하지만 지금 당장 세세한 부분까지 알 필요는 없다.

우리가 알아야 할 것은 가지 세포가 **교차 제시(cross-presentation)**라는 신공을 발휘한다는 점이다. 비록 자신은 바이러스에 감염되지 않았지만, 바이러스 항원의 표본을 수집한 후 일부를 제1형 MHC 분자, 즉 쇼윈도를 통해 보여 준다는 뜻이다. 결국 가지 세포는 항

원을 핫도그 빵 사이에 끼워 제시하는 동시에 쇼윈도를 통해 보여 줌으로써 조력 T 세포와 살해 T 세포를 한꺼번에 활성화할 수 있다.[1]

이제 살해 T 세포 활성화가 어떻게 진행되는지 그려 볼 수 있을 것이다. 가지 세포는 죽은 적들에게서 수집한 항원을 핫도그 빵 사이에 끼워 표면에 주렁주렁 매달고(항원 제시), 쇼윈도에 바이러스 항원을 휘황찬란하게 전시한 채로 림프절에 도착한다. 그리고 바로 T 세포와의 데이트 장소로 옮겨간다. 쇼윈도에 진열된 바이러스 항원을 인식하는 처녀 살해 T 세포를 찾으려는 것이다.

바이러스 감염으로 인해 벌어진 전쟁터의 참상을 찍은 스냅 사진을 주렁주렁 매단 가지 세포는 세 가지 형태의 지원을 요청할 수 있다. ① 감염된 세포를 죽이는 특이적 살해 T 세포를 활성화하고, ② 전쟁터의 상황을 호전시킬 조력 T 세포를 활성화하며, ③ 조력 T 세포는 다시 항체를 만들어 낼 B 세포를 활성화한다. 후천 면역계가 학수고대하던 모든 정보와 항원을 갖고 도착한 단 1개의 가지 세포 덕분에 이 모든 일이 가능해진다.

이런 기능이 중요한 데는 또 한 가지 이유가 있다. 살해 T 세포가 제대로 잠에서 깨어나려면 두 번째 신호가 필요하다. 이미 짐작한 사람도 있겠지만 살해 T 세포는 매우 위험한 녀석이기 때문에 아무 때나, 그저 실수로 활성화되면 안 된다. 따라서 B 세포처럼 완전히 활성화되려면 2단계 인증이 필요하다. 가지 세포에 의해서만 활성화된 살해 T 세포는 클론을 많이 만들지도 못하고, 싸울 수는 있지만 동작이 약간 굼뜨며, 비교적 빨리 자멸사하는 경향이 있다.

두 번째 활성화 신호는 어디서 올까? 조력 T 세포다. B 세포와 마찬가지로 2단계 인증 체계다. 후천 면역계에서 가장 강력한 무기를 제대로 활성화하려면 선천 면역계와 후천 면역계가 '합의'를 거쳐 양쪽 모두 허가해 주어야 하는 것이다.

---

[1] 가지 세포가 살해 T 세포를 활성화하는 또 다른 방법은 스스로 바이러스 자체에 감염되는 것이다. 이때 가지 세포는 일반 세포와 마찬가지로 자신의 제1형 MHC 분자를 통해 바이러스 표본을 보여 주면서 후천 면역계에 이렇게 말한다. "이것 봐, 비록 나도 감염되긴 했지만 바로 이놈이 무고한 민간인 세포들을 감염시킨 주범이라고! 이놈을 물리치려면 전문적인 특수 부대를 불러와야 해." 일이 이렇게 진행될 확률을 높이기 위해 가지 세포는 바이러스 감염에 의해 촉발된 화학전을 감지하는 순간 자기 몸에 수많은 쇼윈도를 만든다. 엄청나게 투명한 상태로 변신하는 것이다.

교차 제시

가지 세포는 두 가지 MHC 분자를 모두 이용해 항원을 제시할 수 있다. 이런 방식으로 조력 T 세포와 살해 T 세포를 동시에 활성화한다.

제2형 MHC

조력 T 세포

살해 T 세포

제1형 MHC

살해 T 세포는 가지 세포에 의해 미리 활성화된 조력 T 세포가 다가와 다시 한번 자극을 가해야만 완전히 잠에서 깨어나 능력을 최대한 발휘할 수 있다.

완전히 활성화된 살해 T 세포는 빠른 속도로 증식해 수많은 자가 복제 클론을 만든다. 그리고 전쟁터로 출정한다. 피바람을 일으키기 위해.

휴게실에서 바이러스에 감염된 지 열흘이 지났지만 아직도 상태가 좋지 않다. 면역계는 열심히 싸웠지만 그 때문에 오히려 훨씬 끔찍한 기분을 느껴야 했으며, 감염은 여전히 맹위를 떨치고 있다. 이즈음에 마침내 살해 T 세포가 감염된 허파에 도착한다. 이들은 전쟁터를 겹겹이 둘러싼 큰 포식 세포와 죽은 민간인 세포 사이를 비집고 들어가 천천히, 주의 깊게 세포 하나하나를 살펴 감염되지 않았는지 체크한다. 민간인 세포의 얼굴에 자기 얼굴을 바짝 들이대고 세포 표면의 수많은 쇼윈도를 통해 깊숙한 곳까지 꼼꼼하게 살피면서 그 속에서 어떤 이야기들이 펼쳐지는지 점검한다. 자신의 T 세포 수용체와 결합하는 항원을 발견하지 못하면 아무 일도 일어나지 않는다. 합격 판정을 내리고 다른 세포를 점검하기 위해 이동한다.

하지만 쇼윈도(제1형 MHC 수용체)에 바이러스 항원을 진열한 세포를 발견하면 살해 T 세포는 즉시 그 민간인 세포에게 특별한 명령을 내린다. "스스로 목숨을 끊어라. 깨끗하게 처리할 것!" 그 명령은 적대적이거나 분노에 찬 것이 아니라 근엄하고 냉정하게 사실을 일러주는 말투다. 바이러스에 감염된 세포는 빨리 죽어야 한다. 그것은 피할 수 없는 삶의 한 측면이며, 개체의 생존을 위해 매우 중요한 일이다. 바이러스에 대한 대응의 핵심 전략은 이렇다.

감염된 세포가 스스로 사멸하는 방식도 매우 중요하다. 예를 들어 T 세포가 중성구처럼 그저 화학적 무기를 주변에 마구 뿌려 댄다면, 화학 물질을 뒤집어쓴 희생자들은 세포막이 찢어져 터져 버리고 말 것이다. 이렇게 되면 세포 내부의 온갖 소기관과 물질이 사방으로 흩어져 강력한 염증 반응이 일어날 뿐만 아니라, 그 시점까지 감염된 세포 속에서 만들어진 모든 바이러스가 주변으로 퍼지는 결과를 초래한다.

따라서 살해 T 세포는 감염된 세포에 조그만 구멍을 뚫고, 그곳을 통해 특수한 사멸 신호를 집어넣는다. 구체적인 명령을 전달하는 것이다. **세포 자멸사**, 즉 앞서 언급했던 '통제된 세포 사멸'이다. 이런 방식으로 바이러스 입자들은 아주 작은 세포 사체 속에 깔끔하게 포획되며, 배고픈 큰 포식 세포가 그곳을 지나다가 죽은 세포의 잔해를 발견하고 먹어 치울 때까

연쇄 살해

1. 살해 T 세포가 상피 세포의
제1형 MHC 수용체를 점검한다.

2. 쇼윈도에서 바이러스 항원을 발견하면
세포에게 스스로 사멸하라는 명령을 내린다.

3. 프로그램된 세포 사멸(세포 자멸사)이 시작되고,
세포는 바이러스 입자를 고스란히 간직한 채
작은 꾸러미로 분해된다.

4. 큰 포식 세포는 바이러스가 들어 있는
죽은 세포의 잔해를 깨끗이 청소한다.

지 더 이상 우리 몸에 손상을 입히지 못한다. 이 과정은 극히 효율적이다. 수많은 살해 T 세포가 전쟁터를 누비며 마주치는 모든 세포의 감염 여부를 체크하기 시작하면 바이러스 숫자는 엄청난 속도로 감소한다. 이 과정을 '연쇄 살해'라고 한다. 나도 안다. 학문적 용어치고는 좀 그렇지만 면역학자들은 마땅한 칭찬을 돌려주기 위해 이런 용어를 선택했다. 헤아릴 수 없이 많은 바이러스가 또 다른 세포를 감염시킬 기회를 잡지 못한 채 파괴된다. 물론 동시에 수십만 개의 감염된 민간인 세포가 스스로 목숨을 끊으라는 명령을 받는다. 천만에, 면역계는 눈도 끔쩍하지 않는다. 해야 할 일을 할 뿐이다.

유감스럽게도 이 시스템에는 엄청나게 큰 단점이 있다. 병원체는 바보가 아니다. 어떻게든 쇼윈도를 파괴해 면역계로부터, 살해 T 세포로부터 몸을 감추는 방법을 찾아낸다. 바이러스는 감염시킨 세포에 제1형 MHC 분자를 만들지 말라는 명령을 내려 면역계의 전략을 효과적으로 무력화한다.

이런 젠장, 그럼 우린 망하는 거 아니야?

글쎄, 그럴지도 모르지만 당신이 망한다면 적어도 똑똑하기 이를 데 없는 면역계의 방어 네트워크가 답을 찾지 못해서는 아닐 것이다. 드디어 면역계 전체를 통틀어 가장 영광스러운 이름이 등장한다. **자연 살해 세포**(natural killer cell, NK 세포)를 영접하라!

32장 자연 살해 세포

자연 살해 세포는 섬뜩한 친구다.

T 세포와 관련이 있는 것은 사실이지만, 성숙한 뒤에는 가업을 잇지 않고 집을 떠나 선천 면역계에 합류한다. 수 세대에 걸쳐 전투기 조종사를 배출해 온 집안의 아이가 전통을 거부하고 육군 보병으로 입대하는 것과 같다. 가족의 발자취를 따라 방어 네트워크에서 권위 있는 역할을 맡기를 거부하고, 직접 적과 맞서 피비린내 나는 육탄전을 벌이는 데서 삶의 만족을 얻으려는 이단아라고나 할까?

자연 살해 세포는 그리 이목을 끌게 생기지도 않았지만, 알고 보면 자기 신체를 구성하는 세포를 공식적으로 살해할 수 있는 면허를 지닌 소수의 세포 중 하나다. 말하자면 면역계라는 광대한 제국의 암행어사다. 언제나 부패한 곳을 찾아다니며, 그런 곳을 발견하면 재판관과 배심원과 사형 집행인 역할을 한꺼번에 수행한다. 자연 살해 세포는 두 가지 유형의 적을 뒤쫓는다. 바이러스에 감염된 세포와 암세포다.

자연 살해 세포가 구사하는 전략은 그야말로 천재적이다.

자연 살해 세포는 다른 세포의 내부를 들여다보지 않는다. 설사 그러고 싶어도 그럴 수 없다. 제1형 MHC 분자라는 쇼윈도를 들여다보거나, 세포 내부의 이야기를 읽어 낼 수단이 없기 때문이다.

대신 그들은 좀 특별한 일을 벌인다. **어떤 세포에 제1형 MHC 분자가 있는지 없는지만 확인하는 것이다. 그 이상도, 그 이하도 아니다.** 목적은 오직 하나, 바이러스와 암세포가 지닌 최고의 항면역 전략을 무력화하는 것이다. 일반적으로 감염되었거나 건강하지 않은 세포는 내부에서 어떤 일이 벌어지는지 감추기 위해 제1형 MHC 수용체를 발현하지 않는다. 많은 바이러스가 침략 전략의 일부로 감염시킨 세포에게 제1형 MHC 수용체를 발현하지 말라고 명령하며, 암세포는 그저 쇼윈도를 닫아 면역계가 들여다보지 못하게 한다. 갑자기 후천 면역계는 세포에게 아무런 조치도 취할 수 없게 된다. 실제로 쇼윈도가 없어지면 감염된 세포는 불 꺼진 집처럼 캄캄해져 아예 감지할 수 없다. 생각해 보면 효과적인 전략이다. 바이러스나 암세포가 그저 한 가지 분자만 만들어 내지 않으면 짠! 우리 몸에서 가장 강력한 대응 전략을 무력화할 수 있는 것이다.

자연 살해 세포가 딱 한 가지만 확인하는 이유가 바로 이것이다. 세포가 창문을 지니고 있는가? 쇼윈도에 불이 들어와 있는가? "좋습니다, 하던 일을 계속하시오!" 창문이 없는가? "당장 스스로 목숨을 끊으시오!" 바로 그렇다. 자연 살해 세포는 내부에 관한 정보를 공유하지 않는 세포, 아무런 이야기를 들려주지 않는 세포만 찾아다닌다. 그렇게 함으로써 우리를 치명적인 상태로 몰고 갈 수 있는 결정적인 약점을 보완한다. 원리는 간단하지만, 그 효과는 강력하다.

면역계의 모든 부분이 **예측하지 못한 것들의 존재**, 즉 **타자**의 존재를 찾는 반면, 자연 살해 세포는 **당연히 있으리라 예측한 것들의 부재**, 즉 **자기**의 부재를 찾는다. 이런 원칙을 '**자기 부재 가설(missing-self hypothesis)**'이라고 한다.

이런 기전이 실제로 작동하는 과정 역시 그 원칙만큼이나 환상적이다. 자연 살해 세포는 언제나 '켜져 있다.' 자연 살해 세포가 어떤 세포에게 다가갈 때는 언제나 그 녀석을 죽이려는 '의도'를 갖고 있는 것이다. 그래서 그들은 건강한 세포를 함부로 죽이지 않도록 스스로를 억제하는 특수 수용체, 즉 **억제 부위(inhibitor)**를 갖고 있다. 말하자면 커다란 정지 표지판을 인식하는 수용체다. 쇼윈도, 즉 제1형 MHC 분자가 바로 정지 표지판이다. 표지판과 수용체는 퍼즐 조각처럼 한 치의 오차도 없이 딱 들어맞는다.

민간인 세포가 감염되었거나 암이 생기지 않았는지 검사할 때, 제1형 MHC 분자가 아주 많다면(대부분의 건강한 세포가 그렇다.) 억제 부위 수용체가 활성화되어 자연 살해 세포를 진정시킨다. 하지만 MHC 분자가 충분치 않다면 진정 신호 따위는 없다. 자연 살해 세포는, 끔찍하지만, 즉시 그 세포를 죽여 버린다.

죽여 버린다고 했지만 사실 손에 피를 묻히는 것은 아니다. 감염된 세포에게 세포 자멸사를 통해 스스로 목숨을 끊으라는 명령을 내릴 뿐이다. 정상적이고 질서 정연한 세포 자멸

건강한 세포

제1형 MHC

감염된 세포

자연 살해 세포

자연 살해 세포

자연 살해 세포는 감염이 시작된 지 2~3일 정도면
전쟁터에 도착한다. 그리고 세포가 스트레스를
받는지, 또는 제1형 MHC 분자를 발현하지 않았는지
확인한다. 문제가 있는 세포에게는 스스로 목숨을
끊으라는 명령을 내린다.

사가 일어나면 바이러스들은 세포의 사체 속에 그대로 갇히고 만다. 어떻게 보면 자연 살해 세포는 신경이 곤두선 채 도심을 걷다가 주변에 있는 민간인을 무작위로 골라 접근하는 비밀 요원과 같다. "안녕하세요!"라는 인사도 건네지 않은 채 총을 꺼내 이마에 대고 몇 초간 기다린다. 서둘러 신분증을 꺼내 보여 주지 않으면 머리에 비닐봉지를 뒤집어씌운 후 방아쇠를 당긴다. 자연 살해 세포는 정말로 무시무시한 친구다.

여기까지는 좋다. 하지만 적이 제1형 MHC 분자를 군이 감추려고 하지 않는다면 어떻게 될까? 이때는 자연 살해 세포가 아무 쓸모도 없을까? 전혀 그렇지 않다. 아직 들려주지 않은 이야기가 아주 많다. 가장 중요한 부분이 쇼윈도일 뿐이다. 자연 살해 세포는 스트레스를 찾는다. 어딘지 건강이 좋지 않은 세포를 찾는다는 얘기다. 반드시 감염이 있을 때만 그런 일을 하는 것도 아니다. 지금 이 순간에도 수백, 수천만 개의 자연 살해 세포가 몸속 구석구석을 돌아다니며 민간인 세포가 스트레스나 부패의 냄새를 풍기지 않는지, 암세포로 변했거나 변하기 직전의 세포는 없는지 눈에 불을 켜고 찾는다.

세포는 자신이 어떻게 지내는지, 현재 건강한지에 대해 주변과 소통하는 다양한 방법을 갖고 있다. 명백히 도움을 요청하지 않더라도 미묘하게 상태를 표현하는 방법도 있다. 쇼윈도처럼 명백한 방법이 아니고도 상태를 알 수 있다는 뜻이다.

친구 하나가 꽤 어려움을 겪고 있지만 툭 까놓고 말을 하지는 않는다. 그래도 잘 웃지 않는다든지, 표정이 걱정스럽다든지, 좋은 소식을 들어도 크게 기뻐하지 않는다든지 등의 반응을 통해 무슨 사정이 있겠거니 짐작할 수 있다. 평소 그를 잘 알기에 이런 미묘한 신호를 놓치지 않고 적절한 때를 봐서 혹시 무슨 일이 없는지, 도움이 필요하지는 않은지 물어볼 수 있는 것이다.

자연 살해 세포 역시 민간인 세포에게 비슷한 일을 한다. 세포가 큰 스트레스를 받으면 세포막에 특정한 신호가 나타난다. (여기서 스트레스란 수백만 개의 단백질로 구성된 복잡한 세포 내 장치에 부정적인 영향을 미치는 모든 것을 의미한다.) 예컨대 바이러스가 세포를 혼란에 빠뜨리거나, 세포가 암세포로 변하면서 정상적으로 작동하지 않는다면 그것이 곧 스트레스다.

스트레스 신호가 구체적으로 어떤 것인지는 그리 중요하지 않다. 친구의 얼굴이 갈수록 불행해 보인다고 생각하면 될 것이다. 스트레스가 심할수록 얼굴에는 주름이 더 많이 생긴다. 자연 살해 세포는 이런 스트레스 신호를 포착하고, 세포를 조용히 한쪽으로 데려가 조근조근 대화를 시도할 수 있다. 우리와 다른 점은 사연을 구구절절 들어주고, 어떻게 도와주면 좋을지 물어볼 생각이 없다는 것이다. 자연 살해 세포는 스트레스 신호가 너무 많다고 생각하는 순간 총을 꺼내 불쌍한 세포의 머리를 날려 버린다. 우리가 사는 세상에 사람 크기의 자연 살해 세포가 활보한다면 항상 미소를 짓는 습관이 매우 중요할 것이다!

이걸로 끝이 아니다! 다양한 풍미를 지닌 만능 항체, IgG 항체를 기억하는가? 자연 살해 세포는 IgG 항체와도 소통한다!

구체적으로 A형 독감에 걸린 경우 이들은 환상의 콤비를 이룬다! 바이러스가 감염된 세포 표면에 새싹이 돋아나듯 머리를 내밀고 결국 세포막을 똑 떼어내 자기 것처럼 사용한다는 사실을 잊지는 않았겠지? 이 과정은 눈 깜짝할 새에 일어나는 것이 아니라 꽤 시간이 걸린다. 그 정도 시간이면 IgG 항체는 바이러스가 완전히 세포에서 떨어져 나오기 전에 붙잡을 수 있다. 자연 살해 세포는 바이러스 입자가 떨어져 나오기 전에 항체와 결합해 감염된 세포에게 스스로 목숨을 끊으라고 명령할 수 있다.

감염된 세포는 어쨌든 자연 살해 세포에서 벗어나기가 매우 어려운 것이다.[1]

좋다, 바이러스와 맞서 싸우는 데 중요한 역할을 하는 등장 인물을 모두 만나 보았다. 이제 전체 이야기가 어떻게 흘러가는지 종합해 보자!

---

[1] 물론 세포가 적혈구라면 예외다. 앞서 말했듯 적혈구는 쇼윈도, 즉 제1형 MHC 수용체를 갖지 않는 유일한 세포다. 말라리아에 걸리면 바로 이런 일이 벌어진다. 기생충인 말라리아원충은 적혈구를 감염시키지만, 적혈구에 대해서만은 자연 살해 세포가 쇼윈도 존재 여부를 문제 삼지 않는다. 따라서 말라리아 감염과 싸우려면 뭔가 다른 전략이 필요하다.

33장 우리 몸은 바이러스 감염을 어떻게 이겨낼까?

우리가 마지막으로 전쟁터를 떠날 때 상황은 아주 심각했다. 수백만 개의 세포가 죽어 갔다. 선천 면역계는 빠른 속도로 퍼지는 감염을 어떻게든 통제해 보려고 절박하게 움직였지만, 상황은 계속 악화되었다. 수많은 화학적 신호가 명멸하며 체온을 올리라고 요청하는 바람에 이제 몸은 고열로 펄펄 끓는다. 면역계를 더욱 자극해 더 열심히 싸우게 하려는 것이다.[1]

온갖 시스템이 자극을 받아 더 많은 점액을 만든다. 격렬하게 기침을 해 대며 바이러스 입자를 몸 밖으로 내보내기 위해 안간힘을 쓰지만, 동시에 기침 때문에 주변 사람을 감염시킬 가능성 또한 점점 커진다. 전쟁터에는 온갖 화학 물질과 사이토카인과 이미 죽었거나 죽어 가는 세포가 넘쳐나고, 우리 몸은 기진맥진한 채 온갖 불쾌한 감각에 시달린다.

하지만 이 모든 것은 그저 시간을 벌기 위한 노력일 뿐이다.

자연 살해 세포가 전쟁터에 모습을 드러내 절박하게 싸우는 면역 전사들의 부담을 덜어 주기까지는 대략 2~3일이 걸린다. 이들은 조직을 온통 뒤덮어 감염된 상피 세포를 죽이기 시작한다. A형 독감 바이러스의 사주를 받아 쇼윈도, 즉 제1형 MHC 분자를 감춘 세포들이 우선적인 처단 대상이지만, 거기에만 국한되는 것은 아니다. 감염으로 인해 스트레스를 받고 절박한 상태에 처한 세포들은 자비로운 최후를 맞는다. 고통은 끝났다. 더 이상 몸을 손상시킬 필요도 없다.

자연 살해 세포가 현장에 도착하면 사력을 다해 바이러스에 맞서던 우리 몸은 눈에 띌 정도로 편안해진다. 실제로 감염된 세포 숫자가 크게 줄기 때문이다. 하지만 이토록 무자비

---

1 인간의 경우 체온이 섭씨 40도에 도달하면 위험하므로 즉시 의사를 찾아야 한다. 체온이 섭씨 42도에 이르면 뇌가 손상되기 시작하지만, 질병으로 체온이 이 정도까지 올라가는 일은 매우 드물다. 우리 몸에서 그 전에 제동을 걸기 때문이다.

하고 효과적인 킬러들조차 감염을 완전히 종식시키는 데는 충분치 않다. 큰 포식 세포, 단핵구, 중성구보다는 훨씬 효과적이지만 이들조차 본질적으로는 시간을 벌 뿐이다.

이렇게 시간을 버는 동안 전쟁터에는 수많은 가지 세포가 돌아다니며 표본을 수집한다. 바이러스를 붙잡아 산산조각낸 뒤에 그 조각들을 제1형 및 제2형 MHC 분자에 끼워 넣는다. 그리고 림프절로 달려가 살해 T 세포와 조력 T 세포를 활성화하고, T 세포는 다시 B 세포를 활성화해 항체를 만들라고 명령한다. 침대에서 끙끙 앓은 지 1주일 만에 우리 몸을 지킬 중화기들이 완벽하게 준비된 것이다.

수만 개의 살해 T 세포가 A형 독감 바이러스 항원을 인식하는 수용체로 무장한 채 허파 속으로 파고든다. 세포에서 세포로 옮겨 다니며 얼굴을 가까이 대고 제1형 MHC라는 창문을 통해 세포의 영혼 깊은 곳을 들여다보며 단백질이 들려주는 이야기에 귀를 기울인다. 바이러스 항원을 발견하면 감염된 세포에게 스스로 목숨을 끊으라고 명령한다. 큰 포식 세포들은 초과 근무를 하며 죽어 버린 적과 친구 들을 모두 먹어 치운다.

헤아릴 수 없이 많은 항체가 쏟아져 들어와 세포 밖에 있는 바이러스를 처리한다. 더 이상 세포를 감염시키지 못하게 막는 것이다. B 세포와 T 세포가 어울려 마법의 춤을 추면서 수많은 종류의 항체를 만들어 다양한 측면에서 바이러스를 공격한다.

중화 항체는 바이러스가 상피 세포에 침입하기 위해 사용하는 구조물에 단단히 결합해 바이러스를 중화한다. 세포 속에 들어가지 못하게 가로막는 항체들로 뒤덮인 바이러스는 이제 쓸모없고 무해한 유전 부호와 단백질의 조합에 불과하며, 결국 큰 포식 세포에 의해 깨끗하게 청소된다.

다른 항체들 역시 매우 특이적이며 다양하고 흥미로운 방식으로 바이러스를 차단한다. 예를 들어 새로 만들어진 바이러스는 감염된 세포 밖으로 방출될 때 뉴라민산 가수 분해 효소(neuraminidase)라는 바이러스 단백질을 이용한다. 앞서 말했듯 A형 독감 바이러스는 감염된 세포 표면에서 새싹처럼 돋아나 떨어져 나가면서 희생자의 세포막을 뜯어 간다. 항체는 바이러스의 뉴라민산 가수 분해 효소에 결합해 이런 출아(出芽, budding) 과정을 효과적으로 억제한다. 감염된 세포 표면에는 수많은 바이러스가 돋아나 있지만, 세포에서 떨어져 나가 다른 세포를 감염시키지는 못한다. 끈끈이에 파리들이 산 채로 잔뜩 들러붙은 모습을 상상

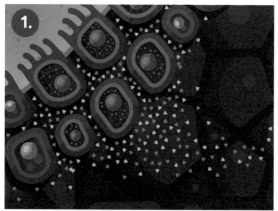

바이러스는 호흡기 점막을 감염시켜 수백만 개로 불어난다.
감염된 상피 세포는 인터페론을 방출해 경보 신호를 보낸다.

2~3일 후 자연 살해 세포가 현장에 나타나 감염되어
스트레스에 시달리는 세포들을 죽이기 시작한다.

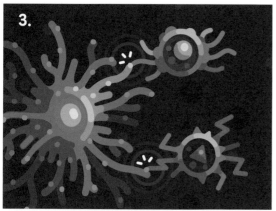

전쟁터를 돌아다니며 표본을 수집한 가지 세포가 림프절로 가서
살해 T 세포와 조력 T 세포를 활성화한다.

활성화된 살해 T 세포가 전쟁터에 나타나 감염된 세포에게 스스로 목숨을
끊으라고 명령을 내린다. 세포의 잔해는 큰 포식 세포가 깨끗이 처리한다.

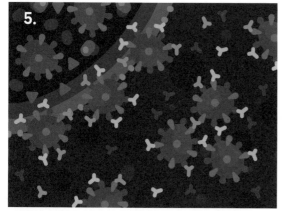

활성화된 B 세포에서 방출된 수많은 항체가 바이러스에 달라붙어
감염된 세포의 세포막에서 꼼짝 못하게 붙잡거나 다른 세포에 들어가지
못하게 차단한다.

전쟁이 승리로 끝난 후 대부분의 바이러스가 깨끗이 청소된다.
이제 더 이상 말썽을 일으키지 못하게 면역계를 다시 진정시켜야 한다.

하면 대충 비슷할 것이다.

항체와 살해 T 세포의 합동 작전은 기막힌 성공을 거두어 허파 속의 바이러스 숫자가 빠른 속도로 감소한다. 이후 며칠간 면역계가 합심해 연주하는 교향곡이 울려 퍼지면서 감염은 소멸되고, 전쟁터에서는 대대적인 청소 작업이 벌어진다. 전쟁은 완전히 막을 내린 것처럼 보인다. 하지만 방심은 금물이다.

여기서 우리는 앞서 설명했던 세균 이야기와 전혀 다른 유형의 면역 반응을 다루고 있다. 바이러스 감염은 훨씬 위험하며, 거기 맞서는 면역 반응 역시 훨씬 광범위하다. 훨씬 많은 계통과 장기와 조직에 영향을 미친다는 뜻이다. 침대에 누워 끙끙 앓는 동안 나타난 불쾌한 증상이 대부분 면역계가 감염을 몰아내려고 애쓰는 과정에서 생긴 것임을 기억해야 한다. 이런 비상조치를 너무 자주 사용하면 면역계는 우리 몸에 A형 독감 바이러스보다 훨씬 끔찍하고 광범위한 손상을 입힐 수도 있다.

이제 면역 반응을 적당히 하향 조절해 꼭 필요한 정도로만 작동하도록 통제하고, 목적을 달성하는 즉시 중단시킬 필요가 있다. 다시 한번 **항상성**을 유지해야 한다!

토막 상식! 왜 더 좋은 바이러스 치료제가 나오지 않는 것일까?

전 세계적인 COVID-19 유행을 맞아 누구나 이런 질문을 떠올려 보았을 것이다. 왜 바이러스는 효과적인 치료제가 없을까? 세균이라면 흑사병에서 요로 감염과 패혈증에 이르기까지 수많은 항생제가 우리를 보호해 주는데, 왜 독감, 감기, 코로나바이러스에는 그렇게 기막힌 약이 없을까? 여기서 우리는 근본적인 문제에 부딪힌다. **바이러스는 우리의 세포와 너무나 비슷하다**는 점이다. 잠깐, 뭐라고? 물론 바이러스가 세포와 비슷하게 생겼다는 뜻은 아니다. 바이러스가 세포의 정상적인 부분을 모방하거나, 별문제 없이 어울려 작동한다는 뜻이다.

오늘날 우리는 약이 모든 문제를 해결해 준다는 생각에 익숙하다. 먹고 살 만한 나라에서는 생명을 위협하는 감염병이 대부분 해결되었기 때문에 바이러스 감염에 대해서는 아직도 효과적인 약물이 없다는 사실에 생각이 미치면 몹시 마음이 불편해진다. 도대체 왜? 이

점을 이해하려면 우리와 머나먼 과거에 서로 갈라진 생명체, 즉 세균을 예로 들어 설명하는 편이 좋을 듯하다.

이 기회를 빌려 항생제가 어떻게 작동하는지 알아보자. 프로메테우스가 신들에게서 불을 훔쳐 인간을 더욱 강력한 존재로 만든 것처럼, 과학자들은 자연의 품에서 항생제를 훔쳐 인간을 더욱 오래 살게 했다. 대부분의 항생제는 자연 상태에서 미생물이 다른 미생물을 죽이기 위해 만들어 내는 천연 화합물이다. 말하자면 미시 세계의 총이요, 칼이다. 최초의 성공적인 항생제였던 페니실린은 **페니실리움 루벤스(*Penicillium rubens*)**라는 곰팡이가 사용하는 무기로 세균이 세포벽을 만들지 못하게 차단한다. 세균이 성장하고 분열하려면 더 많은 세포벽을 만들어야 한다. 페니실리움 곰팡이는 이 과정을 방해해 더 이상 세포벽을 만들지 못하게 한다. 우리가 페니실린을 안전하게 사용할 수 있는 이유는 인간 세포에 세포벽이 없기 때문이다! 인간 세포는 세포막으로 둘러싸여 있다. 세포막은 세포벽과 완전히 구조가 다르기 때문에 페니실린은 우리의 세포에 아무런 영향을 미치지 않는다.

들어 봤을지도 모르겠지만 테트라사이클린(tetracycline)이라는 항생제도 있다. **스트렙토미세스 아우레오파시엔스(*Streptomyces aureofaciens*)**라는 세균에서 훔쳐 온 것으로, 단백질 합성을 억제해 항균 효과를 나타낸다. 단백질 합성 과정에서 만났던 리보솜을 기억할 것이다. 리보솜은 mRNA를 단백질로 바꿔 주는 세포 내 소기관이다. 인간이든 세균이든 리보솜 없이는 생존할 수 없다. 새로운 단백질이 만들어지지 않으므로 세포는 죽을 수밖에 없다. 기본적으로 인간과 세균의 리보솜은 같은 일을 하지만, 모양이 전혀 다르므로 테트라사이클린은 세균의 리보솜은 억제하지만 인간의 리보솜은 억제하지 않는다.[2]

세균 세포는 인간 세포와 매우 다르다. 생존을 위해 전혀 다른 단백질을 사용하며, 세포벽처럼 전혀 다른 구조물을 만들고, 인간 세포와 전혀 다른 방식으로 증식한다. 이런 차이점을 잘 이용하면 세균을 공격해 죽일 기회를 잡을 수 있다. 훌륭한 약물이란 우리에게 없지만

---

2   역시 예외가 있다! 우리 몸의 거의 모든 세포에는 세균과 비슷한 리보솜이 있다. 세포의 에너지 생산 공장인 미토콘드리아가 까마득한 옛날에 세균이었다는 사실을 기억하는가? 따라서 미토콘드리아는 자기만의 리보솜을 갖고 있는데, 테트라사이클린은 이를 억제할 수 있다. 결코 반갑지 않은 일이다. 이로 인해 매우 불쾌한 부작용들이 나타날 수 있기 때문이다. 우리에게 다양한 항생제가 필요한 이유라 할 것이다.

적에게는 있는 독특한 형태의 구조물에 결합하는 분자다. (항원-수용체 관계와 크게 다르지 않다!) 이것이 바로 수많은 약물과 항생제가 작동하는 원리다. 약물은 세균과 인간 세포에서 형태가 다른 부분을 공략한다.

좋아요, 여기까진 이해했어요. 그래서 어쨌다는 거죠? 왜 바이러스에 대한 약은 만들지 못하는지가 원래 질문 아니었나요? 그런 약이 있기는 있다. 바이러스 감염을 치료할 수 있는 약은 사실 수천 종에 달한다. 문제는 **그 약들이 대부분 우리에게 매우 위험하며, 때로는 치명적이라는 점이다.** 많은 약들이 정말로 절박할 때 최후의 수단으로 사용된다. 그 약을 쓰지 않으면 어차피 가망이 없다고 생각될 때만 사용한다는 뜻이다.

바이러스의 본질을 생각해 보자. 바이러스를 공격할 장소는 딱 두 군데, 세포 내부와 세포 외부다. 세포 밖에 있을 때는 바이러스가 세포 표면 수용체에 결합하기 위해 사용하는 단백질을 공략해야 한다. 하지만 여기에는 넘기 어려운 장벽이 버티고 있다. 그런 약은 필연적으로 우리 몸속의 수많은 부위에 결합하게 된다는 점이다. **왜냐하면 우리 세포의 수용체 중 하나에 결합하기 위해 바이러스는 우리 신체 일부의 모습을 그대로 모방하기 때문이다.** 그것도 생명 유지에 필수적인 부분을 말이다. 이런 수용체에 결합하는 바이러스를 공격하는 약은 대개 그 수용체에 결합하는 우리 몸의 모든 부위를 표적으로 삼게 된다. 세포 내부도 마찬가지다. 우리는 바이러스의 대사 과정, 예컨대 리보솜을 표적으로 하는 항바이러스제를 만들 수 없다. 바이러스는 리보솜이 없기 때문이다. 바이러스는 **우리의** 리보솜을 이용한다. 우리 자신의 세포 내 기관을 사용해 자기를 복제하기 때문에 상당히 삐딱한 표현이지만 결국 바이러스는 우리와 너무나 비슷한 것이다.

34장 면역계를 진정시켜라

독감이 폭풍처럼 밀어닥친 지 1주일쯤 지나 아침에 눈을 뜬 당신은 기분이 훨씬 좋아진 것을 느낀다. 아직 완전하지는 않지만, 좋아진 것은 분명하다. 열도 떨어지고, 식욕도 살아나고, 모든 면에서 원래의 자신으로 돌아간 것 같다. 이후 며칠간 할 일은 푹 쉬면서 면역계가 몸속을 깨끗이 청소하고 스스로 잠잠해지기를 기다리는 것뿐이다. 앓느라 고생했으니 텔레비전이나 보면서 즐길 일이다. 비록 가족들은 그간 당신을 돌보느라 성가신 기색이 역력하지만.

면역계가 '진정' 단계를 거치는 것은 애초에 활성화되는 것만큼이나 중요하다. 활성화된 면역계는 불가피하게 부수적 피해를 일으키며 엄청난 에너지와 자원을 소모하기 때문에 우리 몸은 최대한 빨리 면역계가 진정 단계에 접어들기를 바란다. 하지만 이 점을 잊지 말아야 한다. 질병이 완전히 물러가기 전에 면역계가 작동을 중단해 병원체가 세력을 회복하고 철수하는 면역 전사들을 압도해 버린다면 얼마나 억울하고 위험하겠는가?

따라서 면역계는 적절한 시간에 정확히 작동을 중단해야 한다. 말은 쉽지만 중앙 사령탑이나 의식적인 계획도 없이 수천억 개의 활성화된 세포가 미친 듯 싸움에 몰두했던 상황을 정리하기란 보통 일이 아니다. 따라서 면역계는 활성화 단계에서부터 전쟁을 종식시킬 자기 통제 시스템을 가동한다.

면역 세포는 세균 등의 침입자나 죽은 세포의 내부 기관 등 위험 신호에 노출되는 순간 활성화된다. 큰 포식 세포는 적을 인식하자마자 활성화되어 사이토카인을 분비해 중성구를 불러 모으고 염증을 유발한다. 중성구는 더 많은 사이토카인을 분비해 더 심한 염증을 일으키며, 싸우느라 지친 큰 포식 세포를 재활성화해 계속 싸우게 한다. 혈액에서 흘러나와 감염 부위에 도달한 보체는 병원체를 공격하는 한편 옵소닌화해 전사 세포들이 적을 삼키기 쉽게 해 준다.

가지 세포는 적의 표본을 수집한 후 림프절로 달려가 조력 T 세포와 살해 T 세포를 활성화한다. 조력 T 세포는 선천 면역계의 전사들을 자극해 계속 싸우도록 독려하는 한편, 더 심한 염증을 일으킨다. 살해 T 세포는 자연 살해 세포의 도움을 받아 감염된 민간인 세포를 죽인다. 활성화된 B 세포는 형질 세포로 전환되어 수많은 항체를 만든다. 항체는 전쟁터로 흘러가 병원체를 무력화하고, 손상시키고, 제거하기 쉽게 한다. 지금까지 살펴본 면역 반응을 간단히 요약한 것이다.

점점 많은 적이 죽고, 남은 적의 숫자가 줄면 전쟁을 독려하는 사이토카인 방출량도 줄어든다. 치열한 전투에 의해 자극되는 면역 세포가 줄어들기 때문이다.

이 말은 더 이상 새로운 전사들이 투입되지 않으며, 기존에 싸우던 전사들은 죽어 없어지거나 싸움을 중단한다는 뜻이다. 염증을 일으키는 사이토카인은 비교적 빨리 소모되며, 새로 투입된 전사들이 사이토카인을 방출하지도 않으므로 염증 반응은 자연스럽게 감소하며, 이에 따라 보체계 역시 서서히 진정된다.

전쟁터에서 보내오는 신호가 적어지면 새로운 T 세포 활성화 역시 점점 줄다가 멈춘다. 동시에 이미 활성화된 T 세포는 계속 자신을 자극해 활성화 상태를 유지하기 힘들어져 결국 스스로 사멸하고 만다.

면역계는 어떤 부분도 자극 없이 영원히 작동하도록 되어 있지 않다. 따라서 연쇄적으로 이어진 활성화 과정이 멈추면 면역 반응 역시 차근차근 가라앉는다.

마지막 단계까지 열심히 일하는 것은 큰 포식 세포다. 큰 포식 세포는 우리를 보호하기 위해 장렬히 싸우다 전사한 면역 세포들의 사체를 먹어 치우고 현장을 깨끗이 정리해 감염을 완전히 종식시킨다. 결국 면역계는 중앙 사령탑의 계획 따위가 없어도 승기를 잡는 순간부터 자신을 진정시키기 시작한다.

물론 예외가 있다. 능동적으로 방어 체계의 스위치를 내리고 면역 반응을 진정시키는 세포도 있다. 바로 **조절 T 세포**다. T 세포의 약 5퍼센트를 차지하는 이들은 어떤 의미에서 '조력 T 세포의 반대'라고 할 수 있다.

이들은 가지 세포에게 후천 면역계 활성화 속도를 늦추라고 명령하거나, 조력 T 세포를 느리고 피곤한 상태로 만들어 증식 속도를 늦춘다. 살해 T 세포의 활성을 떨어뜨리고 염증을 차단해 더 빨리 전쟁터에서 물러나게 할 수도 있다. 간단히 말해 면역 반응을 종식하거나 애초에 시작되지 않게 막을 수 있다.

조절 T 세포는 특히 장에서 핵심적인 역할을 수행한다. 생각해 보면 아주 합리적인 일이다. 장이야말로 우리 몸에 꼭 필요한 공생균이 엄청나게 모여 있는 대롱 모양의 거대 도시가 끝없이 이어진 구조 아닌가? 면역계가 장내 세균을 깨끗이 씻어낼 요량으로 실력 발휘에 나선다면 건강에 엄청난 위협이 된다. 끝없는 염증과 끝없는 싸움이 벌어질 것이기 때문이다. 여기서 조절 T 세포는 평화 유지군 역할을 한다. 하지만 가장 중요한 임무는 면역 세포가 자기 몸을 공격하는 자가 면역 질환을 막는 것이다.

조절 T 세포는 모든 것이 매우 불분명해지는 영역 중 하나다. 이 책에서는 체계적으로 구조화된 시스템을 최대한 명확히 파악하려고 했지만, 면역계에는 분명하게 가닥 잡기가 어려운 부분들이 있다. 조절 T 세포도 그중 하나다. 따라서 더 파고들지 않으려고 한다. 파고들수록 복잡해지고 아직 모르는 것도 너무 많기 때문이다.

자, 이제 우리는 면역 반응이 어떻게 일어나는지, 어떻게 감염을 깨끗하게 해소하는지, 그 뒤에는 어떻게 평소 상태로 돌아가는지 알아보았다. 하지만 마지막으로 정말 중요한 퍼즐 조각이 남아 있다. 장기간에 걸쳐 우리 몸을 보호하는 기능, 즉 면역이란 무엇일까? 왜 우리는 많은 질병을 평생 단 한 번만 앓는 것일까? 어떤 것에 '면역'이 생겼다는 말은 정확히 무슨 뜻인가?

35장 면역:
면역계는 어떻게 적을 평생 기억할까?

몸에서 가장 중요한 장기를 파고들어 수백만 개의 세포를 죽이고 2주 동안이나 꼼짝없이 침대에 누워 있게 만든 A형 독감을 생각해 보자. 그런 감염병을 물리치려면 의학이 발달한 오늘날에도 신체적으로 엄청난 대가를 치러야 한다. 실제로 매년 독감으로 사망하는 사람만약 50만 명에 이른다. 안전한 주거지도 없고, 안정적으로 먹을 것을 구하기도 어려웠던 문명 이전 시대의 조상들에게 이런 감염병이 얼마나 위험했을지 쉽게 짐작할 수 있다. 신체는 한 번 이런 일을 겪은 뒤 다시 병에 걸리지 않기를 **간절히** 바랐을 것이다. 감염병에 걸리면 죽을 수 있었다. 요행히 살아남는다고 해도 허약해지는 것은 피할 수 없었다.

과거에 싸웠던 적을 기억하고, 그 기억이 지워지지 않도록 보전하는 것은 면역계의 가장 중요한 능력이다. 이런 기억을 통해 우리는 **면역** 상태에 도달한다. 면역이란 말은 **'면제'**라는 뜻의 라틴 어 immunitas에서 유래했다. 그러니까 면역이 생겼다는 말은 질병에서 면제된다는 뜻이다. 우리는 같은 병에 두 번 걸리지 않는다. (물론 예외가 있지만, 예외란 언제나 있으니까….)

어떤 질병에 걸린 후 살아남으면 몸이 그 병에 대해 면역을 갖게 된다는 것은 전혀 새로운 개념이 아니다. 현대적 의미의 역사가로는 최초로 나타난 인물이라 할 수 있는 투키디데스(Thucydides)는 2,500년 전 아테네와 스파르타 사이에 벌어진 펠로폰네소스 전쟁을 기술하면서, 흑사병 유행 중에 병에 걸렸지만 견디고 살아남은 사람은 그 뒤로 흑사병에 걸리지 않는 것 같다고 썼다.

면역학적 기억이 없다면 우리는 어떤 병에 대해서도 면역을 갖지 못할 것이다. 조금만 생각해 보면 얼마나 악몽 같은 상황인지 알 수 있다. 심각한 감염을 앓을 때마다 몸은 약해진다. 수많은 면역 세포를 만들고, 면역 세포로 인한 손상과 병원체로 인한 손상을 깨끗이 복구하는 데는 엄청난 에너지가 필요하다. 에볼라나 천연두, 흑사병이나 COVID-19, 아니 그저 독감을 앓고 나서 몇 주 뒤에 **다시 한번** 똑같은 병에 걸린다고 생각해 보라. 건강한 성인이라고 해도 몇 번이나 견딜 수 있을까? 면역이 없다면 오늘날의 문명, 위대한 도시들, 그곳에서 살아가는 수많은 사람들은 절대 존재할 수 없다. 존재하는 한 최악의 병원체에 끊임없이 재감염된다는 것이 얼마나 위험할지는 굳이 강조할 필요도 없을 것이다.

다행히 우리에게는 면역 기억이 있다. 놀랍게도 그 기억은 살아있는 세포 자체다! 바로 앞에서 소개했던 기억 세포다. 기억 세포는 대략 1000억 개에 이른다. **우리 몸속** 구석구석에 포진한 1000억 개의 세포가 오로지 그간 헤쳐 나온 질병을 기억하는 일만 맡고 있는 것이다. 면역을 갖는다는 말은 자신의 일부가 과거에 극복했던 고난을 기억하고 그로 인해 더욱 강해진다는 뜻이다. 뭔가 한 편의 시 같지 않은가?

어른은 쉽게 이겨 내는 병이라도 어린이가 걸리면 매우 위험하고 심지어 죽기도 하는 이유가 바로 기억 세포 때문이다. 어린이의 작은 몸속에는 살아 있는 기억이 아직 충분치 않아 사소한 감염도 쉽게 퍼지고 생명을 위협할 정도로 심각해질 수 있다. 하지만 성인은 후천 면역계에서 그간 겪은 수천수만 번의 침입을 기억하기 때문에 살아 있는 기억에 의존할 수 있다. 그러다 나이가 들면 많은 기억 세포가 기능이 떨어지거나 아예 작동하지 않기 때문에 다시 감염병의 위험에 노출된다.

간단히 정리해 보자. B 세포가 진정으로 활성화되려면 두 가지 활성화 신호가 필요하다. 첫 번째는 림프절 속에 떠다니는 항원에 의해 전달되며, B 세포를 중간 정도로 활성화한다. 두 번째 신호는 조력 T 세포가 전달한다. 조력 T 세포가 감염이 심각하다고 확인해 주는 순간, B 세포는 진정으로 활성화되어 형질 세포가 된다. 형질 세포는 자가 복제를 통해 삽시간에 숫자가 불어나 항체를 생산하기 시작한다. 여기까지는 좋다. 이제 한 가지 중요한 측면을 더해 보자!

T 세포를 통해 활성화된 B 세포 중 일부는 또 다른 세포, 즉 기억 세포가 된다! 수개월, 수년, 어쩌면 평생토록 우리를 지켜 줄 살아 있는 기억이 되는 것이다.

첫 번째 그룹은 **장기 생존 형질 세포(long-lived plasma cell)**다. 이들은 주로 골수 속을 돌아다니며, 이름 그대로 수명이 아주 길다. 수많은 항체를 쏟아 내는 대신, 몇 달에서 몇 년

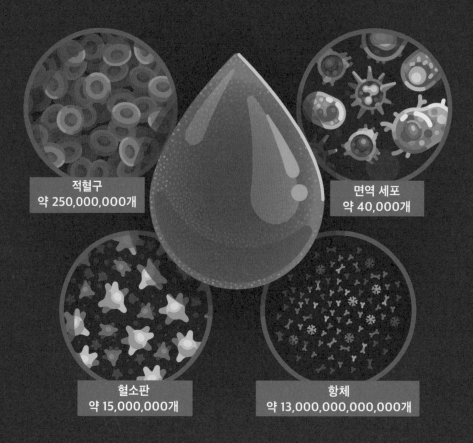

혈액 한 방울

적혈구
약 250,000,000개

면역 세포
약 40,000개

혈소판
약 15,000,000개

항체
약 13,000,000,000,000개

혈액의 조성

혈소판 약 2퍼센트

혈장 약 53퍼센트

적혈구 약 43퍼센트

면역 세포 약 2퍼센트

물 약 92퍼센트
단백질(항체, 보체, 알부민 등) 약 7퍼센트
영양소, 기체, 노폐물 등 약 1퍼센트

간 머물 만한 장소를 찾아 그저 놀고먹는다. 하지만 완전히 노는 것은 아니고 소량의 항체를 꾸준히 만든다. 그들이 하는 일은 과거에 싸웠던 적에 대한 특이적 항체가 항상 몸속에 존재하도록 하는 것이다.

만일 그때의 적이 다시 한번 침입한다면 즉시 이 항체의 공격을 받기 때문에 대개 큰 위협이 되지 못한다. 대단히 효율적인 전략이다. 사실 피 한 방울 속에는 약 13,000,000,000,000개의 항체가 들어 있다. 1300만에 다시 100만을 곱한 숫자다. 평생 극복해 온 모든 감염병에 대한 기억이 단백질이라는 형태로 들어 있는 것이다.

이걸로 끝이 아니다. **기억 B 세포**도 있다. 하는 일은? 없다. 아무것도 하지 않는다. 기억 B 세포는 활성화된 후 역시 림프절로 들어가 자리를 잡고 마냥 놀고먹는다.

몇 년간 한량처럼 지내며 림프절에 자신이 기억하는 항원이 나타나지 않는지만 조용히 살필 뿐이다. 하지만 그 항원이 눈에 띄는 순간 이들은 웃음기가 싹 가신 얼굴로 즉시 자리를 털고 일어난다. 그리고 무시무시한 속도로 증식을 거듭해 수많은 자가 복제 클론을 만들어 낸다. 이 과정에는 조력 T 세포의 도움이 필요 없다. 바로 형질 세포가 되어 즉시 엄청난 양의 항체를 쏟아 낸다.

바로 이것이 과거에 겪었던 그토록 많은 질병과 병원체에 영원히 면역을 갖게 되는 과정이다. 기억 B 세포는 복잡한 밀당과 승인 과정을 몽땅 생략하고 즉시 활성화될 수 있다. 눈 깜짝할 새에 후천 면역계를 일깨우는 지름길이다.

기억 B 세포가 처음부터 엄청나게 힘이 센 이유는 22장 'T 세포와 B 세포의 춤'에서 설명했던 수용체 미세 조정을 이미 거쳤기 때문이다. 가장 효과적으로 병원체에 대항하는 완벽한 항체를 눈 깜짝할 새에 엄청나게 쏟아 낸다. 멋모르고 우리를 다시 침입한 병원체는 즉시 치명적인 항체 공격을 받고 고슴도치 꼴이 되고 만다.

활성화된 T 세포도 비슷한 방식으로 기억 세포를 만들어 내지만, 몇 가지 차이점이 있다. 감염이 완전히 해소되면 열심히 싸우던 T 세포의 약 90퍼센트가 스스로 사멸한다. 남은 10퍼센트는 **조직 상주 기억 T 세포**(tissue-resident memory T cell)로 변해 침묵의 수호자가 된다. 기억 T 세포 역시 오래도록 아무 일도 하지 않고 놀고먹는다. 하지만 과거에 마주쳤던 침입자를 다시 보는 순간 백수 생활을 청산하고 즉시 강력한 공격을 감행하는 한편, 주변의 면역 세포들을 활성화한다.

환상적으로 들리지만 이걸로는 충분치 않다. 오직 감염 부위만 보호할 뿐 신체의 나머지 부분은 지킬 수 없기 때문이다. 그런 일을 맡아서 하는 것이 **작용 기억 T 세포**(effector memory T cell)다. 이들은 몇 년씩 온몸의 림프계와 혈액 속을 돌아다니며 딱 한 가지 일만 한다. 과거 자신의 조상을 활성화했던 항원이 다시 나타나지 않는지 감시하는 것이다. 마지막으로 **중심 기억 T 세포**(central memory T cell)가 있다. 림프절 속에 진을 치고 들어앉아 오로지 과거 공격의 기억만 보전하는 것이 임무다. 그러다 활성화되면 빠른 속도로 작용 T 세포를 대량 생산해 즉시 공격에 나선다.

모든 것이 너무나 단순하다. (비교적 그렇다는 뜻이다.) 어쨌든 기억 세포가 놀랄 만큼 효과적이라는 사실은 새삼 강조할 필요가 없다. 이들이 병원체를 강력하고 치명적으로 공격하는 덕에 우리는 보통 같은 병원체에 재감염되었음을 깨닫지도 못한다. 아무리 심각하고 위험한 병원체도 마찬가지다. 일단 몸속에 기억 세포가 생기면 평생은 몰라도 최소한 수십 년간 그 병원체에 대한 면역이 유지된다.

살아 있는 면역 기억은 어떻게 그렇게 힘이 셀까? 우선 숫자가 엄청나다. 앞서 설명했듯 우리 몸은 가능한 모든 침입자에 대해 아주 적은 B 세포와 T 세포를 만들 뿐이다. 수백만 명의 손님이 참석하기로 한 디너 파티, 기억하는가? 면역계는 한정된 재료를 최대한으로 조합해 헤아릴 수 없이 다양한 저녁 식사를 차려 낼 준비를 갖춘다. 각각의 저녁 식사는 한 가지 특이적 항원에 대해 특이적 수용체를 지닌 특이적 T 세포 또는 B 세포를 의미한다. 따라서 처음 감염이 시작되었을 때 침입한 적의 항원을 인식하는 세포는 불과 십여 개에 불과할 수 있다.

이런 시스템은 합리적이다. 일생 동안 몸속에서 만들어지는 수많은 B 세포와 T 세포가 대부분 한 번도 활성화되지 못한 채 수명을 다하기 때문이다. 면역계는 아무리 가능성이 낮아도 만일의 사태에 대비한다. 이렇게 해서 특이적 항원을 지닌 병원체가 나타났을 때 면역계는 그 항원이 존재한다는 사실을 이미 알고 있다. 이 시점에 이르러 비로소 그 병원체에 맞서 싸우는 특이적 면역 세포를 대량으로 만들어 내는 것이 합리적 의미를 갖는다.

디너 파티의 예에서 이것은 손님들에게 어떤 재료와 요리를 좋아하는지 직접 확인받는 것과 비슷하다! 이로써 앞으로 언젠가 그 손님이 다시 나타났을 때 면역계 요리사는 냉동실에 얼려 둔 요리를 꺼내 지체 없이 차려 낼 수 있다.

숫자로만 본다면 똑같은 병원체가 다시 한번 침입했을 때 기억 세포 중 하나가 매우 일찍 활성화되어 빠른 속도로 적을 퇴치할 가능성은 매우 높다. 이런 모든 특성이 한데 모여 과거에 마주쳤던 거의 모든 위험에 대해 면역을 갖추고 생존 확률을 크게 끌어올릴 수 있다. 하지만 면역학적 기억 자체를 파괴하는 질병도 있다. 우리를 지켜 주는 기억 세포를 죽여 버리는 것이다. 이런 질병 중 하나가 현재 맹렬한 기세로 다시 유행하는 것은 비극이 아닐 수 없다. 바로 홍역이다.

토막 상식! 우리를 죽이지 못하는 것이 우리를 더 약하게 할 때: 홍역과 기억 세포

홍역은 예방 접종을 둘러싼 인간의 태도에 따라 운명이 좌우되는 논쟁적인 질병 중 하나다. 한때 홍역은 천연두에 이어 두 번째로 지구상에서 완전히 자취를 감추는 인간의 질병이 될 것 같았다. 하지만 점점 많은 사람이 자녀에게 홍역 백신을 맞추지 않으면서 최근 들어 상당한 기세로 재유행하고 있다.

이런 경향이 홍역이 얼마나 무서운 병인지 잊어버린 선진국에서 시작되었다는 사실은 아이러니가 아닐 수 없다. 2019년 전 세계에서 홍역으로 사망한 사람은 20만 명이 넘었다. 대부분 어린이였다. 2016년 대비 50퍼센트 늘어난 수치다. 이런 통계는 두 배로 슬프다. 얼마든지 피할 수 있었을 뿐 아니라, 보건 의료 체계가 잘 갖춰진 선진국 어린이가 홍역에 걸리면 아직도 별문제 없이 회복될 가능성이 높다는 점에서 그렇다.

하지만 홍역에 관해서는 질병 자체만큼 자주 논의되지 않는 어두운 측면이 있다. 홍역 감염을 이겨냈다고 해도 이후 다른 질병에 걸릴 가능성이 훨씬 높아진다는 점이다. 홍역 바이러스는 기억 세포를 죽인다. 조금 무섭게 들린다면 옳게 이해한 것이다. 홍역 바이러스는 실제로 획득 면역을 고갈시킨다. 이제 면역계의 온갖 구성 요소를 공부했으므로 어떻게 해서 이런 일이 벌어지는지 살펴보자.

홍역 바이러스는 엄청나게 전염성이 강하다. 예컨대 신종 코로나바이러스보다 훨씬 쉽게 전염된다. 다른 많은 바이러스와 마찬가지로 홍역도 기침과 재채기에 섞여 환자의 몸을 빠져나와 아주 작은 비말 형태로 공기 중에 최대 2시간까지 둥둥 떠다닌다. 면역이 없는 사람은 환자 근처에만 가도 감염될 가능성이 90퍼센트에 이른다. 백신을 맞지 않은 사람이 환자와 같은 지하철에 타거나 같은 교실에서 공부한다면 홍역에 걸릴 가능성이 매우 높다.

홍역 바이러스는 주로 T 세포와 B 세포를 침범하지만, 장기 생존 형질 세포, 기억 B 세포, 기억 T 세포가 특히 취약하다. 면역계에서도 살아 숨 쉬는 기억을 노리는 것이다. 홍역 증상이 정점에 달했을 때 감염되는 세포는 수억 개에 이른다.

다행히 면역계는 대개 사태를 수습하고 홍역 바이러스를 물리친다. 하지만 바이러스에 감염되어 사멸한 기억 세포는 되살릴 수 없다. 비싼 대가를 치르고 차곡차곡 쌓아 두었던 특이적 항체들을 더 이상 만들어 낼 수 없는 것이다. 게다가 몸속을 돌아다니던 많은 작용 기억 세포들도 죽어 없어진다. 면역계 전체가 갑작스럽고 심한 기억 상실증에 빠지는 것과 비슷하다.

결국 홍역에 걸리면 과거 걸렸던 감염병에서 우리를 보호해 주던 면역 기억이 지워진다. 설상가상으로 백신을 맞아 획득했던 면역마저 없어진다. 대부분의 백신은 기억 세포를 형성해 효과를 나타내기 때문이다. 그러니까 홍역의 경우에는 프리드리히 니체(Friedrich Nietzsche)의 말처럼 "우리를 죽이지 못하는 것은 우리를 더 강하게 만든다."가 아니라 오히려 약하게 만든다고 할 수 있다. 홍역은 비가역적이고 장기적인 해를 끼치며, 어린이의 건강을 손상시키고 심지어 죽이기도 한다.

홍역과의 전쟁을 다시 유리한 방향으로 돌려놓지 못하면 수많은 사람, 특히 어린이들이 예방할 수 있는 질병으로 죽어 가는 모습을 매년 점점 더 많이 보게 될 것이다. 기왕 말이 나왔으니 역사상 엄청난 힘을 지녔던 개념을 짧게 언급하고 넘어가는 것도 좋겠다. 질병으로 고생하지 않고도 면역을 획득할 수 있다는 개념이다.

36장 백신과 인공 면역 형성

앞서 말했듯 수천 년 전에도 인류는 한번 어떤 병에 걸리면 그 병에 면역을 갖게 된다는 사실을 알았다. 하지만 관찰에서 실천으로 나아가는 데는 상당한 시간이 걸렸다. 어떤 방법으로든 건강한 사람이 의도적으로 가벼운 병을 앓게 함으로써 훨씬 위험한 감염병을 예방할 수 있을 것이라는 데 생각이 미친 것은 한참 뒤였다.

사람이 미시 세계를 발견하기 수백 년 전, 아무도 세균이나 바이러스라는 존재를 몰랐을 때 누군가 **인두 접종법(variolation)**을 생각해 냈다. 인류를 수천 년간 괴롭힌 무서운 질병에 대한 면역을 인공적으로 유도하려고 했던 것이다. 바로 천연두다.

오늘날 우리는 치명적인 질병의 유행에서 대부분 벗어나 있으므로 불과 얼마 전까지도 천연두라는 병이 수시로 엄청난 비극을 몰고 왔음을 상상하기 어렵다. 천연두에 걸린 사람 중 많으면 30퍼센트가 사망했으며, 살아남더라도 피부에 광범위한 흉터가 남아 평생 흉한 모습으로 사는 일이 다반사였다. 영구적으로 실명하는 사람도 드물지 않았다. 천연두는 개인의 삶을 파괴하고 가족을 갈가리 찢어 놓는 무서운 유행병이었지만, 당시에는 어떻게 하면 병을 피할 수 있는지 알지 못했다. 20세기만 따져도 천연두로 목숨을 잃은 사람이 3억 명에 이른다. 따라서 뭔가를 해야겠다는 동기만큼은 매우 높았다.

첫 번째 인두 접종법 실험이 정확히 언제 시작되었는지는 알 수 없지만, 최소한 수백 년 전 중국에서 행해졌던 것은 분명하다. 기본 개념은 단순하다. 천연두를 가볍게 앓는 감염자에게서 딱지를 떼어 모아 말린 후 갈아 고운 가루를 낸다. 그 가루를 건강한 사람의 콧구멍에 불어넣는다. 일이 순조롭게 진행되면 접종받은 사람은 가벼운 천연두 증상을 보인 후 향후 중증 감염에 면역력을 갖게 된다.

딱지를 코에 불어넣는다는 것이 약간 역겹기는 해도 무서운 질병에 대처할 방법이 없던 시절에 인두 접종법은 그야말로 최고의 천연두 예방책이었기에 결국 전 세계로 퍼졌다. 세계 각지에서 바늘을 쓰거나 피부를 작게 절개해 감염자에서 얻은 딱지나 고름을 주입하거나 문지르는 등 다양한 방식으로 인두 접종을 시행했다.

아주 안전한 것은 아니었다. 접종받은 사람의 1~2퍼센트 정도는 심한 천연두에 걸려 온갖 부작용을 겪었다. 하지만 천연두라는 질병이 너무나 끔찍하고, 너무나 오랫동안, 너무나 널리 퍼져 있었기에 사람들은 기꺼이 자신과 가족의 위험을 감수했다. 면역 형성이란 일반적인 개념은 제대로 된 백신이 최초로 개발되기 전부터 상당히 오랫동안 사람들의 의식 속에 뿌리내리고 있었던 것이다.

백신의 역사가 본격적으로 시작된 것은 반드시 실제 천연두 환자의 병변에서 얻은 물질을 접종할 필요는 없으며, 천연두의 변종인 우두(cowpox)에 걸린 소의 병변을 사용하는 것이 훨씬 안전함을 알면서부터다. 이것은 진정한 혁신이었다. 불과 몇 년 후 최초의 백신이 개발되어 결국 지구상에서 천연두를 영원히 몰아낼 수 있었던 것이다.[1]

첫 번째 백신이 성공을 거둔 덕에 파상풍, 홍역, 소아마비 등 무서운 질병에 대한 백신이 속속 개발되었다.

오늘날 백신은 수많은 위험한 감염병에 면역을 제공한다. 접종받은 사람의 몸속에 기억 세포를 만들어 병원체가 실제로 나타났을 때 쉽게 대처하도록 하는 원리다. 유감스럽게도 기억 세포를 만들기란 그리 만만한 일이 아니다. 앞서 보았듯 면역계는 매우 신중하다. 제대로 활성화되어 능력을 최대한 발휘하려면 매우 구체적인 신호들을 필요로 한다. 오래도록 몸속에 머물면서 제 역할을 다할 기억 세포를 만들려면 2단계 인증을 비롯해 점차 활성화 수준을 높여 가는 다양한 관문을 통과해야 한다!

따라서 효과적인 백신을 만들려면 어떻게든 안전하게 면역 반응을 유발해 진짜 병원체가 침입했다고 생각하게 함으로써 면역계 스스로 기억 세포를 만들게 해야 한다. 동시에 그

---

1 말로는 쉽지만 실제 과정은 훨씬 복잡했다. 천연두를 완전히 박멸하려면 전 세계적인 백신 접종 프로그램이 필요했기 때문에 200년이 넘는 시간이 걸렸다. 천연두는 인간이 완전히 정복한 첫 번째 질병일뿐더러 슬프게도 유일한 질병이다. 이제 자연적으로 발생하는 천연두는 더 이상 없으나, 병원체는 미국과 러시아에 각각 하나씩, 두 곳의 연구소에 (바라건대) 안전하게 보관되어 있다.

질병을 일으켜서는 안 된다. 원리는 간단하지만 결코 쉽지 않은 일이다. 또한 면역을 유도하는 데도 여러 가지 방법이 있다. 어떤 방법은 다른 방법에 비해 더 장기적으로 면역력을 유지한다. 어떤 방법이 있는지 간단히 살펴보자.

수동 면역: 공짜 생선

오스트레일리아에 놀러 갔다. 사람들은 친절하고 영어 발음이 우습다. 하지만 오스트레일리아는 치명적인 독을 지닌 동물들이 호시탐탐 우리를 죽일 기회를 엿보는 곳이다.[2]

　당신은 잘못된 판단을 내린다. 자연 체험을 한다고 오스트레일리아의 미개척지를 가이드 투어하기로 한 것이다. 기막힌 풍경에 경탄하며 마음을 홀랑 빼앗기는 바람에 주변을 살피는 데 소홀해지는가 싶더니 기어코 사달이 난다. 당신과 마찬가지로 아무런 생각 없이 앞쪽에서 걷던 사람들이 자기도 모르게 들쑤셔 놓은 탓에, 스트레스를 잔뜩 받은 채 불만이 쌓여 있던 뱀 한 마리가 시끄러운 유인원의 발에 밟히기 전에 자신을 보호하고자 그만 당신의 발목을 깨물어 버린 것이다.

　엄청난 통증과 함께 발목이 퉁퉁 부어오른다. 끔찍한 비명과 평소에 입에 담지 않던 욕설로 참기 어려운 통증이 밀려온다는 사실을 사람들에게 알린다. 가이드는 천만다행히도 병원이 그리 멀지 않으며, 그동안 조금 고통스럽더라도 지프 뒷자리에 누워 있으라고 한다. 이런 상황에서 운이 좋다고 느낄 사람은 별로 없겠지만, 사실 당신은 엄청나게 운이 좋은 것이다. **수동 면역 형성**이라는 경이로움을 만끽하게 될 테니까.

　수동 면역은 이미 그런 상황을 겪고 살아남은 사람에게서 질병이나 병원체에 대한 면역을 빌려 오는 것이다. 다른 사람의 면역 세포를 빌려 오기는 쉽지 않다. 면역계가 즉시 **타자**로 인식하고 공격해 죽여 버리기 때문이다. 그래서 항체를 빌려 온다. 무시무시한 독사에게 물

2　말은 그렇게 했지만, 오스트레일리아에서 뱀에 물려 죽을 확률은 매우 낮다. 매년 뱀에 물리는 사람은 3,000명 정도에 불과하며 사망 사고는 평균 두 건이다. 그래도 독을 지닌 생물이 엄청나게 많기 때문에 그리 안심이 되지는 않는다.

리는 일과 항체가 무슨 관계가 있단 말인가?

앞서 언급하지 않은 항체의 특징 중 하나는 병원체뿐 아니라 독소에 대해서도 작용을 나타낸다는 것이다. 미시 세계에서 독성 물질이란 자연적인 과정을 방해하거나, 생체의 구조를 파괴하거나 녹여 손상을 일으키는 분자를 가리킨다. 항체는 집게발을 이용해 이런 분자에 결합함으로써 독소를 중화해 무해한 물질로 만들어 버린다.

독사는 엄청난 양의 독성 물질을 직접 몸속에 주입한다. 사람을 이내 죽음에 이르게 하는 매우 치명적인 독사가 아니라면, 몸속에서는 즉시 면역 반응이 일어날 것이다. 독에 의해 민간인 세포가 죽거나 다치면 염증이 생기고, 가지 세포가 활성화된다. 가지 세포는 B 세포를 활성화해 뱀의 독에 특이적인 보호 항체를 만들어 낸다.

이 과정이 얼마나 멋진지 음미해 보자. 면역계는 자연계에서 가장 위험한 독에 대해서도 해결책을 내놓을 수 있을 정도로 강력하다. 현실에서 독을 지닌 동물에게 물리면 즉시 신체에 치명적인 손상이 가해져 면역 반응이 크게 도움이 되지는 않지만 말이다. 많은 경우 후천 면역계가 제대로 작동하려면 최소한 1주일이 걸리는데, 그 전에 죽음이 찾아와 면역 반응이 진행되지 않는다.

우리 인간은 **해독제**를 만들어 이 문제를 해결했다. 독 분자에 대한 항체를 정제해 두었다가 동물에게 물린 사람에게 직접 주입하는 것이다!

항체 제조 과정은 흥미롭다. 우선 뱀에게서 독을 채취해 말이나 토끼 등 포유동물에게 주사한다. 단, 죽을 정도로 많은 양이 아니라 동물이 처리할 수 있을 정도만 주어야 한다. 그 후 충분한 시간을 두고 주입 용량을 서서히 올리면 동물이 독에 대해 면역을 형성한다. 독에 대한 특이적 항체를 대량 생산해 혈액 속을 항체로 가득 채움으로써 면역을 갖는다는 뜻이다. 그때 포유동물의 혈액을 채취해 혈액 성분과 항체를 분리한다. 짠, 이제 뱀에게 물린 사람에게 주사할 해독제가 준비되었다. 짐작하듯 완전히 안전한 방법은 아니다. 해독제 속에 동물 단백질이 너무 많이 남아 있으면 인간의 면역계는 원치 않은 반응을 일으킬 수 있다. 하지만 대부분의 경우 해독제에 부작용이 생길 위험은 독 자체로 인한 위험보다 훨씬 적기 때문

에 가능하면 언제나 해독제를 사용한다.[3]

수동 면역은 임신 중에 자연스럽게 형성되기도 한다. 엄마의 항체 중 일부가 태반을 통해 아기에게 넘어가 출생 후 한동안 감염병을 막아 주는 것이다.

더욱 흥미로운 사실은 아기가 태어난 뒤에도 모유를 통해 다량의 항체가 넘어간다는 점이다. 사람의 항체를 분리해 다른 사람에게 주입하는 방식도 당연히 가능하다. **정맥 내 면역 글로불린(immunoglobulin intravascular, IGIV)** 투여가 바로 그것이다. 혈액 은행에 기증된 혈액에서 항체만 분리한 후 면역 질환으로 인해 스스로 항체를 생산하지 못하는 환자에게 조심스럽게 주입하는 방법이다.

수동 면역에서 한 가지 성가신 점은 효과가 일시적이란 것이다. 누군가에게 항체를 주입하면 그 항체가 있는 동안만 보호 효과가 지속된다. 항체가 소모되거나 시간이 지나 저절로 사라지면 보호 효과도 사라진다. 수동 면역은 아주 멋진 방법이지만 많은 사람에게 면역을 형성하는 최선의 방법은 아니다.

수동 면역은 배고픈 사람에게 생선을 주기만 할 뿐, 생선을 잡는 방법을 가르치지는 못한다. 사람이 진정 능동적으로 면역을 형성하려면 면역계를 자극해 스스로 면역을 획득하게 해 주어야 한다!

능동 면역: 생선을 잡는 법

이 책을 여기까지 읽었다면 우리 몸에서 능동적으로 면역을 형성한다는 말이 무슨 뜻인지

3　너무 멋진 동시에 너무 안 좋은 얘기를 들을 준비가 되었는가? 단백질과 항원에 대해 지금까지 배운 것을 떠올려 보자. 우리와 전혀 다른 생물종에서 얻은 항체를 몸에 주입했을 때 면역계가 순순히 받아들일 가능성이 있을까? 좋은 질문이다. 당연히 면역계는 가만있지 않는다. 사실 말이나 토끼의 단백질이 대량으로 쏟아져 들어오면 몹시 분개한다. 따라서 해독제는 처음에는 좋은 효과를 발휘하지만, 두 번째는 아무런 효과가 없을 수도 있다. 몸속에 말이나 토끼의 항체에 대한 항체가 생기기 때문이다. 사실 면역계는 현대 의학이란 녀석이 나타나 뱀의 독을 말의 몸에 주입한 후 그 피에서 도움이 되는 물질을 분리해 내는 창조적인 해결책을 개발하리라고는 생각도 못 했을 것이다. 그러니 면역계가 그렇게 반응한다고 해서 너무 안타깝게 생각할 필요는 없다.

금방 알 수 있을 것이다. 그것은 곧 기억 세포를 만들어 특정 병원체에 대한 무기들을 언제라도 쓸 수 있도록 준비하는 것이다.

자연적 능동 면역은 지금까지 설명한 바와 같다. A형 독감에 걸린 후 침입한 바로 그 균주에 대해 우리 몸이 영구적인 면역력을 갖는 것을 예로 들 수 있다. 이런 자연적인 방법은 몇 가지 단점이 있다. 우선 면역을 획득하려면 반드시 병에 걸려야 한다. 해결책은 단순하다. 몸을 속이는 것이다. 몸이 병에 걸렸다고 생각하도록 만들어 질병에 대한 면역력을 갖도록 하면 된다!

물론 말이 쉽지 결코 쉬운 과정은 아니다. 면역계는 매우 신중하다. 잠에서 깨어나 제대로 활성화되려면 매우 특이적인 신호를 필요로 한다. 오랜 기간 몸속에 머물면서 효과를 발휘하는 기억 세포를 인공적으로 유도하려면 면역계를 실제로 활성화해야 한다. 차근차근 면역 반응이 상승해 가는 과정을 빠짐없이 겪어야 한다. 2단계 인증 과정을 비롯해 모든 것들을 고스란히 재현해야 하는 것이다.

따라서 우리는 어떻게든 제대로 된 면역 반응을 **안전하게** 유발하면서도 실제로 질병을 일으켜서는 안 된다. 이런 목표를 달성하는 데는 몇 가지 방법이 있다.

첫 번째는 인두 접종법의 원칙으로 돌아가는 것이다. 면역을 얻고 싶은 질병을 일으키되, 정말정말 약한 형태로 일으킬 수 있다면 어떨까? 바로 이것이 **약독화 생백신**(live-attenuated vaccine)의 원리다. 몸속에 진짜 병원체를 넣되, 아주 약하게 만들어서 넣어 주는 것이다.

수두, 홍역, 볼거리 등은 원래의 병원성 바이러스를 실험실에서 인공적으로 조작해 아주 허약한 형태로 만들 수 있다. 이 방법은 특히 바이러스에 효과적이다. 세균과 달리 바이러스는 소량의 유전자만을 지닌 매우 단순한 존재로 활성을 조절하기가 훨씬 쉽다. 살아 있는 바이러스를 약화시키는 원리는 매우 흥미롭다. 문자 그대로 진화를 이용한다. 당당하고 강한 동물이었던 늑대를 오랜 세월 진화의 원리에 입각해 육종함으로써 퍼그와 이탈리안 그레이하운드를 만들어 낸 것과 비슷하다.

예를 들어 오늘날 홍역 백신에 사용하는 바이러스는 1950년대에 한 어린이에게서 분리한 것이다. 그것을 실험실에서 조직 배지에 몇 번이고 배양해 약화된 바이러스를 만들었다.

이렇게 길들인 홍역 바이러스는 원래 바이러스의 그림자 같은 존재다. 야생 바이러스에 비해 독성이 매우 약해 인간에게 무해하다는 뜻이다. 실험실에서 배양 증식할 수는 있지만, 제 힘으로 홍역 유행을 일으키지는 못한다. 그래도 홍역에 걸렸을 때와 마찬가지로 강력한 면역 반응을 일으킬 수는 있다. 백신을 맞으면 미열 등 아주 약한 홍역 증상이 생길 수도 있다.

아주 드물지만 가벼운 발진이 돋기도 한다. 수백 년 전 시행했던 인두 접종법을 연상시키는 대목이다. 그러나 이 백신을 한두 번만 맞아도 평생 어린이를 홍역에서 지켜 주기에 충분한 기억 세포를 만들 수 있다!

생백신은 몇 가지 단점이 있다. 약해 빠진 병원체가 접종도 하기 전에 죽지 않도록 항상 적정 온도에 보관해야 한다. 또한 심하게 면역이 억제된 사람에게 사용해서는 안 된다. 이들은 약화된 병원체조차 제대로 통제하지 못할 수 있기 때문이다. 하지만 절대 다수에게는 면역계를 인공적으로 강화해 평생 질병을 막아 주는 안전하고 효과적인 수단이다.

살아 있는 병원체를 사용하는 것이 항상 좋은 방법은 아니다. 백상아리(*Carcharodon carcharias*)를 길들이기가 불가능한 것처럼, 일부 병원체는 실험실에서 약화시키기가 불가능하다. 백신으로 만든 뒤에도 질병을 예방하기는커녕 오히려 유발할 가능성이 높은 경우도 있다. 이때 쓰는 방법이 병원체를 아예 죽여서 주사하는 것이다. 이런 백신을 **불활성화 백신**(**inactivated vaccine**)이라고 한다.

불활성화 백신을 만들 때는 많은 수의 병원성 세균이나 바이러스를 모은 뒤에 화학 물질이나 방사선, 열을 가해 파괴한다. 병원체의 유전 부호를 파괴해 텅 빈 껍질만 남기는 것이다. 이제 병원체는 증식하거나 생명 주기를 영위할 수 없다. 하지만 이렇게 해도 문제가 생긴다. 뭔지 짐작이 가는가?

병원체가 **지나치게** 무기력하다는 것이다! 그저 주변을 둥둥 떠다니는 병원체의 사체만으로는 면역계를 제대로 자극할 수 없다. 따라서 껍데기만 남은 병원체에 면역계를 자극하는 화학 물질들을 섞어야 한다. 지금 막 엄청나게 박빙이었던 홈경기에서 패한 야구팀 앞에서 상대 팀 유니폼을 입고 이리저리 뛰어다니며 욕설을 퍼붓는 것처럼 아주 꼭지가 돌아 버릴 정도로 면역계를 자극하는 화학 물질이 필요하다. 이런 짓을 하면 분명 누군가 쫓아 와 얼굴을 냅다 후려갈길 것이다. 면역계의 그런 반응을 유도해야 한다.

이렇게 면역계를 정말로 열 받게 만드는 물질과 죽은 세균을 섞어서 투여하면 면역 세포는 진짜 병원체와 구분하지 못해 기억 세포를 형성한다. 화학을 이해하지 못하는 사람은 그 물질들의 이름만 보고 백신에 독을 섞은 것처럼 흥분하곤 하는데, 내막을 들여다보면 진실과는 거리가 먼 얘기다. 우선 이런 화학 물질은 코웃음이 날 정도로 적은 양이기 때문에 그저 가벼운 국소 반응만 일으킬 뿐이다. 그러나 이들 물질을 넣지 않으면 백신은 아무 효과가 없다. 불활성화 백신의 또 다른 장점은 생백신보다 훨씬 안정적이어서 보관과 운송이 쉽다는 것이다!

병원체를 죽여서 투여하기보다 한 발짝 더 나간 것이 **아단위 백신**(subunit vaccine)이다. 병원체를 통째로 주사하는 대신 아단위, 즉 병원체의 일부(항원)만 사용해 T 세포와 B 세포가 더 쉽게 인식하게 한 것이다. 이렇게 하면 병원체에 대한 부작용이 생길 가능성이 크게 줄어들어 매우 안전한 백신이 된다. 그 이유는 때때로 병원체보다 대사산물, 속되게 표현하면 '세균의 똥'이 우리에게 더 큰 피해를 입히기 때문이다.

아단위를 만드는 과정은 유전 공학을 간단히 응용한 것이지만 매우 흥미롭다. 예컨대 B형 간염 백신을 만들 때는 바이러스 DNA의 일부를 효모에 이식한다. 이렇게 하면 효모는 엄청난 양의 바이러스 항원을 만들어 세포 표면에 발현한다. 이것만 분리하면 병원체에서도 고도로 특이적인 부분을 쉽게 얻을 수 있다. 면역계를 훨씬 정확하게 자극할 수 있는 것이다! 다만 불활성화 백신처럼 면역 세포의 약을 바짝 올리는 욕쟁이 화학 물질들과 섞어 줄 필요는 있다.

마지막으로 가장 최근에 개발된 **mRNA 백신**을 알아보자. 기초 원리는 천재적이다. 간단히 말해 우리 자신의 세포를 이용해 면역계를 자극하는 항원을 만드는 것이다. mRNA는 세포 속 단백질 생산 공장에 달려가 어떤 단백질을 만들지 알려 주는 전령이라고 했다. 따라서 mRNA를 주입해 몸속에 있는 몇몇 세포에게 바이러스 항원을 만들라고 명령하면, 세포들은 곧이곧대로 바이러스 항원을 만들어 자랑스럽게 면역계에 보여 준다. 면역계는 즉시 경계 태세에 돌입해 이 항원들을 막아 낼 방어선을 구축한다.

그 밖에도 여러 가지 백신이 있다. 하지만, 이 책에서는 여기까지 설명하면 충분할 것이다. 백신은 오래도록 인류를 괴롭혀 온 가장 무서운 질병들을 막아 주지만, 최근 들어 점점 많은 사람이 자녀에게 백신 맞히기를 거부하고 있다.

백신을 불신하는 백신 반대 운동이 벌어진 이유는 다양하다. 특히 미국과 유럽에는 백신의 위험이 이익보다 크다는 믿음이 널리 퍼져 있다. 백신은 자연적인 과정에 인간이 개입하는 행위로, 자연이 제 할 일을 하도록 그냥 두는 편이 덜 위험하다는 것이다.

면역계가 작동하는 원리와 어떻게 면역이 형성되는지 이해한다면 이런 생각을 쉽게 떨칠 수 있을 것이다. 백신과 질병은 면역계에 똑같은 일을 한다. 즉 면역 반응을 일으켜 기억 세포를 만들어 낸다. 하지만 병원체는 우리 몸을 공격해 엄청난 부담을 주며 온갖 장기적 후유증을 남기고 심지어 생명을 위협하는 반면, 백신은 이런 위험이 거의 없이 똑같은 목표를 달성한다.

조금 다른 각도에서 생각해 보자. 자녀에게 호신술을 가르치기 위해 도장에 보낸다고 해 보자. 동네에는 두 곳의 도장이 있다. 당신은 좋은 부모답게 양쪽을 직접 방문해 수련 방법을 보기로 한다. 첫 번째는 '자연 도장'이다. 사범의 철학은 험난한 세상의 위험에 더욱 잘 대처하기 위해 실제 무기, 즉 진짜 칼과 창으로 수련한다는 것이다. 물론 위험하지만 더 자연적이고 실제 상황에 가까운 것은 사실이다. 수련생들은 때때로 깊은 상처를 입고 병원으로 실려 가 꿰매기도 한다. 한쪽 눈을 잃거나 심지어 죽은 아이가 있다는 소문도 돈다. 하지만 분명 자연적인 방식이다!

두 번째는 '백신 도장'이다. 수련 과정과 방법은 '자연 도장'과 동일하지만 한 가지 큰 차이가 있다. 백신 도장은 스펀지와 종이로 만든 무기를 쓴다. 그래도 다치는 아이가 있을까? 드물지만 있다. 하지만 훨씬 적고 대부분 가볍게 멍드는 정도라 우는 아이도 거의 눈에 띄지 않는다. 당신은 자녀를 어느 도장에 보내고 싶은가?

냉정하게 생각해 보자. 삶에서 위험이 전혀 따르지 않는 일은 없다. 하지만 우리는 충분히 알아본 후에 어느 쪽이 위험이 적은지, 큰 문제를 피할 수 있는지 합리적으로 판단할 수 있다. 백신의 경우 이런 판단을 회피한다면 자녀는 저절로 '자연 도장'에 다니게 된다.

게다가 백신은 모든 사람에게 이익이 되는 일종의 사회 계약이라 할 수 있다. 건강한 사람이 모두 백신을 맞는다면 **집단 면역**(herd immunity)이 달성되어 백신을 맞을 수 없는 사람까지 보호할 수 있다. 백신을 맞을 수 없는 사람이라니? 백신을 맞을 수 없는 이유는 여러 가지다. 나이가 너무 어리거나, 면역 결핍으로 기억 세포를 만들 수 없거나, 현재 항암 화학 치료를 받고 있어서 면역계가 일시적으로 파괴된 사람은 백신을 맞을 수 없다.

이들을 백신이 필요한 병에 걸리지 않게 보호하는 방법은 오직 하나, 가능한 사람이 모두 백신을 맞는 것이다. 집단 면역이란 충분히 많은 사람이 면역력을 가지면 질병이 생겨도 퍼지지 못하고 자연 소멸된다는 뜻이다. 문제는 단 하나, 충분히 많은 사람이 백신을 맞아야 한다는 점이다. 예컨대 홍역에 대해 효율적인 집단 면역을 달성하려면 사회 구성원의 95퍼센트 이상이 백신을 맞아야 한다.

자, 이제 면역계에서 가장 중요한 부분은 모두 설명했다! 우리는 몸속의 전사, 정보기관, 특수 장기, 단백질 군단, 특수 무기들과 이 모든 것이 합쳐져 작동하는 원리를 이해했다! 이제 이 위대한 시스템이 붕괴되었을 때 어떤 일이 벌어지는지 알아볼 차례다. 병원체가 T 세포를 방해한다면, 면역 세포들이 너무 격렬하게 싸운 나머지 내부에서 우리 몸을 손상시킨다면, 어떻게 될까? 면역력을 높이려면 어떻게 해야 할까? 암에 걸리지 않으려면 어떻게 해야 할까?

4부
반란과 내전

37장 면역계가 너무 약해졌을 때: HIV와 AIDS

인간 면역 결핍 바이러스(human immunodeficiency virus, HIV)는 실로 무서운 병원체로, 면역계가 기능을 잃으면 어떤 일이 벌어지는지 보여 주는 생생한 예다. 사실 기능을 잃는 것은 면역계 전체가 아니라 한 가지 세포에 불과한데도 그렇다. HIV는 조력 T 세포를 표적으로 삼는다. 그렇다, HIV와 AIDS가 초래하는 모든 끔찍한 증상은 오직 조력 T 세포가 제 기능을 발휘하지 못하기 때문이다. 여기까지 읽은 독자라면 이 세포가 얼마나 중요하며, 우리 몸의 방어 체계가 여기에 얼마나 많이 의존하는지 이해할 것이다.

하나의 생물종으로서 우리는 엄청나게 운이 좋은 편이다. HIV에 감염되기가 쉽지 않기 때문이다. HIV는 공기 중에 둥둥 떠다니는 것도 아니고, 아무 데나 자리 잡고 오래 버틸 능력도 없다. 혈액 같은 체액의 교환이나 성교 등 밀접한 접촉이 꼭 필요하다. 대부분의 HIV 감염은 성적 접촉 시 자신도 모르게 생긴 작은 상처를 통해 바이러스가 상피 세포의 방어층을 무사통과해 몸속으로 들어갔을 때 생긴다.

HIV는 주로 조력 T 세포 표면에 존재하는 'CD4'라는 수용체를 통해 세포 속으로 들어간다. CD4는 조력 T 세포만큼은 아니지만 큰 포식 세포와 가지 세포에도 존재한다. HIV는 **레트로바이러스**다. 세포 속에 들어가 우리의 개별성을 발현하는 가장 내밀한 장소, 즉 유전 부호와 하나가 된다는 뜻이다. 어떤 의미로 HIV는 영원히 우리의 일부가 된다. 하지만 그 일부는 우리의 변질된 버전이다.

인간 게놈 프로젝트를 통해 우리 DNA 속에 수천 종에 이르는 바이러스의 유전적 잔해가 존재한다는 사실이 밝혀졌다. 가히 살아 있는 화석이라 할 이런 분절들은 유전 부호의 최대 8퍼센트를 차지한다. 다시 말해 우리의 8퍼센트는 바이러스다. 이런 유전 부호는 대개 아무 쓸모가 없으며, 그렇다고 해를 입히지도 않는 것 같다. 하지만 레트로바이러스가 우리를 감염시키면 영원히 우리 속에 남는다는 사실을 보여 준다.

앞에서 바이러스를 무고한 시민이 잠들어 있을 때 찾아와 죽이는 침묵의 자객에 비유했다. HIV는 희생자를 죽이는 데서 그치지 않고, 시체의 껍질을 벗겨 뒤집어쓴 채 백주 대낮에 도시 한복판을 활보하는 자객과 같다.

HIV 감염은 세 단계로 진행된다.

첫 번째는 **급성기**(acute phase)다. HIV가 세포를 침입해 장악하면 가장 먼저 현장에 달려오는 면역 세포는 가지 세포라고 생각된다. 바이러스에게는 반가운 일이다. 가지 세포는 본연의 임무에 충실할 뿐이다. 그게 문제다. HIV가 찾고 싶어 하는 세포들이 모여 있는 곳으로 바이러스를 데려다주는 꼴이 되고 마는 것이다. 바로 림프절 메가시티, 그중에서도 T 세포들이 모이는 데이트 장소다.

감염된 가지 세포가 이곳에 도달하면 HIV는 가만히 앉아 수많은 조력 T 세포에 접근할 수 있다. 실로 희생자의 껍질을 뒤집어쓴 채 시치미를 뚝 떼고 적국의 사령부에 잠입하는 특수 요원처럼 행동하는 것이다. 이리하여 선호하는 희생자 세포 속에 들어간 바이러스는 폭발적으로 증식한다. 감염 초기에 선천 면역계는 이 과정을 늦춰 보려고 최선을 다하지만 역부족이다. 바이러스의 증식을 막을 방법은 거의 없다. 급성기에 우리 몸은 여느 바이러스 감염증과 마찬가지로 흔히 사용하는 전략과 무기를 동원해 후천 면역계를 활성화함으로써 HIV를 막아 보려고 한다. 이때서야 최초로 감염되었음을 아는 경우도 많다.

HIV의 가장 초기 증상이 무엇인지는 명확하지 않다. 감염된 지 수주나 수개월, 심지어 수년이 지나서 진단받는 수가 많기 때문이다. 별것 아닌 감기처럼 매우 가볍게 시작된다는 것은 분명하다. 누구나 일 년에 몇 번쯤은 감기에 걸리므로 이런 증상에 호들갑을 떠는 사람은 없다. 그저 이 또한 지나가리라 생각할 뿐이다.

그러다 어느 순간에 이르면 살해 T 세포와 형질 세포가 활성화되어 바이러스를 공격하기 시작한다. 감염된 세포들이 죽어 가면서 수십, 수백억 개의 바이러스가 뭉텅뭉텅 사라진다. 증상이 없어지면 사람은 가벼운 감기를 앓고 나았다고 생각한다. 대부분의 바이러스 감염은 여기서 막을 내린다. 모든 바이러스가 죽고 나면 전쟁터는 깨끗이 치워지고, 기억 T 세포와 B 세포가 만들어져 평생까지는 몰라도 오랫동안 그 바이러스의 공격을 막아낸다. 정말 정말 운이 좋다면 HIV에 감염되어도 이렇게 해피 엔딩으로 끝날 수 있다. 물론 극히 드물다. 대부분의 HIV 감염은 이제부터 시작이다.

이제 감염은 **만성기**(chronic phase)에 접어든다. 대부분의 바이러스는 면역계의 무자비한 공격을 버티지 못하지만, HIV는 기막힌 전략을 동원해 살아남는다. 우선 HIV는 세포가 터질 때까지 자가 복제를 계속해 수많은 바이러스를 만드는 방식으로만 퍼지는 것이 아니다. 훨씬 신중하게, 세포를 최대한 오래 살려 두기 위해 최선을 다한다.

둘째, HIV는 새로운 희생자를 발견하는 데 훨씬 교활한 방법을 동원한다. 예컨대 바이러스는 세포에서 다른 세포로 직접 넘어갈 수 있다. 이때 HIV는 면역 세포끼리 사용하는 중요한 작동 원리를 역이용한다. 바로 **면역학적 시냅스**(immunological synapse)다. 직접적인 상호 작용을 통해 서로를 활성화할 때 면역 세포들은 비유하자면 얼굴을 세게 부딪히고 서로 뺨을 핥는 것처럼 행동한다. 아주 가깝게 접근한 후 **거짓발**(pseudopodia, **위족**)이라고 하는 수많은 짧은 돌기들을 뻗어 접촉하는 것이다. 현미경 사진을 보면 양쪽 세포에서 짧은 손가락 같은 것이 여러 개 뻗어 나온 모습이 좀 우습기도 하다. 많은 면역 세포가 이런 방식으로 서로 수용체를 확인한다. 그런데 HIV는 이런 상호 접촉이 일어날 때 다른 세포로 점프하듯 옮겨갈 수 있다.

이 방법은 바이러스 입장에서 많은 장점이 있다. 일단 세포를 죽이지 않아도 된다. 세포가 터지면 몸에서는 즉시 비상경보를 울린다. 잠들어 있던 면역계가 잔뜩 화가 나 깨어난다. 수많은 바이러스가 세포 밖으로 쏟아져 나올 필요도 없다. 괜히 세포 주변을 둥둥 떠다니면 면역 세포에 붙잡혀 역시 면역계를 깨우게 된다. 더욱이 이 방법은 대부분의 바이러스가 구사하는 '무작위로 둥둥 떠다니기' 전략에 비해 새로운 세포를 감염시키는 데 성공할 확률이 훨씬 높다. 어쨌든 HIV는 세포 사이의 상호 작용을 역이용해 조력 T 세포에서 살해 T 세포로, 가지 세포에서 T 세포로, T 세포에서 큰 포식 세포로 점프한다.

또 한 가지 중요한 점은 이런 방식을 통해 매우 효율적으로 몸을 숨길 수 있다는 것이다. 때때로 면역계가 전면적으로 활성화되어 대부분의 감염된 세포를 죽여 버린다고 해도 HIV는 림프절 속에 모여 있는 몇몇 세포 속에서 느긋한 시간을 보내다가 다시 온몸을 돌아다닐 수 있다. 게다가 그 세포는 항상 HIV가 가까이하고 싶은 세포들과 밀접하게 접촉한다!

이렇듯 HIV는 다양한 방법을 통해 표적 세포 사이로 퍼져 나가므로 약물이나 치료로 없애기가 매우 어렵다.

HIV는 오랫동안 휴면기에 들 수도 있다. 세포 속에서 아무것도 하지 않고 조용히 숨죽인 채 활개 치고 돌아다닐 기회가 오기를 기다린다. 세포가 분열하지 않을 때 단백질 생산은 말하자면 저속 모드로 전환된다. 그저 생명을 유지하는 정도로만 자원과 에너지를 사용한다. 하지만 세포 분열이 일어날 때는 단백질 생산 장치가 수천 배로 증폭된다. 감염된 조력 T 세포가 분열을 시작하면 HIV도 잠에서 깨어나 몇 시간 만에 수많은 바이러스를 새로 만들어 낸다. 이 과정은 매우 효과적이다. 심지어 살해 T 세포가 바로 옆에서 눈에 불을 켜고 감염된 세포를 찾는다 해도 HIV는 들키지 않고 수많은 바이러스를 만들어 내 수많은 세포를 새로 감염시킬 수 있다.

앞에서 면역계가 미생물을 다룰 때는 엄청나게 어려운 과제에 직면한다고 했다. 미생물의 가장 중요한 특징 때문이다. 미생물은 다세포 생물보다 훨씬 빨리 변화하고 적응하기 때문에 이들을 상대하려면 우리 역시 적응형 면역계, 즉 후천 면역계가 필요하다. HIV가 그토록 위험한 이유는 유전적 변동성이란 면에서 완전히 차원이 다른 병원체이기 때문이다. 대개 바이러스는 증식할 때마다 오류가 생긴다. 단 1개의 세포 속에도 서로 다른 HIV 변종이 무수히 존재한다.

이에 따라 세 가지 가능성이 생긴다.

1. HIV가 기능을 잃거나 덜 효과적으로 기능하는 방향으로 돌연변이를 일으켜 스스로 소멸한다.
2. 돌연변이가 도움이 되지도 않지만 해를 끼치지도 않아 아무런 변화가 일어나지 않는다.
3. 바이러스가 면역계의 방어 전략을 훨씬 효율적으로 피할 수 있게 된다.

HIV는 감염자의 몸속에서 하루 만에 약 **100억 개**의 새로운 바이러스를 만들어 낼 수 있다. 오로지 우연에만 맡겨 두어도 감염 지속 능력이 훨씬 뛰어난 바이러스가 많이 생겨난다. 설상가상으로 1개의 세포가 동시에 여러 개의 HIV 균주에 감염될 수도 있다. 균주들은 세포 안에서 재조합되어 새로운 잡종이 태어날 수 있다. 매일 수십억 개의 새로운 바이러스가 만들어지다 보면 면역 반응을 피하는 데 뛰어난 재주를 지닌 신종 바이러스가 출현하는 것은 시간문제다.

이 모든 것이 어떤 의미인지 곰곰이 생각해 보자. 후천 면역계가 HIV를 물리치는 데 탁월한 능력을 지닌 수많은 살해 T 세포와 수많은 항체를 만들어 내는 데는 약 1주일이 걸린다. 하지만 이미 때는 늦었다. 전혀 다른 항원을 지닌 새로운 바이러스들이 수없이 존재한다! 그 항원은 애초의 형태와 너무나 달라 애써 만들어 낸 살해 세포와 항체들이 아무런 쓸모가 없을 수도 있다.

형태가 완전히 바뀐 새로운 바이러스는 다시 새로운 세포를 감염시키고 자신과 똑같은 복제본을 수없이 만들어 낸다. 후천 면역계가 기껏 적응한 바이러스는 이미 옛 버전으로 별의미가 없다. HIV는 항상 면역계보다 한발 앞서간다. 이런 식으로 HIV 감염의 만성기에 접어들면 몸속에는 언제나 바이러스가 우글거린다. 혈액 1밀리리터 속에 존재하는 바이러스 입자는 평균 1000~10만 개에 달한다.

HIV의 전략을 짧게 요약해 보자. 바이러스는 가지 세포를 감염시켜 HIV의 천국으로 향하는 계단을 오른다. 바로 조력 T 세포로 가득 차 있는 림프절이다. HIV는 이 세포들 속에 아지트를 마련하고 무한정 숨어 지낼 수 있다. 조력 T 세포의 증식은 림프절에서 일어나므로 이곳은 HIV가 수많은 바이러스를 만드는 장소이기도 하다. 바이러스에게서 우리 몸을 보호하는 데 가장 중추적인 기관이 완전히 바이러스에게 장악당해 가장 취약한 기관이 되고 마는 것이다.

최악의 상황은 따로 있다. HIV가 하필 T 세포를 공격한다는 것이 어떤 의미인지 생각해 보자. 결국 B 세포와 살해 T 세포를 활성화하는 데 꼭 필요한 후천 면역계의 간판스타가 없어져 버리는 셈이다.

그래도 면역계는 포기하지 않는다. 눈물겨운 투쟁을 몇 년씩 지속한다. 하루도 빠짐없이 HIV는 수십억 개의 새로운 바이러스를 만들어 내고, 그때마다 면역계는 새로운 항체와 새로운 살해 T 세포를 만들어 대응에 나선다. 양쪽 모두 살아남기 위해 밀고 당기며 죽음과 부활의 투쟁을 벌인다. 싸움은 10년 이상 지속되기도 하는데, 그동안 눈에 띌 만한 증상은 거의 없다. 얄궂은 운명의 장난이다. 바로 그 때문에 감염자는 바이러스의 저장소가 되어 계속 다른 사람을 감염시킨다.

면역계는 모든 것을 퍼부어 최선을 다하지만 운명의 추는 갈수록 불리한 쪽으로 기운다. 조력 T 세포들이 끊임없이 HIV에 감염되고, 살해 T 세포들은 인정사정없이 그들을 죽여 버린다. 감염된 조력 T 세포가 쇼윈도에 HIV 항원을 전시하는 순간 살해 T 세포가 다가와 스스로 목숨을 끊으라고 명령하기 때문이다! 원칙적으로는 좋은 일이지만 결과적으로는 HIV에 대항할 무기가 갈수록 고갈된다.

가지 세포도 심각한 운명을 맞는다. 역시 면역계를 활성화하는 데 중요한 세포다. 두 가지 세포가 없으면 후천 면역계를 동원하는 능력이 점점 떨어진다. 몸에서는 새로운 조력 T 세포를 만들어 내는 데 총력을 다하기 때문에 세포들의 죽음은 아주 오래 지속된다. 하지만 영원히 버틸 수는 없다. 시간이 흐르면서 조력 T 세포의 숫자는 느리지만 끊임없이 줄어든다. 어느 날 결정적인 문턱값에 도달하면 후천 면역계가 붕괴한다. 이제 저항 세력이 완전히 궤멸되었으므로 혈액 속에는 바이러스 입자가 폭발적으로 늘어나 결국 온몸에 바이러스가 우글거린다.

사태는 마지막으로 치닫는다. **심각한 면역 억제**(profound immunosuppression) 단계다. **AIDS**, 즉 **후천 면역 결핍 증후군**이 시작된다. 후천 면역계가 심각한 고장을 일으켰다는 뜻이다. 이때가 되면 후천 면역계가 얼마나 중요한 역할을 했는지 여실히 드러난다. 평소라면 아무 문제가 되지 않을 수많은 병원체, 미생물, 암이 금방 위험한 상태로 발전해 생명을 위협한다. 외부 침입자에게만 취약해지는 것이 아니다. 암과 싸우려면 후천 면역계, 그중에서도 조력 T 세포와 살해 T 세포가 필요하므로 몸속에 생긴 암들이 아무 저항을 받지 않고 마구 자란다. 일단 AIDS가 발병하면 상황은 이내 절박해진다. 사망 원인은 다양한 종류의 암과 세균 또는 바이러스 감염이다. 종종 세 가지가 겹쳐 나타난다. 평소 면역계가 막아 주었던 모든 병이 한꺼번에 활개를 친다.

HIV 감염은 한때 사형 선고나 다름없었다. 질병이 진행되어 AIDS 상태에 이르면 이내 죽음이 뒤따랐다. 하지만 과학계와 의학계의 엄청난 노력에 힘입어 이제는 HIV에 감염되어도 적절히 치료만 받으면 관리 가능한 만성 질병으로 시간을 끌 수 있다. HIV에 대한 거의 모든 치료는 마지막 단계, 즉 AIDS에 이르지 않도록 막는 것이 목표다. 사람은 이 상태에 이르러 죽기 때문이다.[1]

---

1 이 시점에서 당연히 제기되는 질문은 HIV 치료가 어떻게 효과를 나타내느냐는 것이다. 간단히 설명하면 그 원리는 바이러스 감염의 각기 다른 단계를 표적으로 해 차단하거나 늦춤으로써 HIV 감염이 AIDS로 넘어가지 않게 하는 것이다. 더 흥미로운 질문은 독감에 대해서는 효과적인 치료 약이 없는데, 어떻게 AIDS에 대해서는 치료 약이 몇 가지나 되느냐는 것이다. (물론이다. 독감에 대해서는 안전하고 효과적인 백신이 있다. 바이러스가 빠른 속도로 돌연변이를 일으키기 때문에 매년 새로 개발해야 하기는 하지만 말이다. 문제는 이런저런 이유로 독감 백신을 맞는 사람이 그리 많지 않다는 것이다.) 답을 알고 나면 약간 우울해진다. 관심과 돈이다. 우리는 한때 HIV가 팬데믹을 일으켰으며, 듣도 보도 못한 질병으로서 엄청난 충격과 공포를 던졌음을 잊기 쉽다. 2019년에도 여전히 전 세계적으로 3800만 명이 감염되어 있다. HIV와 AIDS가 처음 나타났을 때, 사람들은 공포에 빠진 나머지 역사상 유례없는 지원과 관심을 쏟아부었다. 인류 전체가 해결책이 나오기를 학수고대했다. 그것도 빨리! (행복한 부산물로 면역학자들은 면역계에 대해 많은 것을 새로 알게 되었다.) 우리는 해답을 얻었고 HIV를 치명적인 질병에서 만성 질병으로 전환할 수 있었다. 언젠가는 영원히 물리칠 수 있을지도 모른다. COVID-19 백신에 대해서도 비슷한 노력을 기울인 결과 역사상 가장 빠른 속도로 백신을 개발할 수 있었다. 결국 문제는 우리가 가치 있다고 생각되는 치료가 무엇이며, 얼마나 절박하게 원하는지에 달려 있는 것 같다. 이런 과정은 인류가 우선순위를 적절히 정하기만 하면 모든 중요한 문제를 해결할 능력이 있음을 보여 주는 증거라 할 것이다.

38장 면역계가 너무 공격적으로 변할 때: 알레르기

당신은 평생 게를 즐겨 왔다. 거대한 거미처럼 바다 밑바닥을 멋지게 기어 다니는 이 동물은 맛도 식감도 그만이다. 몇 개월간 다이어트로 고생한 만큼 오늘은 모처럼 친구들과 함께 맘껏 즐기리라. 게를 수북이 쌓아 놓고 와인도 마음껏 마실 요량이다! 하지만 한 입 베어 문 지 얼마 되지도 않았는데 이상한 일이 벌어진다. 몸에 묘한 느낌이 들면서 안절부절못하겠다.

화끈화끈 열이 나고 땀이 흐른다. 귀에, 얼굴에, 양손에 묘한 기분이 들더니 갑자기 숨쉬기가 힘들다. 슬슬 걱정이 된다. 벌떡 자리에서 일어나자 친구들이 무슨 일이냐고 묻는다. 다시 털썩 주저앉는다. 너무 어지럽다. 정신을 차려 보니 병원을 향해 질주하는 앰뷸런스 안이다. 팔에 꽂힌 바늘을 통해 한 방울씩 약이 몸속으로 흘러든다. 거의 목숨을 앗아 갈 뻔했던 알레르기 반응을 가라앉히는 약이다. 혼란스러운 와중에 의학적 치료를 받고 있다는 사실에 안심이 되기도 한다. 그제야 문득 깨닫는다. 앞으로 다시는 게를 먹을 수 없겠구나!'

여러 번 보았듯 면역계는 아슬아슬한 균형을 유지한다. 강하게 반응하지 않으면 사소한 감염증이 금세 치명적인 질병으로 변해 생명을 앗아갈 수도 있다. 하지만 너무 강하게 반응하면 감염증보다 더 큰 피해를 입힐 수 있다. 병원체가 아니라 면역계가 생존을 위협할 수도 있다. 에볼라 바이러스를 생각해 보자. 엄청나게 무서운 이 병원체도 사람의 생명을 앗아가려면 6일 정도가 걸린다. 하지만 면역은 15분이면 사람을 죽일 수 있다. **알레르기**는 우리를 지키는 방어 네트워크의 어두운 면이다. 면역계가 자제력을 잃으면 치명적일 수 있다. 매년

---

1 이 글을 읽는 독자 중에도 비슷한 경험을 해 본 사람이 있을 것이다. 생명이 위험한 정도는 아니라도 불쾌한 알레르기 반응을 겪은 사람은 훨씬 많을 것이다. 갑각류는 성인이 되어서 갑자기 나타나는 식품 알레르기의 가장 흔한 원인이지만, 그 밖에도 우유, 견과류, 콩, 참깨, 달걀, 밀 등 급성 알레르기를 일으킬 수 있는 식품은 한두 가지가 아니다. 알레르기, 이 얄미운 녀석!

아나필락시스 쇼크로 목숨을 잃는 사람이 수천 명에 달한다. 면역계는 우리에게 왜 이럴까?

알레르기란 면역계가 그리 위험하지 않은 대상에게 엄청난 과민 반응을 보이는 현상이다. 실제 위협이 존재하지 않는데도 온 힘을 다해 싸우려고 달려든다. 서구에서 어떤 형태로든 알레르기를 지닌 사람은 5명에 1명꼴이다. 가장 흔한 것이 **즉시형 과민 반응**(immediate hypersensitivity)이다. 증상이 매우 빨리, 원인에 노출된 지 몇 분 내에 나타난다. 비유컨대 거실에서 벌레 한 마리를 보았다고 군대를 출동시켜 전략 핵무기로 도시 하나를 잿더미로 만드는 꼴이다. 물론 벌레는 해결되었다. 그렇다고 집을 홀랑 태워 버릴 것까지는 없지 않은가? 선진국에서 가장 흔한 즉시형 과민 반응은 건초열, 천식, 식품 알레르기다. 심한 정도는 사람마다 천차만별이다. 어쨌든 사람은 무엇에든 알레르기 반응을 나타낼 수 있다.

라텍스 알레르기로 고무장갑조차 못 끼는 사람도 있다. 전신을 감싸는 라텍스 잠수복은 말할 필요도 없다. (모르고 입는다면 엄청난 비극이 벌어진다.) 벌에서 진드기까지 다양한 곤충의 침에 알레르기가 있는 사람도 있다. 식품 알레르기의 원인은 다양하다. 물론 모든 약도 알레르기를 일으킬 수 있다.

알레르기에서 면역계는 항원, 즉 무해한 물질의 분자에 반응한다. 원리는 같지만 알레르기를 일으키는 항원을 특별히 **알레르겐**(allergen)이라고 한다. 항원이든 알레르겐이든 모두 후천 면역계와 항체가 인식할 수 있는 작은 단백질 조각, 예컨대 게살 같은 것들이다.

왜 면역계는 이런 반응을 일으킬까? 그걸 좋은 아이디어라고 생각하나? 그렇지 않다. 면역계는 생각을 하거나 어떤 마음을 먹고 반응을 일으키는 게 아니다. 원래 존재하는 기전이 엉뚱한 상황에서 작동했을 뿐이다. 즉시형 과민 반응의 근원은 우리 핏속에 있다. 면역계를 통틀어 가장 성가신 녀석이 설치고 나선 것이다. 이름하여 **IgE 항체**다. 알레르기에 관련돼 나타나는 불쾌한 증상은 IgE 항체 탓인 경우가 많다. (사실 IgE 항체는 오늘날 실력 발휘를 할 일이 별로 없어서 그렇지 아주 중요한 임무를 수행한다. 거기에 대해서는 다음 장에서 알아보겠다.)

IgE는 림프절 대신 주로 피부, 허파, 장에 머무는 특화된 B 세포에서 만들어진다. 알레르기가 생길 때 가장 큰 피해를 입는 장기 역시 바로 이곳이다. 방어벽을 뚫고 몸에 들어오는 적을 막아 내는 것이 원래 목적이지만, 거꾸로 몸에 피해를 입히고 마는 것이다. 그럼 알레르기 반응에서 IgE 항체는 정확히 어떤 역할을 할까?

과민 반응은 언제나 두 단계로 일어난다. 우선 새로운 적을 만나야 한다. 그리고 같은 녀석을 나중에 한 번 더 만나야 한다. 게나 땅콩을 먹거나 벌에 쏘였다고 하자. 처음에는 아무 일도 없다. 알레르겐이 몸속으로 쏟아져 들어오고, 그 알레르겐을 인식하는 수용체를 지닌 B 세포가 활성화된다. 왜 활성화되는지는 아직 모른다. 어쨌든 B 세포는 예컨대 게살 단백질이란 알레르겐에 대해 IgE 항체를 만들기 시작한다. 그러나, 이 단계에서는 반응이 그리 심하지 않아 겉보기에는 아무 일 없이 멀쩡하다. 이 단계는 폭탄을 준비하는 것과 비슷하다. (이번 장 맨 앞에 등장했던 불쌍한 주인공에게 정확히 언제, 그리고 왜 폭탄이 준비되었는지는 알 수 없다. 하지만 그런 일이 일어났다는 것만은 분명하다.)[2]

이제 게살에 노출된 사람의 몸속에는 게살이라는 알레르겐에 결합하는 IgE 항체가 엄청나게 만들어진다. 하지만 IgE 자체는 문제가 되지 않는다. 수명이 길지 않아 며칠만 지나도 없어지기 때문이다. 이 녀석들이 문제를 일으키려면 피부, 허파, 장에 존재하면서 특별히 IgE 항체에 친화성을 갖는 특수한 세포의 도움이 필요하다. 바로 **비만 세포**다.

비만 세포는 염증에 관해 얘기할 때 잠깐 등장했다. 기억을 상기해 보면 크게 부풀어오른 괴물 같은 모습으로, 안에는 **히스타민**이라는 초강력 화학 물질을 탑재한 아주 작은 폭탄이 가득 들어 있다. 비만 세포가 히스타민을 방출하면 아주 심한 염증이, 매우 빠른 속도로 일어난다. 과학자들은 비만 세포의 역할에 대해 아직도 논란 중이다. 일각에서는 초기 면역 방어 기능의 핵심 역할을 한다고 생각하지만, 그저 2차적인 역할을 수행할 뿐이라고 믿는 학자도 있다. 분명한 것은 비만 세포가 염증을 엄청나게 증폭시킨다는 점이다. 유감스럽게도 알레르기는 비만 세포가 너무 열정적으로 임무를 수행한 나머지 생기는 문제다.

비만 세포에는 IgE 항체의 엉덩이 부위에 연결되는 수용체가 있다. 알레르겐에 처음 노

---

2   여기는 커다란 '그러나'가 붙는다. 지금 설명한 것은 알레르기가 생기는 '표준' 원리에 불과하다. 최초로 알레르겐과 접촉하고 면역계가 힘을 축적한 후, 두 번째로 알레르겐에 접촉하면, 짠! 하고 알레르기 반응이 일어난다. 하지만 불쌍한 우리 주인공처럼 느닷없이 제일 좋아하는 바닷게 요리를 못 먹게 되는 사람은 도대체 어떻게 된 것일까? 아직 모른다. 성인기에 갑자기 시작되는 알레르기는 일종의 수수께끼다. 얼마나 많은 사람이 그런 일을 겪는지 생각하면 으스스할 정도다. 나도 아무 문제없이 먹던 음식에 느닷없이 알레르기가 생겨 병원으로 달려가는 기쁨을 맛본 적이 있다. 왜 이런 일이 생기는지 누구보다도 알고 싶다. 하지만 어쩌겠는가? 그저 평생 잘만 먹어 왔던 음식에 느닷없이 알레르기가 생길 수 있다는 사실을 알고 살아갈 뿐.

출된 후 IgE가 만들어지면 비만 세포는 커다란 자석이 작은 못들을 끌어당기듯 항체들을 끌어모은다. 그러니 '잔뜩 독이 올라 완전 무장한' 비만 세포를 상상할 때는 커다란 자석에 수많은 못이 삐죽삐죽 달라붙은 모습을 그려 보자. 때마침 알레르겐이 주변에 있다면 비만 세포 표면에 달라붙은 IgE 항체는 놀랄 정도로 쉽게 알레르겐과 결합한다. 설상가상으로 비만 세포와 결합한 IgE는 수 주일에서 수개월간 안정적으로 유지된다. 비만 세포와 결합함으로써 성질이 바뀌어 쉽게 사라지지 않는 것이다. 정리하면 알레르겐에 처음 노출된 피부, 허파, 장에는 이렇게 작은 폭탄들이 만들어져 빠른 속도로 활성화될 준비를 갖춘다. 우리는 아무것도 모른 채 평소처럼 살다가 어느 날 맛난 것을 먹기로 작심하고 다시 게살을 입에 넣는다. 알레르겐이 몸속에 들어오는 순간 비만 세포 표면을 뒤덮은 IgE 항체가 즉시 자석이 못을 만난 듯 끌어당겨 결합한다. 철컥, 그리고 쾅! 알레르기 폭탄이 몸속에서 터지는 것이다.

중무장한 비만 세포는 **탈과립**(degranulation)을 시작한다. 어렵게 들리지만 엄청난 염증을 일으키는 화학 물질들을 몽땅 토해 낸다는 뜻이다. 가장 중요한 물질은 히스타민이다. 알레르기 반응 중에 경험하는 불쾌한 증상은 모두 이런 화학 물질 때문이다. 혈관이 확장하고 체액이 조직을 빠져나간다. 그 부위 조직이 빨갛게 부어오르고, 열이 나며, 가렵다. 온몸이 아픈 것 같은 느낌이 들기도 한다.

이런 반응이 여러 부위에서 동시에 일어나면 혈압이 크게 떨어져 때로 생명이 위험에 처한다. 또한 히스타민은 점액을 만들고 분비하는 세포를 자극해 증상을 한층 심하게 부채질한다. 콧물이 줄줄 흐르고 기도에 온통 가래가 끓는다.

가장 위험한 것은 히스타민이 허파의 민무늬 근육(평활근)을 수축시켜 숨쉬기가 어려워지거나 심지어 불가능해지는 것이다. 사실 공기를 들이마실 수 없는 것이 아니라 내쉬기가 어려워 공기가 허파 속에 갇힌 상태가 된다. 기도 점막에서 계속 점액이 만들어지는 것도 상황을 악화시킨다. 허파에는 평소에도 비만 세포가 많기 때문에 알레르기 반응이 한번 일어나면 이내 위험할 정도로 심해질 수 있다. 체액과 점액이 허파를 가득 채워 갈수록 숨쉬기 어려워지는 것이다. 최악의 사태는 아나필락시스 쇼크로, 불과 몇 분 새에 사망할 수 있다. 알레르기 반응은 결코 농담이 아니다.

지금까지 설명한 바에 따르면 비만 세포는 몹시 나쁜 녀석 같지만, 그렇게 생각하면 비

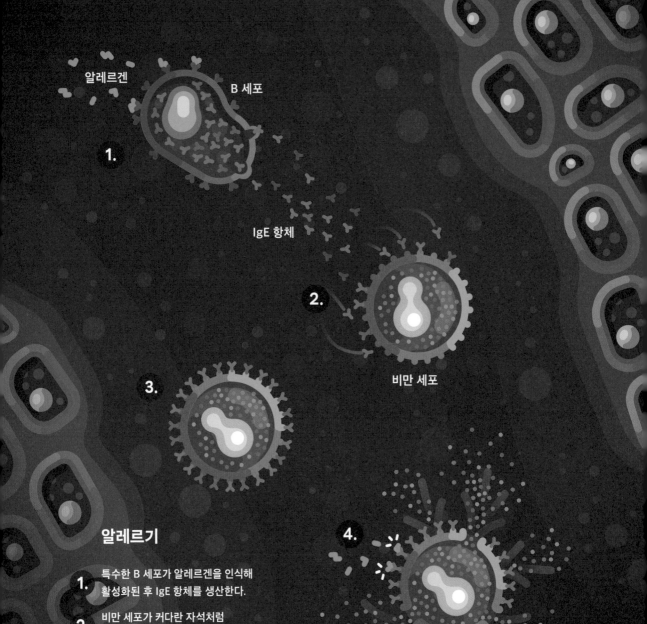

알레르겐

B 세포

1.

IgE 항체

2.

비만 세포

3.

4.

히스타민

알레르기

1. 특수한 B 세포가 알레르겐을 인식해
활성화된 후 IgE 항체를 생산한다.

2. 비만 세포가 커다란 자석처럼
IgE 항체를 끌어들인다.

3. 알레르기 폭탄이 완전 무장을 갖춘다.

4. 비만 세포 표면의 IgE 항체가 다시 한번 알레르겐과
결합하면 폭탄이 터져 비만 세포에서 히스타민을 비롯한
온갖 화학 물질이 쏟아져 나온다.

만 세포 입장에서는 조금 억울할 것이다. 혼자서 모든 혼란을 일으킨 것이 아니기 때문이다. 비만 세포에게는 우리 몸에 거의 비슷한 정도로 나쁜 영향을 미치는 절친이 있다. 일단 활성화된 비만 세포는 탈과립을 시작하는 동시에 사이토카인을 방출해 절친인 특수 세포에게 알레르기 반응을 지원해 달라고 부탁한다.

바로 **호염구**다. 호염구는 이런 신호를 받을 때까지 혈액을 타고 온몸을 돌아다닌다. 이들 역시 IgE 수용체가 있으며, 항원에 처음 노출된 뒤 이 수용체를 이용해 IgE를 잔뜩 끌어모은다. 알레르기에서 호염구는 일종의 '2차 파동'을 일으킨다. 알레르기 반응을 한바탕 일으키고 난 비만 세포는 일시적으로 기능이 중단된다. 히스타민 폭탄을 다시 채워야 하기 때문이다. 이때 호염구가 끼어들어 빈틈을 메운다. 비만 세포가 활동을 중단해도 알레르기 반응이 바로 없어지지 않는 것은 이런 까닭이다. 호염구는 자부심이 대단해 아주 중요한 역할을 수행한다고 생각한다. 피부를 정신없이 긁거나 아픈 배를 움켜쥐고 염증에 시달리는 장을 비우는 동안에도 몸속에서는 알레르기의 불꽃이 활활 타오른다. 두 가지 세포는 즉시형 과민 반응의 주역이다.

유감스럽게도 이걸로 끝이 아니다. 천식 환자들이 잘 알듯 일부 알레르기 반응은 한 번 확 타올랐다 끝나는 것이 아니라 만성으로 진행된다. 알레르기 반응에 자랑스럽게 동참하는 세 번째 세포를 만나 보자. 다행히 이게 마지막이다!

호산구는 알레르기 증상을 지속시킨다. 다만 숫자가 별로 많지 않고, 주로 골수에 머물기 때문에 급성 반응에는 거의 관여하지 않는다. 비만 세포와 호염구가 방출한 사이토카인에 의해 활성화된 후에도 한동안 시간을 끌며 계속 증식해 자가 복제 클론을 잔뜩 만든 후 뒤늦게 파티에 뛰어든다. 그리고 똑같은 짓을 반복한다. 더 심한 염증을 일으켜 알레르기 반응을 지속시키는 것이다. 당신은 볼멘소리로 묻는다. 젠장, 내 몸속의 세포가 왜 나한테 이러는 거냐고!

솔직히, 잘 모른다. 왜 어떤 사람은 특정 알레르겐과 접촉해 대량의 IgE 항체를 만들고 다른 사람은 그렇지 않은지 확실히 아는 사람은 없다. 하지만 IgE 항체의 원래 임무가 무엇이었는지는 밝혀진 것 같다. IgE 항체는 큰 포식 세포와 중성구 등 식세포가 집어삼키기에는 너무 큰 기생체에 대응하기 위해 면역계가 개발한 특수 무기다. 특히 꼬물거리는 벌레처럼 눈에 보일 정도로 큰 **기생충**을 겨냥해 만들어졌다. 인간은 까마득한 옛날부터 이런 벌레들과 싸워 왔다. 이제 IgE 항체의 원래 목적을 제대로 알아보자. 이들이 뒤집어쓴 오명이 다소 억울하다는 사실을 알게 될 것이다.

39장 면역계는 기생충을 그리워하나?

기생충이야말로 알레르기라는 성가신 현상을 해명하는 열쇠일지 모른다. 늦은 밤, 심심함을 이기지 못한 사람이 벌일 수 있는 최악의 행동은 구글에서 '기생충 감염(infection by parasitic worms)'을 검색하는 것이다. 특히 이미지를 클릭한다면 영원히 지워지지 않을 정신적 외상을 입을 수 있다. 인간을 희생물로 삼는 병원체와 기생체 가운데서도 기생충은 모든 것을 압도할 정도로 마음을 불편하게 한다. 얼굴도 없고, 끈적거리고, 미끌미끌한 점액으로 뒤덮인 채 실처럼 생긴 몸을 꿈틀거리며 몸속을 파고들어 배 터지게 먹고 똥을 누고 알까지 낳아 가며 평생을 보내는 벌레만큼 기분 나쁘고 끔찍한 존재는 없다. 공포 영화 그 자체다.

인간을 침범하는 기생충은 약 300종에 이른다. 흔한 기생충은 10종 남짓이지만, 이들이 감염시킨 사람은 인류의 3분의 1에 가까운 20억 명에 달한다. 이들 기생충은 대개 안정적인 만성 감염을 유발해 길면 20년 정도 인간의 몸을 떠나지 않는다. 그렇게 오랫동안 알이나 유충이 감염된 사람의 대변으로 쏟아져 나온다. 기생충은 특히 저개발 국가의 시골이나 빈민가에 창궐한다. 비위생적인 조건과 더러운 물이 결합해 사람의 몸에서 빠져나온 기생충이 새로운 숙주를 찾을 때까지 생존할 수 있는 완벽한 환경을 제공하기 때문이다.[1]

기생충 감염은 그리 근사한 경험이 아니다. 십이지장충(*Ancylostoma duodenale*)을 예로 들어 보자. 1센티미터 남짓한 이 녀석은 인간의 장에 산다. 갈고리충(hookworm)이라고도 하는데,

---

[1] 유감스럽게도 기생충 감염은 빈곤 및 사회 기반 시설 부족과 관련이 있음은 물론, 또 한 가지 무시할 수 없는 문제가 있다. 영양 부족을 겪는 사람에게 훨씬 심각한 문제를 일으킨다는 것이다. 기생충이 우리를 침입하는 이유가 영양소를 빼앗아 먹으려는 것이므로 당연한 일이다. 살아가는 데 필요한 칼로리도 제대로 섭취하지 못하는 판에 집세도 제대로 내지 않는 세입자가 몸속에 산다면 건강이 나빠질 것은 자명하다. 기생충 감염으로 가장 큰 피해를 보는 사람은 언제나 가장 가난한 사람이다.

이름 그대로 갈고리 같은 구조물을 이용해 장벽에 붙어 살며 다량의 출혈을 일으킨다. 감염 증이 심하면 빈혈이 생기며, 몸속 장기와 조직에 충분한 산소를 공급해 줄 건강한 적혈구가 부족해져 결국 허약해진다. 감염된 사람은 혈색이 누렇다 못해 푸르뎅뎅해지고, 항상 피곤하며 힘이 없다. 십이지장충은 장 속에 알을 낳는다. 알은 대변에 섞여 몸 밖으로 배출되고 부화해 유충이 된다. 유충은 새로운 숙주의 피부에 구멍을 뚫고 들어가 허파를 거쳐 최종 목적지인 소장으로 간다. 다시 새로운 주기가 시작되는 것이다.

정말이지, 기생충 감염 따위는 절대 사양하고 싶다.

실로 기생충은 전혀 반가운 존재가 아니다. 하지만 인류 역사상 상당히 최근까지도 기생충 감염은 널리 퍼져 있었으며, 사실상 피할 수 없는 일이었다.[2]

기생충을 생각해 보면 IgE 항체의 희한한 작동 원리가 갑자기 마구 이해가 된다. 면역 세포의 관점에서 보면 기생충은 위로 하늘에 닿고, 옆으로는 지평선 너머로 뻗은 거대한 괴물이다.

이런 괴물을 공격해 다만 얼마라도 피해를 입히려면 파괴력이 필요하다. 벌레를 죽여 몸에서 몰아내려면 면역계 전체가 한마음 한뜻으로 노력해야 하는 것이다. 까마득한 옛날 우리 조상들의 면역계는 한 가지 전략을 개발했다. 첫 단계는 기생충을 인식하고 무지막지한 공격을 준비하는 것이다.

(대부분 우리 몸의 국경 지대에서) 최초로 기생충을 인식한 순간 피부나 호흡기나 위장관에 주둔하는 특수 B 세포는 대량의 IgE 항체를 만들어 대규모 전쟁을 준비한다. IgE 항체는 비만 세포를 '준비'시킨다. 비만 세포가 무기라면, IgE 항체는 무기를 장전한 후 안전 장치를 푸는 것이라 할 수 있다. 만반의 태세를 갖춘 면역계가 기생충을 다시 마주치면, 비만 세포는 IgE 항체를 이용해 기생충의 표면에 단단히 결합한 후 지근 거리에서 가장 치명적인 무기들을 쏟아붓는다. 비만 세포는 다양한 화학 물질이 혼합된 이 공격용 무기로 기생충에 직접적인 피해를 입힐 뿐 아니라, 즉각적이고 극심한 염증을 일으켜 면역계 전체를 일깨운다. 큰 포식 세포와 중성구가 벌떼처럼 달려들어 계속 기생충을 괴롭힌다. 소란을 통해 활성화된 호

2 물론이다. 사실 지금도 널리 퍼져 있다. 산업화된 국가에서만 드물어졌을 뿐이다.

염구는 기생충이 죽기 전에 공격이 그치지 않도록 계속 독려한다. 나중에는 골수에서 이동해 온 호산구가 바통을 넘겨받아 몇 날 며칠 공격을 이어 간다. 이런 식으로 다양한 세포가 힘을 합쳐 순차적 공격을 가하면 기생충처럼 커다란 적도 죽일 수 있다.

우리 조상들이 얼마나 다양한 위험에 맞서야 했는지, 면역계가 어떻게 그 수많은 위험을 극복할 방법을 찾아냈는지 생각해 보면 놀라움을 금할 수 없다. 하지만 지금은 알레르기에 대해 설명하고 있으므로 기생충이라는 무시무시한 적과 알레르기가 도대체 무슨 관계인지 알아보자.

쉽게 상상할 수 있듯 기생충은 IgE와 비만 세포와 다른 온갖 세포가 공격을 퍼붓는 것이 그리 반갑지 않다. 이 녀석들은…… 뭐랄까…… 기생충으로 살아가는 데 특화된 생물이므로 나름대로 이런 방어 체계에 저항하는 방식으로 진화했다. 이 경우에는 방어 전략을 아예 중단시키려고 한다. 인간에게 적응된 기생충은 숙주 면역계의 거의 모든 측면을 변형 및 재조정하는 능력을 갖고 있다. 수많은 면역 억제 기전을 동원하는 것이다. 간단히 말해, 기생충은 면역계를 하향 조절하고, 변화시키고, 결국 약화시키는 수많은 화학 물질을 방출한다.

이런 물질들이 방출되면 의도한 일과 의도치 않은 일을 포함해 다양한 결과가 빚어진다. 우선 면역계가 약화되면 바이러스와 세균의 공격을 막기 어려우며, 암세포가 위험 수준으로 증식하기 전에 적절히 처리하기도 어렵다. 나쁜 일만 생기는 것은 아니다. 기생충은 염증, 알레르기, 자가 면역 질환을 억제하기도 한다.

자가 면역 질환에 대해서는 다음 장에서 살펴보겠지만, 간단히 말해 면역계가 하향 조절되어 공격성이 떨어지면 자가 면역 질환 역시 신체에 큰 손상을 가할 수 없다. 이런 사실에 주목해 일부 과학자는 선진국에서 기생충 질환이 사라지는 바람에 면역계가 오히려 이상한 방향으로 변했다고 주장한다. 면역계는 주기적으로 기생충 질환에 시달린다는 가정하에 진화했다는 것이다.

우리 조상들은 기생충에 대해 사실상 무력했다. 약도 없었고, 위생이 무엇인지 이해하지도 못했으며, 종종 깨끗한 식수를 구하는 데도 어려움을 겪었다. 따라서 내키지 않지만 기생충이 영구적까지는 아니라도 자주 몸속에 들어와 터를 잡고 산다는 사실에 적응할 수밖에 없었다. 면역계의 공격성을 상향 조절하는 것은 이런 적응 전략 중 하나였을지 모른다. 그렇다면 아예 좀 지나치다 싶을 정도로 공격적인 수준까지 올려놓아야 했을 것이다. 그래야 기생충의 면역 억제 효과에도 불구하고 수많은 병원체의 감염에 대처할 수 있었을 테니 말이다. 말하자면 우리의 면역계는 까마득한 옛날에 악마와 계약을 맺은 셈이다.

진화적인 측면에서 선진국에 사는 사람은 지난 100~200년 남짓한 기간 동안 느닷없이 기생충이라는 손님을 더 이상 영접하지 않게 되었다. 비누와 위생 개념이 도입되고 대변과 식수를 엄격하게 분리하면서 대부분의 기생충이 생명 주기를 이어 갈 수 없게 된 것이다. 그래도 끈질기게 버틴 녀석들은 약물과 현대 의학으로 초토화되었다.

면역계 입장에서 보면 기나긴 세월 동안 면역력을 한 단계 낮추도록 억눌러 왔던 강력한 적이 갑자기 사라진 셈이다. 그렇다고 오랫동안 유지해 왔던 전략을 갑자기 버릴 수는 없는 법. 면역계는 아직도 기생충이 면역 기능을 억제한다는 전제 하에 균형을 맞추기 위해 필요 이상으로 공격적인 방향을 추구하고 있을지도 모른다.

이런 시나리오에 따르면 알레르기와 염증성 질환 같은 많은 병의 원인을 기생충 감염이 없는 상태에서 면역계가 지나치게 공격적인 활성을 나타냈기 때문이라고 설명할 수 있다. 그뿐만이 아니다. 기생충이 사라지면서 수많은 면역 세포가 정기적으로 싸우리라 예상했던 적이 갑자기 사라진 상황을 맞게 되었다. 졸지에 존재 이유를 잃어버린 것이다. 기생충이라는 자극이 없어진 상태에서 이 무기들이 새로운 표적을 찾아낸 결과 알레르기가 생겼다는 개념이 어느 정도 설득력을 갖는 지점이다.

하지만 기생충이 퍼즐의 한 조각일지는 몰라도 그것만으로 알레르기는 물론 수많은 사람을 괴롭히는 더 심각한 질환, 즉 **자가 면역 질환**이 크게 늘어나는 추세를 설명하기는 역부족이다. 자가 면역 질환은 면역계가 우리 자신의 몸을 **타자**로 인식하고, 파괴해야 할 적으로 간주했을 때 생긴다.

40장 자가 면역 질환

가슴샘 킬러 대학교에서 보았듯 우리 몸은 자가 면역을 매우 심각하게 생각한다. 가슴샘에서는 **자기**와 **타자**를 구분할 수 있는 세포만 살아남는다. T 세포와 B 세포가 활성화되어 임무를 수행하기 전에 거쳐야 하는 수많은 인증 장치 또한 이 점을 분명히 한다. 하지만 이처럼 면역계가 자신의 몸을 공격하지 못하도록 마련된 겹겹의 안전 장치와 보안 체계에도 불구하고 때때로 일은 완전히 어긋난다. 몇 가지 불운이 꼬리를 물고 찾아와 보안 기능이 작동하지 않고, 면역계가 보호해야 할 자신의 몸을 죽여야 할 적으로 생각하는 끔찍한 일이 벌어지는 것이다.

비유하자면 군대가 느닷없이 총구를 거꾸로 돌려 무방비 상태인 자국의 도시와 사회 기반 시설을 공격하는 것과 같다. 도로를 파괴하고, 도심을 폭격하고, 그저 열심히 일하며 평화로운 일상을 이어 가는 건설 노동자, 바리스타, 의사들에게 마구 총을 난사하는 것이다. 정말 최악이다. 자국 군대가 국가와 국민을 공격한다면, 게다가 그 일을 너무나 성실하게 수행한다면 도대체 누가 그들을 막을 수 있겠는가? 자가 면역 질환이 정확히 이런 상태다. 민간인 세포들이 신체 기능을 유지하고, 자원을 골고루 분배하고, 조직과 장기의 건강을 유지하려고 최선을 다하는데 몇몇 군인이 그들을 마구 짓밟고 죽여 버리는 꼴이다.

하지만 자가 면역 질환은 하늘에서 뚝 떨어지는 것이 아니다. 대부분의 사람에게 이런 병은 거대한 불운이다. 물론 실제로 벌어지는 일은 조금 더 복잡하지만, 우리는 기본 원리만 살펴보면 된다. 간단히 말해 자가 면역은 T 세포와 B 세포가 자신의 단백질을 적으로 인식하는 현상이다. **자가 항원**, 즉 **자기**가 항원이 되는 것이다. 바로 우리 자신 말이다.

자가 항원은 예컨대 간세포 표면에 있는 단백질일 수도 있고, 인슐린처럼 생명을 유지하는 데 중요한 분자일 수도 있으며, 신경 세포의 구조물일 수도 있다. 방향을 잘못 잡은 T 세

285

포와 B 세포가 자가 항원과 결합하면 후천 면역계는 자신의 몸에 대해 면역 반응을 일으킨다. 면역계의 일부가 더는 **자기와 타자**를 구분하지 못하는 것이다. **자기를 타자라고 생각한다.** 심한 정도는 사람마다 다르다. 그저 성가신 수준에서 삶의 질이 크게 떨어지거나, 심지어 생명을 위협하는 데 이르기까지 다양하다.

도대체 뭐가 잘못되었길래 면역계가 이토록 끔찍한 혼란에 빠질까? 몇 단계로 나눠 생각해 볼 수 있다. 몇 가지 조건이 맞아야 한다는 뜻이다.

무엇보다 MHC 분자가 자가 항원과 물리적으로 쉽게 결합할 수 있어야 한다. 그 원인은 대개 유전이다. 모든 것이 유전 부호 속에 새겨져 있다. 말하자면 그저 불운이다. 우리는 부모를, 유전자를 선택할 수 없다. (적어도 아직까지는 그렇다.) 앞에서 MHC 분자가 개인차가 매우 크며, 서로 약간씩 다른 수백 가지 형태로 존재한다고 배웠다. 모든 형태가 기막히게 멋진 것은 아니다. 자연의 변덕 탓에 어떤 형태는 유난히 쉽게 자가 항원으로 인식된다. 즉 선천적으로 자가 면역이 생길 위험이 있다는 뜻이다. 위험은 사람마다 다르다. 다시 말해 **모든 사람**이 자가 면역 질환에 걸릴 수는 있지만, 유전적으로 특정 유형의 MHC 분자를 지닌 사람은 병에 걸릴 가능성이 더 높다. 그러나 유전적 성향만으로는 자가 면역 질환을 완벽하게 설명할 수 없다.

두 번째 조건은 자가 항원을 인식하는 T 세포나 B 세포가 몸속에서 만들어지고, 검증 과정에서 죽지 않아야 한다는 것이다. 우리 몸속에서는 매일 수십, 수백억 개의 T 세포가 만들어지므로 그저 확률상으로도 자가 항원을 효율적으로 인식하는 수용체를 지닌 세포가 줄잡아 수백만 개는 생긴다. 대부분 가슴샘이나 골수의 훈련 과정에서 살아남지 못하지만, 어찌 된 셈인지 때때로 결함 있는 세포가 살아남아 혈액 속을 돌아다닌다. 지금 이 순간에도 우리 몸속에는 자가 면역 질환을 일으킬 수 있는 T 세포나 B 세포가 돌아다닐 가능성이 높다. 그런 세포가 존재한다고 무조건 병이 생기는 것은 아니다. 중요한 것은 이들이 활성화되는 것이다.

여기서 문제가 상당히 복잡해진다. 앞에서 후천 면역계가 제멋대로 활성화되지는 않는다고 상당히 길게 설명했다. 우선 선천 면역계가 후천 면역계를 활성화하기로 결정해야 하는데, 이를 위해서는 다시 전쟁터가 필요하다. 선천 면역 세포들이 계속 면역 반응을 상승시키도록 자극하는 환경이 마련되어야 하는 것이다. 이런 일이 정확히 어떻게 일어나는지는 알기 어렵고, 살아 있는 인간의 몸속에서 관찰하기는 더 어렵다. 아픈 사람은 얼마든지 있지만, 저절로 해결되는 감염증 이상으로 심각한 병이 되는 경우는 극히 드물다. 하지만 대부분의 자가 면역 질환은 다음과 같은 단계를 거쳐서 시작되는 것 같다.

> 1단계: 유전적 성향을 지닌 사람이 있다. (꼭 필요한 것은 아니지만, 이런 경우에는 확률이 훨씬 커진다.)
>
> 2단계: 이들의 몸속에서 자가 항원을 인식하는 B 세포나 T 세포가 만들어진다.
>
> 3단계: 감염이 일어나고 선천 면역계가 결함이 있는 B 세포나 T 세포를 활성화한다.

하지만 정확히 어떻게 감염이 자가 면역 질환을 일으킬까? 완전히 알지는 못하지만 많은 면역학자가 **분자 모방(molecular mimicry)**이라는 개념을 지지한다. 미생물의 항원이 우리 자신의 세포 단백질, 즉 자가 항원과 비슷한 형태를 띨 수 있다는 뜻이다. 물론 이런 일은 우연히 생길 수 있다. 미시 세계에서도 특정한 몇 가지 형태는 매우 유용하기 때문에, 미생물과 세포는 엄청나게 다양한 형태를 취할 수 있지만 그래도 일부 선호되는 형태는 서로 비슷하다. 일부 병원체는 숙주의 형태를 모방하기도 한다. 전적으로 합리적인 선택이다. 이미 우리는 동물계에서 수많은 예를 관찰했다. 포식자가 어슬렁거리는 세상에서 살아남아야 한다면 위장술은 그야말로 큰 도움이 될 것이다. 나뭇잎과 똑같이 생긴 나비, 눈 쌓인 풍경과 분간하기 어려운 흰색 자고새, 진흙탕 속에 모습을 감추는 악어에 이르기까지 수많은 동물이 되도록 눈에 띄지 않으려고 한다. 그런데 병원성 바이러스나 세균 입장에서는 우리의 조직이야말로 눈에 불을 켜고 자기를 찾으려고 애쓰는 성난 포식자로 가득 찬 정글이나 다름없다. 따라서 환경을 모방해 눈에 잘 띄지 않는 것은 매우 효과적인 전략이다.

이해를 돕기 위해 조금 더 자세히 들여다보자. 우주에서 가장 큰 도서관에 관해 얘기할 때 모든 T 세포와 B 세포는 **딱 한 가지 특이적 항원**을 인식하는 특수 수용체를 갖고 있다고 했다. 조금 복잡한 얘기지만, 현실 속에서 각각의 T 세포와 B 세포 수용체가 존재하는 형태는 그보다 조금 넓다. 물론 각각의 수용체는 한 가지 특이적 항원을 인식하는 **성능이 엄청나**

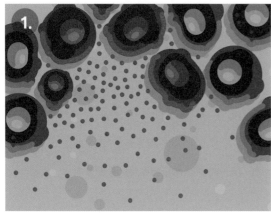

모든 일은 병원체가 우리 몸에 침입하면서 시작된다.

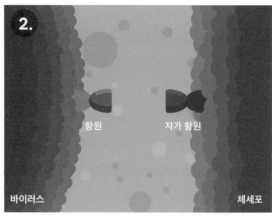

바이러스는 항원을 갖고 있는데, 그 형태가 자가 항원과 비슷하다.

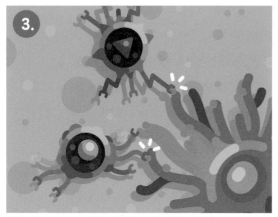

전쟁터에서 표본을 수집한 가지 세포는 바이러스 항원과 자가 항원에 모두 결합하는 T 세포를 활성화한다.

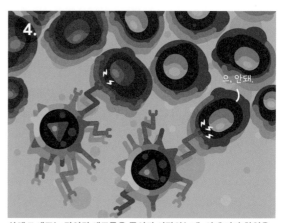

살해 T 세포는 감염된 세포들을 죽이기 시작하는데, 이때 자가 항원을 제시하는 건강한 세포까지 죽인다.

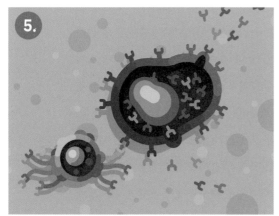

한편 조력 T 세포는 B 세포를 활성화한다. 스스로 최적화 과정을 거친 B 세포는 자가 항체를 만들어 방출한다. 자가 항체는 자기 세포에 결합해 죽이라는 표식을 남긴다.

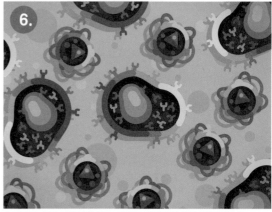

B 세포와 살해 T 세포가 기억 세포로 전환되면 자가 면역 반응은 만성 자가 면역 질환으로 발전한다.

게 좋다. 하지만 딱 그것 말고도 몇 가지 다른 항원과 결합할 수 있다. 예컨대 어떤 B 세포 수용체는 한 가지 특이적 항원을 인식하는 데 매우 뛰어나지만, 정확히 동일하지는 않아도 그 항원과 비슷한 여덟 가지 서로 다른 항원을 '그런대로' 인식할 수 있다.

퍼즐을 맞추는 데 **거의** 완벽하게 들어맞는 두 조각을 찾아낸 상황과 비슷하다. 완벽하게 연결된 것은 아니고 잘 보면 약간 틈이 벌어져 있지만, 억지로 떼어 내지만 않으면 마치 제 짝처럼 서로 들어맞는다.

자, 그럼 실제로 어떻게 자가 면역 질환이 생기는지 머릿속에 그려 보자. 우리 예에서는 모든 것이 병원체에서 시작된다. 바이러스라고 하자. 이 녀석은 자가 항원과 아주 비슷한 항원을 갖고 있다. 가령 몸속 다양한 세포가 공통으로 지닌 단백질과 형태가 아주 비슷한 단백질을 갖고 있다고 치자. 바이러스는 몸속에 들어와 병원체로서 마땅히 해야 할 일을 한다. 민간인 세포, 큰 포식 세포, 가지 세포는 사이토카인을 엄청나게 분비해 염증을 일으킨다. 가지 세포는 바이러스 항원의 표본을 수집한다. 공교롭게도 바이러스 항원은 자가 항원과 아주 비슷하게 생겼다. 전쟁터 주변에 있는 모든 세포가 이 항원에 자극받아 더 많은 제1형 MHC 분자를 만들어 내고, 더 많은 내부 단백질을 전시한다.

가장 가까운 림프절에서 가지 세포는 적의 항원과 아주 강하게 결합하는 조력 T 세포나 살해 T 세포를 찾아낸다. **그런데 이 항원은 자가 항원과 아주 비슷하기 때문에 T 세포 수용체는 바이러스 항원과 비슷한 자가 항원에도 그런대로 잘 결합한다.** 살해 T 세포는 전쟁터로 달려가 감염된 세포를 죽이기 시작한다. 이때 감염된 세포뿐만 아니라 자가 항원을 지닌 건강한 세포, 즉 바이러스 항원과 비슷한 항원을 쇼윈도에 진열한 건강한 세포까지 찾아내 죽여 버린다. 무고하고 건강한 민간인 세포까지 죽이는 것이다. 이제 감염이 심각한 상태로 진행 중이라는 맥락이 매우 중요해진다. 살해 T 세포는 실제로 진행 중인 감염에 맞서기 위해 분비된 사이토카인과 전투 신호에 의해 자극받고 활성화되었기 때문에, 일부는 당연히 기억 살해 T 세포로 전환된다. 그리고 이 세포들은 감염이 완전히 해소된 뒤에도 살아남아 민간인 세포가 제시하는 자가 항원을 계속 찾아내면서 이렇게 생각한다. '음, 아직도 주변에 적들이 득시글대는군.'

이런 일이 벌어지는 순간 우연히 발생한 자가 면역 반응은 명실상부한 자가 면역 질환이 된다. 이제 후천 면역계는 스스로 자가 항원과 싸우기 위해 활성화되었다고 생각한다. 몸속에는 자가 항원을 지닌 세포가 얼마든지 있다. 왜 싸움을 멈추겠는가? 머피의 법칙대로 '잘못될 수 있는 것은 하나도 빠짐없이 잘못되어' 면역계가 활성화될 모든 조건이 충족된 것이다. 상황은 더 나빠질 수도 있다! 그새 활성화된 조력 T 세포 역시 우연에 의해 자신을 자가 항원에 딱 맞게 미세 조정할 수 있는 B 세포들을 활성화하기 시작한 것이다!

기억을 되살려 보자. 항체를 정교하게 다듬기 위한 최적화 과정을 시작할 때 활성화된 B 세포는 돌연변이를 일으켜 다양한 변형체를 만들어 냄으로써 훨씬 효과적으로 적과 싸울 수 있다. 최악의 시나리오에서 그런 B 세포가 조력 T 세포의 승인 신호를 받으면 면역계는 **자가 항체**를 대량 생산하는 형질 세포를 만들어 낸다. 자가 항체들은 우리 자신의 세포에 결합해 죽이라는 표식을 남긴다.

또한 B 세포가 성숙해 형질 세포로 변할 때 부산물로 기억 세포가 만들어진다. 갑자기 골수에서 장기 생존 형질 세포들이 자기 세포에 대해 자가 항체를 끊임없이 쏟아 내는 기막힌 상황이 벌어지는 것이다. 이 세포들은 몇 년, 때로는 수십 년을 생존한다. 일단 후천 면역계에서 자기 세포에 대한 기억 세포를 만들면 그것은 끊임없이 반복되어 자극받는다. 자가 항원이 그야말로 사방에 존재하기 때문이다. 이제 기억 세포는 주변 모두가 적인 세상에서 살게 된다! 이런 농담이 있다. 어떤 사람이 고속도로를 달리는데 아내가 전화를 한다. 라디오에서 어떤 정신 나간 운전자가 반대 방향으로 차를 몰고 있다는 뉴스가 나온다는 것이었다. 그는 고통스러운 목소리로 대답한다. "여보, 한 놈이 아니야, 그런 차가 수백 대라고!"

면역계가 민간인 세포를 죽일수록 몸에서는 더 많은 세포를 만들어 낸다. 똑같은 과정이 끝없이 반복되어 결국 만성 염증과 만성 면역계 활성화 상태가 되고 만다. 방향을 잘못 잡은 면역 세포는 영원히 적에게 둘러싸였다고 판단하고 거기 맞는 행동을 끝없이 반복한다.

자가 면역 질환은 매우 다양하지만, 공통적으로 나타나는 증상도 많다. 피로감, 발진, 가려움, 기타 피부 문제, 발열, 복통을 비롯한 다양한 위장관 문제, 관절통과 부기 같은 것이다. 자가 면역이 치명적인 경우는 드물다. 대개 생명을 걸고 투병할 정도는 아니다. 하지만 삶이 비참해지고 진이 빠진다. 치료법도 제한적이다. 근본적인 치료는 수천억 개의 B 세포와 T 세포 중에서 자가 항원을 표적으로 삼는 극소수 기억 세포를 골라내 죽이는 것이다. 적어도 현재로서는 불가능하다. 따라서 자가 면역 질환을 완치하는 방법은 없다. 일단 한 번 생기면 평생 안고 가야 한다. 통증과 염증을 가라앉히기 위해 면역계, 특히 염증을 억제하는 다양한 약을 사용하지만, 짐작하듯 그리 좋은 치료법이라고 할 수는 없다. 면역계를 약화시키면 자기 몸에 대한 공격은 줄어들지만 동시에 감염에 취약해지기 때문이다.

토막 상식! 아네르기

아네르기(anergy, 면역성 결여)라는 현상은 너무 흥미로워서 꼭 짚고 넘어가야겠다. 이는 면역계가 자가 반응성, 즉 자기 세포를 타자로 인식하는 T 세포를 비활성화하기 위해 동원하는 기발한 수동적 전략이다.

우선 또 한 가지 사실을 단순화했음을 고백하고 시작하자. (덕분에 여기까지 이해하기가 더 쉬웠다는 '편리한 거짓말'이란 단어보다 '단순화' 쪽이 훨씬 더 좋게 들린다.) 지금껏 가지 세포에 대해 많은 것을 얘기했다. 이들은 활성화되면 전쟁터를 돌아다니며 표본을 수집하기 시작한다고 했다. 정확하다고 할 수는 없다. 사실 이들은 언제나, 한순간도 쉬지 않고 표본 수집 모드를 유지한다. 아무 위험이 없는 상태에서도 예컨대 피부에 있는 가지 세포 중 일부는 세포 사이에 존재하는 자연적이며 건강한 환경 속에서 주변을 떠다니는 것들의 표본을 수집한다. (아마 자가 항원이 많을 것이다.) 그리고 림프절로 달려가 후천 면역계에 수집한 것을 보여 준다.

이렇게 묻는 사람도 있을 것이다. 아니 그게 어떻게 좋은 생각이지? 시도 때도 없이 자가 항원을 수집한다면 자가 면역 질환이 그만큼 쉽게 생길 것 아닌가? 다시 한번 생각해 보자. 선천 면역계의 가장 중요한 임무가 무엇이었나? 후천 면역계에 **맥락**을 제공하는 것이다. 가지 세포가 림프절로 달려가 "모든 것이 정상입니다. 여기 증거를 보여드리겠습니다."라는 맥락을 전달하면 실제로는 자가 면역 질환을 예방할 수 있다. 이렇게 함으로써 **자가 반응성** T 세포를 '찾아내 없앨' 수 있기 때문이다. '자가 반응성'이라는 말은 자신의 MHC 분자를 자가 항원에 결합시킬 수 있다는 뜻이다. 순전히 우연에 의해 이런 자가 반응성 T 세포를 발견하는 순간, 가지 세포는 그 T 세포에 결합해 더 이상 나쁜 짓을 하지 못하게 막는다.

가지 세포가 T 세포를 활성화하기 위해 '입맞춤' 신호를 보내는 것, 기억하는가? T 세포에게 위험이 실제 상황이라고 확인 신호를 보내는 것 말이다.

위험이 없다면 가지 세포는 입맞춤 신호를 보내지 않는다. T 세포는 MHC 분자를 통해 활성화 신호를 받았다고 해도 뺨에 사랑이 넘치는 입맞춤을 받지 못하면 저절로 비활성화된다. 바로 죽지는 않지만 다시는 활성화되지 못한다. 공연한 소란을 피우지 않고 언젠가 스스로 자멸사할 때까지 평생 레임덕 상태로 그저 주변부를 떠다니다 삶을 마친다. 우리가 병에 걸리거나 다치지 않았을 때 선천 면역계는 한가한 틈을 타서 끊임없이 들려오는 배경 소음을 걸러 내며 자가 면역 질환과 낮은 수준의 싸움을 계속하는 것이다. 이렇듯 우리 자신을 보호하기 위해 수많은 시스템이 두 겹, 세 겹으로 보안 장치를 만들고 온갖 활성화 및 면역 조절의 원칙을 서로 충돌하지 않게 교통 정리하는 과정은 아름답고 매혹적이다. 면역계는 우리의 안전을 지키기 위해 가능한 모든 수단을 동원하면서도 동시에 완벽한 조화와 균형을 꾀한다.

자, 지금까지 알레르기와 자가 면역에 대해 알아보았다. 이제 조금 더 나아가 왜 그토록 많은 사람이 이런 문제로 고생하는지 살펴보자.

41장 위생 가설과 오랜 친구들

20세기 후반 50년간 선진국에서는 정말 희한하고 직관에 반하는 두 가지 경향이 나타났다. 천연두, 볼거리, 홍역, 결핵 등 위험한 감염병이 크게 줄고 때로는 완전히 자취를 감춘 반면, 다른 질병들이 늘어나거나 심지어 급증했던 것이다. 다발성 경화증, 건초열, 크론병, 제1형 당뇨병, 천식 등의 발생률이 심하면 300퍼센트까지 치솟았다. 이게 다가 아니다. 알레르기나 자가 면역 질환을 겪는 사람이 얼마나 많은지를 보면 그 사회가 얼마나 부유하고 산업화되었는지 알 수 있을 정도다.

핀란드에서 새로 제1형 당뇨병을 진단받는 사람은 멕시코보다 10배 많으며, 파키스탄보다는 124배 많다. 서구에서는 학교에 들어가기 전 어린이 10명 중 1명이 어떤 형태든 식품 알레르기를 겪는 반면, 중국 본토에서 그런 어린이는 100명 중 2명에 불과하다. 끔찍한 염증성 장 질환 중 하나인 궤양성 대장염은 동유럽보다 서유럽에서 2배 더 흔하다. 현재 알레르기로 고생하는 미국인은 전 인구의 20퍼센트에 달한다. 이 질병들은 두 가지 공통분모를 갖고 있다. 면역계가 꽃가루, 땅콩, 집먼지진드기(*Dermatophagoides pteronyssinus*) 배설물, 대기 오염 물질 등 위험해 보이지 않는 자극에 과도하게 반응하거나(알레르기), 더 나아가 정상 세포를 공격하고 죽인다는 것이다. (자가 면역 질환) 반면 감염병으로 사망하는 사람은 크게 감소했다.

1980년대 후반 한 과학자가 흥미로운 현상을 관찰했다. 일부 어린이 알레르기 질환의 발생률이 형제자매 수와 관련이 있었던 것이다. 그는 궁금해졌다. 형제들 사이의 '비위생적 접촉'으로 아동기 감염 발생률이 높아지고, 이에 따라 알레르기에 대해서는 오히려 보호 효과가 생길 수 있지 않을까? 소위 **위생 가설(hygiene hypothesis)**의 탄생이다. 위생 가설은 제기되자마자 그 호소력 때문에 피해를 본 면이 있다. 메시지가 너무나 명확하고, 너무나 완벽하고, 당시 시대정신에 너무나 잘 맞았던 것이다.

위생 가설의 메시지는 명확했다. 인간은 질병의 원인을 완전히 없애는 데 집착한 나머지, 지나치게 깨끗하고 멸균된 환경에서 살며 자연에 반하는 죄를 범했다. 이제 우리는 그 대가로 온갖 면역 질환에 시달린다! 면역계가 제대로 기능하려면 어느 정도의 감염병이 필요하다는 주장은 아주 논리적으로 들렸다. 해결책 역시 너무나 쉽고 명백했다. 덜 깨끗하게 살자! 손을 씻지 말고, 약간 지저분한 음식을 먹어도 괜찮으며, 코도 좀 후벼야 한다. 면역계를 훈련하기 위해 우리도, 자녀들도 미생물에 노출되어야 하며 심지어 감염병에도 조금 더 걸릴 필요가 있다!

하지만 면역계에 관련된 모든 것이 그렇듯, 진실은 훨씬 복잡하며 미묘한 맥락을 갖는다. 오늘날 과학자들은 위생 가설이 대중문화와 대중의 의식 속에 얼마나 널리 퍼져 있는지 느낄 때마다 망연자실한다. 보통 사람들은 이런 말을 들으면 '직감적인' 결론을 내리고, 그에 따라 완전히 틀렸다고 할 수는 없을지 몰라도 극히 의심스러운 행동을 하기 때문이다. 예를 들어 백신 접종보다 일단 병에 걸린 후에 낫는 것이 훨씬 좋다는 믿음이 널리 퍼져 있다. 오래도록 인류가 그렇게 살아왔기 때문에 그 편이 훨씬 자연스럽다는 것이다.[1]

어쩌면 우리는 더 강해지기 위한 스파링 파트너로서 적대적인 세균이 필요할지 모른다. 어쩌면 환상적인 약과 기술이 넘쳐나는 지금 세상이 면역계의 훈련 메커니즘을 파괴해 버렸을지도 모른다.

사실 이 주제는 약간 민감한 면이 있다. 과학계가 아직 합의에 이르지 못했고 우리 주변의 미생물총, 우리 자신의 미생물총, 그리고 그것들과 면역계 사이의 상호 작용에 대해 모르

---

1   이런 자연주의적 사고 방식의 문제는 자연적인 것이면 덮어놓고 더 낫다고 믿는 데 있다. 자연은 나에 대해, 아니 어떤 사람에 대해서도 전혀 신경 쓰지 않는다. 우리 조상들은 사자에게서 도망칠 정도로 빠르지도 않았고, 사소한 감염증으로도 목숨을 잃었으며, 섭취한 음식물에서 영양소를 흡수하는 능력이 상당히 떨어졌다. 우리의 뇌와 몸과 면역계는 그런 조상들이 오랜 세월에 걸쳐 조금씩 진화시킨 것이다. 자연은 우리에게 천연두, 암, 공수병, 어린이의 눈 속에서 파티를 벌이는 기생충 같은 매력적인 질병들을 선물로 주었다. 자연은 잔인하며 어떤 식으로도 개인을 배려하지 않는다. 우리 조상들은 좀 더 나은 세상을 만들기 위해, 고통과 공포와 질병 없는 세상을 만들기 위해 그야말로 모든 것을 걸고 싸웠다. 따라서 우리는 하나의 생물종으로서 이루어 낸 엄청난 진보를 돌아보며 경이로움을 느끼고 축복해야 마땅하다. 물론 앞으로도 갈 길이 멀고 현대 사회 역시 수많은 약점을 지니고 있지만, '자연적인 것이 더 낫다.'라는 관념은 자연 속에서 산다는 의미가 실제로 무엇인지 모르는 사람, 왜 조상들이 자연적인 상태를 벗어나기 위해 그토록 많은 노력을 쏟아부었는지 전혀 모르는 사람만이 가질 수 있는 생각이다.

는 부분이 너무나 많기 때문이다. 위생과 거기 관련된 위험에 대한 '직관적' 결론이 설명해 주지 않는 것 중 하나는 면역계와 우리를 둘러싼 모든 미생물의 공진화다. 까마득한 옛날 조상들의 면역계가 환경에 적응했을 당시의 상황은 지금과 매우 달랐다.

물론 수렵 채집인들도 병에 걸렸다. 정확한 숫자는 알 수 없지만, 일부 과학자는 5명에 1명꼴로 병원체에 목숨을 잃었으리라 추정한다. 하지만 당시에는 질병도 오늘날과 달랐다. 우선 기생 동물이 지금보다 훨씬 큰 문제였다. 머릿니(*Pediculus humanus capitis*)와 몸니(*Pediculus humanus corporis*), 진드기, 특히 기생충이 워낙 많았다. 오늘날 선진국에서 기생충 감염을 걱정하는 사람은 거의 없지만, 과거에는 너무나 흔하고 불가피한 문제였기에 면역계는 기생충과 공존할 방법을 절박하게 찾아야 했다. 바로 앞 장에서 말했으므로 더 이상 기생충에 대해 이야기할 필요는 없을 것이다. 하지만 면역계의 적은 기생충만이 아니었다. A형 간염 등 일부 바이러스와 **헬리코박터 파일로리(*Helicobacter pylori*)** 같은 세균은 완전히 없앨 방법이 없었으므로 어쩔 수 없이 함께 살 방법을 모색해야 했다.

게다가 오늘날 병에 걸렸다고 할 때 떠올리는 대부분의 질병은 수렵 채집 사회에 사실상 존재하지 않았다. 홍역, 독감, 심지어 감기 같은 감염병이 모두 그렇다. 우리를 비참하게 만드는 감염병의 원인 병원체인 세균과 바이러스들은 진화적인 관점에서 대부분 우리 종에 새로운 것들이다.

수십만 년 전 인간의 면역계가 진화하기 시작한 세계에서 감염병은 중요한 문제가 아니었다. 몇 가지 예외가 있지만 감염병을 이기고 살아남으면 대개 다시 걸리지 않았다. 죽든지, 평생 완벽한 면역을 갖든지, 둘 중 하나였다. 인류 역사상 절대적으로 오랜 기간 동안 우리 종은 작은 무리를 지어 넓은 지역에 띄엄띄엄 떨어져 살았다. 어떤 기준으로 보아도 서로 고립되어 있었다. 이런 조건에서 감염병은 큰 위협이 될 수 없었고, 인간 집단에 확고히 자리 잡을 수도 없었다. 한 무리에 감염병이 돈다면 삽시간에 모든 사람이 감염된 후 저절로 사라졌다. 계속 감염시킬 만한 사람이 주변에 없었기 때문이다. 따라서 우리 종은 진화 과정에서 이런 병원체를 진지하게 고려할 필요가 없었다.

농부가 되고 도시민이 되면서 인류의 생활 습관은 영원히 변했다. 우리를 표적으로 삼는 질병 또한 마찬가지였다. 가까이 모여 사는 것은 감염병의 완벽한 온상이었다. 진화적인 관점에서 보면 급작스럽게, 수많은 사람이 감염병에 희생되었다. 우리 조상들은 미생물의 존재는 물론 기본 위생 개념조차 없었고, 비누나 하수도 같은 도구도 갖고 있지 않았으므로 할 수 있는 일이 거의 없었다. 아니, 무지로 상황이 훨씬 악화되었다고 해야 옳을 것이다.

가축을 길들이고, 폐쇄된 공간에서 가축과 함께 생활하고, 심지어 함께 자게 되자 병원체들이 종간 전파를 시작했다. 새로운 생활 습관은 새로 친구가 된 동물들의 병원체가 인간에게 적응하는 데 완벽한 환경을 제공했다. (반대도 마찬가지였다.) 그 결과 지난 1만 년 사이에 오늘날 우리가 아는 사실상 모든 감염병이 출현했다. 콜레라, 천연두, 홍역, 독감에서 수두와 일상적인 감기까지 모든 병이 그렇다.

여기서 다시 한번 위생이라는 주제가 대두된다. 위생은 이 모든 질병에서 우리를 보호하는 데 믿을 수 없을 만큼 중요하다. 지난 200년간 헤아릴 수 없이 많은 미생물이 우글거리는 미시 세계의 모습이 조금씩 밝혀지면서 우리는 손을 씻고, 주변을 깨끗하게 청소하고, 급수원과 화장실을 분리하게 되었다. 우리는 멸균된 소재로 음식을 싸서 차가운 곳에 둠으로써 병원체가 음식을 통해 장 속으로 들어오지 못하게 막는다. 수술 도구를 소독하고, 음식을 장만할 때 사용하는 모든 것을 깨끗이 세척한다. 종종 사람들은 위생을 청결과 혼동한다. 위생이란 '질병을 일으킬 수 있는 핵심적인 장소와 상황에서 잠재적으로 위험한 미생물들을 제거한다.'라는 뚜렷한 목표를 달성하기 위해 수행하는 행동을 가리킨다.

위생을 유지하는 것은 우리 종의 건강에 실로 큰 도움이 되는 위대한 개념이다. 여기 관련된 모든 것이 너무나 중요하기 때문에 다시 한번 강조하고자 한다. **감염병을 일으키는 미생물은 우리의 생물학적 환경에 비교적 새로운 녀석들이다.** 우리 몸과 면역계는 오랜 세월 동안 이들과 나란히 진화하지 않았다. 홍역에 걸렸다 살아났다고 해서 더 강해지는 것이 아니라, 그저 2주간 삶이 비참해질 뿐이다. 그때 하필 면역 기능이 조금이라도 떨어져 있다면 회복하지 못하고 죽을 수도 있다. **위험한 병원체는, 뭐랄까, 정말로 위험하다.**

깨끗한 식수는 문자 그대로 수억 명의 생명을 구했다. 규칙적으로 손을 씻는 것부터 음식을 적절히 보관하는 데 이르기까지 위생은 믿을 수 없을 만큼 중요하다. 백신보다 더 중요하다고는 할 수 없을지 모르지만, 적어도 그만큼 중요하다. 또한 위생은 지금처럼 전 세계적 전염병이 돌 때 생명을 위협하는 감염에서 우리를 지켜 주는 결정적인 방어선이다. 기침할 때 입과 코를 가리는 것, 규칙적으로 꼼꼼하게 손을 씻는 것, 마스크를 쓰는 것 등의 행동을 통해 백신이나 치료제 등 보다 큰 규모의 대처 방법이 제대로 작동할 때까지 시간을 벌 수 있다. 위생을 유지하면 항생제 처방이 줄어 자연히 항생제 내성도 줄어든다. 또한 위생은 어린이와 노약자, 면역 기능이 떨어진 사람, 항암 화학 치료를 받거나 유전적 문제를 겪는 등 사회에서 취약한 사람을 보호하는 가장 좋은 방법이다.

그렇다고 해도 정확한 용어는 중요하다. 위생과 청결은 같은 말이 아니다. 예컨대 집에서 모든 미생물을 하나도 남김없이 닦아 낸다거나, 멸균된 세상에서 살겠다는 관념보다 진실에서 더 멀리 떨어진 생각은 없을 것이다. 마룻바닥을 빠짐없이 닦고, 부엌과 화장실을 아무리 꼼꼼하게 청소해도 그 즉시 집에는 미생물이 우글거린다. 항균 청소용품을 사용해도 마찬가지다. 미생물은 우리 행성을 지배하고 있으며, 당신의 집도 결코 거기서 벗어날 수 없다.

두말할 나위 없이 위생은 좋은 것이다. 하지만 위생을 비난할 수 없다면 지난 50년간 면역학적 문제가 급증한 이유는 무엇일까? 지금부터 하려는 설명은 직관에 반할지 모른다. 모든 것이 미생물과 관련은 있지만, 전혀 다른 방식으로 관련되어 있기 때문이다. 면역계를 훈련하려면 **무해한 친구들**과 어울려야 하는 것 같다. 면역계가 이들과 마음껏 뛰놀며 언제 타자를 부드럽게 대하고, 관대하게 받아들일지 배워야 한다. 우리를 둘러싼 미생물과의 상호작용을 더 미묘하게 바라보는 이런 관점은 몇 가지 이름으로 불리지만 내가 가장 좋아하는 이름은 우리 진화 과정에 초점을 맞춘 **'오랜 친구' 가설**('old friends' hypothesis)이다.

까마득한 세월 동안 우리 몸과 면역계는 주변의 진흙과 흙과 식물 속에 사는 생명체들과 나란히 보조를 맞춰 함께 진화했다. 이 책의 맨 앞에서 우리는 우리 안으로 들어오기를 원하는 침입자들에 둘러싸인 생물권이라고 했다. 사실은 그 이상이다. 또한 우리는 온갖 미생물과 어울려 살아가는 생태계이기도 하다. 우리 몸은 일부 미생물을 제거하고 싶을지도 모르지만, 그런 일은 불가능하다. 그들과 함께 사는 법을 배워야만 한다. 또 다른 미생물은 그저 중립을 지키며 살아간다. 엄청나게 큰 이들 미생물 집단은 우리 건강에 직접적으로 이롭다. **공생 미생물**(commensal microorganism)이 우리 생존과 건강에서 지니는 중요성은 어떤 장기에도 뒤지지 않는다. 이들이 수행하는 중요한 기능 중 하나가 바로 면역계를 훈련시키는 것이다.

태어났을 때 면역계는 컴퓨터와 비슷하다. 하드웨어와 소프트웨어가 있고, 많은 것을

297

할 수 있는 이론이 존재한다. 하지만 **데이터**는 많지 않다. 면역계는 어떤 프로그램을 언제 실행해야 하는지 배워야 한다. 누가 적이고, 누구는 용인해도 좋은지 배워야 한다. 따라서 생애 처음 몇 년간 면역계는 환경에서 정보를 수집한다. 마주치는 모든 미생물로부터 데이터를 끌어 모은다.

동시에 면역계는 미생물과의 상호 작용을 통해 수집한 '데이터'를 처리한다. 이 과정에서 미생물 데이터를 수집하지 못해 충분히 배우지 못하면 지나치게 공격적인 성향을 띠게 될 위험이 커진다. 나중에 땅콩이나 꽃가루처럼 무해한 물질을 공격하는 지경에 이를 수도 있다.

생애 초기의 환경이 어떻게 면역계를 형성하는지에 대해 중요한 점을 시사하는 연구가 있다. 이 유명한 연구에서는 뚜렷하게 다른 두 집단을 분석했다. 미국 인디애나 주의 아미시(Amish) 파와 사우스다코타 주의 후터(Hutterites) 파 농부들이다. 두 집단 모두 1700년대와 1800년대에 동부 유럽에서 미국으로 이민한 소수 종파에서 갈라져 나왔으며, 그 뒤로 다른 집단과 통혼하지 않고 유전적 고립 상태를 유지한 채 강력한 종교적 신념에 의해 형성된 생활 습관을 고수해 왔다. 이 비교 연구가 흥미로운 이유는 두 집단 모두 유전적으로 폐쇄되어 있어 유전의 영향을 무시하고 생활 습관 차이에만 초점을 맞출 수 있기 때문이다.

또한 아미시 파와 후터 파 사이에는 엄청나게 큰 차이가 있었다. 아미시 파는 전통적 농업을 유지했다. 각 가족은 독립적으로 자신들의 농장을 갖고 젖소를 길렀으며, 농사와 운송 수단으로 말을 이용하는 등 현대 기술을 전반적으로 거부했다. 반면 후터 파는 산업 기계와 진공청소기, 기타 현대 문명의 이기를 적극 이용해 산업화된 대규모 집단 농장을 운영했다. 아미시 파의 가정에서 후터 파보다 훨씬 많은 미생물과 그 배설물이 발견된 것도 무리가 아니다. 반면 천식과 기타 알레르기 질환 발생률은 아미시 파보다 후터 파에서 4배나 높았다. 덜 도시화된 환경에서 자라는 것이 알레르기 질환에 대해 어느 정도 보호 효과를 제공한 것으로 보인다.

이 결과를 보면 약간 지저분하게 살아도 해로울 것은 없으며, 오히려 좋을지도 모른다고 결론 내려도 타당할 것이다. 유감스럽게도 (어쩌면 다행일지도 모르지만, 판단은 각자 하시길.) 이제 많은 사람은 농장에서 살지 않는다. 오늘날 우리 주변에는 기나긴 세월 동안 나란히 진화해 온 다양한 미생물 생태계 같은 것은 존재하지 않는다. 우리는 모든 종류의 자연적 환경에서 스스로 고립되었다. 그러니 어떤 한 가지 요인이 있다기보다 많은 요인이 한꺼번에 작용했다고 봐야 할 것이다.

지난 세기에는 전 세계의 도시화가 점점 빠른 속도로 진행되었다. 이제 많은 선진국에서 인구의 절대 다수가 도시에서 산다. 물론 모든 도시가 콘크리트 정글은 아니지만 어느 정도 자연과 비슷한 환경, 그 속에 존재하는 온갖 생명체들과 떨어져 산다는 것은 미생물이란 측면에서 엄청난 변화를 초래했다. 이런 변화는 진화적 관점에서 매우 새로운 것이다. 1800년대 초까지도 인류의 절대 다수가 시골에서 살았기 때문이다. 그뿐만이 아니다. 지난 수십 년간 텔레비전에서 인터넷에 이르기까지 오락 산업과 정보 기술이 발달하면서 조금씩 생활 습관이 변해 이제 우리는 대부분의 시간을 실내에서 보내는 데 익숙하다.

선진국에서 '실내'란 멸균 상태까지는 아니지만 가공된 소재로 만들어진 인공적 환경을 의미한다. 이렇듯 완전히 다른 생태계에서는 우리 조상들이 적응해 왔던 것과 완전히 다른 미생물들이 존재한다. 앞서 말했듯 인류 역사상 매우 최근까지도 사람들은 나무와 진흙, 짚 등 천연 소재로 지은 집에서 살았다. 그 속에는 온갖 미생물이 살았고 우리 면역계는 그 모두에 너무나 익숙했다.

또 다른 중요한 요인은 우리가 몸속에 집어넣는 것들이다. 항생제 사용 및 과용은 우리 조상들이 다뤄야 할 문젯거리가 아니었다. 그때는 항생제가 아예 없었으니까. 항생제가 나쁘다는 말은 아니다. 항생제 덕에 우리는 다치거나 감염되면 죽을 수도 있다는 생각에서 해방되었다. 그저 알약 몇 개를 삼켰을 뿐인데 죽지 않게 된 것이다. 하지만 항생제는 유해한 세균과 유익한 세균을 구분하지 않기 때문에, 우리의 오랜 친구인 공생균까지 죽여 버린다. 우리가 없애기를 바라는 병원체들이 내성을 갖게 되었다는 문제 외에도 항생제를 과도하게 사용하면 건강한 미생물총에 엄청난 문제를 일으킨다.

문제는 훨씬 빨리, 문자 그대로 삶 자체와 동시에 시작될 수도 있다. 오늘날에는 상당수의 아기들이 제왕 절개로 태어난다. 이상적인 상황이라고 할 수 없다. 자연 분만 시에는 아기가 엄마의 질 속, 그리고 종종 대변 속에 사는 미생물총과 밀접하고도 강렬한 접촉을 한다. 분만 자체가 미생물이라는 측면에서 몸과 면역계를 준비시키는 중요한 과정이다. 생애 초기의 미생물총은 어떤 방식으로 태어났느냐에 따라 크게 변한다.

생애 초기에 고려해야 할 또 하나의 퍼즐 조각은 과거에 비해 모유 수유를 하는 엄마가 적다는 점이다. 유방의 피부와 모유 속에는 어린 미생물총을 건강하게 키워 주는 온갖 물질과 함께 엄청나게 다양한 세균이 존재한다. 진화는 갓 태어난 아기가 오랜 세월에 걸쳐 검증된 미생물총과 직접 얼굴을 맞대고 함께 놀 기회를 많이 마련해 두었다. 제왕 절개와 모유 수유를 하지 않는 것 모두 알레르기 같은 면역 질환의 발생률 증가와 상관관계가 있다.

아마도 진화적 과거와 가장 중요한 차이는 섬유소가 크게 줄어든 현대의 식단일 것이다. 섬유소는 우리에게 우호적이며 유익한 수많은 공생균에게 너무나 중요한 슈퍼 푸드다. 갈수록 섬유소를 적게 섭취한다는 사실은 이 조그만 세균 친구들을, 어쩌면 우리에게 필수적인 숫자만큼도 유지할 수 없다는 뜻이다.

와, 많이 떠들었다. 유감스럽지만 단 하나의 명확하고 만족스러운 답은 없다. 면역계는 그만큼 복잡하다.

이 모든 생활 습관 변화의 효과가 하루아침에 나타나지는 않았다. 미생물과 미세 환경의 변화 및 미생물총의 감소는 지난 세기 들어 나타난 점진적 변화였을 것이다. 모든 세대가 자연적인 환경에서 조금씩 더 멀어지면서 미생물총의 다양성이 줄고, 그런 상태의 미생물총을 자녀들에게 물려 주었다. 이런 식으로 시간이 지나자 선진국에서 미생물총의 평균적 다양성은, 특히 아직도 시골에서 전통적인 생활 방식으로 살아가는 사람들에 비해 크게 떨어졌다.

이 모든 요인이 합쳐져 현재 우리가 처한 바람직하지 않은 환경을 만들었을 것이다. 하지만 어린이들이 우리와 오래도록 친구 사이였던 미생물에 더 많이 접촉하면서 자란 곳에서 면역계는 언제나 훨씬 더 건강할 것이다. 실제로 이런 개념을 뒷받침하는 많은 증거가 있다.

심지어 선진국에서도 시골, 특히 농장에서 야외 환경에 훨씬 많이 노출되고 동물들에게 둘러싸여 자란 어린이는 면역 질환을 앓는 일이 훨씬 적다는 연구가 많다. 집이 깨끗한지 그렇지 않은지에 따른 차이는 없는 것 같지만, 주변에서 소가 풀을 뜯고, 나무와 잡목이 많으며, 개들이 자유롭게 뛰논다면 결과는 확실히 달라진다.

요점은 무엇일까? 화장실을 이용할 때마다 손을 씻고, 집 안을 깨끗이 하되 멸균하지는 말고, 음식을 장만할 때 사용하는 도구들을 깨끗하게 유지해야 한다.

300   하지만 당신의 자녀들을 숲에서 놀게 하라.

42장 어떻게 하면 면역계를 강화할 수 있을까?

바라건대 지금쯤은 면역계가 수수께끼 같다거나 신비롭다고 생각했던 느낌이 좀 가셨으리라 믿는다. 면역계는 에너지 방패나 레이저 무기처럼 쓸 수 있는 마법의 힘이 아니다. 헤아릴 수 없이 많은 부분이 복잡한 스텝을 밟으며 춤추듯 작동한다. 조화롭게 기능을 수행하기 위해 엄격한 연출에 따르며, 그 결과 아름답게 울려 퍼지는 교향곡 같은 것이다. 거기서 조금이라도 벗어나면 면역 반응은 너무 약해지거나 너무 강해지며, 어느 쪽도 건강과 생존에 도움이 되지 않는다. 이 책을 여기까지 읽은 독자라면 면역계에 관한 지식으로 상위 1퍼센트에 든다고 봐도 좋을 것이다. 그러니 한번 생각해 보자. 마음대로 할 수 있다면 면역계에서 어느 부분을 강화하고 싶은가?

더 공격적이고 힘이 센 큰 포식 세포나 중성구를 갖고 싶은가? 글쎄, 그건 좋지만 아주 사소한 감염만 생겨도 강력하고 심한 염증이 유발되어 열도 더 많이 나고, 쉽게 지치고, 더 많이 앓게 될 수도 있다. 엄청나게 강력한 자연 살해 세포가 감염된 세포나 암세포를 보는 족족 없애 버린다면 어떨까? 그것도 좋지만 자칫 의욕이 지나쳐 주변에 있던 건강한 세포까지 몽땅 없애 버릴 수도 있다!

가지 세포를 강화해 후천 면역계를 활성화하면 어떨까? 그렇게 했다간 사소한 위험만 닥쳐도 면역계의 자원을 몽땅 끌어다 써 버려 정작 심각한 감염이 생기면 제대로 대처할 수 없을지도 모른다. 좋다, 그렇다면 T 세포와 B 세포만 강화해 쉽게 활성화되도록 해 보자. 그렇게 하면 이 세포들은 분명 자기 조직을 공격해 자가 면역 질환을 일으킬 것이다. 활성화된 항체와 T 세포가 일단 심장이나 간세포를 공격하기 시작한다면 끝장을 볼 때까지 절대 멈추지 않을 것이다.

그래도 뭔가 방법이 있지 않을까? 비만 세포와 IgE 항체를 생산하는 B 세포는 어떨까?

알다시피 이 세포들의 조합은 알레르기를 일으킨다. 먹으면 살짝 속이 거북했던 음식들이 격렬한 설사와 알레르기 반응을 일으켜 불과 몇 분 만에 생사가 오락가락하는 상태가 된다면?

너무 지루한가? 그렇다면 틀에 박힌 생각을 벗어나 보자. 모든 조절 부위를 강화하면 될 것 아닌가? 그렇게 했다가는 면역계 자체가 아예 작동하지 않아 가장 무해한 병원체조차 감염을 일으키게 된다. 지금쯤 무슨 말인지 알아차렸을 것이다. **면역계를 강화한다는 것은 끔찍한 생각이다. 오직 아무짝에도 쓸모없는 것을 팔아먹으려는 사람들만 그런 주장을 한다!**

이런 사람에게 속아 뭔가를 사서 면역계를 강화하려고 해도 다행히 위험에 처할 가능성은 높지 않다. 법의 테두리 안에서 구입할 수 있는 것 중 실제로 면역계를 강화하는 것은 하나도 없기 때문이다! 사실 '강력한 면역계'라는 말 자체가 잘못이다. 중요한 것은 **균형 잡힌 면역계**, 즉 항상성을 유지하는 것이다. **공격성과 침착함을 동시에 갖추어야 한다.** 면역계는 완전히 꼭지가 돌아 모든 것을 깔아뭉개려는 럭비 선수가 되면 안 된다. 복잡한 안무를 사소한 부분까지 완벽하게 기억하는 우아한 무용수라야 한다. 어떤 경우라도 정확히 의도한 대로 작동해야 한다.

잠깐, 면역계를 강화한다는 생각이 그렇게 터무니없고 복잡하고 위험하다면 왜 인터넷에는 면역계를 강화한다고 약속하는 제품이 넘쳐날까? 우려내 마시는 커피에서 단백질 분말에 이르기까지, 아마존 열대 우림에서 어렵게 채취했다는 신비한 약초 뿌리에서 비타민 알약에 이르기까지 '면역계를 강화한다.'라는 제품은 끝도 없다. 사실을 말하자면, 각 개인의 면역계가 최적 상태로 작동하는 데 어떤 면역 세포가 얼마나 많이 필요한지조차 아무도 모른다. 뭘 어떻게 해야 하는지 안다고 주장하는 사람은 그저 뭔가를 팔아먹으려는 속셈이다.

적어도 현재 쉽게 구할 수 있는 상업적 제품으로 직접 면역계를 강화하는 방법은 단 한 가지도 과학적으로 입증되지 않았다. 정말로 그런 효능이 있다고 해도, 그런 제품을 의사의 감독을 받지 않고 사용하면 오히려 매우 위험할 것이다.

면역계의 건강을 위해 해야 할 가장 중요한 일은 몸에 필요한 모든 비타민과 영양소를 갖춘 건강한 식단을 섭취하는 것이다. 이유는 간단하다. 면역계는 끊임없이 수많은 새로운 세포를 만들어야 하기 때문이다. 새로운 세포가 적절히 기능을 수행하려면 자원이 필요하다. 영양 부족은 면역계 약화와 밀접한 관련이 있다. 장기간 굶주림에 시달리면 감염병과 여타 질병에 걸리기가 훨씬 쉽다. 우리 몸은 어려운 선택을 해야 하며 면역계는 필시 그 영향을 받는다.

하지만 적어도 약간의 과일과 채소를 곁들여 어느 정도 균형 잡힌 식사를 하면 면역계가 기능을 수행하는 데 필요한 모든 미량 영양소와 다량 영양소를 섭취할 수 있다. 흥미로운 사실은 선진국에서도 특히 노령층에 미량 영양소가 부족한 사람이 있다. 꼭 필요한 영양소와 비타민조차 결핍증을 겪는다는 뜻이다. 대개 너무 적게 먹거나 다양한 식품을 섭취하지 않아 이렇게 된다. 예컨대 피자만 먹어서는 건강을 유지하지 못한다. 하지만 그런 사실을 모르는 사람은 없으리라. 그저 어느 정도 균형 잡힌 식사를 하기만 하면 면역계가 제 기능을 유지하는 데는 아무런 문제가 없다.

음식을 골고루 먹는 것 외에 아주 가벼운 운동이라도 규칙적으로 한다면 건강에 긍정적인 효과가 있음은 오래전부터 잘 알려져 있다. 인간의 몸은 움직이게 만들어졌기 때문에 자꾸 몸을 움직이면 다양한 신체 기능, 특히 심혈관 기능 유지에 좋다. 또한 운동은 직접적으로 면역계를 강화한다. 전신에 걸쳐 체액 순환을 촉진하기 때문이다. 간단히 말해 그저 조금 돌아다니거나, 스트레칭을 하거나, 다양한 신체 부위에 자극을 주기만 해도 온종일 소파에서 텔레비전만 보는 사람에 비해 체액 순환에 훨씬 유리하다. 체액 순환이 원활하면 면역 세포와 단백질이 훨씬 효율적으로 움직이면서 기능을 수행하기 때문에 면역계에 좋은 영향을 미친다. 면역계를 강화하기 위해 할 수 있는 것은 이게 전부다.

물론 실제로 특정 영양소가 부족하거나, 특정 보충제를 섭취하면 도움이 되는 사람이 있지만, 그것은 스스로 진단할 수 있는 영역이 아니다. 엄연한 현실을 깨달아야 한다. 인간은 모두 매우 다르다. 어떤 사람이 식단이나 생활 습관을 바꾸면 긍정적인 효과가 있을지, 부정적인 영향이 미칠지는 면역계를 전반적으로 설명하는 책에 간단히 줄이기에는 너무나 복잡한 문제다.

비타민이나 미량 원소 같은 것이 부족하다고 느낀다면 그것은 인터넷에서 찾아볼 문제가 아니라 직접 의사와 상의하는 편이 좋다.

이렇게 두루뭉술한 말에는 만족할 수 없다는 사람도 많을 것이다. 인간이 달을 오가고, 입자 가속기를 만들고, 서로 다른 포켓몬을 980가지나 생각해 내는 세상에서 왜 면역계를 강화할 수 없단 말인가?

　이렇게 생각해 보자. 수십 년간 비포장도로로 끌고 다녀 녹슬고 낡아빠진 차가 있다. 차축은 부러지고, 타이어는 펑크가 났으며, 전조등도 한쪽이 깨졌다. 이 차에 특수 가솔린을 넣고 페인트를 새로 칠한다고 모든 문제가 해결될까? 오래도록 차를 험하게 써서 생긴 손상을 마법처럼 한 방에 깨끗이 없앨 수 있을까? 차의 성능을 오래 유지하려면 평소에 잘 돌봐야 한다. 우리 몸도 똑같다.

　건강을 위해 면역계를 '강화'하고 싶다면 무엇보다 평소에 건강한 생활 습관을 유지해 몸을 잘 돌봐야 한다. 그렇게 하면 면역계의 복잡한 균형과 수십억 가지 다양한 부품이 좀 더 오랫동안 제대로 돌아갈 것이다. 그래도 영원히 기능을 유지할 수는 없다. 차든 사람이든 불가능한 것은 불가능하다. 하지만 더 오래, 더 좋은 상태로 유지할 수는 있다. 여기까지가 과학이 말할 수 있는 한계다. 건전한 과학이라면 마땅히 이렇게 말해야 한다. 적어도 지금까지는.

　매년 엄청난 매출을 올리는 비타민과 보조 식품 업계 사람들이 면역 기능 강화를 운운하면서 비과학적인 주장을 늘어놓는 꼴을 보면 쓴웃음을 짓지 않을 수 없다. 수많은 사람이 그런 말을 믿고 돈을 낭비한다. 정말 유감스러운 것은 암에서 자가 면역 질환에 이르는 심각하고도 위험한 질병으로 고통받는 수많은 사람이 이런 말에 매달린다는 점이다.

　이런 사람들, 절박할 정도로 고통스러워 증상을 조금이라도 줄여 보고 싶거나 어떻게든 살기 위해 몸부림치는 사람이야말로 비타민과 보조 식품 업계의 공허한 약속에 넘어가 희생자가 되기 쉽다. 설상가상으로 탐욕에 기인한 거짓말이 방향을 잘못 잡아 자연주의에 호소하는 데 넘어가 의학적 치료를 거부하는 사람마저 있다. 건강과 면역계에 대한 그릇된 인식은 사회 전체가 면역계의 작동 원리와 기능에 대해 전반적으로 이해하지 않는 한 앞으로도 계속될 것이다. 심지어 전문가라고 해도 면역계를 강화하려는 시도를 할 때는 신중에 신중을 기해야 한다. 이것이 얼마나 위험한 일인지 실제로 보여 주는 이야기가 있다.

　지난 수십 년간 면역계의 작동 원리에 대한 지식이 비약적으로 늘면서 과학자들은 그간 우리를 괴롭혀 온 질병에 맞서 싸울 새로운 방법을 개발하려고 애썼다. 우리의 섬세한 방어 체계를 마음대로 다룰 수만 있다면 인류에게 얼마나 큰 이익이 되겠는가! 하지만 이미 말했듯 면역계를 조작하는 것은 매우 위험한 일이다. 지나치게 가혹한 반응과 지나치게 부드러운 반응 사이에서 끊임없이 균형을 잡아 가며 뭔가를 바꾼다는 것은 언제나 끔찍하게 잘못될 가능성이 존재한다. 유명한 예로 TGN1412가 있다. 이 약물의 임상 시험은 걷잡을 수 없이 잘못되어 면역학계 내부는 물론 언론의 머리기사를 장식할 정도였다. 이 시험은 원래 암 환자의 T 세포를 자극하는 약을 투여했을 때 어떤 부작용이 생기는지, 환자들의 생존 기간이 늘어나는지 알아보려는 것이었다.

약은 T 세포의 세포 표면 항원 무리(cluster of differentiation, CD) 28 분자에 결합해 자극 효과를 나타내는 인공 항체였다. CD28은 T 세포가 활성화되기 위해 필요한 신호 중 하나로, 이름을 언급하지 않았을 뿐 앞에서 설명한 바 있다. T 세포를 활성화하기 위한 가지 세포의 부드러운 입맞춤, 기억하는가? TGN1412의 개념은 전혀 복잡할 것이 없었다. 암 환자의 T 세포에 인공적 '입맞춤'을 제공해 더 쉽고 효과적으로 활성화하자는 것이었다. 암 환자의 면역계를 '강화'해 생명을 위협하는 질병에 더욱 강력하게 맞서도록 한다는 개념이었다. 뭐랄까, 실제로 면역계가 강화되기는 했다.

안전을 위해 연구자들은 마카크원숭이(혹시 궁금할까 봐 말해 두면 원숭이 중에서도 특히 귀여운 종이다.)에서 가장 미미한 반응을 일으켰던 TGN1412 용량의 500분의 1을 투여했다. 이 정도 용량이 인간 자원자에게 조금이라도 반응을 일으키리라고 예상한 사람은 아무도 없었다.

하지만 TGN1412를 건강한 젊은 남성들에게 투여한 지 불과 몇 분 만에 지옥문이 열렸다. 나중에 밝혀졌지만 동물 모델인 마카크원숭이는 T 세포의 CD28 분자가 인간보다 훨씬 적어 약에 훨씬 약한 반응을 나타낸 것이었다. 그 사실을 모른 연구자들은 안전하다고 생각했지만, 이 약은 인간에게 강력한 반응을 일으켰다. 게다가 어찌 된 셈인지 약물 투여 속도도 동물 모델보다 10배나 빨리 주입되었다.[1]

---

1 여기서 짚고 넘어가야겠다. 건강에 관련된 기사나 글을 읽을 때 동물 모델을 언급한다면 주의해야 한다. 물론 약을 동물에게 실험해 보는 것은 매우 중요하다. 하지만 너무나 당연하게도 동물과 인간은 다르다. 물론 우리는 인간 면역계를 그대로 모방한 실험용 쥐를 개발했다. 또한 마카크 같은 원숭이가 진화상으로 우리와 그리 멀지 않다는 사실도 안다. 그래도 쥐와 마카크원숭이가 인간과 전혀 다른 생명체라는 사실은 변하지 않는다. 실험용 쥐에서 어떤 병을 고쳤다거나, 생명을 연장시켰다거나, 기타 환상적인 효과를 나타냈다는 약은 헤아릴 수 없이 많다. 인간에서는 모두 실패했다. 실패만 했으면 다행일 테지만, 위험하거나 심지어 치명적인 경우도 많았다. 다시 강조하건대 동물 실험이 중요하지 않다는 말이 아니다. 우리는 동물 실험을 통해 믿을 수 없을 정도로 중요한 지식을 얻어 왔다.

불과 몇 분 만에 자원자들은 엄청나게 강한 사이토카인 방출 증후군을 경험했다. 사이토카인 폭풍이 무시무시한 속도로 불어 닥친 것이다. 평소 같으면 몇 겹의 안전 장치를 거쳐 세심하게 활성화되었을 수백억 개의 면역 세포가 전신에 걸쳐 한꺼번에 날뛰기 시작했다. 몸속의 모든 T 세포가 과도하게 자극되어 면역계를 활성화하고 염증을 유발하는 사이토카인들을 마구 쏟아냈다. 사이토카인이 홍수처럼 밀어닥쳐 더 많은 면역계가 활성화되고 더 많은 사이토카인이 방출되어 더 심한 염증이 일어나는 악순환이 시작되었다. 무시무시한 연쇄 반응이 눈덩이 구르듯 점점 빨리, 점점 심하게 일어났다.

자원자들의 면역계는 완전히 고삐가 풀리고 말았다. 아무도 예상하지 못했던 무시무시한 일이 벌어졌다. 급속하고 격렬한 면역 반응이 전신을 휩쓸면서 체액이 혈액에서 조직으로 급속히 이동했다. 삽시간에 온몸이 퉁퉁 부어오른 자원자들은 극심한 고통 속에서 몸부림 쳤다. 이내 여러 개의 장기가 동시에 기능을 멈췄다. 자원자들은 기계에 매달려 목숨을 부지하는 형편이 되었다. 면역 반응을 중단시키기 위해 온갖 약이 엄청난 용량으로 투여되었다. 가장 심한 반응을 겪은 사람은 심장, 간, 콩팥이 동시에 기능을 잃었고, 나중에 여러 개의 손가락과 발가락을 잃었다. 천만다행히도 6명의 자원자 중 목숨을 잃은 사람은 없었지만, 대부분 중환자실에서 몇 주를 보낸 뒤에야 병원 문을 나설 수 있었다.

TGN1412 임상 시험이 상상을 초월할 정도로 끔찍하게 실패했다는 소문이 퍼지자 의학 연구계는 엄청난 충격에 휩싸였고 결국 인간 임상 시험 규정이 대거 개정되었다. 이렇게 끔찍한 이야기를 늘어놓는 이유가 뭐냐고? 면역계를 강화하는 약을 개발한다는 것이 나쁜 생각이라고 말하려는 것은 아니다. 하지만 이 이야기는 그런 약을 쓰는 것이 얼마나 복잡하고 위험한 문제인지 생생하게 보여 준다. 면역계를 구성하는 수많은 요소가 얼마나 큰 규모로 작동하면서 복잡한 상호 작용을 통해 얼마나 세세한 곳까지 균형을 유지하는지 생각해 보면 그런 정교한 체계에 손을 댄다는 일의 어려움을 짐작할 수 있을 것이다. 이 책에서 나는 모든 것을 엄청나게 단순화했다. 그러니 행여라도 면역계가 단순하리라는 생각은 하지 말자.

하지만 약물과 치료법에 관한 한 인간에게 사용할 때는 전혀 다를 수 있음을 명심해야 한다. 놀라운 약에 관한 뉴스를 들었을 때는 연구 결과를 인간 대상 시험에서 얻었는지, 아니면 매우 초기 단계에서 동물을 대상으로 실험한 것인지 확인해 보기 바란다.

면역학이라는 심연을 탐구하는 진짜 면역학자의 눈으로 본다면 이 책은 수박 겉핥기에 불과하다.

면역계를 수천 개의 레버와 수백 개의 다이얼이 달린 어마어마하게 큰 기계라고 생각해 보자. 그 속에서는 수십억 개의 기어와 나사와 바퀴와 지시등이 한시도 쉬지 않고 작동하며 서로 영향을 주고받는다. 어떤 기어를 당기면 어떤 과정을 거쳐 최종적으로 어떤 결과가 나올지 아무도 짐작할 수 없다.

면역계를 강화하고 북돋우는 것은 전문가에게도 복잡하기 이를 데 없는 일이다. 보통 사람으로서는 불가능하다고 생각하면 된다. 건강한 생활 습관을 유지하는 것 외에 할 수 있는 일이 없다. 굳이 그렇게 하려다 나쁜 결과를 낳기 십상이다. 하지만 적어도 손해를 보지 않기 위해 실제 행동에 옮길 수 있는 매우 중요한 일이 하나 있다. 알고 보면 수많은 사람이 이 사실을 모른 채 오히려 면역계를 억제하고 있다.

43장 스트레스와 면역계

스트레스가 면역계에 미치는 영향을 이해하려면 까마득한 옛날, 진화의 역사에서 훨씬 단순했지만 잔인했던 때로 거슬러 올라가야 한다. 살아남기 위해 우리 조상들은 환경이 가하는 진화적 선택압에 적응해야 했다. 야생에서 스트레스는 보통 경쟁자가 영역을 침범해 들어온다거나, 포식자가 잡아먹으려고 달려드는 등 절체절명의 위기 상황과 관련이 있었다.

조상들은 위기를 인식하자마자 강력하게 대응해야 했다. 단호하게 행동할수록 생존할 가능성이 더 높았다. 판단이 잘못되어 그리 위험하지 않은 상황으로 판명된다고 해서 손해 볼 것은 없었다. 하지만 잠재적 위험에 빨리 반응하지 않았다가 그것이 실제 위험으로 판명된다면 목숨을 내놓아야 했다. 따라서 실제로 위험하든 그렇지 않든 위험할 가능성이 있는 것, 즉 **스트레스 유발 요인**에 신속하게 대응하는 생명체일수록 살아남아 자손을 남길 가능성이 더 높았다.

시간이 흐르면서 이런 선택압을 통해 조상들은 점점 상황에 익숙해져 스트레스 유발 요인을 빨리 알아차리고 신속하게 대응하는 과정을 저절로 수행하게 되었다. 예컨대 포유동물에서는 즉시 심장과 뼈대 근육(골격근)에 산소와 포도당을 공급해 잠재적 위험에 빠르고 강력하게 반응할 수 있도록 스트레스 호르몬을 신속하게 분비하는 분비샘들이 생겨났다. 투쟁-도피 반응 같은 행동 적응을 통해 결정적 순간에 시간을 크게 절약한 것도 살아남는 데 도움이 되었다. 시야의 가장자리에서 사자를 보았다고 생각한다면, 잠시 멈춰 그것이 정말 사자였는지 아니면 그저 나무 덤불을 착각한 것인지 곰곰이 생각하기보다 즉시 달아나거나 창을 던지는 편이 훨씬 좋은 생존 전략이었을 것이다.

이렇듯 적응이라는 맥락에서 보면 면역계 역시 스트레스에 신속하게 대응하는 것이 합리적이다. 싸우든 도망치든 그 과정에서 상처를 입을 가능성은 급격히 상승한다. 병원성 미생물에 감염될 기회가 늘어나는 것이다. 이에 따라 면역계가 즉각적으로 개입해야 할 가능성 또한 커진다. 진화의 역사 속에서 스트레스에 적응하기 위해 일어난 중요한 변화 중 하나는 면역의 작동 기전 중 어떤 부분은 늦추더라도 꼭 필요한 부분은 신속하게 일어나도록 한 것이다.

우리는 스스로 놀랄 만큼 운이 좋았다고 생각하게 되었다. 조상들의 생활 습관을 버리고 문명과 식품 공급 체계, 편안한 집을 발명했으며, 우리를 잡아먹으려는 커다란 동물을 모두 죽여 버렸기 때문이다. (유감스럽지만 여전히 우리를 잡아먹으려는 아주 작은 것들에게는 제대로 대처하기가 조금 어렵다.) 하지만 이 모든 위대한 발명에도 우리 몸은 아직 그런 사실을 편하게 받아들이지 못한다. 여전히 대초원에서 살아남으려고 몸부림치거나, 거의 정기적으로 잡아먹으려고 달려드는 사자에게서 벗어나야 하는 것처럼 행동한다. 먹을 것이 넘쳐나는데도 최대한 많은 칼로리를 몸속에 저장하려고 한다. 사실은 냉정을 유지하며 명료하게 생각해야 할 상황에서 스트레스 반응을 유발한다. 내일 시험을 치러야 하는데 도망치는 것은 아무런 도움이 되지 않는다. 마감 시한이 다가오는데 고객과 몸싸움을 벌일 수는 없다. (뭐, 그럴 수도 있겠지만 도움이 되지 않겠지.) 하지만 몸은 그런 사실을 전혀 모른다. 이렇듯 불행한 오해 때문에 스트레스가 생긴다. 심리적 스트레스는 실제로 즉각적인 면역계의 변화를 유발하는데, 많은 경우 전혀 도움이 되지 않는다.

스트레스에 관해 알아 둘 것은 중요한 한 가지 측면에서 면역계와 비슷하다는 점이다. 의도대로 작동하기만 한다면 스트레스는 발등에 떨어진 문제를 해결하는 데 큰 도움이 되는 멋진 기전이며, 문제가 해결되면 스스로 사라진다는 점이다. 하지만 오늘날 우리가 마주치는 스트레스 유발 요인은 진화의 역사 속에서 조상들이 마주쳤던 것들과 성격이 전혀 다르다. 과거에는 사자에게 잡히거나 무사히 벗어나거나, 둘 중 하나였다. 어느 쪽이든 스트레스는 즉시 사라졌다. 기말고사를 치르거나 끊임없이 요구하는 고객을 위해 대규모 프로젝트를 진행하는 것처럼 몇 주, 심지어 몇 달씩 지속되지 않았다. 결국 짧고 격렬한 활동을 뒷받침하기 위해 생겨난 기전이 오늘날에는 만성적인 배경음으로 바뀌어 버렸다고 할 수 있다.

만성 스트레스는 면역계에 어떤 영향을 미칠까? 면역계의 모든 것이 그렇듯 그 영향은 매우 복잡하다. 간단하고 직관적인 것과는 거리가 멀다. 스트레스와 그것이 건강에 미치는 영향에 관해 말할 때 우리는 흔히 우울증, 외로움, 삶의 구체적 상황, 사람들이 그런 상황을 다루는 각기 다른 방식 같은 주제를 꺼내곤 한다. 우리의 행동이 관련되는 순간 모든 것이 어렵고 모호해진다. "만성 스트레스는 자가 면역 질환을 유발한다."라는 식으로 말할 수 없는 것이다.

상황은 훨씬 미묘해질 수 있으며, 거의 항상 그렇다. 예컨대 스트레스를 받으면 담배를 더 많이 피울 수 있다. 그런데 흡연은 관절염 같은 자가 면역 질환의 위험 인자다. 따라서 매우 조심스럽게 이야기할 필요가 있다. 불확실한 부분이 너무 많기 때문이다! 이런 점을 염두에 두고 조심스럽게 말하자면 만성 스트레스는 매우 건강에 나쁘며 수많은 질병과 관련된다.

일반적으로 만성 스트레스는 염증이 가라앉는 과정을 방해해 만성 염증을 일으킨다. 앞에서 보았듯 만성 염증은 암에서 당뇨병에 이르기까지, 심장 질환에서 자가 면역 질환에 이르기까지 수많은 질병의 위험을 상승시키는 것은 물론, 전반적인 건강 악화와 사망률 상승과도 관련이 있다. 만성 스트레스를 받으면 조력 T 세포의 행동이 변한다. 조력 T 세포는 일종의 지휘자로서 수많은 면역 반응에 영향을 미치므로 이런 상황이 건강에 좋을 리 없다. 결국 조력 T 세포는 잘못된 판단을 내리고, 면역 반응의 균형이 깨질 수 있다.

또한 스트레스를 받으면 코티솔 같은 스트레스 호르몬들이 분비된다. 스트레스 호르몬은 면역계를 억제하고 면역 반응을 방해하므로 전반적으로 면역이 약해지고 다양한 측면에서 제대로 기능을 발휘하지 못한다. 상처는 더디 낫고, 사소한 감염도 쉽게 악화되어 큰 병이 된다. 기존에 몸속에 있던 병원체나 질병을 더 이상 효과적으로 통제할 수 없어 예컨대 대상 포진 같은 증상이 걷잡을 수 없이 터져 나온다. AIDS가 훨씬 빨리 진행되기도 한다. 만성 스트레스는 곧 만성적인 코티솔 분비를 의미하며, 이는 일반적으로 면역 방어 체계를 억제한다.[1]

최근 자가 면역 질환의 발병과 스트레스 사이에 상당히 강력한 연관성이 입증되었다. 또한 스트레스는 종양 진행의 위험 인자 중 하나인 것 같다. 스트레스로 인해 유발되거나 악

---

1 특수 부대원이나 스포츠 선수처럼 신체적 부담이 큰 직업을 지닌 사람에게는 더 큰 문제다. 이런 직업의 단점은 대부분 코티솔은 아주 높은 수준을 유지하는 반면, 항체와 주요 사이토카인은 낮은 수준이라는 점이다.

화되는 질병의 목록을 만들자면 끝이 없을 것이다. 만성 스트레스는 면역이 우리를 보호하는 모든 측면에 부정적인 영향을 미치는 것 같다.

그러니 아직도 면역계를 강화할 방법을 찾는다면 당장 실행에 옮길 수 있는 구체적인 방법이 하나 있다. 일상 속에서 스트레스 유발 요인들을 없애려고 노력하면서 정신 건강을 돌보는 것이다. 너무 뻔한 얘기라 오히려 어리석은 조언처럼 들릴지 모르지만, 마음 상태와 건강이 밀접하게 연관되어 있음은 의심의 여지가 없다. 사람들이 더 행복하게 살고 스트레스와 우울감을 덜 겪도록 한다면 사회 전체의 건강이 크게 향상될 것이다.

44장 암과 면역계

암은 사람들이 가장 두려워하는 질병이다. 암이란 말을 입에만 올려도 겁을 집어먹는 사람이 있을 정도다. 어쩌면 암은 경험할 수 있는 가장 큰 배신일 것이다. 우리 세포가 우리 자신의 일부이기를 원하지 않는 상황이니까.

간단히 말해 암은 우리 몸의 한 부분을 구성하는 세포가 아무런 통제를 받지 않고 제멋대로 자라나 증식하는 현상이다. 암에는 크게 두 가지 범주가 있다. 허파나 근육, 뇌, 뼈, 생식 기관 등 고체로 된 조직에서 암세포가 자라기 시작하면 **종양**을 형성한다. 세포들이 조그만 부락으로 모여 살기 시작해 종국에는 거대한 도시를 이루고, 그것으로도 모자라 몸이라는 대륙을 가로질러 뻗어 나간다.

원래 종양이란 말은 그저 '부어오른 것'을 뜻한다. 신체 일부가 부어올라 종양이 된다고 해서 무조건 죽을병에 걸린 것은 아니다. 그저 부어오른 것을 '양성 종양'이라고 하는데, 흔히 암과 혼동되곤 한다. 가장 중요한 차이는 양성 종양은 암처럼 다른 장기를 침범하지 않는다는 점이다. 종양은 자기 친구들 사이에 얌전하게 머물며 그저 물리적 덩어리를 형성할 뿐이다. 경과도 매우 좋다. 종종 치료하지 않고 지켜보기만 해도 충분하다. 하지만 양성 종양이라도 너무 커져서 뇌 같은 장기를 누르거나 혈관, 신경 등 생명에 관련된 신체 계통에 영향을 미치면 위험할 수 있다. 이때는 되도록 주변 조직을 손상시키지 않으면서 종양을 떼어 내는 것이 보통이다. 어쨌거나 종양이 생긴다는 것은 기분 좋은 일이 아니지만, 둘 중 하나를 선택해야 한다면 암보다 양성 종양이 훨씬 낫다.

덩어리를 형성하는 고형 암과 달리 혈액, 골수, 림프, 림프계를 침범하는 암은 '액체'다. 이런 암은 종종 골수에서 생기며 혈관과 림프관 등 우리 몸의 슈퍼 하이웨이를 따라 걷잡을 수 없이 퍼진다. 혈관과 림프관 속에 아무 쓸모 없는 암세포가 가득 차는 것이다. (액체 상태의 암이라고 해서 정말로 액체는 아니다. 이런 암들 역시 본질은 암세포가 생기는 것이다.) 종종 이런 암들을 통칭해 백혈병, 또는 혈액암이라고 한다.

암은 몸속의 모든 조직과 세포에서 생길 수 있다. 인간의 몸은 다양한 세포로 이루어져 있으므로 암 역시 한 가지 종류만 있는 게 아니다. 수백 가지 종류에 이른다. 각각의 암은 모두 독특한 형질을 지니며, 따라서 치료할 때 겪는 어려움도 모두 다르다. 매우 천천히 자라 치료가 잘 되는 암도 있지만, 아주 공격적이며 사망률이 높은 암도 있다. 오늘날 살아 있는 사람 4명 중 1명은 언젠가 암에 걸린다. 그리고 6명 중 1명은 암으로 죽는다. 살면서 주변에서 암에 걸린 이를 만나지 않는 사람이 없는 셈이다.

이렇듯 우리에게 끔찍한 해를 입히지만 암세포 자체가 사악한 것은 아니다. 암세포는 인간을 괴롭히는 일 따위에는 관심이 없다. 사실 아무것도 관심이 없다. 앞에서 보았듯 세포는 그저 프로그램된 대로 행동하는 단백질 로봇일 뿐이다. 불운하게도 그런 프로그램이 깨지고 오염되었을 뿐이다.

즉 세포 자체가 아니라 프로그램에 문제가 생긴 것이다. 간단히 설명하면 DNA 속에는 생명의 설계도, 즉 세포를 구성하는 모든 단백질과 모든 구성 요소를 만드는 지침이 들어 있다. 이런 제조 지침은 DNA에서 복사된 후 세포의 단백질 생산 공장인 리보솜으로 전달되어 단백질이 만들어진다. 어떤 단백질이 얼마나 많이, 어떤 주기로 생산되느냐에 따라 세포는 생명을 이어가거나, 자극에 반응하거나, 특정한 방식으로 행동하는 등 다양한 임무를 수행한다.

이 과정은 생명을 이어 가는 핵심이므로, 유전 부호가 손상되면 심각한 일이 벌어진다. 일부 단백질이 제대로 만들어지지 않거나, 너무 많이 만들어지거나, 너무 적게 만들어진다. 하나같이 세포가 정상적으로 기능을 수행하는 데 나쁜 영향을 미친다. 이렇듯 DNA에 변화가 생기는 것을 돌연변이라고 한다. 여러 가지 의미를 떠올리겠지만 돌연변이라는 말 자체는 그저 유전 부호가 약간 변했다는 의미일 뿐이다. 사실 DNA는 항상, 삶의 매 순간 손상되고 변한다. 평균적인 세포의 유전 부호는 하루에 수만 번 손상을 겪는다. 몸 전체로 보면 매일 수조 개의 사소한 돌연변이가 일어나는 셈이다. 끔찍하게 들리지만 거의 모든 돌연변이는 아무 문제를 일으키지 않거나, 즉시 복구된다. 따라서 돌연변이가 계속 일어나도 대부분 우리에게 큰 영향을 미치지는 않는다.

그러나 살아가는 동안 세포는 계속 증식하므로 손상은 누적된다. 학교 다닐 때 엉망으로 복사된 나머지 도표의 테두리가 흐릿한 유인물을 받아본 경험이 있을 것이다. 그렇지 않아도 상태가 좋지 않은 문서를 몇 번이고 반복해서 복사한다고 생각해 보자. 하루에도 몇 번씩 몇 년, 아니 수십 년을 복사하면 어떻게 될까? 그러다 어떤 날은 복사기에 머리카락이 떨어지기도 하고 문서의 가장자리가 너덜너덜해지기도 할 것이다. 이런 결함은 새로 복사한 문서에 그대로 반영되므로, 이후 모든 문서에 똑같은 결함이 남는다.

세포도 똑같다. 대부분의 DNA 손상은 살아가는 동안 자연스럽게 생긴다. 세포가 분열하고 신체 기능을 유지하다 보면 특별한 원인이나 이유 없이도 DNA가 손상된다. 그저 확률적으로, 운이 없어서 생기는 일이다. 물론 유전 부호를 손상시키는 생활 습관을 버리지 않으면 암에 걸릴 가능성이 크게 높아진다. 담배를 피운다든지, 술을 많이 마신다든지, 체중이 높다든지, 석면 같은 발암성 물질에 접촉한다든지, 아니면 그냥 선크림을 바르지 않고 아름다운 여름날을 즐기는 것만으로도 암에 걸릴 가능성이 높아질 수 있다.[1]

---

1 암에 걸린 사람이 살아남는 데 태도가 중요하다는 믿음도 널리 퍼져 있다. 긍정적인 마음가짐을 갖고 그런 태도를 유지하면 면역계의 뭔가 신비로운 힘이 활성화되어 암을 극복할 수 있다는 것이다. 반대로 부정적인 태도를 가지면 암을 이기기 어렵고, 심지어 없던 암도 생긴다고 한다. 태도가 암 생존 확률에 영향을 미친다는 생각이 어디서 나왔는지는 알 수 없지만, 수십 년에 걸친 연구 결과 태도는 암 생존율에 아무런 영향을 미치지 않을 확률이 극히 높다고 확실히 말할 수 있다. 긍정적인 태도를 갖든 부정적인 태도를 갖든, 행복감을 느끼든 그렇지 않든 면역계가 암과 싸우는 능력이 마법처럼 변하지는 않는다. 그래도 이런 생각은 끈질기게 이어진다. 자기 역량 강화와 목표 추구를 강조하는 우리 문화에 강력한 호소력을 갖는 데다, 많은 사람이 그저 좋은 뜻으로 이런 생각을 퍼뜨리기 때문이다.

이런 상관관계를 입증하는 확고한 과학적 증거가 없다는 사실과 별개로, 암에 걸린 사람에게 태도가 중요하며 긍정적인 태도를 유지해야 한다고 말하는 것은 매우 해로울 수 있다. 두 가지 이유에서다. 첫째, 이런 믿음은 아픈 사람에게 치유와 생존의 책임을 지운다. 실제로 어떤 감정을 느꼈든 좀 더 긍정적이고 낙관적이었다면 목숨을 건졌을 것이라고 말하는 것과 뭐가 다른가? 결국 싸움에서 이기지 못해 온갖 나쁜 결과를 맞는다면 모두 당신 책임이라는 뜻이 된다. 무서운 질병과 싸우는 것만도 힘든 사람에게 끔찍한 부담을 지우는 셈이다.

두 번째 이유는 항암 화학 치료, 수술, 방사선 치료가 뭐랄까 결코 유쾌한 경험이 아니라는 데 있다. 병이 나으려면 긍정적인 태도를 지녀야 한다는 말은 결국 자기 감정에 솔직해서는 안 된다는 뜻이 된다. 그러나 환자가 얼마나 고통스러운지 표현하고, 그런 말을 있는 그대로 들어주고 사랑해 달라고 요청하는 일은 매우 중요하다. 매우 불쾌한 치료, 그런 치료를 참고 견뎌야 하는 데 따른 극도로 부정적인 감정, 앞날에 대한 두려움 등을 다루는 데 도움이 되기 때문이다. 물론 삶 자체와 살면서 마주치는 여러 가지 어려움에 긍정적이고 낙천적인 태도를 갖는 것은 좋은 일

간단히 말해 암에 걸리는 가장 쉬운 방법은 오래 사는 것이다. 살다 보면 통계적으로 언젠가는 반드시 암이 생길 수밖에 없다. 그 암으로 목숨을 잃느냐는 또 다른 문제다. 세포가 암세포가 되려면 돌연변이가 일어나 암을 막는 쪽으로 작동하는 세 가지 중요한 체계에 모두 문제가 생겨야 한다.

우선 세포의 성장과 증식을 모니터링하는 유전자, 즉 **암유전자**에 돌연변이가 생겨야 한다. 이 유전자 중 일부는 우리가 배아일 때, 즉 고작 몇 개의 세포가 한데 뭉쳐 있는 상태일 때 매우 활발하게 작동한다. 비록 작지만 완전한 인간의 몸을 형성하려면 배아는 엄청난 속도로 분열 및 성장해야 한다. 단 1개의 세포가 불과 몇 개월 만에 몇조 개로 불어나야 하는 것이다. 이렇게 빠른 성장을 유도하는 유전자들은 완벽한 인간이 완성되면 활성이 꺼진다. 하지만 수십 년이 지나 어떤 돌연변이가 암유전자의 스위치를 다시 올린다. 오염된 세포는 자궁 속에서 새로운 인간을 형성하기 위해 부지런히 움직였던 바로 그때와 똑같은 방식으로 신속하게 분열 및 증식한다. 그러니 제1번 돌연변이는 **빠른 성장**이다.

두 번째로 손상된 유전 부호를 수리하는 유전자에 돌연변이가 일어나야 한다. 이들을 **종양 억제 유전자**라고 한다. 세포를 보호하고 통제하는 유전자로 한시도 쉬지 않고 DNA를 꼼꼼하게 살피면서 복제 과정에 실수나 오류가 없는지 감시하고, 그런 것이 발견되면 즉시 수리에 나선다. 종양 억제 유전자에 오염이나 결함이 생기면 세포는 스스로 수리할 능력을 잃는다.

이 두 가지 특이적인 돌연변이로도 암을 일으키는 데 충분치 않다.

세포는 유전자가 위험 수준으로 손상되어 암세포로 변할 위험이 크게 상승하는 시기를 대부분 알아차린다. 그리고 제때 알아차리기만 하면 자기 파괴 기능을 활성화해 스스로 사멸한다. 따라서 암세포가 되기 위해 오염되어야 하는 마지막 유전자는 통제된 자살, 즉 세포 자멸사를 유도하는 유전자다. 세포 자멸사는 앞서 몇 번 언급했다. 대부분의 세포가 이런

이다. 병에 걸렸든, 건강하든 마찬가지다. 긍정적이고 낙천적인 감정을 가지면 분명 기분이 좋아질 것이다. 스트레스도 줄고 결국 면역계에 미치는 부정적인 영향도 줄어들 수 있다. 그러니 병에 걸렸을 때 긍정적인 태도를 갖는 것은 좋은 일이다. 연구에 따르면 암 치료를 받는 동안 긍정적인 태도를 유지하는 것은 정신 건강에 좋다. 치료도 덜 힘들어질 수 있다. 특히 항암 화학 치료 중에는 이런 태도가 도움이 될 것이다.

방식으로 삶을 마감한다. 끊임없이 자신을 재활용함으로써 오랫동안 너무 많은 오류가 축적 되는 것을 방지한다.

마침내 때가 되었을 때, 즉 유전 부호 속에 자연적으로 축적된 수많은 오류를 스스로 수리할 수 없을 때, 그리하여 통제를 벗어나 증식하기 시작했을 때, 세포가 스스로 목숨을 끊는 능력을 잃어버리면 암세포가 된다. 스스로의 몸을 위협하는 존재가 되는 것이다. 물론 단순화한 설명이다. 보통 세 가지 체계에 단일 돌연변이가 생기기만 해서는 충분치 않다. 체계마다 많은 유전자가 나쁜 방향으로 돌연변이를 일으켜야 한다. 하지만 암이라는 현상이 생기는 기본 원리는 대략 이런 범위를 벗어나지 않는다.

이런 손상들이 축적되어 세포 1개가 완전히 암세포로 변하면, 그때부터 그 세포는 어떤 의미로 매우 독특한 존재가 된다. 아주 오래된 존재인 동시에 전혀 새로운 존재가 되는 것이다. 수십억 년간 세포는 진화를 통해 적대적 환경 속에서도 생존하고 번성하는 데 스스로를 최적화해 왔다. 자원과 공간을 두고 서로 치열한 다툼을 벌였다. 그러다 어느 순간, 새롭고도 짜릿한 생존 방식이 나타났다. 바로 **협력**이다. 할 일을 분담하고 세포 각자가 매우 특수한 기능을 갖도록 허용하는 협력을 통해 하나의 집단으로서 더욱 성공적인 삶을 누리게 된 것이다. 하지만 협력에는 희생이 따른다. 다세포 생물이 생명을 유지하려면 개별 세포의 생존보다 전체의 행복과 화합을 우선할 수밖에 없다.

암세포는 이런 과정을 거꾸로 돌리는 셈이다. 집단의 일부가 되기를 거부하고 어떤 의미에서 다시 개별적 존재가 된다. 원칙적으로는 아무 문제없다. 우리 몸은 몇몇 소수의 세포만 자신의 일에 열중하면 큰 문제 없이 작동하며, 심지어 이런 세포들과 조화롭게 살아갈 수도 있다. 유감스럽게도 암세포는 자기 일에 몰두하는 데서 그치는 것이 아니라 쉴 새 없이 분열하고 또 분열해 개별적인 존재에서 다시 집단이 된다. 몸속에서 새로운 생명체가 자라는 것과 같다. 여전히 우리의 일부지만, 전혀 우리가 아니다. 살아가는 데 필요한 자원을 독점하며, 원래 속했던 장기를 파괴하고, 다른 세포들과 살아갈 공간을 두고 경쟁을 벌인다.

진화 과정에서 이런 식의 오염을 처리하는 방식이 왜 개발되지 않았는지 의아한 사람도 있을 것이다. 암은 생식 연령을 지나서 생기는 경향이 있으므로 진화의 손길은 암을 막아낼 능력을 최적화할 필요를 거의 느끼지 못했을 것이다. 2017년 기준으로 50세 이전에 암으로 사망한 사람은 모든 암 사망자의 12퍼센트에 불과하다. 운이 좋아 오래 사는 사람은 틀림없이 몸속에 어느 정도 암세포가 있다고 봐야 한다. 이런 세포들이 기회를 잡기 전에 다른 이유로 사망할 뿐이다.

암은 상존하는 위험이자 생존에 대한 실존적 위협이므로 사실 인체는 이 문제를 다루는 데 상당히 능숙하다. 더 정확히 말하면 면역계가 그렇다. 이 책을 손에 들고 몇 장 읽는 동안에도 우리 몸속에서는 면역 세포들이 적잖은 암세포를 찾아내 죽여 버렸을 것이 거의 확실하다.

평생을 놓고 보면 심지어 일부 암세포가 작은 종양 수준으로 자랐다가 면역계의 방어 체계에 의해 격퇴되는 일도 몇 번씩 벌어졌을 것이다. 느끼지 못할 뿐 그런 일은 바로 오늘 일어났을 수도 있다. 살면서 몸속에 생겨난 암세포의 절대 다수는 미처 알아차리기도 전에 면역계가 손을 봐준 것이다. 너무나 멋진 일이지만, 본디 인간은 99.99퍼센트의 잘된 일에 대해서는 아랑곳하지 않는다. 딱 한 번 면역계가 제때 처리하지 못해 생명을 위협하는 종양으로 자라난 단 1개의 어린 암세포에 대해서만 관심을 가질 뿐이다.

이제 **면역 편집(immunoediting)**에 대해 알아보자. 면역계와 암세포 사이의 치열한 줄다리기, 한 치도 양보하지 않은 채 밀고 당기는 전투의 현장으로 가 본다.

1. 제거 단계

축하한다! 당신은 이제 어엿한 암세포가 되었다. 더 이상은 유전 부호를 감시하거나 수리할 수 없고, 스스로 목숨을 끊을 수도 없다. 모든 통제를 벗어나 빠른 속도로 증식한다. 게다가 세대를 거듭할수록 더 많은 돌연변이가 일어난다. 그 자체로는 멋지지도, 끔찍하지도 않다.

몇 주간 세포는 걷잡을 수 없는 자가 복제를 거쳐 수천 개가 되었다가, 이내 수만 개의 클론을 만들어 아주아주 작은 암이 된다. 이렇게 빨리 성장하려면 영양소와 자원이 아주 많이 필요하다. 미니 종양은 오로지 자기 배를 불리기 위해 새로운 혈관을 형성하라는 명령을 내려 다른 신체 부위로 가야 할 영양소를 훔친다. 주변의 건강한 세포들은 굶주리다 죽어 간다. 암세포는 이렇게 자기 본위로 행동하기 때문에 몸을 손상시킨다.

앞에서 보았듯 이렇게 자연스럽지 못한 방식으로 민간인이 희생되면 주목을 끌지 않을 수 없다. 염증이 생겨 면역계가 초집중 경계 상태에 돌입하기 때문이다.

무슨 일이 일어나는지 조금 자세히 살펴보자. 브루클린에서 몇몇 사람이 더 이상 뉴욕 시의 일부이기를 거부하기로 결정한다고 치자. 그렇다고 다른 곳으로 옮겨간 것은 아니고 그냥 눌러살면서 **종양 타운**(Tumor Town)이라는 새로운 행정 구역을 선포했다.

새로 구성된 종양 타운 시의회는 의욕에 넘쳐 기막히게 멋진 신도시를 건설하려고 한다. 강철 빔, 시멘트, 석판, 목재 등 건설 자재를 대량으로 주문해 이전에 브루클린이라고 불렸던 지역 한복판에 새로운 아파트와 편의점과 공장을 짓기 시작한다. 새로운 건물과 구조물들은 건축 규정을 하나도 지키지 않는다. 설계도 엉망이고, 걸핏하면 부스러지며, 모서리는 날카롭고 높은 건물은 휘청거려 위험하기 짝이 없다. 외관도 너절하다. 전체적으로 일관된 논리가 전혀 없다. 길 한복판, 놀이터 바로 옆, 심지어 기존 건물 위에 새로운 건물이 들어선다. 새로 지어진 건축물을 연결하기 위해 오래된 동네를 마구 허물고, 새로 고속 도로를 깔아 뉴욕 시를 오가고, 관광객을 끌어들이기 위해 기존 도시를 밀어 버린다. 브루클린에 살던 많은 사람이 이러지도 저러지도 못할 신세가 되고 만다. 노인들은 벽으로 둘러싸인 공간에 갇혀 장도 보러 가지 못한 채 굶주린다.

이런 일이 계속되자 사망한 노인들이 풍기는 악취 때문에 민원이 쏟아진다. 마침내 시 건설 감독관과 경찰이 현장에 나타나 누가 이런 짓을 벌였는지 탐문에 나선다.

이 상황을 그대로 우리 몸에 적용해 보면, 통제를 벗어나 마구 자라는 암 때문에 소란스러워진 곳에 처음 면역 세포들이 나타나 암 덩어리 속을 파고드는 순간이라 할 수 있다. 큰 포식 세포와 자연 살해 세포가 도대체 어찌 된 영문인지 알아보려고 하는 것이다. 암세포의 가장 큰 특징은 '건강치 못한' 징후들을 대거 나타낸다는 점이다. 예컨대 아예 쇼윈도가 없다거나, 세포막에 수많은 스트레스 분자가 나타난다. 자연 살해 세포는 즉시 행동에 돌입해 암세포들을 죽이고, 사이토카인을 방출해 더 심한 염증을 일으킨다. 큰 포식 세포는 죽은 암세포를 먹어 치운다.

자연 살해 세포가 보낸 신호를 통해 가지 세포는 위험을 감지하고 활성화되어 비상 모드에 돌입한다. 죽은 암세포들의 표본을 수집한 후 림프절로 달려가 조력 T 세포와 살해 T 세포를 활성화한다. 이 대목에서 후천 면역계가 어떻게 우리 몸의 일부인 암세포에 대한 무기를 가질 수 있는지 궁금해할지도 모르겠다.

처음에 얘기했듯 암세포는 항상 유전적 오염을 지니고 있으며, 오염된 단백질을 만들어 낸다. 후천 면역 세포 중 일부는 이런 단백질에 결합하는 수용체를 갖고 있다. 어쨌든 후천 면역 세포들이 도착할 즈음에는 암세포가 수십만 개로 불어나 있지만, 이제 상황이 크게 변할 참이다. 우선 T 세포는 새로운 혈관 생성을 차단해 많은 암세포를 그야말로 굶겨 죽이거나, 최소한 더 이상 증식하지 못하게 한다. 건설 감독관이 종양 타운에 나타나 도로에 바리케이드를 치고, 관광객과 건축 자재가 불법 신도시로 들어오지 못하게 막는 것이다.

살해 T 세포는 암세포의 쇼윈도를 들여다보고 존재해서는 안 될 변형 단백질을 발견하면 스스로 목숨을 끊으라는 명령을 내린다. 자연 살해 세포는 MHC 쇼윈도를 가린 암세포를 찾아내 죽인다. 혈액을 통해 신선한 영양소를 주문할 수도 없고, 숨을 수도 없게 된 종양은 무너져 내리기 시작한다. 수십만 개의 암세포가 대량 학살당한다. 큰 포식 세포는 바삐 돌아다니며 암세포들의 사체를 깨끗이 먹어 치운다. 우리 몸은 불법적인 종양을 완전히 짓이겨 버린다. 뉴욕 시 당국이 불법 건축물을 완전히 허물어 버린 것이다. 그러나…… 계획대로 되지 않는 일도 있다.

2. 동적 평형

전쟁이 끝난 것처럼 보였지만, 자연 선택이 끼어들며 달콤한 승리의 순간을 박살내 버린다. 면역계의 초기 대응은 매우 효과적이었다. 면역 세포들은 친절하게도 뭔가 심각하게 잘못되었음을 스스로 보고한 암세포를 죽여 버렸다. 세포는 애초에 이렇게 만들어졌다. 뭔가 잘못되면 신호를 보내게 되어 있다. 그런 신호를 보낼 수 있다는 사실 자체가 아직 완전히 오염되지 않았다는 뜻이기도 하다. 정상적 상황이라면 이것으로 충분하다. 종양은 없어질 수밖에 없다.

암

암세포는 통제를 벗어나 자가 복제를 계속함으로써
미니 종양을 형성한다. 이를 눈치챈 자연 살해 세포가
개입해 최초의 암세포들을 죽이기 시작한다.
큰 포식 세포는 암세포의 잔해를 깨끗이 청소하고,
가지 세포는 표본을 수집해 조력 T 세포와
살해 T 세포를 활성화한다. 하지만 아직
위험이 완전히 사라진 것은 아니다…….

하지만 일이 잘못되기 시작한다. 암세포는 시간을 벌고, 더욱 심하게 오염될 기회를 잡는다. 어떤 면에서 앞에서 살펴본 바이러스와 비슷하다. 아무런 방해를 받지 않은 채 빠른 속도로 증식하는 동안 유전자에 새로운 오류가 출현할 확률 또한 점점 높아진다. 자가 복구 기전이 이미 손상되었다면 더욱 그렇다.

이런 암세포가 오래 생존할수록, 더 많이 증식할수록 새로운 돌연변이를 획득해 면역계의 감시를 피하는 능력이 발달할 가능성은 점점 커진다. 진화가 항상 그렇듯 면역계가 암을 파괴하려고 최선을 다할수록 생존에 더 적합한 암세포를 선택하는 꼴이 된다. 물론 수십만 개의 암세포가 죽는다. 수백만, 수천만 개가 죽을 수도 있다. 하지만 생존 적합도가 뛰어난 암세포는 단 1개만 살아남아도 어떻게든 효율적으로 반격할 길을 찾아낸다.

예컨대 암세포가 면역계로부터 자신을 보호하는 기발하고도 두려운 방법 중 하나는 살해 T 세포와 자연 살해 세포 표면에 있는 **억제 수용체**를 노리는 것이다. 억제 수용체는 이 세포들이, 뭐랄까, 암세포를 죽이지 못하게 억제한다. 살해 세포가 어떤 세포를 공격해 파괴하기 전에 스위치를 내려 비활성화하는 것이다. 원칙적으로 대단히 좋은 전략이다. 여러 번 보았듯 면역계는 위험하다. 면역 세포들이 너무 극성스럽게 날뛰지 않도록 제동을 거는 장치가 있어야 한다. 억제 수용체는 면역계 내부의 복잡하기 이를 데 없는 상호 작용을 조절하는 데 중요한 역할을 한다. 유감스럽게도 암세포는 이 부분을 공략해 살해 세포의 기능을 방해하는 방향으로 돌연변이를 일으킬 수 있다.

이제 우리 몸속에는 면역계의 방어 기능을 무력화하는 암세포가 1개 생겨났다. 여기서 다시 새로운 암 덩어리가 자란다. 수많은 클론이 새로 생겨나, 끊임없이 변화하고 돌연변이를 일으킨다.

3. 면역 회피

면역계의 대응에 의해 형성되고 변화한 새로운 암세포야말로 모든 문제의 주범이다. 이들은 매우 삐딱한 방식으로 면역계에 반항한다. 우선 겉으로 봐서는 정상적인 작동 기전이 고장

났음을 알 길이 없다. 우리 몸에 신호를 보내 뭔가 잘못되었다고 알리지도 않는다. 시치미를 뚝 떼고 조용히 숨죽이고 있기 때문에 주변 세포와 똑같아 보인다. 게다가 오염된 신호들을 보내 면역계를 적극적으로 차단한다. 그리고 끊임없이 자란다. 종양이 다시 커져 건강한 주변 조직이 손상되면 그때야 비로소 면역계의 주목을 끈다. 이 시점에 이르면 더 이상 종양을 간단히 몰아낼 수 없다. 마지막 단계인 면역 회피가 시작되는 것이다.

암세포는 자기들만의 세상을 건설하기 시작한다. 바로 **종양 미세 환경**이다.

다시 브루클린에 지어진 종양 타운을 떠올려 보자. 이제는 모든 것이 다르다. 타운은 재건설되었다. 이번에는 새로운 시의회에서 온갖 허가를 남발하는 바람에 뉴욕 시 건설 감독관은 완전히 혼란에 빠지고 만다. 이제 왕성하게 자라 천천히 도시 전체를 집어삼키는 종양 타운에 철거 명령을 내릴 수 없다. 새로 설치된 바리케이드를 지나갈 수조차 없다. 빠른 속도로 자라는 불법 정착지에 들어가 살펴보거나, 허가서가 위조되었는지 확인해 볼 수도 없다. 암세포들이 면역 세포가 통과하기 어려운 일종의 국경 지역을 만들어 버린 것이다.

모든 작업이 마무리되면 암은 면역계를 마음대로 부릴 수 있다. 사실상 승리를 거둔 것이다. 모든 공격로가 차단되고, 암 덩어리는 걷잡을 수 없이 커진다. 치료하지 않으면 모든 것에 최적화된 새로운 암세포는 결국 전이를 일으킨다. 인체라는 드넓은 세상을 마음껏 탐험하면서 다른 조직이나 장기에 뿌리를 내리고, 거기서 다시 끊임없이 성장한다. 이런 전이 병변이 허파나 뇌, 간 등 주요 장기를 침범하면 인체라는 정교하고 복잡한 기계가 무너지기 시작한다.

자동차 엔진에 하루도 빠짐없이 쓸모없는 부품을 장착한다고 해 보자. 그래도 자동차는 한동안 움직이겠지만 어떤 시점에 도달하면 더 이상 시동이 걸리지 않을 것이다. 이것이 바로 암세포가 우리를 죽이는 방식이다. 너무 많은 공간과 너무 많은 영양소를 빼앗긴 우리 몸은 더 이상 제대로 기능할 공간을 확보하지 못하며, 침범된 장기는 기능을 잃는다. 간단히 말해 이것이 바로 암이 면역계를 정복하는 전략이다. 마지막 장에서 살펴보겠지만 면역계는 거꾸로 암을 정복할 수 있는, 최소한 덜 치명적으로 만들 수 있는 열쇠이기도 하다.

암에 대해 얘기하고 있으니 지금은 면역계가 암을 이겨 낼 가능성과 면역계의 역할을 적극적으로 상승시킬 방법은 없는지 알아보자!

토막 상식! **흡연과 면역계**

대기 오염은 연간 약 500만 명을 사망케 할 정도로 심각한 문제지만, 도심을 걸으며 숨 쉴 때 어떤 오염 물질을 아무리 많이 들이마신들 담배 한 개비 피우는 것의 발끝에도 못 미친다. 흡연이 '무슨무슨 암'을 일으킨다는 식으로 건강에 매우 해롭다는 사실은 누구나 알지만, 그걸로 끝이 아니다! 특히 흡연은 면역계와 밀접히 관련된 많은 방식을 통해 건강에 나쁘다는 사실이 입증되었다. 간단히 말해 담배를 피우면 질병과 암에서 보호하는 기전을 스스로 망가뜨리면서, 전반적으로 감염이나 암에 걸리기 쉬운 상태로 자신을 몰아가는 셈이다!

담배 연기 속에는 4,000가지가 넘는 화학 물질이 들어 있다. 정확한 특성과 서로 어떻게 상호 작용하는지 아직 밝혀지지 않은 것도 많다. 한 가지는 분명하다. 중독성을 유발하는 니코틴, 그 희한하고도 사악한 물질은 면역계를 억제한다. 면역 세포의 반응 속도를 떨어뜨리고 효과를 방해한다. 이런 부작용이 나타나는 가장 중요한 장소는 호흡기, 특히 허파다. 담배 연기는 몽땅 허파로 들어가니 놀랄 일도 아니다. 그런데 니코틴은 정확히 어떤 역할을 할까?

우선 니코틴은 앞에서 잠깐 살펴본 허파꽈리 큰 포식 세포에 나쁜 영향을 미친다. 허파꽈리 큰 포식 세포 역시 큰 포식 세포지만, 훨씬 차분한 상태로 허파꽈리 표면을 감시하면서 노폐물이나 때때로 그곳까지 침입한 병원체를 없앤다고 했다. 흡연자의 허파 속에는 비흡연자에 비해 이들 특수 큰 포식 세포가 훨씬 많이 존재한다. 당연하다. 흡연을 하면 온갖 미세 입자와 타르 등 기막히게 매력적인 물질이 쏟아져 들어와 늘 청소해야 하기 때문이다. 하지만 항상 니코틴에 노출되어 있는 허파꽈리 큰 포식 세포는 원래 차분했던 성격이 더욱 차분해진다. 차분한 정도가 아니라 항상 피곤한 상태로 동작이 굼떠진다.

이러면 지원 요청을 받아도 빨리 대응하기 어려우며, 적을 죽이기도 점점 힘들어진다. 불쌍하게도 기능을 잃은 큰 포식 세포는 설상가상으로 허파 조직을 녹이는 화학 물질을 주기적으로 게워 내 본의 아니게 허파를 손상시킨다.

이런 식으로 오랜 세월이 지나면 니코틴에 중독된 큰 포식 세포들은 상당히 많은 허파 조직을 손상시키며, 이렇게 생겨난 상처는 결국 흉터 조직이 된다. 짐작하겠지만 허파에 흉터 조직이 있으면 숨 쉬는 데 매우 나쁘다. 또한 허파에 상처가 생기면 바람직하지 않은 부작용이 뒤따른다. 염증이 생기는 것이다. 염증이 생기면 더 많은 면역 세포가 활성화되며, 이로 인해 더 많은 조직이 손상된다.

흡연에 의해 반응이 느려지고 기능이 떨어지는 면역 세포는 큰 포식 세포만이 아니다. 어린 암세포에 대응하는 데 가장 강력한 역할을 하는 자연 살해 세포 또한 비슷한 타격을 입는다. 흡연자의 폐암 발생률이 훨씬 높은 중요한 이유가 바로 이것 때문이라고 생각된다. 역시 당연한 일이다. 한쪽에서는 암을 일으키는 독극물과 면역계를 부추겨 허파에 상처를 입히는 약물을 허파 속에 들이붓고, 다른 쪽으로는 암세포를 죽이는 면역 세포의 기능을 떨어뜨리고 있으니 말이다.

후천 면역계는 어떨까? 흡연자는 혈액 속을 순환하는 면역 세포의 숫자가 훨씬 많지만, 세포들의 효과는 많이 떨어지는 것 같다. T 세포는 활성화되어도 증식하는 데 어려움을 겪으며 행동 또한 굼뜨다. 흡연자의 체액 속 항체 역시 훨씬 빨리 분해되어 후천 면역계의 전반적인 효율성이 크게 떨어진다. 독감 같은 감염병이 흡연자에게 훨씬 치명적인 것도 당연한 일이다.

한 가지 예외가 있다. 자가 항체는 많이 늘어난다. 하지만 자가 항체는 병원체와 싸우는 것이 아니라 자가 면역 질환을 일으킬 뿐이다. 한마디로 흡연자의 면역계는 몸에 나쁘고 몸을 손상시키는 일을 훨씬 많이 하는 동시에 실제로 적과 싸우고, 지원군을 부르고, 침입자가 퍼지지 않게 막는 기능은 떨어진다. 더욱이 흡연자는 면역계의 치유 촉진 능력마저 떨어지므로 상처가 잘 낫지 않는다. 당장 금연해도 면역계는 수주에서 수개월까지 억제 상태를 벗어나지 못하므로 담배는 빨리 끊을수록 좋다.

물론 세상은 이분법적으로 움직이지 않는다. 흡연에도 몇 가지 좋은 점이 있음을 함께 얘기하지 않으면 정직하지 않은 태도일 것이다. 때로는 면역계를 조금 가라앉히는 편이 오히려 좋을 수도 있다. 염증은 양날의 검과 같아서, 생존에 필수적이지만 동시에 매우 해로울 수도 있다.

흡연자는 염증성 질환으로 고생하는 일이 더 적다. 이유는 간단하다. 면역계가 달팽이처럼 느릿느릿 움직이므로 염증 또한 전반적으로 저하되는 것이다. 따라서 궤양성 대장염 등 일부 염증성 자가 면역 질환에서 흡연은 어느 정도 보호 효과를 제공하는 것 같다.

그렇다고 이런 사실을 왜 당장 담배를 끊지 않는지 부모님에게 변명할 거리로 삼지는 말자. 흡연이 일부 질환에 일부 보호 효과를 제공하는 것은 사실이지만, 전체적으로 봤을 때 훨씬 많은 질병에 훨씬 취약해지는 것 또한 사실이다. 약간의 공(功)으로 넘치는 과(過)를 덮을 수는 없다. 이 말은 특정 질환을 피하려고 담배를 피우는 것이 얼마나 어리석은 일인지에 대해 좋은 비유가 될 만하지만, 어쩌면 그 자체가 이미 비유일 것이다. 염증성 질환을 피하는 데 약간 유리해지자고 담배를 피우는 것은 정말 멍청한 짓이다.

45장 코로나바이러스 팬데믹

건강과 행복은 모든 면에서 면역계와 관련이 있다. 하지만 우리는 조금이라도 건강을 회복하는 순간 그 사실을 싹 잊어버린다. 개인적으로든 사회적으로든 안이하고 평화로운 일상은 질병이 엄습하는 순간 일시에 무너져 내린다. 갑자기 면역계에 관한 수많은 용어와 개념이 사람들의 입에 일상적으로 오르내린다.

이 책을 쓰는 동안에도 코로나바이러스 팬데믹은 여전히 기승을 부린다. 우리 앞에는 수많은 질문이 놓여 있다. 전 세계적으로 수많은 과학자가 어마어마한 양의 연구를 진행 중이므로 향후 몇 년 사이에 많은 것이 밝혀질 것이다. 면역계에 관한 책을 쓰기에는 가장 좋은 때이자, 가장 나쁜 때다. 좋은 때라고 한 이유는 도대체 몸속에서 무슨 일이 벌어지는지, 우리 몸이 질병에 어떻게 대처하는지 많은 사람이 관심을 갖기 때문이다. 나쁜 때라고 한 이유는 이런 책을 통해 COVID-19에 대해 종합적인 설명을 기대하기 때문이다. 지금 당장 그런 설명은 가능하지 않다. 과학은 여전히 많은 것을 밝혀내려고 애쓰는 중이다.

어찌 되었든 코로나바이러스에 대해 생각해 보는 것은 의미가 있다. 다행히 면역학자들은 코로나바이러스 자체와 그것이 우리에게 미치는 영향에 대해 기본적인 사항들을 확실히 알고 있다. 우선 논의하려는 주제를 명확히 정의해 보자.

팬데믹이 발생하고 얼마 안 되어 대중은 **중증 급성 호흡기 증후군 코로나바이러스 2**(severe acute respiratory syndrome coronavirus 2)라는 끔찍한 공식 명칭을 그저 '코로나바이러스'라고 줄여 부르기 시작했다. 다소 유감스러우며, 틀렸다고도 할 수 있는 명칭이다. 코로나바이러스란 한 가지 종이 아니라 하나의 범주로 묶을 수 있는 여러 가지 바이러스를 통칭하는 이름이기 때문이다. 하지만 팬데믹이 너무 빨리 확산되는 바람에 우리는 현재 유행 중인 특정한 종의 코로나바이러스에게 멋지고 독특한 이름을 붙여 줄 기회를 잡지 못했다. 이 책에서 나는 과학자들과 그들이 선택한 이름에 대해 불평을 늘어놓았지만, 이 문제에 대해서는 비난할 생각이 조금도 없다. 너무 바쁘다는 사실을 알기 때문이다. 엄청난 스트레스를 일으키는 일이 빠른 속도로 일어날 때는 무엇이든 통하기만 하면 우선 받아들이는 것으로 족하다.

어쨌든 코로나바이러스에도 많은 종류가 있다. 그리고 이 녀석들은 하는 짓이 각자 다르다. 전반적으로 코로나바이러스는 포유동물의 호흡기를 감염시킨다. 박쥐가 대표적이지만, 인간도 예외는 아니다. 특히 인간은 많은 종류의 코로나바이러스에 감염된다. 예컨대 감기의 15퍼센트 정도가 코로나바이러스에 의해 생긴다. 코로나바이러스는 오랜 세월 동안 인류와 함께 살아왔다. 지금 이 문장을 읽는 사람 중에도 코로나바이러스에 대한 항체가 혈액 속을 돌아다니는 경우가 많을 것이다. 하지만 지난 수십 년간 훨씬 위험한 코로나바이러스 팬데믹이 몇 차례 발생했다. **SARS 코로나바이러스**라는 명칭은 익숙할지도 모르겠다. (SARS란 말은 'severe acute respiratory syndrome', 즉 '중증 급성 호흡기 증후군'의 머리글자를 딴 것이다.) 이 호흡기 질병은 2000년대 초 중국에서, 역시 박쥐에게서 발견된 코로나바이러스 균주에 의해 발생했다. 수천 명이 감염되어 수백 명이 죽었다. 사망률은 거의 19퍼센트로 매우 높은 편이었다.

몇 년 후 두 번째 중증 코로나바이러스 감염증이 유행했다. 이번에는 중동에서 유래했기에 '중동 호흡기 증후군(middle east respiratory syndrome)'의 머리글자를 따서 메르스(MERS)라고 불렀다. SARS보다도 훨씬 치명적이어서, 감염자는 2,500명 수준에 그쳤지만 3분의 1이 사망했다. 사망률은 끔찍하게도 34퍼센트에 달했다. 다행히 이들 코로나바이러스는 세계를 휩쓴 팬데믹이라 부를 정도로 큰 유행을 일으키지는 않았다. 사망률을 보았을 때 너무나 다행한 일이라 하지 않을 수 없다. 하지만 인류의 운은 2019년 말에 다하고 말았다. 또 다른 코로나바이러스가 나타난 것이다. 이전에 유행했던 것들보다 치명률은 훨씬 낮지만, 감염성이 훨씬 높다. SARS와 MERS 덕분에 이번 팬데믹이 시작되기 전에 위험천만한 코로나바이러스 감염증의 기전에 대해 많은 것을 알고 있었던 게 그나마 행운이었다. 그렇다고 COVID-19 유행 중 어떤 일이 벌어질지 정확히 예측하기란 여전히 불가능하다. 많은 것이 환자에게 달려 있기 때문이다. 널리 보도된 대로 대부분의 감염자는 아예 증상이 없거나 가

327

벼운 증상만 겪을 뿐이지만, 소수에서는 심각한 증상들이 나타나 종종 입원이 필요하며, 일부는 생명을 잃기도 한다. 사람에 따라 증상이 크게 다른 질병이 있다. 대개 각 개인의 면역계, 그리고 면역계가 감염에 대처하는 방식이 다르기 때문이다. 게다가 COVID-19 감염증은 매우 복잡한 양상으로 발생하며 끊임없이 새로운 사실이 밝혀지고 있다. 이 모든 이유로 COVID-19를 상세히 설명하기는 매우 어렵다. 이번 장 역시 시간이 지나면서 달라질 내용이 많을 것이다. 그러니 우리가 확실히 아는 것, 최소한 과학자들이 상당히 확신하는 것에 초점을 맞추기로 하자.

코로나바이러스에 감염된 사람 중 일부는 전혀 증상이 없는데도 다른 사람에게 바이러스를 옮기는 것 같다. 환자 중 80퍼센트가 경증으로 분류되지만, 많은 사람이 불쾌한 증상을 겪는다. 여기서 경증이란 그저 입원할 필요가 없다는 뜻이다. 종종 후각 상실이 첫 번째 증상으로 나타나며 때때로 미각까지 상실된다. 대부분 직접 겪고 나서야 이런 증상이 얼마나 삶의 질을 떨어뜨리는지 깨닫는다. 미각과 후각은 대개 수 주가 지나 돌아오기 시작한다. 하지만 코로나바이러스는 신종 감염증이므로 감각이 회복되는 데 얼마나 오래 걸릴지는 아직 정확히 알 수 없다.

그 밖에도 대부분의 경증 환자가 발열, 기침, 인후통, 두통, 몸살, 전신 피로감 등 소위 독감 유사 증상을 경험한다. 온종일 피곤하고, 집중하기 어려우며 폐활량이 줄어드는 등의 증상도 나타나는데 일부에서는 감염된 지 수개월 뒤까지도 전혀 좋아지지 않는다.

아직도 밝혀지지 않은 것이 너무 많다. 이런 증상을 경험한 사람이 장기적으로 어떻게 되는지는 특히 중요한 문제다. 현재 우리는 코로나바이러스 감염증이 환자에게 비가역적인 손상을 입히는지, 그렇지 않은지 전혀 모른다. 치명률이 더 높았던 SARS와 MERS 유행 당시 허파에 발생한 물리적 변화가 정상으로 돌아오는 데는 5년 이상이 걸렸다. 코로나바이러스는 우리 몸에 정확히 어떤 영향을 미치며, 왜 일부 환자에게는 그토록 치명적일까?

코로나바이러스는 앤지오텐신 전환 효소(angiotensin converting enzyme, ACE) 2라는 매우 중요한 수용체를 특이적 표적으로 삼는다. 이 수용체는 혈압 조절 등 생명 유지에 필수적인 몇 가지 기능에 관여한다. 몸속의 많은 세포가 이 수용체를 지니고 있으며, 따라서 감염될 수 있다. 코와 허파의 상피 세포에 ACE2 수용체가 많을까? 그렇다! 코로나바이러스 입장에서 보면 우리 허파는 광활하게 펼쳐진 공짜 부동산이나 다름없다.

ACE2 수용체는 다양한 조직과 장기에 존재한다. 혈관과 모세 혈관, 심장, 소장과 대장, 콩팥에도 무수히 많다. 앞서 보았듯 바이러스 감염 시 우리 몸의 첫 번째 대응 전략은 화학전을 펼치는 것이다. 기본적으로 세 가지 전략을 취한다. 인터페론이 바이러스의 증식을 차단하고 기능을 떨어뜨리는 동안, 다른 사이토카인들이 염증을 일으키고, 면역 세포를 불러모은다.

코로나바이러스가 그토록 위험한 이유는 인터페론 방출을 차단하거나 크게 지연시킨다는 데 있다. 그럼에도 감염된 세포는 염증을 유발하고 면역계를 일깨우는 모든 사이토카인을 방출한다. 결국 바이러스는 아무런 방해를 받지 않고 수많은 세포를 감염시키면서 빠른 속도로 번지며, 동시에 광범위한 염증이 일어나 온갖 면역 세포가 활성화되어 점점 심한 염증으로 빠져든다.[1]

이때 많은 사람이 위험해지기 시작한다. 엄청나게 심한 염증, 엄청나게 활성화된 면역 세포들은 허파에 심각한 손상을 입힐 수 있다. 기억하겠지만 허파는 조직이 매우 민감해 평소에도 면역계가 조심스럽게 활동하는 곳이다. 하지만 이제 염증에 의해 허파가 크게 손상된 상태에서 인터페론이 없기 때문에 바이러스는 아무런 저항을 받지 않고 거침없이 증식한다.

수많은 상피 세포가 죽으면서 허파 내부의 보호막이 없어지면 허파꽈리는 벌거벗은 채 전쟁터에 던져진 꼴이 되고 만다. 허파꽈리라는 조그만 공기주머니야말로 내부와 외부 사이에서 산소와 이산화탄소를 교환함으로써 실제로 호흡이 일어나는 곳이다. 허파의 정수라 할 수 있는 이 구조물이 무시무시한 바이러스와 엄청나게 심한 염증에 의해 손상되거나 아예 죽어 없어진다.

이 시점에 이르면 많은 환자에게 기계 호흡이 필요하다. 어렵게 들리지만 '튜브를 허파

---

1   배운 것을 잠시 복습해 보자. 어떤 사람은 코로나바이러스 감염을 훨씬 쉽게 물리친다. 그 이유 중 하나는 유전적 변동성이다. MHC 분자나 톨 유사 수용체가 사람마다 조금씩 다르기 때문에 결국 면역계도 조금씩 다르다. 어떤 사람의 면역계는 바이러스에 더 잘 대처한다. 같은 이유로 유난히 바이러스에 취약한 사람도 있다. 따라서 젊고 건강한 사람이 심한 COVID-19 감염증을 앓았다거나, 심지어 죽었다는 소식을 듣는다면 면역계에 이런 측면이 있음을 떠올리기 바란다. 아직은 실제로 병에 걸리기 전에 각 개인의 면역계가 특정 병원체에 얼마나 잘 대처할지 알 길이 없다.

속에 밀어 넣는다.'라는 말을 현란하게 표현한 데 불과하다. 이 튜브는 세균이 허파 속 깊이 침투할 지름길 역할을 한다. 지칠 대로 지친 면역계와 마음껏 활개 치고 다닐 드넓은 조직이 기다리는 약속의 땅이다. 세균이 등장하면 상황은 급박해진다. 정말로 운이 없는 환자는 무시무시한 세균 몇 가지에 동시 감염될 수도 있다. 세균들은 눈앞에 닥친 행운에 환호하며 허파 속 깊은 곳까지 거침없이 나아간다. 세균이 증식하면 면역계는 새로운 위협에 대응해 군대를 파견해야 한다. 더 많은 큰 포식 세포와 중성구가 맡은 바 임무를 수행한다. 산(酸)을 토해 내고 더 심한 염증과 더 많은 손상을 일으킨다.

지금까지 이야기에서 뭔가 끔찍한 패턴이 눈에 들어오는가? 자극은 활성화를 부르고, 활성화는 더 큰 자극을 일으키며, 더 큰 자극은 더 많은 활성화를 유도하는 일이 끊임없이 반복된다. 끔찍할 정도로 위험한 악순환은 종종 치명적인 결과를 낳는다. 허파에 염증이 어찌나 심한지 문자 그대로 조직에 구멍이 나고, 신체가 이를 서둘러 치유하려는 과정에서 돌이킬 수 없는 손상과 흉터 조직이 생긴다. 살아남는다 해도 많은 사람이 평생 폐활량이 감소된 채, 숨이 차고 신체 활동 능력이 줄어든 상태를 감내해야 한다.

이런 맥락에서 사이토카인 폭풍이란 어려운 말을 들어 본 사람도 많을 것이다. 엄청나게 과도한 자극과 엄청나게 과도한 반응이 일어난 나머지 면역계가 평소 같으면 최적 용량을 사용하려고 세심한 주의를 기울이는 모든 신호 물질을 무차별적으로 방출한다는 뜻이다.

그러고도 아직 감염은 끝나지 않는다. 사실 훨씬 나쁜 소식이 기다리고 있다. 화학적 비명과 과도 자극이 폭풍처럼 몰아친 결과, 결정적인 신체 계통이 악영향을 받는다. 중증 COVID-19 감염 환자 중 많은 사람에서 혈액 응고 연쇄 반응이 일어나 몸속에 혈전이 생긴다. 정상적으로는 상처를 치유하는 역할을 하는 혈액 응고계가 활성화되어 미세 혈관 내에서 피가 굳기 시작한다. 이제 다양한 장기가 산소 공급 부족에 시달린다. 그렇지 않아도 허파에 물이 차서 숨쉬기조차 힘든 판에 내부조차 산소 부족에 질식하게 되는 것이다. 혈관 내 혈전이 생기면 뇌졸중이나 심장 발작이 일어나 심각한 결과를 빚을 수도 있다.

이미 심각한 질병을 지닌 사람은 이런 상황을 견뎌 내기 어렵다. 당뇨병, 심장병, 고혈압,

비만을 비롯해 다양한 위험 인자를 꼽을 수 있다.[2]

설상가상으로 고령인 사람은 면역 기능이 떨어져 그렇지 않아도 인터페론 반응이 그리 활발하지 않으므로 코로나바이러스에 원활히 대처하기 어렵다. 대부분의 사망자가 고령층과 기존 질환자에 집중되는 것은 이런 까닭이다. 하지만 젊고 건강한 사람 중에도 많은 사망자가 발생했음을 잊어서는 안 된다. 코로나바이러스 감염증을 이겨 내는 문제는 면역계가 이 모든 난제를 어떻게 극복하는지, 그리고 운이 얼마나 따라 주는지에 달린 문제다.

이제 이번 장을 마무리할 때가 되었다. 이 문장을 쓰는 지금 전 세계적으로 COVID-19 백신 접종이 시작되었다. 우리에게 운이 따라 모든 것이 정상화된 세상에서 이 문장을 읽게 되기를 간절히 바란다. 어쨌든 코로나바이러스 팬데믹은 왜 우리의 면역계가 믿기지 않을 만큼 중요한지, 왜 더 많은 사람이 면역계를 이해할수록 도움이 되는지 일깨우는 결정적인 계기가 될 것이다.

2 비만이 건강에 그토록 해로운 이유는 지방 조직에서 염증성 사이토카인들을 대량 생산하기 때문이다. 비만인은 평상시에도 몸속에 수많은 염증 신호를 안고 살아간다. 그러다 코로나바이러스 같은 병원체에 감염되면 애초에 출발선이 훨씬 앞에 있었기 때문에 훨씬 심한 염증에 시달린다.

면역계의 개요

병원체
세균, 바이러스 등

중성구
죽이고,
서로 소통하고,
염증을 일으킴

큰 포식 세포
서로 소통하고,
다른 세포들을 활성화하고,
적을 죽이고,
염증을 일으킴

보체
적을 표시하고,
손상시키며, 면역 세포들을
활성화하고 유도함

가지 세포
적을 식별하고,
다른 세포들을
활성화함

감염된 세포

자연 살해 세포
서로 소통하고 감염된
세포/암세포를 죽임

단핵구
큰 포식 세포가 되며,
적을 식별하고 죽임

호산구
염증을 일으키고,
기생충과 싸우며,
다른 세포들을 활성화함

호염구
염증을 일으키고,
기생충과 싸우며,
다른 세포들을 활성화함

비만 세포
염증을 일으키고,
서로 소통하며,
다른 세포들을 활성화함

기생충

선천 면역

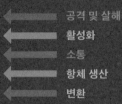

공격 및 살해
활성화
소통
항체 생산
변환

처녀 살해 T 세포
대기 모드,
감염된 세포/암세포를
죽임

기억 살해 T 세포
적을 기억하고,
감염된 세포/암세포를
죽임

감염된 세포

살해 T 세포
감염된 세포/암세포를
죽임

처녀 조력 T 세포
대기 모드,
다른 세포를 활성화함

기억 조력 T 세포
적을 기억하고,
서로 소통하며, 활성화함

조력 T 세포
서로 소통하고,
다른 세포를 활성화함

처녀 B 세포
대기 모드,
다른 세포를 활성화함

장기 생존 형질 세포
항체를 생산함

형질 세포
항체를 생산하고,
다른 세포를 활성화함

B 세포
항체를 생산하고,
다른 세포를 활성화함

항체
적을 표시하고 손상시키며,
보체를 활성화함

기억 B 세포
적을 기억하며,
항체를 생산함

후천 면역

마치는글

모든 좋은 여행이 그렇듯 어디엔가 도착하는 것은 처음 길을 떠날 때만큼이나 중요하다. 우리는 상호 연결된 복잡한 시스템 속에서 많은 것을 살펴보았다. 우리 몸 내부와 외부의 모든 표면과 그곳을 보호하는 섬세한 방어 네트워크도 살펴보았다. 대부분의 시간을 차분한 상태로 보내는 검은코뿔소부터 기관총을 휘두르는 미친 원숭이에 이르기까지 우리 몸을 지키는 전사들도 만나 보았다.

뭔가 우리 몸을 침입해 상처를 입었을 때 면역계가 어떻게 작동하는지, 눈에 보이지도 않는 작은 면역 세포들이 광대한 공간을 가로질러 정확히 적절한 방어 전략을 구사하도록 수많은 기전이 복잡한 층위를 이루며 서로 협동하는 모습을 관찰했다. 우리가 지니고 있다는 사실을 느끼지도 못한 채 항상 갖고 다니는, 우주에서 가장 큰 도서관과 가장 치명적인 킬러 대학교도 방문했다.

잔인하고, 우리의 건강 따위는 신경조차 쓰지 않으며, 냉혹할 정도로 효과적인 바이러스들이 우리의 가장 내밀한 자아를 교활하게 유린하는 모습을 목격했다. 면역계가 어떻게 과거에 치렀던 전투들을 기억하는지, 인간으로서 우리가 어떻게 그 과정을 지원하는지도 보았다. 면역계가 기능을 상실했을 때, 지나치게 일을 열심히 한 나머지 오히려 질병과 손상을 일으킬 때 어떤 일이 벌어지는지도 지켜보았다. 때때로 우리는 아주 깊은 곳까지 잠수해 내려갔지만, 아직도 미처 방문하지 못한 기막힌 장소와 시스템이 수없이 많다. 그러나 여기까지 읽었다면 우리 몸을 완전히 한 바퀴 돌면서 그전에는 미처 몰랐던 가장 중요한 것들을 대강이나마 모두 훑어보았다고 할 수 있다.

면역계에서 한 가지 성가신 점은 전체가 어떻게 움직이는지 알려면 너무 많은 것을 한꺼번에 이해해야 한다는 것이다. 하지만 그랬을 때 면역계는 그 진정한 아름다움을 우리 앞에 드러낸다. 큰 포식 세포, MHC 분자, 사이토카인, T 세포 수용체, 림프계와 항체를 알고 나면, 이 모든 것이 하나 되어 놀랄 만큼 섬세한 시스템을 구축하고 그것이 얼마나 합리적이며 충격적일 정도로 빈틈없이 작동하는지 깨닫게 된다.

시작이 어렵다. 면역계는 일부러 불투명하고 애매하게 설계해 놓은 것처럼 느껴질 정도다. 이 책에서 나는 면역학 용어에 대해 툭하면 불만을 늘어놓았고 독자들이 그런 모습에서 소소한 즐거움을 누렸기를 바라지만, 솔직히 말해 그걸로도 충분치 않다. 이 책을 쓰기 위해 자료를 조사하면서 나는 교과서와 학술 논문을 대학교 신입생 수준의 속도로 읽어야 했으나, 그러면서 면역학자들이 무슨 말을 하고 싶어하는지 이해하게 되었다. 용어를 정리하고 대중에게 좀더 친근한 용어를 사용하려는 노력이 이보다 큰 이익을 거둘 수 있는 분야는 없을 것이다. 면역이야말로 정말이지 가장 멋진 주제이기 때문이다.

과학 분야에는 완전히 몰입할 만한 주제가 여럿 있다. 종종 대중문화 속에서도 가장 사랑받는 주제나 분야로 떠오를 정도다. 예컨대 광대한 공간과 블랙홀과 엄청나게 멋진 별들이 등장하는 우주 과학은 다큐멘터리나 대중 과학책으로 만들어져 불티나게 팔린다. 물론 우주는 기막히게 멋지고 아름답지만, 생물학에 비하면 아무것도 아니다. 별이란 활활 타오르는 플라즈마가 뭉친 죽은 존재에 불과하며, 가장 복잡하고 흥미로운 별이라 봐야 경이로움과 복잡성이란 면에서 큰 포식 세포의 손아귀에 잡히지 않으려고 안간힘을 쓰는 가장 단순한 세균에조차 비할 바가 못 된다.

하지만 면역계는 대중 과학의 다른 분야만큼 이해하기 쉽거나 즐겁지 않다. 기초적인 것을 이해하기도 전에 마구 질문을 던진다. 진정 면역계의 아름다움과 신비를 이해하려면 상당한 시간과 노력을 투자해야 한다. 정보란 마땅히 이해하기 쉽고 즐거워야 한다고 기대하는 시대에 이런 말은 지나친 요구로 들릴 것이다. 이런 어려움이 있음에도 면역계는 공부해 볼 만한 **최고의** 주제다. 너무나 복잡하면서도 기발한 방식으로 서로 반응하며 정교하게 맞물려 돌아가는 수많은 요소로 구성되어 있다는 점에서 그렇다. 실로 그것은 우주 자체를 들여다보는 창이다. 우리를 둘러싼 복잡성, 우리 자신이 그 일부를 이루는 복잡성을 들여다보는 창이다. 이 순간 살아 있으며 내 것이라고 부를 수 있는 몸을 갖고 있다는 사실은 믿기 어려운 행운이다. 최소한 나는 그렇게 느낀다.

투자 가치는 충분하다고 믿는다. 그 결실이 너무 크고 멋지기 때문이다. 여기까지 읽은 독자라면 내 말에 동의하리라 산꼭대기에 올라 면역계의 전모라 할 만한 것이 한눈에 들어왔을 때 그 경치의 아름다움은 어디에도 비할 수 없다. 그때 비로소 우리의 생각이나 감정 따위에 아무런 신경을 쓰지 않는 수많은 세력이 저마다 살기 위해 안간힘을 쓰며 분투하는 세상에서 살아 있다는 것이 과연 무엇인지 진정으로 이해할 수 있다.

이 아름다운 복잡성 속에서 모든 것은 희미한 슬픔의 기운을 머금는다. 현실을 구성하는 모든 층위를 진정으로 이해하기에 우리 삶이 너무 짧고 너무 바쁘다는 사실을 깨닫는 순간 약간 마음이 저려 온다. 하지만 심호흡을 한 번 하자. 결국 거기에 관해 우리는 아무것도 할 수 없다. 그저 때때로 닥쳐오는 어려움을 받아들이고, 그 경험을 통해 우리보다 훨씬 큰 어떤 것의 작은 일부라도 훔쳐보기 위해 노력할 수 있을 뿐이다.

결코 그 심연의 밑바닥에 이르지 못할지라도.

참고 문헌

책을 인쇄해 출판한다는 것은 신기한 일이다. 실제 출판 시점보다 훨씬 먼저 쓰기를 마치기 때문이다. 시간을 절약하고 인쇄하는 분들의 삶을 조금 편하게 해 드리고자 이 책을 쓰면서 참고했던 논문과 책들의 자세한 목록을 다음 온라인 사이트에 올려 두었다. https://kurzgesagt.org/immune-book-sources/.

감사의 말

과학을 조금씩 앞으로 밀고 나가는 바쁜 일정 속에서도 시간을 내준 전문가들의 너그러운 도움이 없었다면 이 책은 세상에 나올 수 없었을 것이다. 그들은 나의 수많은 질문에 참을성 있게 답했고, 조사 과정에서 길을 잃을 때마다 올바른 방향을 일러 주었으며, 면역계와 관련 질환에 대해 놀라운 이야기를 들려주었다. 그들과의 대화는 믿기 어려울 정도로 재미있었다. 이 모든 것이 전 세계적 역병으로 사람들이 어려움에 처해 있는 때, 세상을 조금이라도 나은 방향으로 끌고 가려고 정신없이 일하는 중에 진행되었다.

전반적인 피드백을 제공하고, 많은 팩트를 체크해 주었으며, 미생물과 바이러스의 세계에 관해 놀라운 이야기를 들려주신 제임스 거니(James Gurney) 박사께 크게 감사드린다. 수많은 화상 통화를 통해 면역학의 온갖 세세한 부분에 대해 종종 말도 안 되는 질문을 했을 때도 답해 주신 뮌헨 면역학 연구소 소장 토마스 브로커(Thomas Brocker) 교수께 따뜻한 우정의 주먹인사를 보낸다. 면역 세포들이 펼치는 온갖 정신 나간 짓에 대해 놀랍고도 신기한 이야기를 들려준 상파울루 대학교의 마리스텔라 마르칭스 지 카마르구(Maristela Martins de Camargo) 교수께 대서양을 넘어 하이 파이브를 보낸다! 이분들의 도움이 없었다면 이렇게 복잡한 주제로 감히 책을 쓸 생각조차 못했을 것이다. 너그럽게 시간을 내주고 그토록 열정적으로 이끌어 주신 데 대한 고마움은 말로 다 할 수 없다. 세 분께 정말 많은 것을 배웠다. 팬데믹이 끝나면 언젠가 한자리에 모여 잔을 부딪칠 수 있기를!

다정한 친구 카티 치글러(Cathi Ziegler), 존 그린(John Green), 맷 캐플런(Matt Caplan), CGP 그레이(CGP Grey), 리지 스타이브(Lizzy Steib), 팀 어반(Tim Urban), 필리프 라이바커(Philip Laibacher), 비키 데트머(Vicky Dettmer)에게 감사를 전한다. 책을 만드는 여러 단계에 걸쳐 친구들은 모든 내용을 빠짐없이 읽어 주었다. 여러 번 읽은 사람도 있다. 자세한 피드백과 적절한 어조에 대한 논의 속에서 농담이 통하는지, 설명이 잘 이해되는지 알려 준 데 감사한다. 필요할 때 솔직히 지적해 주고, 낙담했을 때는 용기를 북돋아 준 친구들이 없었다면 책을 마치지 못했을 것이다. 아무리 친구라지만 책을 처음부터 끝까지 읽고 피드백해 달라는 부탁은 결코 쉬운 것이 아니다. 미완성 원고라면 더욱 그렇다. 기꺼이 시간을 내준 데 대해 정말 뭐라고 감사해야 할지 모르겠다. 특히 이 책에 실린 아름다운 삽화와 놀라운 표지를 만들어 준 일러스트레이터이자, 쿠르츠게작트 — 인 어 넛셸 채널의 첫 번째 직원인 창작 감독 필리프 라이바커는 제 시간 안에 일을 마칠 수 있도록 크리스마스 휴가까지 희생했다.

첫 번째 책을 쓴다는 생각에 두려움을 느꼈을 때 나를 진정시키고 모든 일을 시작할 수 있게 해 준 거너트 컴퍼니의 내 에이전트 세스 피시먼(Seth Fishman)에게 큰 감사를 전한다. 랜덤하우스 출판사의 편집자인 벤 그린버그(Ben Greenberg)는 이 프로젝트의 가능성을 믿고, 초고를 편집해 올바른 방향을 잡았으며, 모든 과정 동안 차분히 곁을 지켜 주었다. 내가 바보처럼 확신에 차서 주절주절 말을 늘어놓을 때 두 사람이 비웃지 않은 덕에 이 책을 3개월 만에 마칠 수 있었다. 케일리 슈바왈(Kaeli Subberwal), 리베카 가드너(Rebecca Gardner), 잭 거너트(Jack Gernert)는 흔히 저자들이 그러듯 전자 우편에 답하지 않았을 때도 참을성 있게 기다려 주었다. 부족한 점을 너그럽게 참아 주고, 맡은 일에 최선을 다하며 항상 긍정적인 태도로 책을 완성할 수 있도록 도와 준 거너트 컴퍼니와 랜덤하우스의 모든 분께 큰 감사를 전한다. 쿠르츠게작트 — 인 어 넛셸 채널의 팀원들을 빼놓을 수는 없다. 내게는 너무도 소중한 이 책을 쓰느라 오래도록 자리를 비운 동안에도 우리 팀은 나와 관련된 잡다한 일을 처리하면서 유튜브 채널을 유지하고 계속 회사가 굴러가도록 노력을 아끼지 않았다. 때때로 의사소통을 힘들게 만든 데 대해 사과한다. 모든 사람과 그들이 해낸 모든 일에 감사할 뿐이다.

쿠르츠게작트의 모든 시청자와 팬들께 큰 감사를 전한다. 개인적으로 아는 이는 드물지만 누군가 다가와 우리 팀과 내가 하는 일이 자신에게 큰 의미를 주었다고 말할 때면 정말할 말을 잃고 만다. 직접 대면하지 않는 책에서라면 용기를 내어 이렇게 말할 수 있다. "제가 쓴 것들을 좋아하고 항상 격려해 주셔서 감사합니다. 그건 저에게 세상 전부나 마찬가지예요." 여기까지 읽어 주신 독자들께 마지막으로 한 말씀 드린다. 읽을 것이 넘쳐나는 이 세상에서 그래도 이 책을 읽어 주셨군요. 정말 감사합니다.

옮긴이의 말

옮긴이의 말을 쓰려고 보니 이 책을 소개하는 중요한 이야기는 모두 지은이가 서문에 써 놓았다. 정말 설명에 관해서는 당할 수 없는 사람이다. 정확히 요점을 짚어 정확하고 간결하고 재미있게 전달하는데, 군더더기가 하나도 없다. 더하고 뺄 것이 없으니 옮긴이의 말 따위는 생략하는 편이 나을지도 모르지만, 그러면 너무 섭섭하다. 그러니 이 책을 읽어야 할 세 가지 이유를 드는 것으로 대신하고자 한다.

첫째, 이 책 재미있다. 면역은 생물학에서도 가장 복잡한 현상일 테지만, 이 책처럼 적절한 비유와 예시와 위트를 섞어 알기 쉽게 설명한 책은 달리 찾을 수 없을 것이다. 과학책이 영화를 보는 것처럼 생생하고 박진감이 넘치면 어쩌란 말인가! 과장이 아니다. 세균과 면역계의 대결은 「반지의 제왕」을 읽는 듯 장대하고 비장하며, 바이러스에 대한 면역계의 대응은 「스타워즈」를 보는 듯 온갖 신기한 첨단 무기가 등장해 아슬아슬한 속도감이 느껴질 정도다. 각 장의 길이를 적절히 조절해 한 번에 읽기 좋지만, 장담컨대 계속 다음 장이 궁금할 것이다.

둘째, 이 책 완전하다. 까마득한 옛날 생명의 탄생에서 시작해 세포를 설명하고, 면역 세포로 나아간다. 면역 세포 사이의 복잡한 관계로 이루어진 면역계, 그 면역계와 안팎의 적 사이의 더 복잡한 관계로 이루어진 면역 반응, 그 면역 반응과 환경과 사회 사이의 더더욱 복잡한 관계로 이루어진 세계를 차근차근 설명한다. 흐름이 자연스럽고 논리적이라 놓칠 염려가 없고, 기초부터 차근차근 공들여 전체를 쌓아 올리기 때문에 무너질 우려가 없다. 그러면서도 조금만 복잡하면 힘내라, 이해가 안 되는 건 당연하다며 용기를 북돋고, 몇 번이고 요약 설명을 곁들인다. 의대 다닐 때 이런 책으로 면역학 공부를 했더라면 나도 성적이 그 모양은 아니었을 거다. 요컨대 면역에 대해 이해하고 싶지만, 면역학을 전공하지는 않을 거라면 이 책 한 권으로 충분하다.

마지막으로, 이 책 균형이 완벽하게 잡혀 있다. 이론과 실제 사이의 균형이 완벽해 면역계가 세균 감염이나 바이러스 감염, 암, 알레르기, 자가 면역 질환 등 실제 상황에서 어떻게 작동하는지 쏙쏙 들어온다. 과학과 사회 사이의 균형이 완벽해 상업적 미신이 갈수록 위세를 떨치는 지금 자칫 유사 과학에 기울기 쉬운 생각의 맹점을 지적하는 것도 잊지 않는다. 글과 그림 사이의 균형 또한 완벽하다. 글 자체도 쉽고 재미있게 쓰였지만, 아름다운 일러스트레이션이 수시로 등장해 어려운 개념의 이해를 돕는 덕에 배경 지식이 없어도 쉽게 읽을 수 있다. 그걸로 부족하다고? 그렇다면 저자가 운영하는 세계 최대의 과학 유튜브 채널 쿠르츠게작트에 들어가 보자. 환상적인 동영상과 놀라운 설명으로 이 책에 실린 모든 지식을 완벽하게 습득할 수 있다.

옛날에 한 현자가 말했듯 인간으로서 자신을 이해하는 것보다 더 중요한 문제는 없다. 그런데 '인간이란 무엇인가'라는 주제에 관해서는 뜬구름 잡는 얘기가 너무 많다. 다행히 과학이 발달하면서 우리에 관한 객관적인 사실이 점점 많이 밝혀지고 있다. 수천 년 고민해 온 문제가 인간의 생물학을 이해하면 저절로 풀리는 경우도 많다. 생각하는 존재로서의 인간을 이해하려면 무엇보다 뇌에 대해 알아야 할 것이다. 그러나 보다 근본적인 차원, 생물로서 우리의 가장 근원적인 경험을 이해하려면 면역을 알아야 한다. 면역이야말로 자기와 타자를 구분하고, 나는 누구이며 나를 둘러싼 세계는 어떤 존재인지 규정하기 때문이다. 그러니 자신을 이해하고 싶다면 무엇보다 면역을 이해하고 볼 일이다.

하지만 면역을 공부하기는 만만치 않다. 워낙 복잡한 데다 엄청난 속도로 발전하는 분야이기 때문이다. 주변에서 책을 권해 달라고 해도 마땅히 추천할 만한 것이 없었다. 전공자인 내가 읽기에도 어렵거나, 너무 기본적인 지식만 다루거나, 체계가 없어 난삽하거나, 최신 발전을 반영하지 못했거나, 암 면역, 면역의 역사 등 좁은 분야만 다룬 책이 대부분이었다. 저자 스스로 길을 잘못 들어 헤맨 책도 한두 권이 아니다. (이 모든 책들이 기억을 스치고 지나간다.) 이제 복잡하게 생각할 필요 없다. 면역을 이해하고 싶은가? 이 책을 읽어라!

2022년 겨울에

옮긴이 강병철

찾아보기

옮긴이 강병철

서울 대학교 의과 대학을 졸업하고 같은 대학에서 소아과 전문의가 되었다. 영국 왕립 소아과 학회의 '베이직 스페셜리스트(Basic Specialist)' 자격을 취득했다. 현재 캐나다 밴쿠버에 거주하며 번역가이자 출판인으로 살고 있다. 도서출판 꿈꿀자유, 서울의학서적의 대표이기도 하다. 『툭하면 아픈 아이, 흔들리지 않고 키우기』, 『이토록 불편한 바이러스』, 『성소수자』(공저), 『서민과 닥터 강이 똑똑한 처방전을 드립니다』(공저)를 썼고, 『자폐의 거의 모든 역사』, 『인수공통 모든 전염병의 열쇠』, 『현대의학의 거의 모든 역사』, 『사랑하는 사람이 정신질환을 앓고 있을 때』, 『뉴로트라이브』, 『암 치료의 혁신, 면역항암제가 온다』, 『아무도 죽지 않는 세상』, 『치명적 동반자, 미생물』 등을 우리말로 옮겼다. 『자폐의 거의 모든 역사』로 제62회 한국출판문화상 번역 부문, 『인수공통 모든 전염병의 열쇠』로 제4회 롯데출판문화대상 번역 부문을 수상했다.

면역

당신의 생명을 지켜 주는 경이로운 작은 우주

1판 1쇄 펴냄 2022년 11월 24일
1판 5쇄 펴냄 2024년 5월 31일

지은이 필리프 데트머
옮긴이 강병철
펴낸이 박상준
펴낸곳 (주)사이언스북스

출판등록 1997. 3. 24.(제16-1444호)
(06027) 서울특별시 강남구 도산대로1길 62
대표전화 515-2000, 팩시밀리 515-2007
편집부 517-4263, 팩시밀리 514-2329
www.sciencebooks.co.kr

ISBN 979-11-92107-27-1 03470